中国科普研究所

China Research Institute For Science Popularization

《科普研究》文丛
KEPU YANJIU WENCONG

科普学术随笔选

（续编）

谢小军 颜 燕 王晓丽 主编

科学普及出版社
·北 京·

图书在版编目（CIP）数据

科普学术随笔选：续编/谢小军，颜燕，王晓丽主编.
—北京：科学普及出版社，2012. 12
（《科普研究》文丛）
ISBN 978 - 7 - 110 - 07862 - 4

Ⅰ. ①科⋯　Ⅱ. ①谢⋯ ②颜⋯ ③王⋯　Ⅲ. ①科学
普及 - 中国 - 文集　Ⅳ. ①N4 - 53

中国版本图书馆 CIP 数据核字（2012）第 245936 号

策划编辑	徐扬科
责任编辑	吕　鸣
封面设计	青鸟艺讯艺术设计
责任校对	孟华英
责任印制	李春利

出版发行	科学普及出版社
地　　址	北京市海淀区中关村南大街 16 号
邮　　编	100081
发行电话	010 - 62173865
传　　真	010 - 62179148
投稿电话	010 - 62176522
网　　址	http://www. cspbooks. com. cn

开　　本	787 毫米 × 960 毫米　1/16
字　　数	460 千字
印　　张	28. 25
版　　次	2012 年 12 月第 1 版
印　　次	2012 年 12 月第 1 次印刷
印　　刷	北京市卫顺印刷厂

书　　号	ISBN 978 - 7 - 110 - 07862 - 4/N·171
定　　价	48. 00 元

序

　　1982 年,《科普研究》前身《评论与研究》创刊,1987 年 3 月中国科普创作研究所更名为中国科普研究所后,5 月《科普研究》替代《评论与研究》成为所刊,《评论研究》在与《科普研究》同时出版 5 月刊和 6 月刊后,于 1987 年 6 月终止。自 1982 年以来,《科普研究》作为中国科普研究所内部出版物,期间出版过科普漫画专辑、外国科技群众团体和科普工作研究专辑、外国科普研究专辑、美国公众科学素质调查专辑、科普创作专辑、科普史专辑等一系列较有影响的专辑,刊载过许多在社会上产生较强影响的文章。2005 年 10 月,经国家新闻出版总署批准,《科普研究》作为正式出版刊物公开向社会发行,双月出版,2006 年 4 月出版创刊号。自创刊至今,《科普研究》从主要为中国科普研究所内部研究人员搭建学术平台到向全社会科普研究人士搭建学术平台,提供争鸣场所,对中国科普研究所形象的宣传、声望的提高,及中国科普研究事业的发展都做出了自己的贡献。

　　2010 年,中国科普研究所建所 30 周年,2011 年,《科普研究》公开发行 5 周年,2012 年,《科普研究》创刊 30 周年,为了纪念这些时刻,同时也是为了回顾和总结以往的工作,更好地记录一些有价值、易读性强的文章,让这些文章在学术历史的长河中再次以鲜活的姿态出现在人们的视野中,让人们以新的视角去品味和审视这些曾经的炫丽思想，使它们焕发新的光彩，《科普研究》编辑部于2011年推出了"科普研究文丛"丛书的第一本——《科普学术随笔选（1982—2011)》，该书出版后在业界赢得了一定的好评，一些读者通过各种方式表达了希望编辑部能继续出版丛书的愿望，为了满足广大读者的要求，也为了将我们在编辑《科普学术随笔选（1982—2011)》时由于篇幅所限忍痛割舍掉的许多优秀文章呈现给读者，我们编辑了这本《科普学术随笔选（续编)》，该书延续了上一本的风格，精选的数十篇学术随笔有的是学者惊鸿一瞥之下的心得体会，有的是电光石火般的思想闪动，有的则是科普研究的心得和方法。这些学术随笔轻松、活泼，没有艰深的论述，对读者有一种亲和力，符合现代人的阅读习惯。本书史料性和可读性强，具有较高的欣赏和收藏价值。

衷心地希望本书能给您带来阅读的愉悦和智慧的启迪。

编　者

2012 年 4 月

目　录

上　篇

中 篇

下 篇

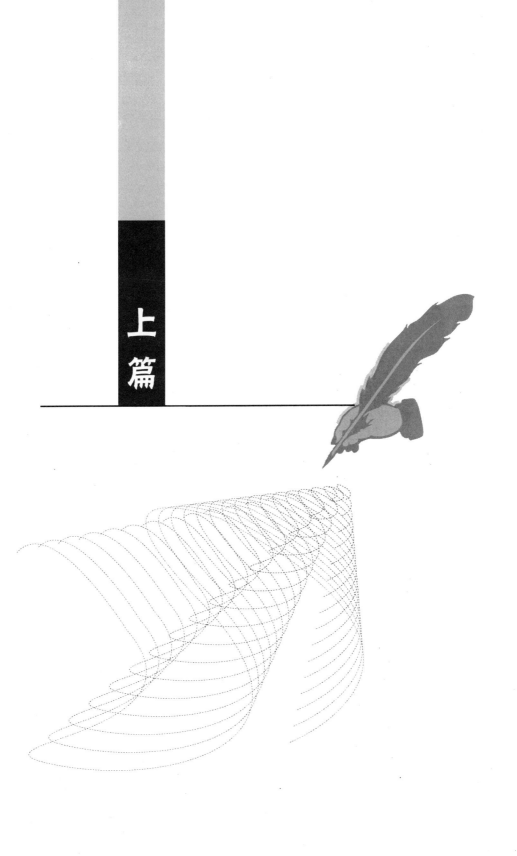

上篇

漫谈我国现代科学小品

黎先耀

一

什么是科学小品？

小品是散文的一种，类似西方的随笔。散文是与骈文、韵文相对称的，无需对偶和押韵，是我国一种有优秀传统的自由体短文。它如行云流水，无拘无束，既可用来写景抒情、叙事记游，也可用来论述说理、格物原道。

科学小品，是以科学为题材的小品文。它区别于一般的小品文，在于它的科学性，它区别于一般的科技短文，又在于它的文学性。它是科学与文艺相结合的一种边缘体裁。

科学小品需要具备科学性、艺术性和思想性，是科学、美学与哲学联姻的产儿。它是认识、诗意与哲理的合金，不同作者写的科学小品，它所包含的这三种成分的比例是不同的，它的社会功能也有差异，但是都可以笼统称之为"科学小品"。

如：文学家写的，茅盾的《白杨礼赞》，巴金的《鸟的天堂》等，文学性就较强。科学家写的，如竺可桢的《唐宋大诗人诗中的物候》，茅以升的《没有不能造的桥》等，科学性就较强。哲学家和政治活动家写的，如艾思奇的《孔子也莫明其妙的事》，陶铸的《松树的风格》等，哲理性、思想性就较强。科普作家写的，如高士其的《土壤里的一群小战士》，董纯才的《我们的两个好朋友》，顾均正的《北京来到了我的面前》，它们所包含的知识、诗意和哲理的比重，作为"科学小品"这种文体，似乎更为典型一些。

科学小品，其质量和水平的高低，主要表现在作者能否运用形象思维和逻辑思维的交错作用，把知识趣味、诗味和哲理意味巧妙地调和起来，写成深入浅出、意新语美、文短情长的散文，能起到增长知识，启迪思想和陶冶情操的作用。

二

我国现代科学小品是怎样产生的？

鲁迅先生曾说，五四以来"散文小品的成功，几乎在小说戏曲和诗歌之上"。这成功的散文小品里，就包括"科学小品"。

林语堂办了"以自我为中心，以闲适为格调"的小品文杂志《人间世》，陈望道针锋相对，办起了"是匕首，是投枪"的小品文杂志《太白》。很多早期优秀的科学小品就是发表在《太白》杂志上的。继承了我国古代优秀文学传统，同时吸收了西方科学营养，而形成的具有鲜明民族特色和进步意义的科学小品，正是五四以来新文学运动这场斗争的产物。我国最早的一支科普作家队伍，就是在这场斗争中组织和培养起来的。

我国科学小品第二次重新繁荣的时期，出现在新中国建立以后，当基本上完成了对生产资料所有制的社会主义改造，党和国家吹响了向科学进军的号角，打算把工作重点转移到技术革命和社会主义建设上来的时候。这一时期出现了一些老科学家撰写科学小品的盛况，同时，也涌现了一批写科学小品的新作家。后来，发生了以《燕山夜话》为代表，同急躁冒进、超越客观规律的严重"左倾"错误进行的斗争。这些科学小品鲜明的辩证唯物主义观点，对当时狂热的主观唯心主义思潮，无疑是一帖清凉剂。令人惋惜的是，这些作品在十年动乱中，曾被当作"大毒草"，遭到了"花下一禾生，去之为恶草"的不幸命运。

党的十一届三中全会作出了把工作重点转移到社会主义现代化建设上来的伟大战略决策，科学和文艺的春天，终于回到了祖国大地，科学小品如同生命力旺盛的芳草，重新染绿了荒枯十年的科普园地。全国报刊发表了不少内容新、风格也新的科学小品，不但原来的一些科普作者又拿起了笔，并且增添了一支范围更为广泛的新的作者队伍。科学小品出现了再一次复苏的新局面，在向社会主义四个现代化进行新长征的途中，起着不可忽视的"轻骑兵"的作用。

从上述我国现代科学小品的发展历程来看，一个很鲜明的特点，就是它从产生起，紧紧地同中国共产党领导下的革命事业联系在一起。它具有辩证唯物主义的思想基础，现实主义的创作方法和为人民大众服务的热烈性格。

战斗的匕首，建设的瓦刀，休息的牧笛，这就是我国现代科学小品的优良传统，也是它的光辉前途。

三

怎样写作科学小品？

具备一定科学知识、写作技巧和思想水平的人，都有写作"科学小品"的条件。

但是要写出优秀的科学小品，则需要有广博的知识文化基础、相当的文学素养和正确的哲学观点。

写作科学小品，首先要广泛收集材料，包括有关学科、科学方法和人物等。一种是间接材料，即书本知识，另一种是直接材料，即深入生活，亲自考察和从事实验。科学小品是文学作品，需要用感情的形象的血肉，把抽象的科学概念的骨骼复原起来，方能使科学小品写得生动活泼。

收集的科学材料，要注意鉴别其正确性。科学小品的时代感，首先表现在所用学科材料是最新的，至少不能是过时的。

收集材料以后，就要选择主题。科学小品的现实性，主要表现在为当前实现四个现代化建设服务。如最近几年来，我国报刊上发表的科学小品，关于生态平衡、保护资源与环境和优生方面的，占相当大的比例。这说明自然保护和人口问题是我国社会主义建设中一个极为迫切的课题。

主题选择以后，就要精心写作。科学小品的特点是小中见大，快中出新，雅俗共赏。要使主观的思想感情同客观的自然规律交融起来，把叙事、抒情和说理渗透起来，达到科学性、文学性和思想性的有机结合，这是需要作者下功夫的。

四

现在为什么要提倡科学小品？

（1）在建设物质文明与精神文明的工作中，科学小品既能增知益智，又能培养情操，是很好的宣传形式。

（2）在现代各门学科互相渗透的情况下，科学小品非驴非马的边缘文体，对普遍提高人民的科学文化水平，破除迷信，宣传唯物辩证法，是很适宜的工具。

（3）科学小品短小灵活，不拘一格，在生活和工作都很紧张的今天，可以有较多的人来写，也可以有更多的人来读，这是一种很经济、实惠的精神食粮。

原载《评论与研究》第 2 期（1982 年）

科普作译者的一项基本功

陈　渊

新中国成立以来，外国科普读物的引进工作始终受到很大的重视，20 世纪 60 年代以前，曾经引进过不少好作品，对于借鉴外国的科普创作经验，促进和繁荣我国科普创作，普及科学技术知识起了一定作用。十年动乱的波折，使外国科普作品的引进几乎完全中断，变得无声无息，近年来，随着各项工作的恢复和发展，外国科普作品的翻译引进重新受到重视，又大量引进介绍了不少比较好的外国科普作品，这是十分可喜的现象。然而，毋庸讳言，我们对于外国科普读物引进和比较科普的理论研究，相对说来却比较薄弱，研究工作的基础——资料的调查、积累、整理和分析，虽不能说进展不大，但毕竟远远不够，在科普作品的译者、编辑出版者中，也还未引起足够的重视。特别是由于资料的查证和积累中断十年，在引进工作中，一般译者和出版者难免有些情况朦胧、菁芜难辨，因而产生了盲目引进、重复摘引，乃至一窝蜂抢选题、赶热闹等混乱现象。在这方面，同行相聚，颇多同感，也不无经验教训。笔者有感而发，总觉得现在似乎应该提倡提倡在引进工作中做一些基本情况的调查研究。

（1）首先应该重视外国作家情况和相关史料的调查，尽可能按人立档。这种调查有助于我们明确引进外国作品所应掌握的政策界限。无论是译者还是出版者，对待外国作品似乎都不该采取"拉到篮里都是菜"的轻率态度。在确定选题和决定翻译、编译之前，最好先查查有关作家、刊物在国外所处的地位和影响，了解其背景和政治倾向。有些昙花一现的作家或刊物，已被淘汰，选题时就宜特别慎重，免得造成不利的国际影响，有些虽属名家名刊，颇有影响，但引进或评价不当，也往往会使我们犯错误。一般说来，国外的政治背景比较复杂，因此有必要特别注意有关作家或刊物是否有过反华反共倾向。例如被誉为美国黄金时代的四大科幻名家，不仅写科学文艺作品，也写科普文章，其中 A. E. 范沃格特所写的作品多数情节生动，内容也很难说毫无科学推理或一定的知识性，表面看去，似乎很有吸引力。前两年就有些译者热心向笔者推荐这位作家。但是，调查一下，就不难发现，连国外都认为此人在政治上是个敌视我国的分子。他在一篇名为科学小说的作品中就曾直接对我国进行政治影射和恶意攻击。如不调查研究，难免使我国蒙受政治上的损失。可见，对这些基本情况的了解尽管不是翻译工作本身的组成部分，却是必不可少的一项重要工作，断不能等闲视之。

（2）还应注意作品本身的性质、背景和内容中的倾向。这类调查有助于我们明确引进国外作品所应掌握的内外有别的界限。有些地理知识和游记类读物，国外作品中往往夹杂着有损我国利益的观点或资料数据。对于这类性质的作品就应特别查一查背景和有否涉及敏感问题。有些诸如经济地理、国界、资源考察等模糊观点和资料的使用，在国外可能有背景，原文在国外流传，有的可能我们管不着，翻译引进却等于默认。科学文艺作品，了解背景、分析倾向也不容忽视。例如，世界著名作家乔治·奥维尔以科幻手法写的《动物饲养场》和《一九八四》两部作品，在国外被推崇备至，但其背景和内容倾向却显然是通过科学小说进行政治影射。即使是纯属科普知识的作品，如青年心理学、人体健美之类，内容讲的是科学知识，包括性的教育，在国外可以大量发行，毫无选择、不予过滤、全盘照译地引入国内，却不合我国国情，客观效果也不好。所以查一查作品的性质何所属，背景和内容倾向又如何，是十分重要的。

（3）还应包括了解国外评论界的反映。这种调查有助于消除引进国外作品的盲目性，明确区分精华与糟粕的界限。例如，我国读者十分熟悉的科普作家阿西莫夫，尽管写过不少好作品，却并非阿氏笔下无次品，国外也绝非篇篇作品无争议。在评介这位作家及其作品时，似宜掌握一定的分寸，不要捧得过高，评价过火。对于科学性有误漏或观点靠不住的，只要注意查查反应和评价，不难发现。同样，严肃作家的得奖作品，国外评论界也不乏中肯的批评。例如，严肃硬派作家海因策因，50年代末期以后写的作品（其中包括得奖作品），有的就被批评为具有军国主义、法西斯主义倾向和过分渲染性的变异以及宣扬性爱自由。尽管这类评论不多，调查时却不宜忽略，更不能因为是得奖作品就一切放心。至于特异功能、超感觉能力和意念致动之类的作品，姑且不论值不值得少数人作为了解国外动态和研究倾向而确定课题加以研究，仅就前阶段作为"科普"而大量刊载这一事实来看，无论是国内的还是国外的，确是很热闹了一阵，弄得人眼花缭乱。其实，国外针锋相对的评论本来就不少；不知为什么竟视而不见。估计这可能与未认真调查，不了解评论界、科学界的反应有关。所以，不调查研究，不了解评论界的反应，往往容易陷入盲目性。

（4）还应注意不要忽视相关学科和国内外学术或技术发展动态的比较调查。这有助于我们辨明引进外国作品的实际价值，明确引进的轻重缓急、当与不当、先进不先进的界限。有些中级科普或应用科学的科普作品，有的已经过时，有的不一定适合我国实际需要，有的是"墙里开花墙外红"，我国已有成果，宣传不力或不及时，反不及国外。如不查一查，比一比，往往长他人的志气、灭自己的威风，陷于被动。这类例子无需一一列举。此外，相关学科的动态调查也很需要。例如，1981年曾有人重点推荐一篇国外"数理语言学"的中级科普文章，就其本身内容而论，"言之成理，持之有故"，很容易赢得读者的赞赏，但一查相关学科的文章，才知文中引证的理论，在国外学术界处境十分不妙，至少是争论很大。如果在遇到牵涉到其他学科的科普读物时能对口调查一下，查查相关学科的文章，就能避免使读者走弯路了。

综上所述，不难看出，外国科普作品的翻译引进，绝不仅仅是一项简单的外译汉文字工作。能不能坚持搞一点必要资料的积累、整理和分析研究，建立档案，这不仅与科普创作研究工作的质量直接相关，而且与国外科普作品引进工作能否坚持四项基本原则直接联系在一起。应该说，养成调查基本情况、坚持资料工作先行的习惯，是每一个科普作译者从事创作或研究的一项基本功。笔者热切希望，科普作协的会员同志们，特别是从事外国科普作品研究工作的同志，平时多做有心人，大家都来关心资料档案的建设。

原载《评论与研究》第 2 期（1982 年）

引进国外优秀数学科普读物小议

谈祥柏

（一）数学的地位与作用

能量、材料与信息号称人类文明的三大支柱。有人估计：目前信息科学的发展水平只相当于能源的青铜时代。"良夜骊宫奏笙簧，无端烽火烛穹苍，可怜列国奔驰苦，止博褒妃笑一场"，烽火报警，这是人类最早的通讯方式——光通讯。后来，发展到电通讯，将来随着光缆与光导纤维的大量生产，人类又要回到光通讯。光——电——光，这不是复古，而是螺旋式的上升。人类文明现在正处于一个飞跃发展的新阶段。数学属于信息科学的范畴，它的作用与重要性正在与日俱增。有句老话说："数学是自然科学的女王"，这未免有点抬高自己，贬低他人的味道，我们不能人云亦云，但有的说法倒是意味深长的，譬如说：

"数学——宇宙生物的语言，

物理——高度文明的见证，

艺术——人类文明的盛装。"

它提到了真、善、美之间的关系。当代科学技术的规模比牛顿时代扩大了六个数量级，而科学发展的一个特点是：一切科学技术（甚至包括文学、艺术与社会科学）的日益数学化，这是联合国教科文组织前几年在一个报告中指出的。一百多年前，恩格斯曾经用下述语句来形容数学的应用："在固体力学中是绝对的，在气体力学中是近似的，在液体力学中已经比较困难了，在物理学中多半是尝试性的和相对的，在化学中是简单的一次方程式，在生物学中 =0"（恩格斯《自然辩证法》），这无疑是当时的实际情况，然而现在则应用数学的面貌却已根本改观了。且不说在物理和天文学中，数学的应用已经似影随形，须臾不离，在化学中亦已用到矩阵、图论等高深数学工具。

甚至在生物学中也已经运用数学方法去研究生理和病理现象、神经网络、生态系统以及遗传规律了。CT 技术的突出成就，使医生能够轻而易举地确诊体内的各种病变，而其根本原理正是数学上的"从射影重建原像"。现已出现了一大批新兴的边缘学科，如，数学生态学、数学地质学、计量诊断学、数理语言学等等，可以毫不夸张地说一句：数学已经渗透到人类生活的每一个角落，从宇宙火箭到小孩玩具。

学习数学，其目的绝不是为了要把每一个人培养成为数学家。一部科学技术的发展史早已充分说明了数学与开发智力的密切关系。古今中外都有不少例子。爱因斯坦归功于他小时候所受到的欧几里得平面几何的严格训练，模糊数学的创始人查德也有这种说法。事实上，计算能力、逻辑推理能力、空间想象能力、记忆力、联想能力、模型构作能力……这些智力的重要因素几乎都与数学有关。

（二）数学科普读物的引进

我国数学在古代确实处于世界领先地位。早在毕达哥拉斯以前就发现了勾股弦定理，早在巴斯噶以前许多年就发现了杨辉三角形。但明、清以后由停滞不前而日趋落后。新中国成立后在党的正确领导下，出了许多人才，取得了很大成就，在某些领域也还居于领先地位。但不容讳言，我们也不能盲目自满，妄自尊大。我们毕竟没有出现过像高斯、欧拉、伽罗华、拉普拉斯等这样一些整整开创一门数学分支的大师。特别在应用数学方面，我们的力量更加显得薄弱，有许多重要部门或新兴的边缘学科，研究者寥若晨星，甚至还是缺门。以上情况，已经表明我国的应用数学远远不能跟上"四化"的步伐，迫切需要改变。

数学是我国人民特别爱好的学科。现在，中学里的所谓"尖子"学生中，喜爱数学的人占第一位。那么，上述现象之产生，又如何解释呢？我们认为，这与青少年时期缺乏优秀的课外读物，因而眼界不宽、思路不广有很大关系。而我国对于国外科技的引进工作做得不很好亦是一个重要原因。日本历史远较我国为短，早在隋、唐时期，他们就派出许多使臣，学习先进的中原文化。19 世纪明治维新时，又大力向欧美国家学习，从而迅速赶上了时代前进的步伐，使日本跻身于经济大国之列。这样的历史经验，委实是值得我们深思的。

作为数学优秀读物的引进，日本已有许多成功的经验，"他山之石，可以攻玉"，可供我们借鉴，为了便于探讨，下面想提供一些素材。

①中小学的教材，如英国的 SMP，美国的 Mcmillian 系列教科书，日本的新数学等，它们都是经过教学改革的产品，打破了几何、代数、三角等传统数学的界限，下放许多现代数学的知识、内容，与今后我国改革自己的中小学教材，关系甚为密切。

②就广义来说，各类大百科全书其实也是科普性质的书籍。《大英百科全书》、《优等生百科全书》等收有不少精彩条目，亟应早日译出。以前，在60年代，曾由商务印书馆根据《苏联大百科全书》中的数学条目译出后出版小册子，极受欢迎，可惜后来因故中断，没有继续做下去。

③像法国佛拉马里翁（Flammorian）的《大众天文学》（我国早有李珩先生的译本，共三卷）一样，数学领域里也有一些"跨越世纪"的名著，例如《数学拾零》（*Mathematical Recreations and Essays*）自19世纪60年代问世以来，至今已出了30余版。作者去世以后，该书仍由著名数学家修订，并经常补入新的材料。此类书籍，还有《数学世界》、《数学的乐趣》、《数学是什么》等。

④成套的数学科普作品。50年代，符其珣同志曾将苏联别莱利曼的《趣味代数学》、《趣味几何学》等成套著作译成中文，累计印数达百万册以上，现在，教育战线上的许多中年骨干教师，对此还留有深刻印象。这里我想提一下世界闻名的、美国著名数学科普作家马丁·加德纳（Martin Gardner）。他从1956年起一直写到现在，仅他的单篇作品（每月一篇，连续发表于《科学的美国人》杂志，从不间断），已达200万字以上，全部作品的分量大约有《红楼梦》的四倍。最近上海一家出版社译出了他的一本书《啊哈、灵机一动》，大受欢迎。《计算机世界》称他是电子时代培育灵感的工程师，评价甚高，他的许多著作，在日本差不多都已译出，还打算出全集。我们既打算在科技上赶超人家，这类信息是不能不予以认真对待的。

⑤高、中级科普期刊上的专栏，除上面提到的《科学的美国人》杂志以外，还有联邦德国《科学画刊》、（*Bild der Wissenschaft*）上的"数学珍奇"专栏，以及日本的《科学朝日》等杂志。

⑥在应用数学领域里有一些题目特别引起社会各阶层的关注。例如目前已有大量机器人投入工业生产，被认为是"工业革命后最可怕的事态发展"，机器人不拿工资，不需吃饭，不要劳保福利，又能在危险、有害的环境下连续工作，不论我们赞成也好，反对也好，它的发展已经不受人类主观意志的

转移了。制造高级机器人，就必须研究"人工智能"。数学家明斯基就是人工智能的早期研究者之一，现在已有不少优秀的教科书与科普书，但在我国目前，却几乎连一本都没有。这类科普书的翻译、引进，已经是刻不容缓的事情。

（三）组织翻译队伍问题

首先，各出版社要端正认识，改变以往那种大量出"题解"，"投考指南"一类的偏向。大量事实表明，这类书出多出滥了，反而会形成滞销。而科学性强、趣味盎然、能提高智力的一些科普读物，倒是能够经受得住时间的考验的。

其次，要由各地区的学会来组织，确定并向出版单位推荐选题，呈现一个"百川汇海"的局面。

最后，是否可以考虑建立一支专业的科普翻译队伍问题，例如像编译馆之类的机构。这样，可以使目前一些使用得不甚得当的人才集中起来，不失时机地翻译、引进一些对我国四化事业起作用的国外优秀著作，也有利于培训下一代科技翻译人才。开始时，规模宜小不宜大，人员必须高度精干。

原载《评论与研究》第 2 期（1982 年）

盖莫夫科普作品的特色

暴永宁

乔治·盖莫夫是位第一流的科学家，在物理学（包括天体物理）和生物学方面都作出了重大贡献。他做出了对 α 衰变的量子隧道效应解释，揭示了粒子的核共振，提出了 β 衰变定律，天体热核反应的若干机制，星体演化的中微子理论，还提出了生物遗传的三联密码假说。对于第一台人工加速器的出现，他也作出了一份贡献。特别突出的是，他发展了勒梅特（Le Maiter）有关宇宙起源的宇宙膨胀理论，这就是众所周知的"大爆炸理论"。它已成为目前呼声最高的宇宙起源假说。根据这一理论，盖莫夫又推断宇宙空间应存在各向同性的剩余背景辐射，这一点已于 1965 年被彭齐亚斯和 R·W·威尔逊的观测结果证实；这两个人因此得到了 1978 年诺贝尔物理奖（此时盖莫夫已经去世）。

然而，他作为科普作家的名气更响亮。自 1941 年他发表了第一部长篇科普作品 *Mr. Tompkins in Wonderland* 以后，科普文章和中长篇科普著作便不断问世。在他 20 多年的科普创作生涯中，共出版 30 篇中、长篇作品，其中他本人比较满意的有（有中译本者其译名附后）：

Mr. Tompkins in Wonderland

Wr. Tompkins Explores the Atom

The Birth and Death Of the Sun（《太阳的生命》）

Biography of the Eerth（《地球传》）

Atomic Energy in Cosmic and Human life（《原子能、宇宙及人生》）

One，Two，Three…Intinity（《从一到无穷大》）

Oreation of the Universe

Matter，Earth and Sky

Biography of Physics（《物理学发展简史》）

Gravity

A Planet Called Earth

A Star Called the Sun

Mr. Tompkins in Paperback（《物理世界奇遇记》）

Thirty Years that Shook Physics：The Story of Quantum Theory

此外，他还写过六七十篇专题科普文章，发表在诸如《科学美国人》、《自然》、《美国科学家》、《今日物理学》等格调很高的杂志上。由于他对科普工作的贡献，联合国教科文组织授予他 1956 年度的卡林格奖。

翻阅一下盖莫夫的作品，便不难发现他创作取材的广泛。自然科学的六大基础科学（数学、天文学、物理学、化学、生物学、地学）都是他的写作内容。就以《从一到无穷大》一书为例，他便写进了数论、无穷代数、概率论、多维几何、拓扑学等数学内容；原子结构、相对论、核反应、测不准原理，加速器家族等物理学内容；元素周期律、古代炼金术、原子分子论等化学内容；生物遗传过程、细胞构造与繁殖、染色体、基因、变异规律等生物学内容；康德、布丰、拉普拉斯的太阳系起源假说、魏扎克的太阳系形成理论、哈勃的宇宙膨胀发现、天文测量原理等天文学内容；以及地球概念的演变和证明、地磁现象等地学内容。在 *Matter，Earth and Sky* 一书中，他对天文学、地学和物理学各个分支的主要内容及发展过程都有详细叙述。即使是一篇短小的专题文章——如发表在《科学美国人》上的 *Uncertainty Principle* 其内容也都是十分丰富充实的，在约四个版面的文字（除去插图之外）中竟把自普朗克起到狄拉克的几次重大飞跃，以及哥本哈根学派的哲学思想进行了全面叙述。

不过，好的科普作品，除了应包含丰富的、正确的科学内容外，还应至少具备下面这几项特点中的一项。这几项特点就是：通俗易懂、有启发性、形式活泼、文笔生动。难得的是，盖莫夫的作品，竟能兼四者而有之。

对于每一个科学上的概念或定律，盖莫夫总是从生活中大家熟知的现象入手谈起，应用的比喻也多是浅近的。因此读者不但容易理解和记忆，也容易在其影响下，去注意观察和分析周围的世界。比如，他从过生日这个人们司空见惯的例子讲起，经过十分简单的连小学生都能理解的解说和计算，将古典概率论中几个根本性概念——完备事件、独立事件、条件概率等一一介绍给了读者，又从中得出了令人意外的结论：任意 24 个人中，有同一天生日的概率要大于各不相同的概率。这自然会引读者的注意和兴趣。又比如，他通过对醉鬼走路这个人们所熟悉的形象例子入手，通过扼要的分析，得出了扩散定律的重要公式，并说明了这种公式精确成立的条件。至于贴切形象的比喻，则更是俯拾即是了。他把受热固体晶格中的离子或原子比喻为"被短链子拴住的狂怒的狗"，把汤姆逊的原子模型比喻为西瓜，把质量周围的局部空间弯曲比喻为人脸上生的粉刺……都是寥寥数语，便给人以深刻印象。

盖莫夫作品中的内容虽说包罗万象，但并不是简单罗列科学事实的剪贴簿，更不是信口开河的"山海经"，而是既有事实，又有分析和归纳的大观园。看过他的书，绝不仅仅是记住一大堆科学结论和史料，还能对具体事实后面的、高于事实本身的道理和规律有所解悟，而这才是更重要的东西。看了他在书中列举的反证法的例子，必然会感到逻辑的力量和美，读过他对生命规律从宏观到微观的一步步剖析，必然会对书中的结论——越是带根本性的规律，其数学形式也越简单——反复玩味不已，他对微观世界量子力学规律的种种阐述，也自然会使读者对量变——质变的深刻规律有相当的认识。

在内容的安排组织上，盖莫夫往往更别具匠心，不拘一格。《物理世界奇遇记》就是出色的例子。在这本书里，作者介绍了狭义相对论、广义相对论和量子力学的基本概念，以及基本粒子和天体物理的一些最新（当时的）知识。这个任务是十分巨大的，太抽象了会削弱趣味性和通俗要求，只用比喻又会使读者茫然无措。大概正是由于量子力学的这种"学院式"面孔，将广大读者拒之于千里之外。最大的困难在于微观世界和宏观世界是有极大不同的，宏观世界中被接受的、被当成真理的、屡试不爽的概念和定理，到了微观世界中却成了荒谬的偏见。因此，用生命中的例子来说明科学道理这一通常是十分有效的方法，如今反而变成了一对矛盾的存在。针对这一矛盾，盖莫夫采用了浪漫手法，以一个门外汉为线索（他本人的存在实际上是无足轻重的），让他在各种不同的环境下去不同地方——都是与宏观世界大不相同，而且只有某一个微观物理定律起突出作用——游历，组成了 12 个相互独立的小故事。故事的情节表面上看起来相当虚幻，但通过各种虚构的角色现身说法（神父、牧师、细木工匠、妖怪、会说话的海豚和电子等），将弯曲空间、大爆炸理论、测不准原理、核子交换力等概念做了阐述，巧妙地解决了宏观事实与微观理论之间的不合拍现象。这 12 个故事讲述的内容不同，编排的形式也不同，使全书的基调活泼多变，给人以新鲜有趣之感。对于最艰深的几个部分，作者还特地加了几章严肃（当然并不因此而呆板）的论述，以满足部分读者进一步的要求。在盖莫夫的其他作品里，活泼多变的风格也很突出。他会从一个故事开始，从中引出某个概念来（《从一到无穷大》中讲述"虚数不虚"的一段）；也许从某个科学家的经历讲起，讲到他的重大发现（如《物理学发展简史》中对德布罗意生平的介绍）；也许又以对话的形式阐明某个问题所要求的条件（如 *Puzzle Math*）中出生的概率一节），等等。

以文字功夫见长，更是盖莫夫的出色之处。在他的作品中，小故事、幽默诗、俏皮话、逸事、掌故、妙语警句比比皆是。信手拈来涉笔成趣的随笔也到处可见。提到一座绞架，使用字形颇为相似的希腊字母"r"记之；讲到有限的原子可组合成无限的不同物质时，便列举了字形相近、读音相似，但性质相去甚远的几组物质：butter and water, oil and soil, bone and stone, tea and TNT，讲到要看清远处物体的立体层次，须加大两眼间的距离时，又赶快安慰读者说无需动眼球手术；提到苏联在 60 年代初建成了一座名叫"赫鲁晓夫加速器"的装置时，又顺便加了一句"现在大概改名为'勃列日涅夫加速器'了"，等等。

在盖莫夫的科普作品中，还有几个独具的特点，也是很值得推崇的：

许多科普作品对数学都是敬而远之的，至多只是涉及一些有关几何及代数的初等内容。这是因为，不少科普作家认为，数学内容太枯燥、艰深和抽象，会把读者吓跑。因此在《数学万花镜》一书的扉页中，便出现了这样的引语："数学这个东西是太枯燥了，因此一旦可能，千万不要放过把它弄得生动些的机会"。盖莫夫却另有见解。作为理论物理学家，他深知数学对整个科学世界的巨大的、无法替代的作用。他还认为，与其他学科一样，数学的基本原理，往往并不是拒大多数人于门外的森严壁垒，只要敢于挣脱传统知识的局限，还是不难理解的。把数学和公众隔开的，倒往往是为了严格证明和推理所用的大量术语和符号语言。其实，为使公众欣赏到数学殿堂的宏大与美丽，是可以不通过术语和等号组成的"建筑图纸"，而直接去感受的。盖莫夫在自己的作品中，正是这样做的。他把拓扑学原理、多维几何，甚至无穷代数这些普遍被认为十分艰深的内容给予了介绍。另外，在许多物理内容中，他也融合进许多有关的数学知识，因此使读者对于许多重要物理公式——如菲涅耳以太曳引公式、流体中刚体的阻尼公式，熵的微观表达式等，能有更深刻的记忆和理解。盖莫夫的这一做法，无疑在读者心目中加强了数学重要性的地位，也使自己的作品达到了进一步的深度。

好的插图往往比文字更能一上来便抓住读者的注意力，并能在许多难于用文字表达的地方发挥独特的作用。这也已是如今科普作品中出现越来越多的插图和照片的原因。盖莫夫充分发挥了插图的作用。他的各种著作都有大

17

量的插图（多的可达 128 幅），而且，这些插图大都是他本人画的。这些插图并不十分精美，而他本人也并不是什么纯熟的画家，但是，自己给自己的著作作画，无疑地使他在科学地表达原意上获得了更大的自由。因此，他的文字和插图像是左右手一样和谐地配合在一起，互相烘托，相得益彰。在他讲拓扑变换时，就画一个将人体由内向外"翻转过来"的插图，这样的图画，一般的艺术家是无法画出的，而一本正经的数学家们却往往根本想不到去画这种画（《从一到无穷大》图 20）。在讲述分子热运动的特点时，他也加进一幅摄影师给分子拍照的插图。开始，分子们乖乖地等候拍照，随着热运动的出现和加剧，分子们开始不安了，而且最后竟变得无法无天。插图的科学性很强，但又同时加了两个有趣的处理，一是将分子画成略具人形——但又确实是分子结构，二是加进了一个摄影师，他的表情从满意，到无可奈何，到逃之夭夭，看了使人忍俊不禁（《从一到无穷大》之图 80）。在盖莫夫的早期作品《Puzzle Math》中，插图是由别人代作的，尽管画得很美，对数学内容却无甚裨益。故而盖莫夫决心自己亲自作插图，效果果然大有起色。

　　盖莫夫作品中穿插了不少科学家的逸事。这些逸事，大多是从他与这些科学家朝夕相处的工作和生活中积累起来的丰富素材中精选出来的，因此不但有趣，还真实而又有代表性，与一些作品中根据辗转相传得来的，甚至是附会而得的所谓轶事（诸如牛顿给两只猫开了两个出入孔洞，玻尔将啤酒当作重水带到瑞典之类）有着根本的不同。比如，在讲到狄拉克的成就时，又提到他在讨论中几乎不假思索地便纠正了别人在叙述中的逻辑缺陷，以及他看到别人打毛衣，便由其编结动作中推断出还应有一种编织手法，这两个故事本身既有趣，又从侧面衬托了他的敏捷、认真，以及超人的抽象思维能力——这在他的科学成就中也表明得十分突出。对于玻尔，盖莫夫在不同作品中也穿插了许多有关他和其他科学家共事的故事，多次证明他的认真、平等待人以及肯帮助人等美德，这对了解玻尔为什么能在自己周围聚拢来如此众多的优秀科学家，形成"哥本哈根学派"，而这些科学家又心悦诚服地接受他的领导，做出了数量和质量上都史无前例的成绩，无疑是很有帮助的。

　　盖莫夫的著作还有一个可贵之处，就是把自己的科研工作直接向公众进行通俗性的介绍（在这一点上，他和丁达尔、弗拉马利翁等科普名家不同，和戴维尔倒比较相像）。这不但体现在他的科普作品中，就连他的许多科研专题论文，也带有浓厚的通俗性（他的重要论文《化学元素的起源》、《宇宙的历史》就是如此）。直接向公众介绍自己的科研成果，无疑比通过他人——特

别是非专业科技人员出身的供稿人——更准确可靠，当然，时间上的迅速也
是优点之一。

　　盖莫夫的科普作品在国际上享有广泛的声誉，他的多部作品都多次再版，
并被译成多种文字。包括爱因斯坦在内的许多科学家都高度评价他的科普作
品。目前，日本等国已将盖莫夫的科普著作全部翻译出版。我国目前只译出
六种，原文收藏也不全。如能将盖莫夫的作品搜集齐全并翻译出版，将会是
一件很有意义的工作。

　　　　　　　　　　　　　　原载《评论与研究》第 3 期（1982 年）

读书·教书·写书·做研究工作

严济慈

一

读书主要靠自己。有好的老师当然很好，没有好的老师，一个人也能摸索出适合自己的读书方法，把书读好。像任何事物一样，读书有一个从低级向高级发展的过程，这就是听（听课）——看（自学）——用（查书）的发展过程。

听课要抓住重点，弄清基本概念，下课以后光靠死记硬背、应付考试不行，我主张多做习题。做习题可以加深理解、融会贯通，锻炼思考问题和解决问题的能力。一个题目做不出来，说明你还没有懂，即使所有题目全都做出来，也并不一定说明你全懂了，因为做习题有时只是在凑凑公式而已。如果知道自己懂在什么地方，不懂又在什么地方，还能设法去弄懂它，到了这种地步，习题就可以少做或不做。所以有的教科书就根本没有习题。所谓"知之为知之，不知为不知，是知也"，就是这个道理。

到了某种时候，课程都不一定去听，自己能看书，又掌握了工具，包括文字和实验的工具，就完全可以自学。一本书从头到尾循序看下去总可以看得懂。再进一步，你也可以不去多看书，因为世界上的书总是读不完的，一个人总不能当一个会走路的图书馆。这时就要学会查书，一旦要用的时候就可以去查。在工作中，在解决某个问题的过程中，需要某种知识，就到某一部书中去找，查到你要看的章节。遇到看不懂的地方，你再往前翻，而不必逐节从头到尾去看完整部书，如果"闭上眼睛"，能够"看到"某本书在某部分都讲到什么，到要用的时候能够"信手拈来"，那就不必预先去看它、背它了。事实上，许多书只是备人查，而不值得供人读的。

这种由听到看再到用的读书的发展过程，用形象的话来说，就是把书

"越读越薄"的过程，因为一本书中真正有用的东西就只那些，你把它们掌握了也就可以运用自如了。

我们所谓懂，也大有程度之不同。往往对某个问题理解得更透彻或更全面时就会承认自己对这个问题过去没有真懂。现在，真懂了吗？可能还出现"后之视今亦犹今之视昔"。所以懂有一个不断深入的过程。懂与不懂，只是相对而言的。

每个人都要摸索适合自己的读书方法，要从读书中去发现自己的长处，进而发扬自己的长处。有的人是早上读书效果好，有的人则是晚上读书最好，有的人敏捷，眼明口快，有的人却十分认真、严谨。总之，世上万物千姿百态，人与人之间也有千差万别，尽管同一个老师教，上同样的课，但培养出来的人总是各种各样的，决不会是一个模子铸出来，像一个工厂的产品，完全一个模样。

归根结底，读书还是靠自己，要靠自己下苦功，要靠自己去摸索和创造。我这样说并不是说老师不要了，或不重要。

二

教好书是老师的天职。要教好书，除要有真学问外，一要大胆，二要少而精，三要善于启发学生，识别人才。教书首先要大胆，中青年教师尤其要注意这点。上了讲台，拘拘束束，吞吞吐吐，照本宣科，或者总是写黑板，那就非叫学生打盹不可。就像演员一样，不管是唱京戏，演话剧，上了台就要摆出"老子天下第一"那个样子，要"目中无人"，要用自己的话把书本上的东西讲出来，要发挥，要有声有色。这时，你才能手舞足蹈，眉飞色舞，同学们看你的眼色神情在变化，才能被吸引住。要做到这一点，诀窍就是讲课不要现准备，现讲。要做到需要准备才能讲的不要讲，不需要准备就能讲的才讲。要融会贯通，能从头讲到尾，也能从尾讲到头，能讲一年之久的课程，也能把它在一个月内讲完，能详能略，能长能短。总之一句话，必须真正掌握了自己所要讲的课程的全部内容。怎样才算真正掌握呢？要像杂技艺人玩耍手中的球，抛上接着，得心应手，可以随便怎么玩都行，这才算真正掌握了。又如何才能做到真正掌握自己所教的课程呢？必须自己知道的、理解的东西比要讲的广得多、深得多。

认真掌握，大胆教书，用自己的话讲课，就像我现在讲话这个样，随口可以说出来，才能做到毛主席讲的"少而精"，深入浅出。老实说一句，如果你只会照书上讲，你讲一小时，学生自己往往看半小时就够了。好的老师，虽曾写过讲义、著过书，讲课时也不会完全照着自己的书和讲义去讲。这是什么道理呢？比如一本小说，改编成一出戏，不过是三、五幕，七、八场。从第一幕末到第二幕初，中间跳过了许多事情，第二幕开始，几句一交代，观众就知道跳过了什么情节，用不着都搬到舞台上来嘛！搬到舞台上的总是最精彩的段落，最能感动人而又最需要艺术表演的场面。看戏的人觉得这戏好，当场就会鼓掌，不会在看戏时打瞌睡，第二天一觉醒来，才觉得昨天的戏真好。这和看小说不同。小说有时看看停停，停停看看，看了几遍之后，才觉这部小说写得真好。所以著书类似写小说，教书类似于演戏。

好的老师还要善于启发学生，善于识别人才，因人施教，把他们引向攀登科学高峰的道路上去。你到讲台上讲一个基本概念，就要发挥，要联想，要举一反三，要引人入胜。这个问题是怎样提出来的，又是怎样巧妙地解决的，与它类似的有哪些问题，还有哪些没有解决？这样一步步地把学生引入胜景。现在的大学生素质好，肯努力，很有雄心壮志，男的要做爱因斯坦，女的要当居里夫人，做老师的要竭尽全力帮助他们成才。如果一个青年考进来后，一年、二年、三年，雄心壮志不是越来越大，而是越来越小，从蓬勃向上到畏缩不前，那就是误人子弟，对不起年轻人，对不起党和国家。这是我们当教师、办学校的人所应当十分警惕的！

三

一个老师把书教好了，到一定的时候，就要自己写书。可以说，写书是教书的总结。

写好一本书，意义十分重大，因为学生都将很认真去读它，何况还有社会上的广大读者。写书与教书一样，首先要大胆，这是我亲身的体会。1923年，我大学还没毕业，就写了两本书，一本是《初中算术》，一本是《几何证题法》，商务印书馆多次再版，销路很广，影响很大，直到现在，人民教育出版社还要求我把后一本书译成白话文出版。去年3月21日《人民日报》登了一篇报道，其中说到一个年轻人经常去北京图书馆仔细阅读我写的《几何证题法》，原来他就是全国数学竞赛第二名，叫严勇，有的人还以为是我家里的人哩。抗战胜利后到新中国成立前夕，我又写了大学普通物理学以及高中、初中的物理教科书，其实这中间近 30 年，我只在 1927 年教过一年书。凭什么能写教科书呢？就是靠大胆。我看你们在座的都可以写书，可以写几十本、几百本，总比我 23 岁时高明嘛，看来还是你们思想不够解放。去年五届人大二次会议期间，大连工学院某位教授对我说："我新近读了你著的人民教育出版社出版的《热力学第一和第二定律》，才知道自己过去并没有真懂这两大定律"。这虽是过誉之言，确也反映一个通常情况。

要写好书，应该写出自己的风格，就是要用自己的话去写，绝不能东抄西袭，剪剪贴贴。我写一本书之前，先翻一些参考书，但是动笔之后，就不再看书了，一口气写下去，可以说是"一气呵成"。这就好像是蜂酿蜜，蚕吐丝，蜜蜂采的是花粉，经过自己酿制之后，就变成纯净的蜂蜜，桑蚕吃的是桑叶，经过自己消化之后，就成为透亮的蚕丝。采花酿蜜，可说是千辛万苦，吐丝结茧，真正是"一气呵成"。何谓写出"自己的风格"？就是"文如其人"。当别人看你写的书时，就好像听见是你在说话一样，而不会感到是别的什么人在说话。要做到这一点是不容易的，但我们要朝这个方向去努力。

四

什么叫做能做研究工作，能独立进行研究工作，或者能指导研究工作呢？我认为最主要的标志是看他能不能找到一个合适的研究题目，就是找到一个经过努力近期内能够解决的研究题目。初级研究人员就是要在别人给他指点的领域、选定的题目下完成一定的研究工作。中级研究人员应该自己能够找到一个合适的研究题目，并能独立地解决它。高级研究人员则应该能给别人指点一个合适的领域或题目，但这个题目也不能是经过十年、二十年都没有希望解决的那类问题。因此，找一个好的导师是很重要的。找怎样的导师好呢？是年老的，还是年轻的？我说各有各的好处。年轻的导师自己正在紧张地做研究工作，到 8 点钟你去上班就行，该做些什么，导师早已为你安排好了。也许一年半载就出成果，他和你联名发表论文，但你可能莫名其妙，甚至还不知道这是怎么回事，也不明白它的意义。你的导师也许把你作为劳动力来使用了。你的工作要是在国外做的，回国后要想重复，可能也做不起来，因为仪器设备的建设也是你导师搞的。如果导师是老的，他名气很大，也很忙，你三个月不去实验室他也不管你，三年不出成果也不找你。遇到困难只好自己去克服。也许你做出了成果，请他看一下，他还可能没工夫，要等到

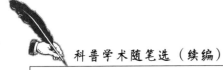

下一天。倘使被他发觉你会弄虚作假，他一定下令鸣鼓而攻，把你一脚踢出实验室的大门。跟这样的老先生也有好处，因为与他打交道的大都是当代名家鸿儒，你工作在那里，他们来参观，握个手，点个头，问答几句，可以受到鼓舞启发，增强你克服困难的信心。

做工作的过程，就是克服困难的过程，有没有工作能力，就看你能否克服困难，有没有克服困难的雄心。培养科研人员，重要的一环就是培养克服困难的能力。做研究工作，搞发明创造，要经过训练。所谓训练，就在于此。要能提出问题，又能解决问题。一个人能不能做研究工作，并不取决于他的书读得多少，书读得多的人往往认为天下事都已解决了，老师似乎也讲得尽善尽美。其实一个人在做研究工作做得正起劲的时候，废寝忘食，连看书的兴趣都没有，真是除自己所从事的研究工作外，什么事也不管的。

怎样才称得上第一流的科学研究工作呢？首先，题目必须是在茫茫未知的科学领域里独树一帜的，其次是解决这个问题没有现成的方法，必须是独出心裁设想出来的，最后体现这个方法，用来解决问题的工具，即仪器设备，必须是自己创造，而不是用钱可以从什么地方买来的。

做研究工作要与搞教学结合起来。我们现在需要搞好科研，更需要搞好教学。教学与科研两者是相辅相成的。一所大学应该成为以教学为主的教学与科研中心。教学的人必须同时做科研或曾经做过科研。搞科研的人应该教点书，多与青年人接触，可以帮助你多考虑一些问题。

要搞好科研，思想要活跃，可以互相听课，互相参观实验室，多参加一些学术讨论会，多成立一些研究小组，跨跨学科，受受启发。科研要有各种人的合作。有些科研小组也不一定要得到校方批准，只要几个人志同道合，就可先搞起来，等搞出了成果，别人也就承认了。搞科研最重要的是基础，基础好了，可以边学边摸索，工作几十年，应付各种变化。

一个人要有成就，必须专心致志，刻苦耐劳，甚至要有所牺牲。法国小说家莫泊桑说过："一个人以学术许身，便再没有权利同普遍人一样的生活法"。

原载《评论与研究》第 4 期（1983 年）

科幻作品中的生活美与科学美

郑寿安

　　去年，《福建科技报》登载的《彩蝶纷飞》、《喜剧家的烦恼》和今年初《莆田报》登载的《神奇的灯》，是我创作的三篇科幻小说。可以说，这三篇科幻作品属于同一类型，都是围绕着"美化人们生活"的题材来创作的。文章发表后曾受到不少读者的热情鼓励。下面谈谈我在业余科普创作中选择这些题材的体会。

　　（一）科幻作品应当注重反映人们所追求的未来的生活美。爱美是人的天性。美感是人脑对客观现实的一种综合的、带有高度直观性的反映，是一种心理体验。特别是对未来生活美的憧憬和追求，可以说是人类最可宝贵的美德之一。

　　可是，一提到美，有些人就用女性的美来代替生活的美，并在科幻作品中庸俗宣扬美女的形象，这未免太片面了。其实，生活美是丰富多彩的，很多是靠科学技术去创造和来装点的。科幻作品正好是以讲述科学为主题的文艺作品，它可以通过文艺的手段，塑造出用科学知识和先进技术所创造的物质文明和精神文明的未来世界。比如，在20世纪40年代，科幻作品就反映出了当时人们生活中追求的电视，如今，电视已经进入现实社会点缀着人们的生活美。又比如，人们非常喜欢大自然中彩蝶风姿和色彩，梦想有朝一日把彩蝶的风采直接吸收来印染布匹，增加时装的花色品种。这种美化人们服饰的愿望是符合科学的推想，科幻作品可以将它反映出来。结果，它便成了本人所创作的《彩蝶纷飞》科幻小说中的一个题材。只要人们所追求的美是属于科学范畴的，科幻作品就要努力去描绘、去反映。目前，我国人民正在进行四化宏伟事业，大家对未来有着无限美好的设想，科幻作品就必须反映这种对生活美的渴望和追求，把它作为取之不尽的创作源泉。

　　爱看科幻作品的最广大读者是青少年，他们的思想活跃，非常富于幻想力和创造力，科幻作品的一个重大责任就是要让青少年插上科学幻想的翅膀，

25

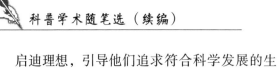

启迪理想，引导他们追求符合科学发展的生活美，帮助他们开阔眼界，热爱科学、热爱生活、热爱未来，从而诱发和激励用科学去创造心目中所追求的美好未来。

（二）科幻作品在反映生活美的创作过程中，必须讲求科学美。科学并不像某些人所描绘的那样呆板、枯燥、乏味，仿佛是一尊蜡像。科学本身就包罗万象、饶有趣味、令人神往，具有一种特殊力量的美。科学的美表现在它发展的全过程。科学理论，其逻辑之严谨，思想之深邃、概念之准确是经得起实践的任何检验，在未来的长年累月里也永放光华，宛如一件无懈可击的艺术珍品。科学实验，有着严密周到的组织、先进完善的装置、有条不紊的工序、精确协调的操作以及不断革新的技术。这一切俨然一曲美妙和谐的交响乐。科学现象，更是琳琅满目：有鲜明的色彩，有惟妙的声响，有引人的魅力，还有可循的规律，给人以美的享受。科学队伍，那是成千上万前赴后继、具有崇高的理想、坚韧不拔的毅力、一丝不苟的作风的有血有肉有情感的人们。他们才华横溢，智慧出众，即使在反动愚昧势力面前也不低头不退缩，为捍卫科学神圣的纯洁可以勇敢献身，他们的心灵之美可歌可泣。科学本身还在不断发展中，加强它的完美性，由低级到高级、由简单到复杂，由单一到多样，由粗糙到精细，由陆地到太空，时刻都在前进，充满着活力，永葆着青春。请问，世界上还有何种美能与它抗衡，与它媲美，比它更能吸引人呢？显然，捕捉和描述科学美是科幻作品不可忽视的一项要求。许多科幻作品之所以能久久地激动人心，把人们推到喜悦、舒畅、精神振奋、奋发有为的境界上，那就是它很好地展示了科学的美。本人在《喜剧家的烦恼》一文中也在这方面作了初步的尝试，力求从"美容工程研究所"的科学设备、科学活动、业务范围以及营养学家梁山的灵感与毅力，其女儿梁娟的美好心灵诸方面去体现科学的美，收到了较好的效果。实践表明：科幻作品唯有宣扬科学的美，不是臆造的美、杜撰的美和荒诞的美，才能使人心悦诚服，心领神会，给人耳目一新的感觉，增强作品的感染力。

（三）把生活美与科学美紧密地结合起来，应该成为当前科幻作品的一个重要创作题材。科幻作品不是作者头脑里所固有的，也不是凭空瞎编和胡思乱想出来的，它是以现实生活为基础，并从现实的科学水平出发，经过科学的逻辑推理，进而提出的大胆的科学设想，或者是作者应用现代的科学知识或结论，把它往深处延伸，做出合情合理的大胆推断，然后以文艺的形式描绘出来生活的一幅又一幅立体画面，供包括科学家在内的人们鉴赏。

那么，科幻作品作者应该向读者提供什么样的未来画卷？从目前科幻作品来看，十有八九不离开宇宙中星球人之间的争端、类似推理的谋杀案、离奇的机器人统治人类、怪诞的世界进入末日的故事等，尽管这些科幻作品编造的多么巧妙，但给人的印象不免有阴森可怖和虚伪之感，不能取信于读者，也不能给读者带来生活的和谐和科学的美感。在上述作品"泛滥"的今日，读者期望能有那么一种把科学美与生活美结合起来的新作品出现。本人从创作中体会到"以美化人们生活"为题材的作品，也许能反映广大读者的美好心愿，也符合党中央为我们再次指明的文艺创作的方向。同时，它的创作内容十分广泛，可以包括与我国人民生活息息相关的一系列问题，如：克服干旱，控制水源，美化生活环境，控制噪声、防止污染，保护静谧的工作条件，节约能源，方便群众的衣食住行，等等。这种"美化人们的生活"的科幻作品装饰了未来的生活，形象地体现了科学的美，具有独特的风格和光焰。就拿本人新近发表的《神奇的灯》来说吧，我国还有一些地区使用煤油灯照明，能不能让这些古老的灯光放射出异彩，使它不产生讨厌的浓烟，在自动灭点火装置下又具有驱虫、治病、提高人们学习和工作效率等多种功用呢？这种灯难道不是贫乡僻壤的农民所梦寐以求和可以增添生活乐趣的吗？由此可见，"美化人们生活"为题材的科幻作品大有文章可作，它也是科学幻想自由驰骋的一个新天地。

也许有人会说："美化人们生活"为题材的科幻作品不如写诸如星球大战、谋杀案件之类的作品有刺激。所谓"刺激"就是容易招徕读者、引起读者兴趣。其实不然，目前这类"刺激"的作品太多了，题材也受到局限，构思也雷同，使人看了觉得大同小异，产生了腻烦感。这大概是"刺激过多就等于无刺激"的缘故吧，而人们的生活，特别是未来的生活五彩缤纷，可创作的素材从生活环境到居住条件，从日常用品到人体本身，样样可以美化，每每有新鲜的内容，只要我们在科学性和文艺性上多下苦功，创作出更吸引读者的好作品，这种刺激所引起的反响将会在人们心中留下久远而深刻的印象，对人们的生活起到美化和鼓舞的作用。所以，我愿在同志们的不断指教和帮助下，决心进一步努力搞好"美化人们生活"为题材的科幻作品的创作。

1983 年《评论与研究》专辑

少儿科普创作的目的

郑百朋

一

少儿科普创作的目的是什么，似乎并不是问题。有的同志说："给孩子们一点知识嘛，"也有的说："启发他们对科学的兴趣嘛！"这些无疑都是正确的。但我总觉得这里边还缺少点什么。尤其是今天，科学技术如此迅猛发展，对少年儿童的科学教育，难道还会和30年前一样，一成不变吗？

我想，必须针对这个时代，这个时代的孩子来创作。忽视了这一点，我们的创作就有可能失败。

目前，我们仍能看到一些不大受孩子们欢迎的书。这些作品往往是刻板的、剪辑式的、由资料堆积而成的。写作这样的书的作者在创作时，眼前没有一大群或一个今天的孩子，他想到的，是怎样完成一部书，把他辛辛苦苦收集到的资料、内容都编进书里。书印出来了，他很高兴，因为他的资料都囊括进去了。

这些书到了孩子们的手里，却使他们皱眉头。他（或她）把书翻过来，掉过去，怎么也看不下去。最后，他们什么也没有得到，书也被丢掉了。

那么，今天的少年儿童的科学读物，要给他们些什么呢？

伊林有一句话，说得很好："把普通事物写得有趣，不在于事物本身，不在于把它当成各种事实的集中地，而在于把它写成揭示科学和人类历史的伟大规律的钥匙。"

孩子们不爱看的东西，恰恰是"把它当成各种事实的集中地"的作品。尽管有的作者也花了好大气力，在文字上，在选材上，尽量加些趣味和笑料。但这样的作品却始终缺乏吸引少年儿童的内在力量，而引不起他们的强烈兴趣，也经受不住时间的考验。

伊林虽然是生活在 20 世纪上半叶的人，但从今天看来，他的思想仍是很深邃的。

还是伊林的一句话，值得我们思考："必须把最小的东西引导到巨大的思想认识，引导到巨大的概括。"

二

当前社会上，常常看到这样的孩子和青年，他们讲起什么来，滔滔不绝，海阔天空，不着边际。靠着记忆，他们也知道许许多多所谓的"知识"。但只要再深问一两句，他们就答不上来了。

这种肤浅的风气和对"知识"的理解，有时也渗入到科普创作甚至文艺创作中来。我们的科普创作，如果只满足于告诉孩子们这个、那个；甚或专找些旮旮旯旯的东西去讲，对青少年的益处是不会很大的。据了解，教育界、科技界，对某些所谓的"智力竞赛"也是有看法的。因为这些"智力竞赛"并不能促进孩子们的智力发展，只能使孩子们死记硬背，成为记住一些零零碎碎东西的活字典。

我想，我们在从事少年儿童的科普创作时，一定要防止只告诉小读者事实的倾向，要更多地启发孩子们的智慧发展，给他们一种能力。科学的思想是怎样形成的，科学的想象是在怎样的情况下闪现出来，又怎样被人捕捉，衍生出具体的科学课题，最终结出科学的硕果来，把这些通俗地告诉孩子们，比告诉他们那些琐碎的事实要强得多。

我国历史上长期处在封建社会中，一部分士大夫把学问仅仅看成是读万卷书，看成是一个活的小书库，这种看法的影响还很深。我们要培养新一代具有创造精神的人，一定要努力消除这种影响。而给少年儿童读的科学读物，是能够起到这方面作用的。

三

当代的儿童心理学家有许多理论派别，但他们似乎都有一个最重要的思想，即教育不仅要使儿童获得知识，更重要的是促进智力的发展，提高思维能力，这一点，几乎是所有教育工作者都一致赞同的。当前，科学技术迅猛发展，在"知识爆炸"的形势下，重视智力发展、培养思维能力，已成为世界许多国家教育改革的主导思想。少儿科普，实际上是少年儿童科学教育的一个方面。教育要改革，牵扯到的问题很广，颇费时日。因此少儿科普应该走在改革的前面。在我国教育事业较为落后的情况下，尤其应该这样。

在旧的教学中，教师向学生传授知识，学生则被动地吸收。在科普读物中，也往往存在这种情况。按儿童心理学家们的理论，这种做法是错误的。他们认为，教学不应仅仅是知识的传授，同时要刺激儿童的心智发展。少年儿童不应再是消极接受知识的"容器"，而是要学会如何思维，儿童心理学家，瑞士的让·皮亚杰认为："教育的最高要求是应该具有逻辑推理能力，和掌握复杂抽象概念的能力"，"智力训练的目的，是形成智慧，而不是贮备记忆，是在于造就智力的探索者，而不仅是博学。"

皮亚杰的这些理论，是以他长期从事的儿童心理学研究为基础的，对我们从事少儿科普创作的人，有相当实际的指导意义。当前，我们为在我国实现四个现代化而努力奋斗，迫切需要培养开创型的人才，皮亚杰的理论，就更具有其现实意义。他说得很好："教育的主要目标在于造就能够创新，能有所创造、发明和发现的人，而不是重复前人已做过的事情。第二个目标是形成有批判精神，能够检验真理，而不是简单接受所提供的每件事情的头脑。"

按照皮亚杰的理论，是不是对少年儿童要求得过高了？去"拔高"他们的智力发展？

不是的。上面提到的，是培养有这样开创精神的人，并不要求少年儿童现在就能完全达到。恰恰相反，皮亚杰研究了大量事实，提出了少年儿童智力发展的阶段性理论。根据这个理论，少年儿童大致分为从初生到两岁的"感知运动阶段"，从两岁到七岁的"前运算阶段"；从七岁到十一岁的"具体运算阶段"和从十一岁直到成年的"形式运算阶段"。这些阶段的发展是连续的，但每个阶段一旦确立了，就同其他阶段有质的不同。因此，科学教育必须适合儿童所处的发展阶段，程度的深浅，要符合儿童的智力发展水平。他的这些思想，对我们科普创作也是很重要的。国外的科学读物，针对性很强，每阶段年龄的孩子，有每个阶段的读物。我们注意得不够，一本书出来，很难看出是针对哪个年龄阶段的孩子的。也有的分册出版，但找不到不同年龄读物之间的内在差别。比如讲汽车的，给幼儿看的、给小学生看的、给中学生看的，除了篇幅的多寡和书的厚薄区别外，看不出从智力发展上有哪些区别。

自从中国科普创作协会成立以来，在少儿科普创作方面，先后开过几次专业会议，每次会议都提到提高少儿科普创作的质量问题。我感觉，我们的作品从单纯传授知识型，向智力开发型的过渡，从适宜不同年龄儿童的泛读型，向针对一定年龄智力阶段型的过渡，是提高质量的一个极为重要的方面。我们少儿科普工作者，认真学一点现代儿童心理学、教育学的理论，对指导我们的工作，是大有裨益的。而少儿科普作者，从这些方面去努力开拓，也是大有作为的。

<h2 style="text-align:center">四</h2>

开发智慧，培养能力，并不一概否定传播知识。科学技术先进的国家，其科学教育的手段是很发达的。广播电视、电化教育、科学游艺园、专门的博物馆和图书杂志，应有尽有。而我们，条件还比较差，图书杂志就成为传播知识的主要手段了。但传播知识不应该成为科普创作的唯一目的，更多的，应该是通过传播知识的过程，达到开发智力、提高少年儿童思维抽象能力这一更高的目的。美国在教育改革中，对中、小学的科学教育提出过很多种方案，其中"美国科学发展协会科学教育委员会"发起制定的方案中，就强调指出："教育的目标应该是发展能使一个人自行去获得知识和正确运用知识的'智力过程'。课程内容应作为一种'载体'，为发展这种过程服务。"

我们回忆一下自己读过的优秀科普作品，凡是能留下深刻记忆，又经得住时间考验的，几乎都是在繁杂的知识海洋的背后，存在着启迪人们思维的内核。也就是说，书的表面的知识内容，是一种思维的"载体"。

伊林的作品获得了世界范围的称誉。他搜集了大量的科学资料和科学史实，这些资料无疑对他的创作帮助很大。但真正能给他带来荣誉的，不是这些资料本身，而是他通过这些资料，把人们的思想引导到巨大的思想认识、引导到巨大的概括上去。他把各种各样的普普通通事物，写成能够揭示科学和人类历史伟大规律的钥匙。记得我小时候，第一次一口气读完伊林的书的时候，产生了一种极大的振奋和激情，想去探索和认识大自然，去征服和改造大自然。他的作品给人的力量是那样的巨大，那样震撼人心。但反复看几遍，又发觉他所讲到的那些知识，是那样平凡，并不觉其奇。究其根本原因，就在于伊林在他讲述的知识的背后，隐藏着启迪人们智慧，启迪人们认识能力的巨大力量。

近些年来，我国的少儿科普作品，在开发智力方面有一定发展。许多出版社出版了智力游戏和培养动手能力的制作、实验一类的书。也出了一些益智故事。但我觉得这些还远远不够。不能一提到开发智力就想到智力测验、智力游戏。我们的孩子们还需要具有更深远意义的书，让他们随着作者的笔，去疑问，去思考，去追踪，去探索。让他们在读书过程中，不满足于现成的回答，而是自己去思索，去观察、去概括，在读书过程中得到极大的智力的享受。我想，这方面是一个广阔的天地，值得我们广大的科普作者努力去探索。

原载《评论与研究》第 6 期（1985 年）

儿童科普作品中的儿童味

盛如梅

　　我曾到学校去观察一个四年级班级小朋友阅读科普读物的情况，只见他们捧着书聚精会神地看。有的书翻烂了，有的书还是崭新的，我顺手翻翻这些无人问津的书，发现书里科学知识很丰富，但写法平铺直叙，语言干干巴巴，还有一大堆深奥的学术名词。孩子们回答："不喜欢"、"看不懂"、"没味"。

　　正巧中午食堂送来包饭，每人一份排骨和土豆加青菜。不少小朋友把土豆青菜吃了，却剩下了排骨。我觉得奇怪，他们回答："排骨咬不动，又太咸。"这不由使我联想起，给孩子们看的科普作品也像厨师烧菜一样，要合他们的口味；否则科学知识再多再好，不能为孩子们接受，也是枉然。这就必须掌握儿童口味，也就是要摸准儿童心理和年龄特点。

　　我在这次编选少儿科普佳作过程中，深感凡是孩子们喜爱的科普作品，不是成人的东西的通俗化、浅近化，必须具有它自己的特色——也就是儿童味吧！这些特色是什么？试着说点粗浅的想法。

一是要有"情"

　　情就是要有情感，要符合儿童的思想感情，要以情动人。

　　在介绍科学知识时，作者本人应对这门知识热爱。有了爱，感情就出来了，就会用热烈的情绪去描绘介绍，作品从内容到语言就会充满感情色彩，作者的感情感染读者，激起读者情感的共鸣。《大自然的语言》《避雨的豹》作者热情歌颂大自然，把大自然写得那么至美。一个个现象里有一门门学问，又奇妙又诱人。南飞的雁群"使绵延数十里的荒地热闹起来，富有生气"，"他们得意洋洋地走来走去，好像草原上放牧的羊群。"这样的描写多么动情。

　　作品把自然景象和知识内容处理得美妙和谐，使作品的情味和读者的口味一致。这样的情易打动儿童读者，为他们所欣赏，激发他们对科学知识执著的爱、热烈的追求。

《鸟儿的侦察报告》用几份侦察报告的形式描绘了大气污染造成的危害，野鸡妈妈孵不出小野鸡，燕子中毒死了，末了，去侦察的鸟儿被工厂浓烟造成的大雾迷失了方向。这一份报告揪住了读者的心，他们为鸟儿的遭遇担忧，小读者读后总是问：鸟儿飞回来了吗？作者充满激情写的报告打动了读者，引起了读者的感情共鸣，他们从关心小鸟的命运到认识大气污染的危害性，激发起爱护自然的思想情绪。高尔基曾说："介绍科学和技术的新成就的书籍，应该不仅是告诉读者关于人类思想和经验的最终结果，而且还需要把读者引导到研究工作的实际过程中去，说明在工作中怎样逐步克服困难和寻求正确的方法。"一本科普书籍和一篇科普文章，不是只简单地记录事物和现象的档案，而是教育读者去观察自然和征服自然。这就要作品有强烈的感情，这种情，鼓起读者改造自然，探索奥秘，向科学高峰挺进的热情和渴望。

作品中的情，不能是成人自己的，要抒发儿童的感情，能为儿童理解的感情。这也就是写作少儿科普的难处。它要求作者站在儿童的角度，用儿童的眼睛去观察，用儿童的心灵去体会。《谁第一个迎接春天》完全是从儿童眼睛里看到的早春景象：下雪后，菜园尽头，出现了脚印，旁边三棵青菜被吃光了，"好家伙，一吃就是三棵，好胃口。"顺着脚印去追兔子，追到了，发现原来是兔妈妈，快生兔娃娃了，就一挥手"去吧！"蛇抓到一只山鼠，这山鼠嘴上还有几根鼠须，脖子给蛇咬住，吱吱地叫着，可是它再也挣脱不了了。小荡鱼和泥鳅成了睡双层床的朋友，小泥鳅直僵僵地躺着，一动不动，放在手心上，慢慢苏醒过来了，隔壁住着的青蛙一头伸出了泥土，一会儿不见了，大概是去敲朋友的大门："喂，懒东西，该醒啦，春天来了，阳光多暖和呀！"作者用儿童的感情把早春的自然景物描绘得热热闹闹，生机勃勃，动物植物栩栩如生，充满了情与趣。把自然界绚丽的自然美和儿童善良的心灵美和谐地融合在一起，给读者以美的享受，情操的陶冶。

再说《三毛爱科学——生发水》这幅科学漫画，三毛在做试验，小妹妹看了，思维散发开来，拿生发水给三毛擦，这完全是年龄小的儿童的思想认识，也只有儿童才能有这种联想，既幼稚又可笑，富有生活情趣，能打动读者引起共鸣。

《在森林中》是篇科学故事，森林调查队的生活是那么紧张欢乐，朝气蓬勃。小黑熊淘气得像个顽皮的孩子，偷吃饼干，翻乱公文纸，在办公桌上撒尿……读者会感到身临其境，又真想去试一试。这就是情打动了读者。

从心理学来看，人们所以能够积极行动，是因为内心有一种推动的力量，这种力量叫做动机。儿童的学习动机往往和兴趣密切联系，对科学知识发生兴趣，感到好奇，就要去追求它。儿童的学习兴趣在鼓舞和巩固儿童的学习动机、激发儿童学习积极性上，起着很大作用。

兴趣带有情绪色彩，人对某事物发生兴趣，就会喜欢它，被它所吸引。

爱因斯坦说过："喜爱比责任感是更好的老师。"许多科学家都体会到，他们在事业上的成就，是同儿童时代培养起来的兴趣分不开的。

科普作品培养儿童对科学的爱，除了知识内容，还包含了思想的情感色彩，只有作者自身对科学的热爱，才能唤起读者的情绪、情感。儿童科普作品能使学生从课堂、课本中走出来，走向更广阔的天地，燃起无数热烈求知思想的火花，好比小船从江河驶向海洋，在知识海洋中遨游。

二是要有"趣"

儿童有广泛的求知兴趣，他们什么都想知道。科普作品是让孩子自己去阅读的课外读物，必须让他们感到有兴味，就是说作品本身要有吸引力，有力量把读者吸引过来。引他们走进科学殿堂，让他们对科学这个瑰丽奇妙的世界发生兴趣。

伊林说过："讲科学的书，必须是鲜明的，生动的书——就像它所叙述的科学本身一般地有趣味"，"引起读者的兴趣，引导他到科学面前，并告诉他：瞧吧，它是多么有趣味！值得你学习呀！这就是科学文艺书籍的任务。""科学书籍的作者必须是人们和善的、欢乐的老师，而不是严峻的、阴沉的道学先生。"

儿童心理发展通过儿童的活动来影响儿童。儿童不是被动地接受环境和教育的影响，而是在不断地、积极地参加活动中来接受这些影响的。调动儿童的思维积极性，使他有新的需要，发挥主动性和积极性，更有效地进行学习，这就与他们对某一事物的兴趣有关。

一般说，儿童能否学好功课很大程度看他们学习时的注意力，注意是一种心理状态。当人们的心理活动指向和集中于一定的事物时，这就是注意。儿童的情绪容易兴奋，注意力不稳定，一般有意注意持续时间较短，7～10岁儿童为20分钟，10～12岁儿童为25分钟，12岁以上儿童为30分钟。儿童的有意注意也和兴趣有密切关系，一种是直接兴趣，一种是间接兴趣，引起有意注意，就能使学习达到良好效果。

这就是"趣"在儿童科普作品中的重要性。正如乌申斯基说的："注意是我们心灵的唯一门户，意识中的一切，必然都要经过它才能进来。"

当然，这里说的趣，不是外加的噱头，而是来自科学本身和儿童生活。譬如知识本身就有很多趣，还有巧妙的构思——动人的情节，解决科学问题的方法冲突，人物个性等，以及形象化的活泼的语言，都能体现趣。

形象化的东西和生动有趣的东西最容易引起儿童的情绪反应，儿童的注意力就会非常集中，动人的情节，能使读者全神贯注，引起对新知识的渴求。《鲁莽国王的命令》、《胖子学校》两篇科学童话，在构思上都独具一格，妙趣横生，一个鲁莽国王下了一道莫名其妙的命令——消灭一切微生物，出现了许许多多奇怪的事，把小读者抓住了，看完故事，认识了微生物对人类的益处和害处。《小眼镜历险记》科学图画故事，不少是构思巧妙，趣在其中的，如《百牛大祭》结尾让小眼镜被抓住，绑起来了，还扒走了衣服，最后问上一句：他们扒小眼镜的衣服做什么？把饶有风趣的悬念留给小读者。

有些趣味，在成年人看来是荒诞的，在天真的头脑里却觉得合情合理。《胖子学校》就是通过巧妙的艺术构思，把发生在某星球某王国的胖子学校里的故事和故事中有趣的人物一一呈现在小读者们眼前。胖子学校里培养胖子尖子的方法，胖子比赛的细节，都是令人发笑又发人深省的。作品并没讲有关科学卫生知识，读完作品小读者自然懂得缺乏劳动及体育锻炼与身体发胖的关系，以及肥胖症的危害，作品并不一本正经地传授灌输知识，知识自在其中。故事夸张奇特，人物滑稽有趣。

儿童的思维特点，从形象思维逐步向抽象逻辑思维发展，认识事物从直观的外部特征向抽象的本质特征发展。小学生即使是高年级学生，在他们的思维活动中，具体抽象的因素不是消失了，而是保持着，发展着，继续起着重要作用，所以从儿童生活中寻找趣，更能引起儿童的趣味。

《聪明的木娃》科学童话，构思木娃和铁兵打仗的故事，打得难解难分，又那么有趣。这种战争又体现了儿童游戏性质，十分符合儿童生活，就像他们自己在玩游戏。在冲啊打啊中间，又把木娃的木性和铁娃的铁性，充分展现开了，简直分不出哪是故事情节，哪是科学知识，两者融合无间，情趣盎然。

《晒太阳比赛》科学小品，就是选了儿童生活中十分熟悉的晒太阳这件事，写得十分逗趣，如"所有植物都是哑巴，你别看它们一个个都闷声不响的，它们可每天都在比赛，比赛得十分起劲，比什么？比赛晒太阳。"

科学相声《二叔刷牙》讲保护牙齿的知识，讲二叔用牙起瓶盖，就是把生活中典型的动作加以夸张，增强趣味感。

知识本身趣味无穷，开掘得越深，内在趣味越浓。《用空气盖房子》《六十多吨重的一枚"硬币"》等科学小品，题目本身就很引人，用半个皮球＋自行车胎＝空气房屋，来说明空气建筑结构，颇能引起读者的兴味。用六十多吨重的一枚硬币比喻白矮星物质密度极大，一丁点儿就重得了不得，一枚硬币用十辆卡车也拉不动，多么有趣，也足以激起强烈的好奇心。

儿童的认识建立在兴趣、思考的基础上，认识的情感因素在这里起很大作用。看有趣的文章和书引起的无意记忆有助于活跃人的思想，人的思想越活跃，有意记忆就越发展，就越能保持和再现大量材料。因此要求儿童科普作品触动儿童的思想，内容在他们心中引起兴趣，这种兴趣，刺激动机，要做到使儿童情绪高涨和智力振奋，达到有意注意与无意注意相结合，收到最佳效益。儿童科普作品要成为引起读者诸多兴趣的首要发源地。

三是要有"幻"

"幻"是想象，作品中要有丰富的想象。

想象，是人们在头脑中将过去感知过的形象进行加工，从而创造出新形象的心理过程，是思维的一种特殊形式。人的智力包括观察力、记忆力、分析力等，想象力则是智力中的重要成分。

想象力被马克思称为"十分强烈地促进人类发展的伟大天赋。"是人类独有的才能，是一种创造的功能，是人类才能中的重要因素。

由于想象有"超前"的特点，可以不受时间和空间的限制，将现实中还不存在的或无法观察的事物形象在人们头脑中呈现出来，这实际上为科学发明指出了方向和途径。爱因斯坦从小就极富想象力，他少年时候曾想象："假如我骑在一条光线上，去追赶另一条光线，那将看到什么现象？"对这个似乎是荒诞不经的问题，后来他用了十年时间苦心钻研，终于创立了举世瞩目的狭义相对论。他说："想象力比知识更重要，因为知识是有限的，而想象力概括着世界上的一切，推动着进步，并且是知识的源泉。"由此可见想象力是创造型人才的必备条件。

儿童是善于幻想、喜欢幻想的，他们对未来充满瑰丽的憧憬，他们急切希望幻想变成现实。不断地发展科学想象，是鼓舞着人们去完成各种创举的一种推动力。

儿童科普作品中的幻想要符合儿童的想象和趣味的特点。科幻故事《魔鞋》中马小哈穿了魔鞋，闹了一场风波，使读者跟着主人翁一起，又着急又好笑。尽管幻想用十分夸张的手法表现，这种幻想是完全符合儿童生活习惯的，马小哈是生活中的孩子，因粗心大意穿错了鞋。而这是双具有神奇力的魔鞋，可以疾步如飞，在电线上像耍杂技"走钢丝"……作者发挥丰富的想象才能，张开幻想的翅膀，夸张得自然，奇幻得真实，使幻想与儿童想象力呼应，让儿童能很好理解，甚至觉得这件事是真的。

另一篇科幻故事《画中人》，通过家中出现的咄咄怪事：水蜜桃变成清凉饮料，藕粉变成糖浆，绍酒变成甜醋，兔子长成小肥猪……介绍了多种酶功能的知识，这种奇特的想象引起读者的联想，推动了读者思维的积极性。

幻不仅是在科学幻想作品中有，在科学童话、科学故事、科学小品中，也都有极丰富的想象。正是这种丰富的想象，能诱发儿童想象力，使他们边看边思考，形成情感记忆。在自己思考联想中获取知识，这是一种获取知识的极好方式，也能更好发展读者的思维和智力。

原载《评论与研究》第 6 期（1985 年）

儿童共鸣因素的探讨

——关于科学童话的思索

杨振昆

　　从《儿童时代》1980、1981两年发表的20多篇科学童话来看，不少作品引起了小读者的共鸣，受到他们的欢迎，而有的却不能引起小读者的共鸣，起不到应有的作用。我单挑选了一些科学童话念给小读者听，有的反映强烈，孩子们睁着好奇的眼睛，迫不及待地追问；而有的却反应冷淡，吸引不住孩子们。什么原因呢？这里提出了一个重要的研究课题，就是必须探讨儿童的共鸣因素，科学童话的创作要怎样才能自觉地具备这些共鸣因素，从而更强烈地打动小读者，引起他们强烈的共鸣呢？

　　关于这个问题，我想可以从以下四个方面进行探讨。

一、想象——儿童观察世界的方法

　　想象是人的一种思维能力，一种心理现象，是在已有的知觉材料的基础上，对从未感知，还不认识或者甚至是并不存在的事物，通过设想进行新的配合，创造出新的形象的心理过程。马克思说："任何神话都是用想象和借助想象以征服自然力，支配自然力，把自然力加以形象化。"神话是人类幼年时期的产物，同样，童话也是人的幼年时期的产物。儿童面对着一个广大的、陌生的世界，他们有限的理性知识还不能对客观事物进行本质的认识，进行逻辑的推理判断，因此，他们只能靠已知的感性材料，凭借想象来观察世界。童话之所以受到小读者的欢迎，就因为它适应了孩子富于想象这一特点。童话给予孩子们想象的天地越广阔，越神奇，越能满足孩子的好奇心和求知欲，就越能引起孩子的共鸣。从这个意义上来说，引起儿童共鸣的强弱，往往取决于调动儿童想象力的强弱。

　　科学童话毕竟还是童话，其特点是赋予了科学的内容。因此科学童话能否吸引小读者，引起他们的共鸣，在很大程度上也仍然取决于调动儿童想象的强弱。不少作者注意到了这一点，他们把许多枯燥乏味的科学道理，通过想象构思，寄寓于孩子们感兴趣的事物。不少作品都以战斗的或抓叛徒、抓特务的形式出现，因为孩子们特别喜欢假想中的这类游戏。比如《挑邻居》这篇科学童话，通过"蒲公英"调查是否"接骨木"害死了松树的情节，叙述了植物之间气味影响的知识。有的作品以儿童喜爱的玩具进行构思，有的作品则以儿童爱玩的游戏出现，如《蚂蚱打赌》就是以孩子游戏中常有的打赌为情节，介绍了蚂蚱的呼吸器官不在头上而在腹部的两侧。这些构思适应了儿童想象的特点，可惜还感到想象的意境较单调些。由于我们对孩子的了解还肤浅，因此除了用这些显而易见的儿童感兴趣的事物来构思外，突破这种构思，更深入地发掘儿童想象特点的作品还不多。然而，话又说回来，这些尝试有它可取的地方，就是开拓了科学童话的题材领域，把一些较难表现的科学内容如低温、岩浆、地热等都引入科学童话领域，使科学童话的题材广泛了，除了过去较多地取材于动物、植物知识外，矿物、金属、卫生、医药、自然现象、物理知识等科学都开始在科学童话中得到表现。

在通过想象构思科学童话时，重要的一点，是要注意克服成人想象和儿童想象的距离。在孩子的想象中，万物都是有灵性的，花鸟虫鱼，木石禽兽都是通人性的。他们会久久地观察蚂蚁搬家，设想他们搬家的原因以及蚂蚁世界发生的事情，他们认真地和小猫、小狗对话，从不怀疑它们是否听得懂人的语言。而成人虽然也能有意识地进入孩子想象的世界中，但是有时他们并未能进入孩子的想象王国。正如鲁迅指出的："凡一个人，即使到了中年以至暮年，倘一和孩子接近，便会踏进久经忘却了的孩子世界的边疆去，想到月亮怎么跟着人走，星星究竟是怎么嵌在天空中。但孩子在他的世界里，是好像鱼之在水，游泳自如，忘其所以的，成人却有如人的凫水一样，虽然也觉到水的柔滑和清凉，不过总不免吃力，为难，非上陆不可了。"

因此，作者在表现孩子想象的世界时，一定要有一颗童心。儿童的想象虽然是海阔天空的，但并不是没有轨迹可寻。这个轨迹就是不管他们的想象怎样离奇，总是儿童生活的现实世界的投影。在科学童话中，凡是注意了这一点，在想象的世界中恰当地表现了儿童眼中的观察，表现了儿童对现实世界的感受和理解，就会为小读者欢迎，反之，凡是在想象的世界中，表现的是成人眼中的观察，是成人对世界的感受和理解，往往就不能引起小读者的共鸣。例如，有一篇描写鸟儿王国的科学童话，它展现的想象世界，更多的是成人的现实世界的投影，而不是儿童世界的投影。作品中对于鸟儿王国的描写太国家化、正规化，而不是孩子心目中稚气而有趣的想象中的国家，不是像孩子们平时玩的游戏那样。虽然在作品中，主人公们认真地扮演着国王、大臣的角色，嘴里说的并不是孩子的语言，王国中主人公之间的关系并不是儿童间稚气的关系的反映。作品中让美丽的孔雀担任国王，可惜它丝毫没有孩子们喜欢的孔雀的特点和孩子们想象中孔雀应有的一切。作品描写孔雀国王"下令"建房，"兴致勃勃"地欣赏着两种住房的实体模型，并且"埋头批阅文件"，使用的语言是："请内勤服务大臣传旨，朕要亲自去视察建筑工地！"然后是"御驾刚要出巡"时，听到失火的消息，孔雀国王对抓来的纵火犯穴鸟"勃然大怒"，宣布："本当对你依照《鸟儿王国刑法》从严惩处，但考虑到你不是本王国的居民，现将你立即驱逐出境！"这一系列的描写和语言对话，似乎太缺少孩子味了。在孩子的想象中，孔雀国王大概怎么也不会和"朕"，"御驾"，"视察"、"出巡"等这些封建皇帝使用的词联系在一起的，姑且不说这些词对孩子来说是怎样费解了。在孩子的心目中，孔雀当然可以是国王，但毕竟还是他们喜爱的孔雀。鸟儿王国之中的相互关系虽然要有王国的规矩，但更多的应是孩子们稚气的想象中的鸟儿王国的投影，而不是作品中这样成人气十足的王国。因此，作品尽管介绍的鸟类知识是有趣的，但是由于展示的王国只是一种用成人的思想感情和语言组成的想象，而不是儿童的想象世界，所以在念给小读者听时，较难引起他们共鸣。

二、形象——儿童认识世界的媒介

文学要塑造形象，儿童文学尤其要如此，这是和儿童思维的特点分不开的。儿童常常凭借形象为媒介来认识世界，因此，科学童话中塑造的形象，是否能引起孩子们的兴趣，以及这种兴趣达到何种程度，往往也是能否引起儿童共鸣的重要因素。

科学童话比之一般的童话的内容更具有抽象性和科学性，因此必须重视表现形象的可感性，更加强调塑造形象的重要性。科学童话的形象塑造首先应该注意的是：科学内容和所寄托的形象必须要符合内在逻辑，或者具有某些相似的特征。只有这样，科学童话中的形象才显得自然贴切，反之会使人感到生硬牵强。把两篇关于医学的科学童话进行对比就可以说明这种处理的艺术。一篇是《小"小人国"历险记》。这篇作品通过王小勇摆弄爸爸的"单筒望远镜"看到并进入了小"小人国"——"细菌世界"，从而形象地介绍了细菌对人体的侵袭和人体的防御机能。在这里，科学知识和形象的内在逻辑联系，由于人和细菌相比确乎是如同巨人和小"小人国"一般，在这里，科学知识和形象的塑造符合它们的内在联系，而细菌侵入人体又确乎是像一场战斗，王小勇能看到并亲历这场战斗，一是手中有爸爸的"宝镜"，二是戴着这宝镜，他错把细菌滋生的垃圾箱当成小"小人国"。这种构思使科学知识和形象的塑造符合它们内在的逻辑联系，加上必要的铺垫，因而显得自然贴切。而另一篇讲儿童脑功能轻度失调症的科学童话，则不是这样。作品中把儿童不能集中注意力"脑功能轻度失调症"即英文字母音译的"爱姆比低"比喻成坏蛋，让治疗的药物"利他灵"和它战斗，读之使人感到类比不切，孩子们也难以理解到底是怎么回事。这是因为，"爱姆比低"是神经系统本身的一种病理反应，而不是外界侵入的细菌，它是一种现象，而不是一个实体，所以把药物利他灵调整神经功能比喻成一场战斗，它们之间缺乏内在的逻辑联系和相似的形象特征，因而显得比较生硬牵强、失之不当。同样，有一篇科学童话把岩浆比喻叛徒，派温度大臣、压力大臣去捉拿它，反而使它喷出地面，也显得很勉强，因为"压力""温度"是抽象的，而岩浆是具体的，这场抓叛徒的战斗怎么打，孩子们确乎难以想象。

科学童话在塑造形象上也常常采取一般童话惯用的手法，这就是拟人化与夸张。这两种手法运用得好，就能使形象更加鲜明感人。近两年《儿童时代》的科学童话绝大多数都运用了拟人化的方法。作品中通过拟人化的手法，把那些枯燥无味的动物、植物、矿物、自然、医学领域中展示的世界变得那么有灵性，有生气，有吸引力。在采用拟人化手法时，要注意使塑造的形象在似与不似之间，即既是儿童眼中现实世界的投影，又不完全是这一现实世界的投影，还有着神秘奇异的东西。因为如果完全是儿童所经验的现实形象，那就失去了童话应有的魅人色彩。童话塑造的应是与现实不同的、发生了变异的形象。好的科学童话往往都做到了这一点。例如，在《发生了什么事情》这篇科学童话中，不仅大熊猫、小箭竹、小杉树都有灵性、会说话。而且在这想象世界中的老爷爷和守林人，这两个本来是现实生活中实有的形象也都闪耀着奇幻的色彩，老爷爷得知大熊猫因为箭竹死了，没吃的才来他地里吃玉米，他"一点儿也不生气，"还"将大熊猫领到家中"叫小孙孙"给大熊猫蒸加糖的玉米饼子"吃，他去问小箭竹、问小杉树，弄清了是守林人砍光杉树林，造成这一切恶果之后，他只是责备了守林人一声"糊涂虫"，并反问他是否知道发生了什么事情。而守林人在开始不知道发生了哪些情况时，对老爷爷问他的话，只是"瞪大眼睛""茫然地摇着头"。而后当守林人用植树的行动使大熊猫重返家园时，老爷爷当面夸奖他："你知道你干了一些什么事吗？"守林人则是"眨巴着聪明的眼睛""故意"回答"不知道"。这些描写使人物和现实中的真人又像又不像，带有童话世界的色彩，令人琢磨回味，给了小读者驰骋想象的余地。

在科学童话中，虽然用夸张的手法塑造形象还不多见，但一些作品取得的成功是可喜的。例如，《胖子学校》中，作者用似乎荒诞的构思，把反话正说。设想"X 星球 X 王国胖子学校"在儿童中招收小胖子，培养全国的胖子冠军。团团、球球、圆圆被录取了，在学校中过着严格的不准吃青菜、不准劳动、不准锻炼甚至不准走动的生活。最后，团团"胖成横状"，"跌了一跤"、"只能用起重机吊起来"；球球胖得"只能看到一个大圆球"，"看不见他的头和胳膊、腿"，跌一跤"就会像皮球一样滚动"；圆圆胖得"曾经压坏过五十张大床，一百二十把椅子"。他们走去比赛场的一小段路，就"休息了一百次，揩湿了十八块手帕"。虽然经过胖子比赛，他们得了前三名，但因太胖分别得了种种病住进了医院，未能前去领奖。这些描写可谓是极尽夸张之能事，但正因为这样夸张的描写，使形象十分独特、鲜明、有趣，给了孩子极强烈的印象，在这荒诞不经、令人发笑的故事里，孩子不知不觉得到了关于偏食、不爱运动会导致肥胖病的知识。

三、情理——儿童心灵培育的途径

好的科学童话往往在给予小读者科学知识的同时，还兼有陶冶儿童心灵的作用。这个作用是由渗透于想象中的童话世界和鲜明的形象中的"情"与"理"起到的。这也正是作品思想性所在。

科学童话和一切文学样式一样都应以情动人，以理教人。但是这"情"与"理"能否引起儿童共鸣的基础就在于儿童是否理解。假如你表现的情理是深奥难懂的，那么哪怕情再浓、理再高也不能引起小读者的反应。许多作品注意到了这一点，从陶冶儿童心灵出发，对儿童进行道德情操的教育。

科学童话中所寄寓的情理是否得当，还要看是否符合儿童世界的情理观。儿童的情理观并不和成人的情理观完全一致，而是渗透了孩子幼稚纯洁的情感。在动物园中给老虎喂活鸡，在成人眼中是完全应该的，但孩子就觉得不应该，未免太残酷了。孩子们甚至会为了一只鸽子、几只蚂蚁向伤害了它们的人拼命，或者记恨你一辈子。因此情理的标准要以儿童的心理为天平。《歇口气吧，跳蚤》是一篇充满了知识、机智和趣味的作品。它不仅介绍了动物世界的跳高能力，而且以怎样裁决袋鼠和跳蚤的跳高能力的问题引起小读者的兴趣。作者把自己的感情和作品中动物们的情绪都倾注到袋鼠一边。这是合乎儿童在实际体验中得出的情理观的，他们厌恶跳蚤而喜欢袋鼠。因而在这一点上能引起小读者的共鸣。有一篇讲《冷冻和低温世界》的科学童话，介绍了许多有趣的科学知识，但是在讲述用冷冻法保持生殖细胞繁殖"雪花 -51"家族时，说"公公"和"孙孙"是"同一代乳牛"，且是"同一个'父亲'"的孩子。这样的比喻令人费解，大人尚且要动动脑筋才能搞清楚其中的关系，孩子们怎么能弄清其中的底细呢。这样的写作似乎违背了儿童的情理观。

科学童话中寄寓的情理要引起儿童的共鸣，还必须有必要的象征和暗示。作品通过象征和暗示让小读者沿着一定的轨迹去寻找其中的情理，例如，《一颗小沙砾》这篇科学童话，通过"怀才不遇，自命不凡"的小沙砾，在花岗石爷爷的帮助下，在地震中深入地下，在高温高压下痛苦磨炼，终于成为金刚石的故事，告诉孩子们要想取得成功就必须艰苦磨炼自己的情理。这个情理是用小沙砾的演变过程来象征的。而这象征又是通过花岗石爷爷的话来暗示的，文中两次重复了"……只要肯刻苦，敢于在艰难的环境里磨砺自己……"这段话，使孩子们沿着这富于暗示的话去领会形象所蕴含的情理。《长在网底下的小栎树》在处理象征和暗示上也很有特点，作者在前面叙述了小栎树由于"年轻漂亮"，拒绝了椋鸟和松鼠希望和她做伴的请求，只让一心想保护她的少年为她披上一张透明的、镂空的大网。这网虽然美丽，但却使她孤独起来。当栎褐天社蛾咬嚼她时，椋鸟不能帮她捉虫；当她需要养料时，没有鸟兽留下的粪便；当她需要传播种子时，松鼠不能为她送走种子。小栎树变得苍老了。正是这一切经历使她明白了："她的生命，她的骄傲，她的一切，除了阳光、雨水和微风以外，还多么离不开树林里的朋友们的帮助啊！"作品中象征暗示的主题，通过小栎树自身的感受点明了，这不是作者外在的附会和强加，而是小栎树自身性格发展的必然逻辑结果。也是小栎树思想感情水到渠成的表露。这样的"情理"抒发自然贴切，感人至深，毫无做作牵强之感。

四、语言——儿童特有的表达方式

文学是语言的艺术，好的儿童文学作品应该有好的语言表现。科学童话也不例外。科学童话的读者对象是广大儿童，因此在语言运用上一定要注意用儿童特有的表达方式来表现，让儿童在阅读科学童话时，不因科学内容的阻隔而感到攀登的吃力和困难，而是如鱼得水般地漫游于作品所创造的美好的想象世界里。语言的熠熠光彩能像一串串珍珠，一颗颗星星，一簇簇花朵，吸引着孩子走进作品打开的世界。

语言是思维的外在表现，儿童的思维带有具体形象性的特点，因此，也应该更多地用形象具体的语言表达，而忌讳用抽象的概念和推理表达。

但是这种具体形象的语言表达方式并不是所有作者都意识到的，有的作品编造童话只是纯粹为了介绍其中的科学内容，在叙述中不仅引进一些难懂的科学术语，而且语言也显得抽象干瘪。有一篇讲海底鱼类知识的童话，介绍了海底鱼类的有趣生活，但全文却使人感到沉闷。很主要的一个原因是作者运用的语言看上去似乎是形象，而实则是抽象的、缺乏特点的、一般化的语言。比如描写"'海底乐园'分外热闹"，用了"张灯结彩"和"沉浸在一片狂欢之中"，这样的描写。这个"张灯结彩"是怎么"张"怎么"结"？"灯"和"彩"又是什么样子？"狂欢"又有什么海底世界的特点？又怎样使大家"沉浸"其中？这种文字描写难道不是既无色彩感，又产生不了形象感吗？又如抹香鲸和章鱼的战斗，作者也是用了诸如"毫不害怕""见势不妙""双方僵持了几分钟"这样一些描写，这些语言似乎形象，实则抽象，用一般的用语代替了特殊事物的准确鲜明的表现。作品还有很多关联词语如"不料……把……""要是……就会……""虽然……但……因此……"等等，这在儿童文学作品中也是比较忌讳的。有的科学词语如"残体自遁"之类，不加解释，就更使儿童费解。

科学童话的语言运用还应该遵循儿童的心理逻辑，展示儿童的特点。我们的作者应该注意观察和了解孩子，注意他们的思维和心理特点、向孩子们学习语言。使科学童话不是成人化的儿童文学，像"小老头"一样缺乏灵性，或者又像老来戏亲一样，故作儿态。只有当孩子们把这作品看成是自己的作品，这作品才能真正引起儿童的共鸣。在这一点上，也不乏好的例子。如《小松树的医生》科学童话中，作者描述了小松鼠看到好朋友小松树被松毛虫咬食，着急地为它找医生。最后"风伯伯"带来了"白僵菌"为小松树治好了病。小松鼠很高兴，作品恰当地表现了他高兴的原因是"因为他的好朋友小松树不生病了，就可以长很多的松果，来请他吃呢!"这种稚气的心灵，稚气的语言表现，使儿童的特点鲜明地展示出来。

由于儿童眼里的现实世界是增添了想象的现实，在他们眼中一切都是变化的、有趣的，因此夸张、幽默、滑稽，甚至是荒诞的语言运用，往往会收到意想不到的效果。如《怕出汗的冬瓜王子》科学童话中，作者为了介绍有关出汗的知识，塑造了一个因为怕洗澡、不愿出汗的大懒虫——冬瓜王子的形象。他"胖得就像一个大冬瓜，所以大家叫他冬瓜王子"。他"成天靠在沙发椅上，什么也不干，连吃饭都要让人家喂。他最怕洗澡，因为一洗澡，就不得不离开他的椅子。冬瓜王子由于不洗澡，身上发了臭，又生了许多痱子和疖子，更痛又痒。大臣和侍从们都远远地避开他，免得被他身上的汗臭熏得透不过气来"。为了不出汗，他遍寻名医，最后用"不吃维生素 A"的方法，使汗腺萎缩，不再出汗。可是体内的热散不出来"只好像鱼一样，整天泡在水里"。老泡在水里太不方便，最后只好根据美洲兔"靠大耳朵散热"的原理，给冬瓜王子接上了两只"像美洲兔那样的人造耳朵，"这些描写是夸张、荒诞的，但正因为这夸张荒诞，使现实中实有的形象——懒、不洗澡、怕出汗的人在作品中变了形，对孩子产生了奇妙的吸引力。又如国王作为给王子治出汗的毛病的奖品，竟是"鳄鱼牙齿""苍蝇腿""麻雀羽毛""猫胡子"之类，这种幽默滑稽的语言就像马戏团的小丑一样，使孩子觉得有趣可笑，产生了强烈的共鸣。

以上我们探讨了引起儿童共鸣的四个共鸣因素，但就一个作品来说，并不要求都具备这四点才是好作品，才能引起孩子的共鸣，只要作品在一点、两点或者几点上做到了，就能取得好的效果。好的作品可以是以想象奇特见长，也可以是以形象塑造为佳，也可以是以情浓理深拔萃，或者是以语言运用出色。科学童话的创作虽然在我国还是一种比较年轻的文学样式，但是只要我们善于总结学习已有的成功的经验，科学童话是会在已有成绩的基础上，取得长足的进步，塑造令人难忘的艺术形象，真正引起孩子强烈的共鸣，受到儿童由衷的喜爱的。

原载《评论与研究》第 6 期（1985 年）

我是怎样写《田园卫士》的

王敬东

一个民族的环境意识，反映了这个民族的文化修养和教育水平。作为一名科普战线上的战士，正应肩负起提高本民族环境意识的历史重任。就是基于这一认识，我才为青少年读者写了《田园卫士》①。

生活，对文学创作来讲，永远是源泉。就我个人所走过的科普创作道路来讲，特别是《田园卫士》的创作，更是深入生活的结果。

一

我在农村中学从事生物教学工作 30 多年了。多年来养成了一种习惯，也可以说是癖好：春，夏、秋三季，利用业余时间，到野外观察各种生物。计算起来，长年累月被我比较详细观察的生物也不下 200 多种。由于掌握了较多的第一手资料，这既帮助我较好地完成了生物学教学任务，同时也为我创作《田园卫士》等科普读物奠定了比较坚实的基础。现在回想起来，我的这个习惯的养成，也是经过了一个从不自觉到逐渐自觉的过程，严格讲，是被学生"逼"出来的。

记得那还是我刚开始教生物学，有一次讲授"节肢动物"一章中的"蜘蛛类"。学生向我提出这样一个问题："蜘蛛是怎样在两棵距离很远的树间或者两堵墙间结网的?"备课时我曾考虑过这个问题，并在一本《自然常识问答》的书上查阅到有关资料，因此，当即回答说：蜘蛛在两棵距离很远的树间架网，要先架设两条平行的"天索"。蜘蛛从它的立脚点引出许多根长度足以达到对面的长丝，这些丝在空中随风飘荡，发现其中某一根丝拉不动了，就是飞丝飘着的一端已被风吹到对面，而且被缠在树枝或其他东西上了。于

---

① 《苗苗站岗》《田园卫士》均在 1981 年获全国《新长征优秀科普作品奖》二等奖。

是，天索被架成了……

没料到，一个男学生举起了小手："老师，我们家院子里有几个蜘蛛，我白天从来没见过它们架网。听我爷爷讲，它们都是半夜以后才架网的。咱们这地方大多是白天刮风，一到夜晚风就煞住了。没有风，它的丝怎么飘呢？"

学生的这一"军"可把我"将"住了。我只得老实承认，我对这个问题没有亲自考察研究。

有关这个问题的材料我没有查到，请教了几个人，也没有得到满意的回答。正当我闷闷不乐的时候，倒是我的妻子指着院里的一面蛛网提醒我："老师就在咱们家院里，你何必到处求呢？"

一连三个夜晚我通宵没睡，终于通过实地观察，揭开了蜘蛛张网之谜。原来，蜘蛛要在两堵相距很远的墙间架网，首先在墙角一点，把从腹部末端喷丝口喷出的丝头固着住，然后让身体悬在丝上往下沉，边下沉，边向外喷丝。蜘蛛落到地面以后，拉着丝向另一堵墙爬去，爬到对面墙根，即开始用右后腿一面把过长的丝缠起来，一面向墙上爬，爬到合适的地点，再把丝的这一端固着住。于是，第一根天索架成了。接着，又选择一个合适点，用同样的方法，架设第二根天索，这两根天索是平行的。天索架成以后，再在两根平行的天索之间织成了八卦形的网。

我把观察所得告诉了学生，课堂气氛的活跃出乎意料。更令我吃惊的是，我没有布置任何作业，许多学生都自觉地在夜晚观察蜘蛛张网，想自己亲自揭开蜘蛛张网之谜。也就在他们对大自然进行探索的过程中，发现了许多我们过去不知道的新知识。例如：

蜘蛛能根据不同需要喷出不同性质、不同颜色的丝。干丝用来架天索和围框框、搭网架、盖住所和育儿室，黏丝用来编织抓昆虫的网眼或捆缚猎物的绳索。

蜘蛛都在夜间 12 点到清晨 4 点这段时间内张网。

蜘蛛每隔 24 小时就要把网重新织一次。首先，它把网上的黏丝全部吃入肚里，只留下干丝搭成的架子，然后再重新喷出新的黏丝织网眼。

蜘蛛自己在网上活动，一般都要把干丝作为它的路道。有时不得已要在黏丝上活动，它的八条腿也不会被粘住。

通过"蜘蛛事件"，我从中悟出个道理来：培养青少年的求知欲望，绝不能仅仅依靠书本。让他们投身到大自然的怀抱里，培养青少年观察、分析、探索的能力，才是最重要的。

　　我自己也从此开始与大自然建立了亲密的感情。把对生物的观察当作生活的一种需要。

　　《田园卫士》是一本写生物防治的书，如果说写得还比较生动的话，那无非是因为我把对一些生物的观察所得的第一手材料写了进去。比如，把我平日对蜘蛛的观察写进了《一网打尽》一节里，把对啄木鸟的观察写进了《森林的外科医生》一节里，把对瓢虫的观察，写进了《棉田里的战斗》一节里……总之，在每一章节里，都包含着我自己亲自观察实验过的东西。

　　真正的科学都是来源于实践的。科普作者要做到有知识，就要深入到自己所写的领域中去，到第一线去熟悉自己描述的内容。丰富的直接和间接经验，是科普创作的基础，也是产生"新意"的源泉。作者把不十分熟悉的科学知识拿来写，那便成了无源之水，无本之木。硬是东拼西凑，也必然会错误百出。法布尔的巨著《昆虫记》，所以能把昆虫的生活写得仪态万千，富有情趣，诗一般的语言，引人入胜的故事，把读者轻松愉快地带进瑰丽多采、奥妙无穷的昆虫世界，就是因为他与昆虫朝夕相伴十五年，就是因为他买了一片贫瘠的荒地，植花种草，辟成了他多年来梦寐以求的户外实验室，各种昆虫纷纷在他的园子里"安家落户"，把它们的奥秘展现给好客的主人。长年累月地观察，使主人不仅对昆虫知其一，而且知其二，所以才能写出这样的好书。

　　只有熟悉它，才能写好它。写出来的东西才能激发起读者的求知欲望，召唤他们投身到大自然这座瑰丽多彩的知识宫殿里，不知疲倦地进行探索。

　　作者到第一线熟悉自己所写的东西，大量掌握第一手资料，我认为这就是科普作者应有的生活。

二

　　我们的前人为我们积累了极其丰富的知识，再加上科学的发展日新月异，因此，作为科普作者来讲，要想真正起到科学与人民之间的"桥梁"作用，就得投身到科学的海洋里，努力钻研科学，博览群书，充分占有资料，这样才能写出受读者欢迎的佳作来。几年来的创作实践使我体会到：科普创作，需要植根于深厚的科学知识土壤中。我们当教师的有一句口头禅："你要给学生一杯水，自己就得有一桶水！"这句话我认为很好，好就好在它形象地说明了一个道理，就是科普作者要有深厚广博的科学知识储备，才能写好科普读物。因此，要搞好科普创作，首先就要求作者深入全面地熟悉一门科学，或者熟悉一门科学的某一个方面。要熟悉它的过去、现状和未来。一句话，就是要求作者钻到有关的科学专业里去，在里面"安家落户"，而不是"串门"。

高尔基曾谆谆教导青年作者，要写自己熟悉的东西。任何人对任何学科都有一个从不熟悉到逐渐熟悉的转变过程。要加速这个过程的转变，就得学习，就得下决心付出艰辛的劳动，这样，才能占领科学领域里的一块阵地，你对科学的某一块领域熟悉了，才能把其中最有意义、最能启迪人们思维的东西写出来。另外，由于你在攻克这一领域时曾付出过心血和汗水，体验过弄不懂时那种"山穷水尽疑无路"的困惑，也品尝过茅塞顿开时那种"柳暗花明又一村"的喜悦。因此，在进行创作时，字里行间才会饱含着你的激情，饱含着你对这一专业最深切的感受。正如鲁迅先生说的那样，要吃的是草，挤出来的是奶，也正如小小的蜜蜂，广采百花甜汁，酿出的是既香且甜的蜜糖。

20多年来，我坚持读书。平日我没有假日和星期天，甚至别人在打扑克和下象棋的时间，我也是如饥似渴地获取科学的滋养。为写《田园卫士》，不算花了七八年的时间进行野外观察，就是搜集资料，做图书卡片就有2000多张，达100多万字。有了这样的知识储备在我动手写的时候，才感到得心应手，才能写得深入浅出，比较生动活泼，引人入胜。

在这方面，我们的前人也曾给我们做出了榜样。儒勒·凡尔纳就是一位通晓各种科学的博学家。他虽然没有被选进法国科学院而成为终生的憾事，但他去世时30多位法国科学院院士参加了他的葬礼，他的创作生命所以这么长，能写出100多部科学幻想小说，就是他40年如一日，积累了丰富的科学资料。仅就他亲自摘录的笔记本就有25000多本，可见他阅读科学书籍之广。

深入到科学知识的海洋里，博览群书，不断扩大自己的知识面，为科普创作奠定雄厚的知识基础，这不也是科普作者的又一重要方面吗？

三

人们愿把科普作者叫做"科学和人民之间的桥梁"，我认为这个称呼很确切。几年的创作实践使我体会到，作者要想起到"桥梁"的作用，就必须深入到读者中去，或者干脆就生活在读者之中，这样，读者的生活情况、知识水平、理解能力、思考方式、兴趣爱好、语言特点，作者才能了如指掌。了解熟悉了读者并且了解透彻了，才能创作出读者欢迎的科普作品来。

要创作，首先要选好题材。题材到哪里去找？题材就在读者中间。自然科学的领域如此广阔，可有时候偏偏感到没有合适的题材可写。为什么会出现这种情况呢？我体会主要原因是作者深入生活不够。要是我们深入下去了，充分了解了读者的所想、所爱、所求，那么，他们想的、爱的、求的不正是我们创作的题材吗？20多年来，我每时每刻都生活在青少年中间。平日，我对他们提出的问题都认真准备，给予解答。为满足他们的求知欲望，我办过《生物学园地》黑板报。为了完成教学任务，我除了认真备课，钻研教材之外，凡是学生喜欢的，我都要研究一下。他们爱看蚂蚁打架，爱养各种鸟儿，我也深入他们之中，在闲谈中了解他们想些什么。学生学习《节肢动物》一章有关瓢虫的知识后，他们想搞瓢虫灭蚜的实验，于是，我就带领他们在学校生物实验园地里，利用瓢虫防治菜蚜。这样，经过长年累月地积累，头脑中的题材也越来越多。在"为了让更多的青少年学点科学知识"的朴素感情支配下，我才走上了科普创作的道路。应该说《田园卫士》的创作，就是在学生经常向我提出一些有关益虫消灭害虫的问题之后，我才产生创作念头的。由于《田园卫士》的创作，反映了他们的意愿，因此，我几次把初稿念给他们听，他们不但能集中精力听完，而且能提出宝贵的修改意见。就这样，在读者中搞了几次反复，才使得《田园卫士》一书的内容比较活泼而又系统，且能与生产、生活和教学有机地结合起来。书出版后，从读者来信反映看，他们也是比较欢迎的。

坚定不移地深入到读者中去，才能明确创作的目的。我们作教师的，社会上都认为是传授知识的。但懂得教育的人可不是这样看法，认为差的教师只是单纯地给予学生知识的，而好的教师是培养学生驾驭知识能力的。这意思就是说作为一个教师，通过教学，传授知识是手段，而培养学生独立分析问题和解决问题的能力才是目的，也只有这样，我们的后代才能"青出于蓝而胜于蓝"。冷静地想一想，我们的科普创作又何尝不是如此呢？科普作者通过他的作品，绝不是简单地向读者传授知识，而是培养读者"科学探索"的能力。一本好的科普读物，给予读者的应该是打开知识的宝库的"金钥匙"，是点石成金的"指头"。如果我们的读者从科普读物中获得了点石成金的"指头"，那么，他们就能够在知识的王国里从必然走向自由，就能登攀前人没有登攀上去的高峰。上述问题，如果没有坚实的生活基础，是不容易体会到的。

经常深入到读者中去，作者本人才能牢固地树立群众观点。对于科普作者来讲，群众观点也就是"读者观点"，是十分重要的。归根结底，我们写的作品是给读者看的，那么，作品就必须反映读者的渴求。要做到这一点，就要经常问一问自己。问什么？就是每讲一个道理，你自己搞清楚了没有？懂了没有，要想让作品使别人感动，先问自己感动了没有？感动到什么程度？我体会，科普作者必须在深入读者的过程中树立这样的信念：自己和读者是"一伙人"，我在你们之中，不是在你们之外。有了这种感情，在创作过程中，才能时时刻刻不忘记读者，写出对读者负责的并有较高水平的作品。

原载《评论与研究》第 12 期（1987 年）

科学漫画小议

林 禽

科学漫画在我国还是一朵含苞待放的新花。1986 年全国科普美展有不少科学漫画的作品。现在我们看到，全国科学漫画展览会，又涌现出一大批优秀的科学漫画作品，加上近年来全国科普报刊发表的科学漫画，估计在 5000 件以上。可以说，我国科学漫画创作的繁荣时期即将到来。

但是，还有一些问题需要探讨。

科学漫画和漫画的界线如何划分？我认为，科学漫画是隶属于漫画这个画种里的，不必有严格的界限。但是，既称它为科学漫画，它就必须与漫画有不尽相同的地方。它的作用应该是给人一定的科学知识，因而也有人称它为知识漫画。但是我们不要把科学漫画限制得太死。它也可以没有具体的知识内容，它可以歌颂，可以讽刺，也可以偏重于幽默，只要它歌颂、讽刺和表现幽默的内容与科学有关的都称为科学漫画。例如它可以歌颂我国的四化建设和科学技术新成就。记得韦启美同志在新中国成立初期创作一幅漫画，叫做《毛主席派人来了》，它用拟人化的手法，把我国几种重要的矿藏画成大梦方醒，勘探队员在敲门，把矿产资源请出来为祖国建设服务。这幅画在今天看来，还是很有现实意义。新中国成立前我们是捧着金饭碗讨饭吃，今天，在党的领导下，我们敲开金山、银山、石油山。这幅画既可以归到漫画里去，也可以请它到科学漫画里来。科学漫画也可以讽刺，讽刺科盲、讽刺不按照科学规律办事的同志，也可以讽刺阻碍四化建设的错误行为。例如：环境污染是一个大问题，这次展出的作品中有一幅《上访》的科学漫画，画了许多鱼去告状，告的是它们的河流被人污染了。还有许多和科学有关的幽默漫画都可以称为科学漫画，请它们来参加科学漫画的队伍。这次全国科学漫画展览会就是广开门路，把科学漫画搞活了，把过去很少创作科学漫画的漫画家吸引到科学漫画这个阵地上来，科学漫画兵多将广，对"四化"有利，我们又何乐而不为？

53

　　我国过去科学技术落后，科学知识不普及，科学漫画作者不多。我碰到很多漫画家，请他也来画科学漫画，但是他说，我自己也是科盲，如何落笔。我看不要怕，在"四化"的道路上，我们大家都应该学一点科学知识，特别是漫画家更要学，学一点，画一点，当然不可能学得很深很专，需要的是博学，做个杂家，才能画出较好的科学漫画，所以科学漫画家应该是又红又博。张乐平同志不但自己学科学，一面学一面画，还叫三毛也学科学。老漫画家替我们带了头，我们更应加倍努力。

　　博从哪里来，主要从生活中来，还要博览群书，现在科普书刊那么多，那就博览科普书刊吧。单是博览，没有实践也不成。方成同志有一个很好的建议，他说可以先画科普插图，要画好科普插图，总要把这篇科普文章看懂才能落笔，画过一次插图，就多懂一点科学知识，知识积累多了，你就成了"科学博士"，你就能画出优秀的科学漫画来。华君武同志说：画漫画要有丰富的知识，哪怕懂得小学教科书里的许多知识，例如物理上的杠杆作用，懂得它，也对创作有帮助的。当然，除了博以外，还可以专一门，我们这里有位同志，他知识很博，更精通航空知识这一门，他画出的飞行器都很概括和准确。

　　另一个问题，就是借鉴国外的科学漫画，国外出版的漫画杂志很多，如老牌的英国漫画杂志《笨拙》、比利时的《为什么，不!》和苏联《鳄鱼》等都经常刊登科学漫画作品。我国的漫画报《讽刺与幽默》很少刊登科学漫画作品，我们科学漫画小组的同志建议是否可以出版一份《科学漫画小报》，促进科学漫画的繁荣。国外许多科普报刊都有科学漫画专栏，如《科学的美国人》、日本的《儿童科学》、苏联的《科学与生活》《青年技术》、罗马尼亚的《科学技术》、捷克斯洛伐克的《青年科技》等。苏联还出版了一种《科学漫画年鉴》，每年出一本，一幅漫画说明一个问题，把当代最新科学技术都画成漫画，里面有《激素的奇迹》《为地震区设计的房屋》等许多有趣的科学漫画。(图1、2)

　　我国科普报刊也开始重视刊登科学漫画，如天津《科学与生活》，每期就用了两个版面。江西《知识窗》也每期刊一版，《科学画报》从1956年起每期刊登科学漫画，到1966年止共发表科学漫画200多件。

　　最近发现一个问题，就是近年来我国创作的科学漫画，题材雷同的问题很突出，大家都画气球，画机器人，好像除此以外，就没有什么东西可画了。当然，气球和机器人不是不可画，而是要画出新意。毕克官同志画了机器人

图1 为地震区设计的
房屋（苏联）

图2 激素的奇迹（苏联）

演戏，画借梁山伯不知祝英台是女的，发展成舞台上的祝英台不知道和她同台演出的梁山伯竟是机器人扮演的。以此来产生矛盾的效果，以达到普及即将出现的智能机器人的知识。这样把当代机器人和我国传统的戏曲结合起来，既风趣深刻，又有民族风格。

在四个现代化的新长征中，科学漫画轻捷善战，受到广大群众的欢迎。这次全国科学漫画展览优秀作品不少，作者中既有知名的老画家，也有年轻新秀。科学漫画创作正是方兴未艾，前程无限。

原载《评论与研究》第13期（1987年）

科学漫画的启示

张 仃

科学需要最严谨的逻辑思维，艺术则需要形象思维，而漫画又是艺术中的浪漫派。把"科学"与"漫画"这两个对立的东西摆在一起，似乎有些不可思议，然而经过人们的辛勤耕耘，"对立统一"的规律起作用了，两者的结合发出了耀眼的光彩。

美国漫画家海利·高夫的科学漫画集《拍脑袋的发明》，把人们头脑中的科学设想、发明构思、设计方案，甚至把在目前看来根本无法实现的科学幻想，用妙趣横生的漫画一一表现出来，引人入胜，发人深省，这在漫画艺术的领域中，应说是一种创新。我被这些想象丰富、充满幽默、在技法上成熟洗练的漫画吸引住了。我喜爱它们，我想，许多读者，尤其是青少年们，也一定会喜爱它们的。它们在科学普及方面有着独到的作用，就是对美术界而言，也是漫画的一种新模式，值得画家们重视和研究。

爱因斯坦曾深有感触地说过，科学上的发明，有的时候和艺术家搞创作一样，也需要有灵感，只有触动了它，才会有所发明。在探索自然的过程中，在技术设计的构想中，当出现"真"与"美"的矛盾时，科学家们往往要选择"美"。科学家也和艺术家一样，受着人类审美意识的支配，人是要按照"美"的规律来创造世界的。事实上，"美"与"真"在客观上是和谐统一的，遵循"美"的规律往往可以通往"真"的境界。因此，艺术家们如用"美"的手段去启发科学家们对"真"的研究，触动他们的灵感，无疑对发明创造将起着"心有灵犀一点通"的作用。特别要一提的是漫画这种形式，它最概括、最夸张；形象鲜明，语言尖锐；与读者幽默谈心，最少说教，因而最富有启发性。它能抓住人们瞬息一闪的思想火花，用最简洁最生动的形象语言表达出来，给人以深刻的印象。

美国漫画家海利·高夫，不是一位简单的画家，他有知识、有胆略、有眼光，他不仅爱科学、爱幻想，而且已经深入到科学中去了，他的漫画本身就是一种创造性思维的标本。把这种漫画用于科学普及，它是活跃青少年的思维、引导他们爱科学、爱创造的最生动活泼的教育方式之一。我想，科学教育与艺术教育是有相通之处的——我们要培养的不是书呆子，而是富有创造性的实干家，就是要鼓励青少年们善于幻想，勇于创新。我们缺乏的不是工匠，而是发明家，中国要是没有千千万万的发明家，科学技术永远也走不到世界的最前列去。面对目前的学校教育中存在"注入式""满堂灌"的倾向，对这种有

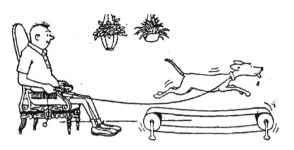

图1　主人稳坐在舒服的椅子里遛狗

图2　折缩汽车要装长物时可以伸展

趣的科学漫画，更是大有提倡的必要。即使对于工程技术人员乃至大科学家而言，这类漫画不仅能使他们在艰苦的劳动之余发出会心的一笑，同时它也是使他们触类旁通、引起浮想联翩的媒介，对攀登新的高峰是不无益处的。

在科学技术飞速发展的今天，一个真正的艺术家也应该懂科学、爱科学。我希望能有一批画家，特别是中青年画家关心科学普及和科学技术的发展，有能力在这一领域驰骋。当然，这是困难的，我承认"隔行如隔山"，但是我更欣赏"它山之石，可以攻玉"！艺术家们深入到科学的园地中去搞创作，科学家可借艺术之石，攻科学之坚；艺术家亦可借科学之梯，攀艺术之峰。人类的不同文化从来是相通的，而在不同领域的结合部，正是开辟新天地的起点，路是越走越宽的。在科学上是这样，在艺术上也不例外，我寄希望于年轻的一代。

原载《评论与研究》第 13 期（1987 年）

57

回忆在上海编刊的岁月

王天一

流光易逝。真没有想到，我也已经要进入我的"70 年代"了。夏衍同志在他的《懒寻旧梦录》自序中写道："上了年纪，常常会想起过去的往事，这也许是人之常情。"看来，我亦不免。

我这辈子，主要就是办了、编了几种科普报刊，做了一些科学技术知识的普及工作。是什么原因促使我干起编辑出版这一行来的呢？应该说，这是兴趣和爱好。商务印书馆是我国最老最大的资本主义出版企业，我父亲早年在那里当了个职员，他把我送进商务印书馆附设的尚公小学上学。这个学校先后由几位著名的教育家如吴研因、朱经农、沈百英等主持，还有杨贤江同志、叶圣陶、郭绍虞先生等都曾来校任教，办得是很成功的。我在放学以后，常去我父亲工作所在的办公楼，也曾去厂区各处转悠。商务创设的东方图书馆，我常去阅览。这就使我自幼便接触到很多书刊，感染到编辑出版工作的气氛，培养起对书籍和写作的爱好。我这个人，如果按自己的习性和爱好来说，上大学应是读文科或进修新闻专业的，可是环境和"命运"却又驱使我学了理科。这样，理与文相结合，搞搞科技编辑出版工作，对于我来说应该是比较合适的了。

我大学读的是上海交通大学电机工程系。有几位同学在 1935 年利用假期合译了一本书，即赫卿苏著《无线电原理及应用》，署名丁曦。开明书店接受出版，他们获得了几百元稿费。到 1937 年，他们就利用这笔稿费作基金，办起了一本通俗科学杂志，命名为《科学大众》。他们吸收我参加，我对他们的工作很感兴趣。两位主持社务的同学对我很友善，他们二位，现在分居美国和加拿大，友谊一直绵延至今日。他们那时是四年级，我是二年级，他们住在交大执信西斋，我经常跑到他们宿舍去，帮他们出主意，写东西。这应该说是我从事科普书刊编辑出版工作的起始。

《科学大众》的主编是张忠康，也是四年级的同学，他后来办了个电机制造厂。我列名编辑。担任编辑的大多是几位交大和同济大学的同学。还有两位，一位为章嘉禾（署名何一得），一位为汪允安（署名曾彬如，新中国成立后在上海出版印刷发行系统担任领导工作，已故），当时都在开明书店工作，《科学大众》从编辑到出版印刷发行，都得到他们的支持和帮助。经他们介绍，周建人（克士）、董纯才、高士其、顾均正、贾祖璋等先生都给《科学大众》写了发表文章。前不久，相隔几十年了，同高士其同志晤见时，他还记得那时候他为《科学大众》写的文章题目是《鼠疫的故事》。生活书店接受代定代售，这是生活书店创立以来由他们发行的第一个科学刊物。可以说，《科学大众》从一开始便是在党和进步作家的影响和扶植下办起来的。

《科学大众》以"科学大众化，大众科学化"为目标。它提出，"我们想从少数人的专有中，将科学散放到本国大众里面去。"它注意结合中国的实际。它也没有忽视当时日寇入侵的民族危机，表达了"抗敌救亡举国一致"的呼声，宣言："我们已有了清楚的认识：只有发动全国的力量，作一致的抗战，才能挽回民族的劫运。"在刊物上特意设置了"国防科学"专栏，介绍有关国防战争的科学的知识。在《编辑室》中申明："本刊的取材方面，力求适应本国的环境，切合大众的需要，而'写出'则力求通俗活泼。"当时钱塘江大桥即将建成，一位参加建设的工程师写了一篇《钱塘江大桥的灵魂——桥墩》，结合大桥的施工，不但阐述了构筑桥墩的方法和原理，也宣传了建造大桥、保卫大桥的政治意义，是一篇很成功的作品。其他专栏有"衣食住行"、"大众医学"、"图画的科学"等。很多文章采取了陈望道等同志倡导的"科学小品"形式，实现了科学与文艺的很好结合。因此尽管《科学大众》也采用了一些国外材料，但它们受的外国科普刊物的影响较小，却有它的独创，它是一本具有中国特色的科普期刊。

《科学大众》第一期出版后，很受读者欢迎，以致初版印出后，仅五日随即再版。但不幸的是，创刊才三个月，"八一三"事变发生，日寇入侵淞沪，承印《科学大众》的印刷厂沦为战区，第四期的稿版悉遭毁损，无法继续，不得不停止出刊。

但这件事却诱发了我的办刊兴趣，我一直念念不忘于再编一本科普期刊。

淞沪抗战开始后，交通大学迁入上海的"法租界"，借中华学艺社原址复课。不久，国民党军队西撤，上海"租界"四周俱为日寇包围，沦为"孤岛"。但在这一小块土地上，人们还有一点读书和新闻出版的自由。1939年夏，我也要毕业了。就在毕业前，我与几位同学发起创办了另一种通俗科学杂志，定名《科学生活》。参加者除交通大学的同学外，也有其他大学的同学，共约100人。每人出资5元，凑集了500多元，办起了这本杂志。

在这个刊物上，我们提出了"科学生活化，生活科学化"的口号，企图"用浅显的文体，轻松的笔调，讨论各门自然科学和日常生活的关系"。在当时全民抗战的形势下，这种提法，应该说是不够的，但还是严谨的，也算是"在这特殊环境中，做一些实际的事"吧。

在写法上，主要仍然是运用"科学小品"的形式，注重与文艺的结合，注重可读性，"使大家对科学有一个比较清楚的认识，和科学做个亲切的朋友"。

参加编辑部的有六位同学。"牵头"的是马家驹，现在在中国铁道出版社工作，写过一本《中国铁路建筑编年简史》，正在编纂一本《铁路词典》。汤心豫现在天津，曾翻得一本美国名著《机工》，编了一本《机工词典》，还写了两本很好的科普读物——《能的故事》和《房屋与路》，由巴金主持的文化生活出版社出版了。邱应传曾在江苏邮电系统负责工程技术工作，已退休。尚之一现在澳大利亚经商。还有一位陶滔很不幸，他毕业后进重庆民生实业公司工作，却于1940年9月在宜昌由岸上返回轮船时因划子被撞翻而落水身亡。正如马家驹兄所说："这样一位卓有才华的同学过早逝去，至今想起来还有余哀。"还有一位很著名的人物，美籍华裔电脑企业家王安，也曾主持过《科学生活》的编辑工作。王安是江苏省昆山县人，1936年从省立上海中学毕业后，以第一名考取交通大学电机工程系。他是很聪颖的，他能在现代电子技术上有所发明创造，绝非偶然。王安现在已经是誉满全球了，他在学生时代曾从事过一个时期的科学普及工作，也算是一段佳话。

为《科学生活》撰稿的基本上也就是原来的那些社员。他们之中涌现出一批写文章的好手，如薛光宇、杨天一、朱琪瑶、傅积和、华有光、韦文林、潘君牧等。社员樊养源写了一本《空气与水》，还把他写的关于汽车原理的连载稿汇编成一本小册子，都交给文化生活出版社出版。其他作者还有许多。他们写稿件都是尽义务，谁也没有支取过一文稿费。这些科学普及工作的"热心人"，有的现在已经迁居海外，或在国内负责一个方面的科学技术工作，斐然有成。有的同我迄今仍有亲密往还，有的则已久疏音问，消息杳然，但对这些旧时的伙伴我依然有着深切的怀念。

办杂志，除编辑工作而外，还有印刷、发行等种种事务要配合进行。这些事务，大部分都由我包揽下来了。毕业后，我进入上海电话公司工程部工作，就利用中午休息时间到我们借设的社址南洋同学会取来信，下班后则到中华学艺社向王安等人取稿件或到印刷所去办理校对印刷事项。办《科学生活》已经成了我的"副业"，我愿意有这样一个"副业"，因为我对我的"正业"——电话公司的工作不感兴趣。

但是工作中最感困难的是"没有钱"。集聚的约 500 元的一笔"资金"，仅一本创刊号的印刷费就花了 300 多元。而承担销售的上海报贩把头的盘剥是很厉害的，第一期的售款，要等到第二期送去后，隔若干天才给结算，所付的还是一张远期支票，要再隔若干天才可以兑现。而且数额有限，在那样的社会环境，一本科普刊物能有多大销路？社员们写文章尽义务，稿费可以不付，但纸张、印刷费用不能不付啊。怎么办呢？只有拉广告，社员们又各自通过熟人的关系，找一些厂商在刊物上登几则广告，收几笔广告费来贴补。但是随着当时上海形势的恶化，物价不断飞涨，而且愈涨愈快，每期的发行收入愈来愈不顶用，广告收入呢，本来是靠情面搞来的，不能要求刊登者跟着调整刊登费用。这样入不敷出，处境日益拮据，勉力支撑，出版了一年半以后，不得不宣告休刊，与读者告别了。

抗日战争胜利后，当年创办《科学大众》的同学和其他不少同学都回到了上海，我们又聚合在一起了。大家商量着将《科学大众》复刊，由我来负责。我任主编，同学袁明恒（行健）任发行人。我提出办一个出版社，先是叫中国大众出版公司、后来称作民本出版公司、民本出版社。这次的有利条件是经济方面得到同学们办的企业——人人企业公司的支持。人人企业公司在他们的办公楼内腾出两间房子，拨了一台电话给我们。有两三位年轻人参加我们的办事机构，主要的一位叫周增祥。这样就形成了一个小小的出版社。

办出版社并不是为了赚钱。在当时的国民党反动统治下，通货膨胀，物价继续上涨，中间剥削更显得沉重，根本无利可图，就是靠向人人企业公司贷款，再承蒙有些同学友好介绍刊登广告，才得以维持下去。

这段时间内，特别值得提出的是，当时的资源委员会委员长钱昌照先生（现任民革副主席，中国人民政治协商会议全国委员会副主席）以及该会所属各工矿企业的许多科学技术人员和管理人员对《科学大众》给予了积极的支持。历史的发展清楚地说明，钱昌照先生对科普工作的支持是一件有卓见的、值得赞扬的行为。

在稿件方面，我首先到开明书店去找了顾均正、贾祖璋两位先生，得到了他们的赞许。《科学大众》复刊后的头三期每期都有他们两位的作品发表。

顾先生还曾写了一篇《科学大众化运动》的专文。他们两位推进普及科学知识的热情，给我留下了深刻的印象。唐锡光先生把他的旧译《科学奇境漫游记》重新译出交给《科学大众》发表。周建人先生也找上了，他编写了一篇《几种常常说起的鸟》在《科学大众》上连载五期，他那时住在上海霞飞路（今淮海中路），我迄今还记得上他那里取稿的情景。

戴文赛先生是一位天文学家，但也爱好科普写作，他远在北平，我们也联系上了。他有很高的文艺修养，他为《科学大众》写的《在那遥远的天方》《地球——我们的家》《谈数》等，都是有分量的作品。

薛德焴先生是生物学家，也是老一辈的科普作家。他为《科学大众》写了一组关于人体生理学的科普文章，以后汇编成为《大众生理学》一书出版。

《科学大众》得到了科学界的广泛支持。

竺可桢先生在他还担任浙江大学校长之际，先后寄来了《中秋月》《谈台风》两篇文章，供《科学大众》发表。以后《科学大众》由全国科普协会接办后，推竺老为《科学大众》编委会主任委员，这不但是个巧合，由于工作上的接近，也感受到他老人家道德风范的熏陶，对我来说也是一件可喜的幸事。

好几个专门学会，热心赞助《科学大众》的工作。中国天文、气象、物理、化学、地质等学会相继应邀主编本学科的专栏。《大众化学》专栏是曾昭抡先生亲自主持的，他不但向其他学者约稿，自己还写了一篇连载《炸药常识》。

《大众物理》则由中国物理学会推定三位新从美国归来的青年物理学家负责。许多科学家，如严济慈、杨钟健、孙云铸、吕炯、任美锷、尹赞勋、朱弘复、李春昱、蒋明谦、陈遵妫、贾兰坡、李善邦、冯景兰、张春霖等先生都为《科学大众》撰写稿件，对我们是很大的鼓舞。

通过工作，各学会都涌现出一批热心科普工作的积极分子，如负责《大众地质》专栏的李文达、陶世龙同志，负责《大众气象》专栏的王鹏飞、章淹同志，负责《大众天文》的李元、卞德培同志。沧桑变迁，他们如今都已走上不同的岗位，但至今仍表现出对科普工作的深挚关注和浓烈爱好。

回顾既往，许多同学友好的鼓励、爱护、帮助仍然时时萦回在思念之中。《科学时代》社的黄宗甄同志在业务上、思想上都曾给予我帮助。《中学生》杂志的王知伊同志则曾贻我以珍贵的友情。有几位朋友为《科学大众》写稿最积极。他们之中，如周文德，写了不少关于台湾的文章，后来赴美国进修，取得博士学位，担任教授，并曾当选国际水资源协会的主席，惜已于三年前逝世；有一位现在台湾，我在一本刊物上看到他的名字；顾同高和吴蔚女士，已久无音问，不知现在何处；仅陈新谦同志同在北京，时有过从，尚有一位薛鸿达，他知识面很广，写得又多、又快，常常帮我出主意，新中国成立后去了哈尔滨，这样一位从事科学普及的很善良的人，却在十年浩劫中被迫害致死，我至今犹深为悼念。

我特别要提起一位优秀的作者徐名模，他也是交大同学，读化学系，资质敏慧，涉猎各门科学，能写得一手好文章。尤其可贵的是，他真挚地爱护我们这本刊物，热情地支持我办好这本刊物，他曾为《科学大众》编过一期《国民营养特辑》获得了广泛的赞许和欢迎。他写过一篇专论《把情感掺入于科学》，我读到后深为振奋，引起我内心的共鸣。在文章中，他指出一本通俗科学刊物所应当具有的建设性。建设不能与科学无关系。科学的建设不仅是物质的，"比较起来精神的或心理的建设也许更是基础的"。他说中国需要许多信仰来鼓舞人心，他认为科学亦能成为一种信仰、一种"宗教"。他的观点，我深为折服。但这样一个富蕴才华、睿智明慧的人，毕业后工作未几，即因肺病而退居家中，久病不愈，卒以辞世，年甫 32 岁。感怀知己，对于他的逝去，我深感悲哀，无限怅触。

1948 年 8 月，我们又创刊了两种科普期刊，即《大众医学》与《大众农业》。这两种期刊是怎样办起来的呢？

过晋源与裘法祖两位医师都是德国慕尼黑大学医学博士，第二次世界大战期间滞留欧洲，战后回到本国，执教同济大学医学院。我同他们结识后，想到在《科学大众》上设置一个《大众医药卫生顾问》专栏，请他们主持。嗣后读者来信，提出健康与疾病疑难问题，他们都一一作答，一部分在刊物上发表。他们除授课外，还在医学院所属中美医院应诊。医学院和医院都有许多专家，有丰富的临床经验。我从《大众医药卫生顾问》设置后受到读者欢迎所得到的启发，又向他们建议办一个普及医药知识的刊物，定名《大众医学》得到了他们的同意和赞许。医学院院长谢毓晋教授和他们主持编辑，经邀约，许多专家欣然命笔撰写科普文章。《大众医学》有一个特点，即每隔一期出一本专号，先后有儿童卫生、婚姻卫生、妇女卫生、肠胃病、结核病、心脏病、皮肤性病等十多本，分别由各科的著名专家金问淇、董承琅、宋名通、于光元、陶桓乐等医师主编。这些专号都就有关的知识作了系统性的、较全面的介绍，深承读者欢迎，有的后来扩充编为手册，有的则一再重版，因为常有读者前来补购，这也是期刊当中少有的现象。

《大众农业》是承张孟闻先生介绍，找上了复旦大学农学院的教授们办起来的。农学院的原院长严家显、教授钟俊麟、陈恩凤担任主编（复旦农学院迁沈阳后，钟教授和陈教授先后担任沈阳农学院院长）。执笔者如杨衔晋、柳支英、王泽农、赵仁镕、张季高、毛宗良、谭其猛等先生都是本学科的专家。《大众农业》也先后出过园艺、害虫、棉花、土壤肥料等专号。比起另两个刊物，《大众农业》的销路少了些，但是我仍然愿意指出，我们中国原是以农立国的国家，农业是根本，农业是国民经济的基础，为占人口绝大多数的农民出版一本通俗农业科学期刊，方向是正确的。

抗日战争胜利后，像我们这样久居沦陷区的人，对国内外形势很不了解，总以为国家从此复兴有望，可以开始和平建设，跻身于四强之列。"中国能够全盘的科学化，乡村电气化，农业机械化，家庭科学化，交通现代化，工业振兴，资源开发，由是而民力富裕，国防巩固"这便是我心目中的一幅蓝图。在《科学大众》复刊后，开始曾以"新中国的建设"为标榜，设置了《国内建设专稿》《新中国的进展》等栏目，总希望多看到一些建设的成就。但是我的设想，不能不说只是一种不切实际的幻想。严峻的现实教育了我，使我逐步地、清楚地认识到，在帝国主义、封建主义和官僚资本主义三座大山压迫下，不可能建设什么富强康乐的国家，战后的国民党统治区不是什么"新中国"。我把《新中国的进展》的栏名改成了《一月中国》。在一篇讲述瀜江水利开发计划的文章中，我提出疑问："今天我们能有多少能力来从事这些工程建设呢？"我希望，这许多工程师拟制出来的计划，不要永远是计划，永远是"纸上文章"。在另一篇关于农村复兴的文章中，我们提出了对所谓"美援"的怀疑，提出了保存现在的农村形态还是以促成"耕者有其田"的目标的问题。一位作者胡永畅同志撰文指出，一个长期停滞于封建官僚政治统治下的社会确曾妨碍了、窒限了科学的发展，即使是半封建半殖民地性的社会，仍然对于科学的发展及制约甚多。他说，"如果谈发展中国科学，必须基于中国超越了封建社会而向另一较高级的社会制度进展的假定"。黄宗甄同志在文章中指出，"春天究竟快要来了，半封建半殖民地的痛苦的枷锁，就此解除，由奴役到自由，羁绊到解放，落后到进步，愚昧到清醒，陈腐到新生，寒冷到温暖，甚至战乱到真的和平，总之，好日子不远了"。我的认识经历了一个过程，这过程还是很迟缓的，但是，我毕竟醒悟了。我在刊物上写出，"寒冬既临，春天不远，愿读者和我们坚持自己的信念，等待那好转的一天"。"我们希望—九四九将是最愉快的一年"。

抗日战争期问，中国科学社主办的《科学画报》一直在上海坚持出版，创办人杨允中先生和他的子女杨妲彩、杨臣勋、杨臣华，薛德炯先生和薛鸿达兄，刘佩衡同志等均曾负责过一段时期的编辑工作。胜利前夕，中国技术协会（工余联谊社）的《工程界》（后改称《生产与技术》）创刊，为创刊号我也出了一点力，以后，由钦湘舟、仇启琴等同志负责。胜利后，中国科学社的《科学》（张孟闻先生主编），中华自然科学社的《科学世界》，进步的科普期刊《科学时代》等相继迁来上海，在上海，中国电机工程学会和中华化学工业会分别创办了《电世界》（毛启爽先生主持）和《化学世界》（陈聘丞先生主持），还有《现代公路》（后来与《汽车世界》合并成为《汽车与公路》，由马家驹与张烨同志负责）、《现代铁路》（曾世荣、洪绅二先生主编）等，基本上都应当算是中级专业性科普期刊，俨然形成了一股办刊的热潮，这大概也是我国科学技术人员对抗战胜利后形势发展存着希望的反映吧。我们组织了一个"中国科学期刊协会"，有20多家杂志参加，张孟闻先生担任理事长，毛启爽先生和我担任常务理事。在那时候办科学杂志，都不是很容易的。我们组织起来，加强联系，互相关心帮助。曾经联合斗争，从国民党控制下的"上海市书业公会"手掌中夺来一部分纸张。他们拿纸张做黑市买卖，我们用来分配给会员办刊物。还曾经从伪"中央银行"那里搞来一笔"贷款"，也是大家分了。我们这些刊物，认识程度上固然有差别，但基本信念已经趋于一致。新中国成立前夕，我们风雨同舟，互相砥砺，坚定信心，迎接上海的黎明。如今，张孟闻等先生仍健在，毛启爽先生却已别去，他也于"文革"中遭到迫害，是我深切悼念的又一位科学家和科普"同行"。

编辑工作本质上是组织工作。我过去所做的工作实际上也就是组织工作。我个人的知识是很微薄的，我所以能把各方面的科学技术知识传送给读者，主要也就是依靠科学家的支持和帮助。我感谢许多科学家热心地为我们的刊物撰写科普稿件。我深切地怀念他们。许多朋友和同志在工作上帮助过我，有几位同志在政治上、思想上给我启发和引导，我同样深切地怀念他们，感谢他们。

1949年5月25日，我迎来了上海的解放。在《科学大众》上，我写了《欢欣鼓舞，迎接解放》的文章。我写道："如今这锦绣的大地山河，人民做了它的主人。""人民将可以从心所欲地塑造他们的祖国；而科学工作，由于要完成人民所期望的目标，也必然可以发扬孳长！"我表扬了自己的认识："将科学归属于人民，使科学为人民服务，使人类普遍享受科学的福祉，是今日科学工作者的工作主题。这里第一要点便是将科学知识普及于人民，使科学通俗化，普遍化。"

在刊物上，我怀着衷心的喜悦，立即重新设置了这个栏目：《新中国的进展》，并于1949年11月前赴北京，向科学界征集稿件。我在北京结识了好多科学家，也见到了来自老解放区的科普作家于光远、高士其、乐天宇、温济泽、彭庆昭等同志。

为迎接新中国诞生的第一个新年，我们以"新中国新科学"为总题，向科学界广泛征稿，编了一个特刊。征稿信上说："辉煌的1950年迅将来临。在这一年间，我们可以预料到的，为全中国的胜利解放，为经济建设及文化建设的大力发展。这其间，科学将发挥很大的作用。在这伟大的新时代，我们更当勉励自己，好好担当本身的任务。"20位科学家应我们的请求写来了文章，各就新中国科学技术的内容和方向，科学工作者的今后任务，特别是普及与提高的问题，抒述宝贵的意见。从此，《科学大众》即以更充实的内容、更坚定的步伐继续前进。

上海解放后，读者纷纷来信联系订阅，各地新华书店、联营书店、三联书店接受代订代售，《科学大众》《大众医学》《大众农业》的发行范围迅即扩及全国，印数逐月上升。物价稳定了，人民政府对于印刷用纸保证供应。我们从此扭转了"入不敷出"的困难局面，并有了盈余，可以逐步扩大生产规模。只是到了这样的历史新时期，以普及科学知识为职志的图书、期刊，才得以独立地经营，顺利、通畅地出版发行，有可能真正、有效地为人民大众服务。

1950年12月某日，我接到袁翰青同志一份电报，约我去北京。到京后，他告诉我，他即将就任商务印书馆编审部主任，他建议我把三个杂志移交给商务出版，并参加商务编审部的工作。我从事科普书刊的编辑出版，并不是为了利润。但办好这三本刊物，使它们发展壮大，则是我的心愿，我对它们是有感情的。北京已成为人民中国的伟大首都。我清楚地认识到，把刊物移北京出版，有利于刊物的进步与发展。在中央出版总署黄洛峰等同志的鼓励支持下，我接受了袁翰青同志的建议，与部分同事迁来北京。从此，我离别了第二故乡的上海，按照党所指引的方向，开始了新的征程。

原载《科普研究》第5辑（1988年）

中国文化必须注入科学

陶世龙

科学的出现是人类文化提高的结果，反过来又提高了人类自身，它在文化中的作用不断扩大，现代科学技术已成为现代文化的脊梁

人类对自然和社会的认识，在从神学的妄想和玄学的清谈，转为到客观世界中用逻辑和实验验证的方法去探索其规律时，踏上了走向科学的道路。科学究竟诞生于何年何月，很难截然划出，它经历了一个长期孕育的过程。但可以肯定一点，科学的发生和发展，一直是在文化范畴内进行的，毫无疑义是文化的组成部分，文化中科学成分的增加是进步的表现。人类社会从野蛮到文明，从低级到高级的进化，常以某种科学技术的应用为划分阶段的标志就是明证。

据文化学家的研究，1690 年由法国人编纂的法语《通用词典》，对文化Culture 一词是这样解释的："人类为使土地肥沃、种植树木和栽培植物所采取的耕耘和改良措施。"在此早期出现的文化概念中，技术竟成为几乎是文化的全部内涵，其中并已包含有科学的成分。

在被认为最具有权威性的泰勒对文化所下的定义中（1871），知识被列在文化所包含的内容的首位，这知识是具有科学意义的知识，在拉丁语中，科学"Scientia"同时也有"知识""学问"的意思。知识就是力量，弗兰西斯·培根（1561—1626）在这里说的知识，也指科学的知识；他极力倡导用实验方法研究自然，而把真理置于实践的检验之下，推进了科学从神学、巫术中分离出来，和摆脱对哲学的依附。而正是由于科学的兴起，遂有了产业革命，并从而使西方的文化居于世界领先的地位。西方挟此优势，使仍以"天朝上国"自居的中华帝国无法抵挡，受其侵凌宰割，国内有识之士，逐渐

认识到将科学引入我国文化的重要意义，在他们提出向西方学习，讲求实学的主张中，其主要内容就是学习科学。

1898 年 6 月 17 日，康有为上书光绪建议废止用八股取士，开办学校"从事科学，讲求技艺"以培养人才；孙中山对当时的有志之士"多欲发奋为雄，乘时报国，舍科第之辞章，而讲治平之实学"大加赞赏。（孙中山《支那现势地图跋》，1899）后来八股取士也真的废除了。但"中学为体，西学为用"的思想在社会上仍长期居于主导地位，科学被视为"形而下"的技艺器用。翁文灏对此曾大为感慨："试想中国自咸同以来，即重洋务，即讲西学，也就是现在所谓科学，设局印书，出洋留学，提倡甚是出力，但所谓西学者，仅视为做机器造枪炮之学，唯真只知实用不知科学真义，故其结果，不但真正科学并未学到，而且因根本不立，即做机器造枪炮之实用亦并未真正学好。而且只知读他人之书，不知自己研究，结果译书虽多，真正科学并未发生。"（《科学》第 10 卷第 1 期 P1～2，1925）

因此，直到五四运动前后，人们还不得不大声疾呼请来赛先生。这个新文化运动的一个重要目的，就是要引入科学来改造旧文化。如陈独秀在《新文化运动是什么》中所说："我们中国人向来不认识自然科学以外的学问，也有科学的权威；向来不认识自然科学以外的学问，也要受科学的洗礼；向来不认识西洋除自然科学外没有别种应该输入我们东洋的文化；向来不认识中国的学问有应受科学洗礼的必要。我们要改去从前的错误，不但应该提倡自然科学，并且研究、说明一切学问（国故也包含在内）都应该严守科学方法，才免得昏天黑地乌烟瘴气的妄想、胡说。"（《新青年》第七卷第五号，1920）蔡元培也看出西方文化的优点在于："事事以科学为基础；生活的改良，社会的改造，甚而至于艺术的创作，无不随科学的进步而进步。故吾国而不言新文化就罢了，果要发展新文化，尤不可不于科学的发展，特别注意呵！"（《35 年来之中国新文化》，1931）

物换星移，几十年过去了，科学技术有了巨大的进步，它在文化中的地位愈来愈重要，可以说起到了左右世界经济、政治、军事战略发展的程度。譬如西方经济并未像我们所预想那样一天天烂下去，还有所发展，新的世界大战并未发展为一触即发的形势，反而出现缓和的趋向，认识到"只有一个地球"，出现"地球村"的概念，都是科学技术发展的结果。这些都说明今天的世界已大不同于五四运动时期，而如钱学森同志所一再提醒我们，还要看到 21 世纪。如果没有现代科学技术作为我们文化的脊梁，我们在下一个世纪还能不能保持"球籍"。对此，自中共十一届三中全会以来，在一系列重要文件中，多次强调了科学技术的作用，明确发展科学技术是文化建设的重要内容。不久以前，中共中央政治局常委胡启立在会见出席中国科协三届三次全委会部分委员时，又表示完全赞同中国科协主席钱学森关于现代科学技术是现代文化重要组成部分的见解；提出要注意发挥科协在精神文明建设上的作用。（据1988年2月8日新华社消息）对我们把科学摆到文化范畴中来认识，更是明确。

遗憾的是，应当使科学渗透在我们的文化之中这个五四时期就已提出来的目标，至今并不是那么能为社会所普遍接受，讲文化而言不及科学，管文化而不懂科学，都是常见的事情。尤其值得注意的是，在文化领域中，背离走向科学的目标而开倒车者，还大有人在。丁守和同志在和《红旗》记者谈话时，讲到对待中国传统文化或外来文化，"现在有些人的思想还不如本世纪初的梁启超。"我很有同感，梁启超对待科学至少还能有这样的认识：不能把科学看得太低、太粗、太呆、太窄和太势利、太庸俗，强调了要有科学精神，并祝祷中国文化添入这有力的新成分再放异彩。（《科学精神与东西文化》，1922）可是现在我们有些还是"有文化"的人在做什么呢，不仅仍自我陶醉于"我们先前阔"，用祖宗的成就来安慰自己的落后，而且还发展为热衷于把传统文化中不足之处拔高，甚至把一些落后愚昧的东西也捧为"科学"，用以证明科学在我国也是"古已有之"，西方的科学也源于中国。68年前陈独秀说过的："现在新文化运动声中，有两种不祥的声音：一是科学无用了，我们应该注意哲学；一是西洋人现在也倾向东方文化了。"今天这些声音是不是又在响呢？当然不会完全一样，但如外国人出于礼貌或猎奇，对某些古老的东西表现出兴趣和说了几句恭维话，便自以为五行、八卦就比人家的科学还高明，甚至可以靠它来实现现代化，这何啻痴人说梦！

要是到社会上去看一看，封建迷信和各种落后愚昧行为的沉渣泛起，更已到了令人吃惊的地步。我们一方面固然已有了最先进的科学技术，能使卫星上天，但另一方面科学远远未在社会上普及。从全社会来看，究竟是相信科学的人多还是相信玄学、迷信的人多？我们整个民族是不是已跨进了科学时代？值得深思。

中国传统文化具有拒斥科学的性质，科学在中国传播，每前进一步都得排除传统的阻力

中国的传统文化有许多至今还闪耀着光辉的成就，但科学未能由此产生却是历史的事实。究竟该怎样解释这一事实，见仁见智，各有不同。但从近代科学传入我国的遭遇来看，不能不承认中国传统文化对科学具有拒斥作用。这种拒斥作用并不表现为科学的传播者受到镇压，像欧洲的教会那样审判伽利略、烧死布鲁诺，可能与科学在中国实在太无地位和市场，不值得统治者如此大动干戈有关，其内在原因恐怕还在于中国传统文化善于改造外来事物，使其变质而纳入自己的体系，如佛教的汉化，因而不必采取暴力手段。这种拒斥作用较之明火执仗地抵制更为有效。

有的文章说，支配中国传统文化的儒家思想中并没有拒斥科学的教义。的确，翻开儒家的经典，找不到什么反对科学的话，但一是那时中国并无科学可言，再者，对待中国的儒家还不能仅从字面去理解，因为他们常是说的是一套，做的是另一套。

科学赖以创立和发展的基础，是不带偏见的观察、实验和逻辑推理的正确方法，而这正是中国古代贤哲所缺少的。中国传统学术讲究内省、顿悟而忽视对客观事物的观察，更无实验验证，学术思想也借权威以推行，而一旦居于尊位，便可据此论证一切。如孔子号称博学，但像他对越人得到一节可装满一辆车子的大骨头，不加考察即断言为防风氏之骨，实为信口开河，而因这是圣人说的，人们也就深信不疑，这种学风支配了中国学术界两千年。间有一二学者能对此怀疑，反其道而行之，如徐霞客、李时珍所为，可谓踏上了科学的道路，但实如凤毛麟角，而李时珍的《本草纲目》仍良莠未分，还包含了不少不科学甚至是愚昧迷信的成分，如生吃狐之五脏及肠肚可治狐魅，如以之作羹霍，可治大人见鬼之类。

清朝的乾嘉学派重考据，有与科学精神接近之处，但多是在文字上下功夫，与科学之重实践仍有距离。而述而不作，就在故纸堆中讨生活，也是中国两千年难以摆脱的传统。

中世纪欧洲盛行经院哲学的时期，同样存在着上述问题，也是"凭借权威接受一种哲学体系，然后再依据这个体系来论证种种事实应该如何如何"（丹皮尔，《科学史》）；和"依赖寥寥几本古籍，翻来覆去地对它们的内容作

逻辑的修补，而不是注意事物本身"（沃尔夫；《十六、十七世纪科学技术和哲学史》），但是经过文艺复兴，他们挣脱了经院哲学的桎梏，走上了科学的道路，而我们仍裹足不前，对于外来的科学，旧传统还在极力使其向背离科学的方向转化。对此，鲁迅曾有深刻的揭露："其中最巧妙的是捣乱。先把科学东拉西扯，羼进鬼话，弄得是非不明，连科学也带了妖气。"（《随感录三十三》，1918）他列举了什么人之初生始于丹田，"天眼通"赛过望远镜之类奇谈，大为感慨，说："其实中国自所谓维新以来，何尝真有科学。现在儒道诸公，却径把历史上一味捣鬼不治人事的恶果，都移到科学身上，也不问什么叫道德，怎样是科学，只是信口开河，造谣生事。"

更令人感慨的是，70 年后，鲁迅当年所揭露的社会黑影，今日犹未消除，某些新的儒道诸公其捣乱科学的能耐，实为当年的张天师亦所不及，诸如狐精为崇、白日见鬼、看相算命、坟山风水等均被赋予"科学"新义，无可查证的"外星人"，更堂而皇之成了新的上帝，如《周易》可以说成是外星人所授，故为今日最先进之科学所不及。而运气可以带来降雨扑灭森林大火，食蚂蚁可以返老还童，"鸡冠蛇"出现在神农架，"野人"留有后代在广西，都成了"科学新闻"。

值得注意的是，对科学的捣乱，不仅以此等露骨的形式出现，还有用科学的名义但使用违背科学的方法，使本来还具有科学意义的东西被脱胎换骨为玄学、神学，这具有更大的迷惑性，给我们的学术研究带来了严重的影响。譬如在研究中似乎也根据事实，使用了科学的词汇，尤其注意引用已被认为是科学的理论，但从根本上来看，则并不是以充足的可靠的事实材料为基础，经过科学的分析从而得出结论，而是认定某种理论的权威后，根据主观需要去搜集材料，作为现成理论的说明，不仅不要求对理论用实践来检验，相反还把提出理论需要经过验证的观点视为异端，仍然是在那里"凭借权威接受一种哲学体系，然后再依据这个体系来论证种种事实应该如何如何"。这种情况不仅在社会科学研究中多次出现，在自然科学研究中也不少见，用几条哲学语言来代替复杂的自然科学作结论的情况便曾屡见不鲜。"文革"中的"一句顶一万句"是极端不尊重科学的表现，在今天，科学与"长官意志"之间哪一个更受到尊重呢，恐怕仍是个有待解决的问题。而这种问题的存在，我以为还不能归为个别人的作用，而是我们的文化一直缺少科学，人们习惯于非科学思维，笼统的概念，还有传统的道德、伦理情感等因素的影响也很大。多年以来，社会上容易刮这种"风"，那种"风"，出现这种"热"那种

留下的精神枷锁，然而仅停留于此而缺少科学精神，恐怕是难以如愿的。没有哥白尼、伽利略……没有科学，欧洲就难以走出中世纪的黑暗。五四时期的文化先驱，正是看到这一点，所以要呼唤"赛先生"。他们认科学为新时代的权威没有错，这种认识是以中国人奋斗多年而仍然落后挨打的代价换来的。不要这个权威行不行呢，我们在五四以后70年的经历和世界的变化都告诉我们，再不把科学放到权威的地位，真要如梁启超在1922年说过的："中国人不久必要成为现代被淘汰的国民"，用时髦的话来说就是要被开除"球籍"了。

今日科学的权威地位是历史发展的结果，不以任何人的好恶为转移的。这个科学自然不仅仅是声光电化之学，不仅仅是知识技艺，而是体现了科学精神，运用科学方法的学问，这一点正是五四时期的先驱们所反复强调的，不存在仅仅把科学界定在自然科学或工程技术方面的问题。另一方面，也不可以把科学简单地说成就是科学精神和科学态度。如果对科学常识也不了解，对科学的方法不会运用，怎能摆脱愚昧，掌握科学精神？不懂科学而妄言科学，正是今日某些落后、迷信的东西居然也以科学面貌出现的一个重要原因。

自然，这里讲到的科学的权威，首先是就科学的总体而言，并非说科学中的某项具体法则在任何情况下均不可动摇，更不是自称科学即为科学。科学精神本是一种探索精神，在科学研究的领域内，无禁区，无顶峰，诚如李四光所言，不怀疑不能见真理，不应为已成学说所压倒。但在一定的空间时间范围内，已经验证被人们认识的某种具体的科学原理，则不能违反，如果置之不顾而随心所欲，仍将受到惩罚。只有遵守科学的法则，我们才能获得真正的自由。对此，高尔基曾说过很精辟的一段话："精密科学在精确观察的立见成效的土壤上茁壮成长，它以铁的逻辑为指导，因而不受上述（情绪）影响的制约，它是完全自由的。精密科学的精神，是真正全人类的精神，是国际主义的精神。我们有权力谈论俄国艺术、德国艺术、意大利艺术，但是，存在于世的却只有统一的、全世界的、整个星球的科学。正是这种科学打开了我们的思路，把思想引向世界秘密的大门，为我们揭示了生活的悲剧之谜，也正是科学给世界指出了通往统一、自由和美的道路。"他是站在艺术家的立场观察评价科学后得出的结论，我非常赞同，谨引述在此作为本文的结束。

原载《科普研究》1989 年第 3 期

关于科普战略的几点想法

吴廷嘉

科普是新时期文化启蒙的重要组成部分

从五四运动开始，中国的文化先锋们就发出了对"科学与民主"的强烈呼唤。然而，70周年过去，德先生和赛先生依然步履蹒跚。中华民族新时期的文化启蒙工作远远未能完成，反而比过去任何时候，都显得更加紧迫、艰巨和沉重。产生这种现象，中国社会变革、特别是经济变革迟缓，致使文化启蒙与文化建设缺乏坚实的物质基础和可行手段是其直接原因，另一方面，与我们长期形成的"小文化"观也是有一定关系的。

几千年来，保守封闭、自给自足的小农经验，使我们的文化视野和思维方式变得非常狭隘。一个突出的特点，就是把科学技术排斥于文化领域之外。科技为末技，科技知识分子为末流，直到晚清，这种观念仍很牢固。洋务官僚们虽然主张引进西方科技，但他们骨子里视此为"皮毛之学"，而那些学习"船坚炮利"的留学生们，归国后常常感受到无形的压力，在科举出身的士大夫们面前自惭形秽，学非所用的情况也比比皆是。延缓至今，在社会实际生活中，科学家与文化人往往是两个概念，两种圈子，大有"邻里相望，鸡犬之声相闻，老死不相往来"之势。这种文化背景，造成自然科学与社会科学、文学艺术的鸿沟乃至隔绝。这是一种学术研究上的小生产方式的表现。它降低了科普工作的战略出发点，束缚了它的内容和发展余地，也阻碍社会文化启蒙工作能以科学精神、科学态度去进行。

多年以来，科普工作局限于自然科学技术，主要形式是科学小品，科幻小说、科教影视片等，这当然是必要的，而且也的确取得了很大成绩。但与之同时，也不能忽视下述缺陷：①这些工作往往只是就事论事，人们很少自觉地把它们纳入社会文化启蒙运动的轨道之中，因而立足点不够高，深度也

事地为科普而科普，而在于以科普为手段促进民族文化素质的全面发展，这也是科普应为新时期文化启蒙运动有机组成部分的必然结果。只有站在新的高度上，重新认识和确定科普工作的这一战略目标，科普工作才有希望和可能深入进行，并在社会综合治理上发挥出更大的效益。

中国科协科普研究所的同志对温州市封建迷信陈规陋习情况作了一个比较详细的调查，这是一项十分有意义的工作。调查结果表明，温州的经济起飞同其精神文明建设并不协调同步，相反，随着经济发展，人们物质生活虽然迅速富裕起来，精神生活却十分空虚，发生了社会性的文化混乱甚而沦落现象。这种情形在历史新旧转折关头往往会重复出现。一方面有其复杂的社会机制，一方面则与当时的社会主体缺乏科学知识和科学分析能力，导致文化土壤极度贫乏所致，对旧的传统文化和新的外来文化，都不能进行积极的建设性的批判和选择。因此，单靠自然科学知识的普及去冲击温州封建迷信，是很难收到令人满意的效果的。必须把自然科学和社会科学基础知识的普及结合起来进行，并把科普作为温州文化建设中的一个有机环节加以全盘考虑，才能奏效。

把全面提高民族文化素质确定为科普的战略目标，科普重点也会相应有所变化。过去，科普主要是针对文化层次较低的一般民众，这其实是科普的日常工作。日常工作是最大量、最常见的业务活动形式，但它同重点工作实质上还有区别。笔者认为，科普重点应放在国家各级领导机关、各级企事业的决策阶层以及广大青少年身上。因为前者是民族文化水准的代表，后者则是民族文化素质的真正希望所在。前者左右着现实，后者代表着未来。在这里，我们需要破除一个迷信：即决策者最高明、最有水平，所谓"官大表准"。据中华全国总工会所做的 1986 年全国职工状况调查表，在他们所调查的 10.9 万余名干部中，识字不多者为 0.51％，小学为 6.66％，初中为 33.92％，高中、中专为 42.36％，大专以上为 16.57％。就个人而言，学历并不等于能力，但其总体指数也能表明上面的问题所在。而这一材料则有力地证明了我们各级担负着决策领导任务的干部们，文化水准甚低，他们理应成为科普工作的重点对象之一。至于把广大青少年作为科普工作的重点，其意义显而易见，毋庸赘言。

此外，现代企业与企业家的崛起，也是科普工作者需密切关注的重要社会动向。现代企业不仅会成为我国经济现代化的支柱，而且将会深刻改变传统的社会结构，从根本上打破封建政治遗留下来的官本位政治体制。然而，鉴于我国特殊情况所限，目前企业的发展建设往往与双轨制造成的价格落差有关，还并不能真正完全借助于科学管理和生产发展，对企业家的文化素质要求也就不明确，不迫切。因而许多企业家意识不到文化建设对企业的意义所在，他们也许有适应目前社会状况的经营眼光，但却很可能缺乏适应将来社会需要的科学头脑。从这点上看，科普工作对企业家阶层的健康成长，也是应该而且可能有英雄用武之地的。也就是说，现代管理科学知识与人才建设知识的普及，也应成为科普工作的新内容。

信息服务与技术服务是现代科普工作的重要手段

科普工作面广量大，没有一定的经济实力为后盾，容易成为"肥皂泡"。但国家经济落后，财力短缺，各级领导层对教育科研重要性认识非常不足，又是一时难以克服的现实困难。为了解决这一矛盾，科普工作在进行过程中需适当考虑一定的经济收益问题，开发有偿信息服务与技术服务，是其出路之一，而且各种服务本身，也是科普发展到现阶段，必然要运用的一个有效的、重要的科普手段。

科普是把科学技术通俗化地普及到社会的中介，这项工作同科技界和社会各阶层有极其广泛的联系，它所得到的科技信息源多，信息量大，而且要充分利用各种现代化形式的大众传播媒介，开辟各种信息渠道，把这些信息迅速传递给社会，再反馈回科技界。在人类已进入信息时代的今天，科普的这种信息服务功能不仅是可能的，而且是使科学大众化的必要的手段。信息服务意味着效率与时间，它可以大大促进经济联系与生产发展，也就是说能创造价值。因此在符合国家有关法律规定前提下，科普工作把信息服务作为一种有偿服务，在理论上和实践上都是成立的。另一方面，社会化大生产发展的结果，使科学知识和技术发明直接转化为生产力有了客观条件，从而也使科普结合技术服务来开展工作成为现实。

科普开展技术服务与信息服务，其意义不限于解决自身的活动经费，更重要的还在于这种手段能有力地促进生产实体与科技界的有机结合，并以实践成果的形式向社会显示科学的力量，以事实去影响并改变人们的思维方法与定势。河北省科协普及部部长李景民于《科普在新形势下的发展——科协开展有偿技术服务的尝试》一文中提出了很有价值的新见地。他指出，有偿技术服务是科普工作的深化，也是从科普角度对科技市场的补充和开发。目

学知识、理论，也包含科学方法、科学态度和科学精神，它是近代科学诞生以后的几百年来，人类经过不带偏见的观察、实验和严密的逻辑论证，在实践基础上客观反映各种事物的本质特征的完整知识体系。它以严格的科学理性为特色，而不依人的主观意志为转移。

关于"科学文化"的特征，似可从以下几个方面考虑。

一、科技进步导致文化观念发生变革

近代科学的一项伟大功绩，是用无可辩驳的事实向人们证明："整个自然界，从最小的东西到最大的东西，从沙粒到太阳，从原生物到人，是处于永久的产生与消灭中，处于不间断的流动中，处于不休息的运动和变化中。"不但自然界在发展变化，事实还证明，当今世界，社会也在变，人也在变，尤其是人们的文化观念和思维方式等都在变，而且变化的速度越来越快。不能适应这种不断变化的形势，就无法在当今世界生存。而导致这种变化（包括观念变革）的根本原因，就是科学技术的飞速进步。

翻开历史，由于科技进步而导致人们观念变革的事实屡见不鲜。伟大革命导师恩格斯在他的光辉著作《自然辩证法》中，曾对 19 世纪 80 年代以前多种科学成果导致人们的文化观念发生变革的事例作了精辟的论述，说明了新自然观的确立，把人们从神学的桎梏下解放出来的生动历程。

在恩格斯全面介绍的新自然观中，为大家熟悉的首先是哥白尼"地动说"的出现而引起人们的"天地观"的改变。原来，不论是西方早期的天文学家托勒密，还是中国最早的宇宙观念"扶桑—建木"理论，都认为地不动，是太阳（即天）在围绕地球转动。哥白尼的"日心说"提出之后，经过与宗教、神权的长期较量，才使人们改变了旧有观念，认识到是地球在做绕日运转并自转；太阳相对来说是不动的。

其次是达尔文《物种起源》的出版而导致了人们"进化观"的确立。在宗教、神权、皇权的综合作用下，长期以来，人们笃信人是上帝创造的，有位神父更考证说，人是上帝在公元前 4004 年创造的。对于地质古生物学上发现的那么多化石——形体虽同但又略有差异的生物，用上帝创造的说法是无法恰当解释的，于是法国的居维叶提出了"灾变论"，认为在不同地层发掘出的这些生物化石之间并无联系，它们是经过上帝多次创造出来的。可是达尔文用无可辩驳的事实材料，证明了生物是从简单到复杂、由低级向高级不断进化的，特别指出了人类是由猿类演变进化而来的。这种观点尽管当时引起了轩然大波，舆论哗然，群情激奋，但是科学的理性终究占了上风，几十年后，世界上绝大多数人都接受了进化的观点，承认了"从猿到人"的进化论。

此外，还有康德"星云假说"的提出而导致人们"宇宙观"的变化，以及其他物理学、化学等诸多科学成果引起的人们一系列观念的变革。

自《自然辩证法》以后的100多年来，科学技术又有了长足的进步，不仅促使人们的自然观在发生变化，例如爱因斯坦相对论的提出，促使人们的时空观念较之以往发生了根本的改变，而且由于自然科学向社会科学的大力渗透，导致了人们的社会观念也在发生变革。例如，用系统论、控制论、信息论等自然科学的观点、理论和方法来研究，管理社会各部门、各领域，应用生物工程技术来解决当前人类社会面临的许多重大问题，已经为人们普遍接受，即使人们的道德伦理观念，也在因自然科学的进展而发生改变。试管婴儿的出现就是一个明显的例证。

人类脱离动物之后，在婚配问题上，经历了杂婚、群婚、对偶婚、一夫一妻制等阶段。其间形成了许多传统的伦理、道德观念，人的生殖问题就是其中之一。历来认为，人都是在母体内受精，经过十月怀胎才分娩的。虽然人们早就掌握了并对饲养动物实行了人工授精、体外培育等技术，但是如果要把这套技术施用于人类自身的繁衍，人们的传统道德观念是不大容易接受的，以为那将会是对人类尊严的极大冒犯，可是现在，试管婴儿已在世界许多地方出现，我国北京的北医三院也已成功地培育出了试管婴儿（据说现在排队等候的人很多），而据前不久的资料，仅在澳大利亚，试管婴儿已达到1000例……

今天见到试管婴儿的报道，人们似乎已司空见惯，不足为奇。可是就在20多年前，这项工作还是不被允许的。据我所知，20世纪50年代末60年代初，最早从事人的体外育婴试验工作的是一位意大利科学家，胚胎已发育到2个月了，但是因为罗马教廷的干涉，认为这一研究是对上帝和人类尊严的亵渎和挑战，研究不得不中止了。直到70年代后期，第一例试管婴儿才在英国试验成功。而这正是打破传统观念的结果。

由以上所述可以看出，在人类历史的长河中，由于科技进步而导致人们文化观念发生变革的事例是俯拾皆是的。只是这种变革的发生有时缓慢，需要经过较长时间的反复（有时甚至是激烈的斗争）才能完成，有时则很短暂，一种新的科学理论可以在短期内使人们潜移默化，在不知不觉中接受，改变

不但对没有答案的要问，就是对于已有答案的，当答案不能正确解释事实时，也要问一问，而不盲从于已有的答案，不迷信专家权威。只有能发现问题、提出问题的人，才有可能作出较大贡献。

抱有怀疑并提出问题之后，应当具有探索精神，去从事研究，千方百计克服困难，把自己存有疑问的问题研究个一清二楚，水落石出。

当问题研究出了结果时，应当具有创新精神，不囿于前人的见解或结论（哪怕是权威们的意见），敢于发明，敢于创新。这是科学文化与人文文化之所以区别的关键所在。就系 C. P. Snow 所指出的那样，人文学者总是习惯于用克制和压抑的语言讲话，对他们的前辈诚惶诚恐，不敢越雷池一步。而自然科学家则不然，他们总是兴致勃勃地宣称自己新发现了什么，否定了前辈的什么看法或理论。因此，这种勇于创新的精神，正是推动社会前进的高贵素质。

在科学精神中，还有一种重要的精神是宽容精神。因为提出问题、探索研究、做出结论，都有可能是不完善甚至是错误的，对于犯过某种错误的科学家来说，他需要人们的宽容，而人们也应当宽容他。因为科学研究是允许做不出结果或者得出与原来预料相反的结果的。不能因为得不出结果或得到了"反"结果就埋没一个人，把人"一棍子打死"，而应当允许他在以后的研究中再作出成绩。所以，宽容精神在发展科学文化中是十分重要的。

自然规律往往不是一下子就能探索到的，而是需要反复研究、探讨，有的甚至要经过几代人的不懈努力。在这些探索、研究中，不同的人往往因为条件不同、对象不同、方法不同或角度不同等原因，得到的结果也就会有不同。对于这些不同的结果，往往需要展开讨论和争辩才能求得统一。这时，另一种精神就显得极为重要，就是参加讨论或争辩的人，不管地位多高，名望多大，即使是某个领域的专家、权威，都应当具有平等精神。只有平等地讨论，才能使争辩双方都能畅所欲言，详尽地、深刻地抒发自己的意见。这样才能推进科学的发展，也推动社会进步。

总的说来，科学精神是熔怀疑精神、探索精神、创新精神、宽容精神、平等精神于一炉的。要弘扬科学精神，则要求有一个良好的社会环境，即政治民主、言论自由的环境。否则，科学精神得不到弘扬，科学文化也只能停留在口头上。

当全世界的 50 亿人口都能从全人类的利益出发，坚持以科学为准绳，都能弘扬科学精神，那时，伟大导师马克思所倡导的共产主义就来临了，至少是具备了共产主义社会所必须具备的"人们的思想觉悟极大的提高"这一基本条件。

"科学文化"是人类文化发展的必然。它要求人们把科学当作文化的主体，用科学去审视过去的文化，用科学来武装现代的文化，用科学来探索未来的文化。人们应当清醒地认识到，尽管政治、经济等控制、约束科学的现象不是短时期就能解除的，尽管科学给人类带来的并不全是恩惠，有时也会带来灾祸，但是，科学实验毕竟是一项伟大的独立的革命运动，它是不会始终受人的主观意愿摆布的。

虽然科学是文化的重要组成部分，但在我国的传统文化观念中，是不包含科学的。因此当务之急，就是要努力做到"把科学注入我们的文化"，改造传统观念。这不仅是建设社会主义现代化强国的必需，而且也是中华民族振奋、兴旺的可靠保证。

原载《科普研究》1989 年第 3 期

历史让我们沉思

——我国近代的科技传播与文化论战

郭 治

一、"西学东渐"与科技传播

近代自然科学的诞生，是以哥白尼 1543 年发表《天体运行论》为标志的，与科学同时诞生的便是对科学的传播——科普，布鲁诺为宣传哥白尼的学说而被反动的教会烧死，他不愧为科普的勇士。

近代科学向我国的传播，始于明末清初。当时欧洲传教士及商人东来，形成了西学东渐的风潮，出现了一次传播科学技术的高潮。

明末科学家兼科普作家徐光启（1562—1633）便是这一时期传播科学技术的代表人物。他曾经向意大利传教士利玛窦学习西方自然科学，翻译了部分《几何原本》，修订历法撰写《梁祯历书》，撰写《农政全书》，引进和推广甘薯、水稻，在吸收历代农业科学资料的基础上普及了农业生产知识。他在著作中还反对传统的"风土论"，传播了他的开明思想。

与徐光启同时代的宋应星，编撰了《天工开物》，这本书对许多种手工业的生产过程和工序做了详细的说明，配有精美的图画，既是一部优秀的科学技术著作，又是一部优秀的科普作品，其插图可谓早期科普美术佳作。

明末徐宏祖（1585—1640），游历各地，写出了《徐霞客游记》，这是一部既有文学价值又有科学价值的著作，也是一部科普佳作。

除此之外，明末潘季驯的《河防一览》、王微的《泰西奇器图说》，方以智的《物理小识》（1643 年成书），在传播科学技术和介绍西方科学知识方面都有一定的贡献。

清康熙时代，聘请西方耶稣会教士南怀仁等编撰《永年历》、《数理精蕴》、《历象考成》，康熙帝利用西方传教士白晋等人进行地图测绘，制成《皇舆全览图》，在传播近代科学技术方面都有着深远的意义。清乾隆时蒙古族数学家明安图撰写《割圆密率捷法》，论证了外国传教士秘而不宣的用解析法求圆周率的公式，并新创一系列公式，总称"割圆十三术"，在引进西方数学并研究西方数学方面很有意义，明安图在消化西方科学，传播西方科学方面为后人做出了榜样。

在清代康乾年间，还出现了为传播农桑知识做出贡献的杨屾（杨双山）。他著有《豳风广义》和《蚕政摘要》，编有《蚕桑歌》：

> 种桑好，种桑好。要务蚕桑莫了草。
>
> 无论墙下与田边，处处栽培不宜少。

这是一首通俗的科普歌谣。作者的目的很明确：要在他的家乡陕西推广种桑养蚕技术。

《豳风广义》文句通俗，配有插图，对种桑、养蚕、缫丝、纺织都做了介绍，还配有民谣。1742 年刻印发行后，陕西、河南、山东都重刻过，流传至广。此外，杨双山还著有《知本提纲》等农学著作。杨双山亲自从事了 13 年的种桑养蚕试验，主张写书要深入浅出，使人一看就懂。他不愧为清代卓越的农业科普作家。

明末清初欧洲传教士及商人东来，"西学东渐"的风潮，科学技术知识的传播，其内容多为新异的自然科学和技术，很少涉及政治、道德、哲学及西方社会思潮。那时文化学术上虽然也发生过一些纷争，也有过王夫之、黄宗羲、顾炎武、方以智、唐甄、傅山等人提出的反对专制主义统治、反对民族压迫的思想，倾向于经世致用之学，但是并没有构成两种性质的文化的对立，没有使统治集团的政治受到大的震动，因此那时并没有发生文化问题的大论战，也没有掀起社会思潮大变革的风暴。

中国的大门仍然紧闭着，科学和技术并没有成为走向大工业的起点，也没有得到真正的普及。这一历史时期科学技术传播的特点是，在内容上多注重于技术、应用科学、数学、天文学，不关心或很少介绍近代自然科学的科学思想，没有在传播科学思想的同时传播民主思想。

欧洲历史上 18 世纪发生过一次启蒙运动，这次运动中以狄德罗（1713—1784）为首的"百科全书派"对科学技术的传播做了伟大的贡献，形成了西方历史上的一次科普高潮。启蒙运动的特点在于用"人权"反对"王权"，用"人道"来对抗"神道"，用"人类理想"来否定中世纪的"宗教迷信"。正如文艺复兴时代的布鲁诺宣传天文知识是反对宗教哲学一样，在启蒙运动中，科学成了民主的"战友"，为民主打开了大门。这是一场资产阶级思想解放运动，从而为资产阶级革命和第一次产业革命铺平了道路，被恩格斯称为"这是一次人类从来没有经历过的最伟大的进步的变革"。

我国的"西学东渐"则不同：学天文是为了制定历法，绝不触及"真龙天子"之说；学测量是为了给皇上画地图，维护着封建制度和封建文化。因此，"西学东渐"没有成为资产阶级思想解放运动，中国仍然被封建文化围困着。

二、洋务运动与科技传播

鸦片战争轰开了清王国的大门，使中国人在西洋文明面前惊愕了。林则徐和魏源组织翻译西方图书，提出了"师夷技"，尔后在太平天国革命中洪仁玕又提出了《资政新编》，主张发展工业，开采矿藏，发展交通，设立邮局、报馆、医院，主张准许私人投资、奖励发明创造。这是带有浓厚资本主义色彩的纲领。

从1864年太平天国革命失败到1894年中日甲午战争爆发，是我国近代史上大办"洋务"的30年，一般称为洋务运动时期。

洋务运动的初期，洋务派对西方文明的理解局限于其"船坚炮利"，首先大办军工，其中位于上海的江南机器制造局便是一大兵工厂。

从19世纪60年代起，我国开始了大量翻译西方科技著作的工作，当时的主要出版机构有京师同文馆、江南机器制造局、广学会。同文馆30年间译著近100部，内容侧重于外交、世界史、时事方面。近代新学科的引进工作大都是江南制造局完成的，20余年间该局译书163种，《西国近事汇编》季刊出了108期。梁启超在评论这段历史时说："制造局首重工艺，而工艺必本格致，故格致诸书，虽非大备，而崖略可见。"

当时引进西方科学文化的原则是急功近利，不仅不重视人文科学著作，甚至对自然科学的纯理论也不关注，译著多为直接关联实用的学科，如江南制造局早期译著《防海新论》《水师操练》《克卢卜炮图说》《行军测绘》等。

早期的洋务以官办军工为主，设计施工、机器装备、生产技术、原料燃料供应无不依靠外国。不久，清府便发现经费来源枯竭，人才缺乏，管理混乱，"造舰不如买舰"，洋务运动开始注重采矿、运输、电信、教育诸方面了。江南制造局等机构便印制了介绍西方自然科学的译著，当时引进的学科有数学、物理、化学、天文学、矿物学、古地质学及医学等。

洋务运动前后，同文馆的李善兰、江南制造局的华蘅芳翻译了不少数学著作。华蘅芳还撰写了数学启蒙读物《学算笔谈》。华蘅芳还译有《金石识别》，以及赖尔的重要著作《地质学原理》（名《地学浅释》），华蘅芳的这部译著（同治十二年版）共 38 卷，配有大量插图。

在物理学方面，光绪五年出版了《格致启蒙》，光绪十二年出版《格致小引》，还有《声学》《光学》等。光绪二十七年到二十九年年江南制造局翻译出版了日本饭盛挺造的《物理学》。

在化学方面，江南制造局的徐寿作出了卓越的贡献，他主译了十余种化学著作，他的译著《化学鉴原》中第一次出现了中文元素表。

在天文学方面由李善兰翻译了介绍哥白尼学说的《谈天》，在医学方面有英国传教士编译的《全体新论》等。

以上译著和著作大都是科普性质的，李善兰、徐寿、华蘅芳等可谓当时的科普翻译家和科普作家，为科技传播作出了贡献。

应当特别注意的是，徐寿等人创办的"格致书院"。这个书院（1876—1911）兼有学校、学会、图书馆、博物馆、科技馆的性质，徐寿、华蘅芳、傅兰雅等人经常公开讲学。如 1877 年 6 月 29 日，美国教士狄考文（C. W. Mateer）讲解电学原理，兼作演示实验，听讲者 50 余人。

格致书院还创办有《格致汇编》。徐寿在《格致汇编》序中指出："此《汇编》之意，欲将西方格致之学，广行于中华，令中土之人不无裨益。"《格致汇编》广泛地介绍了西方的近代科学理论、科学方法以及各种技术和工艺，内容十分广泛。据 1880 年统计，除对国外的新加坡和日本发行外，国内主要销售于沿海重要城市达 70 余处。在《格致汇编》前后发行的 7 年中间，有读者通信 322 件，编者通过互问互答方式为来自各地的读者解疑。

洋务运动的中期，清朝政府开始向美国和欧洲派遣大批留学生。在洋务运动期间共派官费留学生 209 人，其中包括 1872 年派出的詹天佑（时年 12 岁，后为铁路工程师），1877 年派出的严复（后为思想家）等一大批人才。他们学成回国后又广泛地传播了近代科学技术。

值得注意的是，在洋务运动期间，在近代科技向中国传播的过程中，发生了一系列的论争。首先是在清府内部的洋务派与顽固派之争，洋务派头子恭亲王奕䜣及曾国藩、李鸿章、左宗棠等人主张"中学为体，西学为用"，在保持封建统治的基础上，从上到下地仿效西方资本主义的生产方式，借以"图强"和"求富"。而顽固派则死抱住封建教条，坚决反对学习西方和兴办洋务，攻击洋务派"用夷变夏"。致使李鸿章叹息道："三十年来日在谣诼之中。"洋务派企图利用西方科技挽救中国的封建统治，便要传播科技，引进西方文化，兴办各类工矿企业，这必然要触动中国封建文化和封建落后的经济，所以它遭到顽固派的猛烈攻击是必然的。甲午战争失败以后，洋务派的经济活动宣告破产，它告诉我们，在外国侵略势力和国内封建势力双重束缚下的中国，妄图依靠外国势力和保持封建体制的基础上，建立近代工业体系和近代生产方式，是根本不可能的。

洋务运动期间，在文化思想界产生和形成了资产阶级改良思想，出现了初期资产阶级改良派，它们和洋务派有着思想分歧，其代表人物有王韬、薛福成、马建忠、郑观应等人。改良派在对外方面有抵制外国资本主义侵略、保持民族独立富强的主张；在对内方面则敢于揭露封建政治的黑暗，要求改革。王韬便主张"改易政令，整饬条教，示天下以更新"。他们已不再只向西方学些自然科学知识和应用技术，而有了一种政治改革的需求，一种改造封建文化的需要。

洋务派与顽固派的论争，改良派与洋务派的分歧都与科技传播有关，这些论争也可以看成是先进文化注入落后文化时发生的论战，是吸收先进文化和排斥先进文化的论争。这个论争在一步步地深入，它的深入又是和科技传播的一步步深入相关的。

洋务运动干了 30 年，引进了西方的工业技术，兴办了企业厂矿。当时官办和官督商办企业的资本占总资本的 77.6%，为商办资本的四倍，洋务企业乃是中国早期官僚资本，最早的洋务官商。官商和官督商办具有明显的封建性、买办性和垄断性，存在着官权侵占商利，垫借官款以图私，获取免减税特权以排他等现象，结果是阻滞了民族资本的发展，产生了第一代官僚资本，加速了外国资本的入侵，使"富国"成了一种神话。洋务派在引进西方技术时，提出了"中学为体，西学为用"，明确指出学习西方技术就是为了维护满清的封建体制和封建文化，绝不动摇封建的皇权、官权、特权，这不正是扶植官商的一种战略思想吗？

在欧洲资产阶级革命时期，资产阶级文化取代中世纪封建文化的过程，与科技传播密切相关，它的来龙去脉也比较清楚。洋务时期乃至以后的百日维新、辛亥革命及五四运动时期，在我国发生的资产阶级文化与封建文化的搏斗却增加了一层复杂性，那就是所谓的"新文化"是一种欧洲文化，一种外来文化，一种高于本土文化的外来文化。这种外来文化传播又与资本主义国家的侵略同时发生着。

任何民族都有保护本民族文化的强烈意识，以求民族的生存。然而，一个民族如果困守住旧有的文化裹足不前，又会被"开除球籍"。于是便出现了顽固派反对"用夷变夏"的叫嚣，又产生了洋务派"中体西用"的理论，还出现了改良维新的思想萌芽。

西方资产阶级文化的精华一是科学，一是民主。科技传播（或曰科学技术普及）首先是一种文化传播，因此，在科技传播的过程中往往伴随有关于文化的论争。洋务时期的这种论争可以说是近百年以来东西文化问题论战的起始。

三、科技传播与百日维新

洋务时期的科技传播有力地影响了清末的思想界。如康有为就曾仔细研究了哥白尼和伽利略的著作，写了一部《诸天讲》，申明"吾最敬哥、奈二子"。（奈，即奈端——牛顿之旧译）。再如谭嗣同，不但博览西方译著，而且写了《以太说》《论电灯之益》。三如严复，他14岁时考入左宗棠创办的船政学堂，尔后赴英国留学，回国后翻译了《天演论》等多部著作，主张"欲开民智，非讲西学不可"。这一代思想家受传统的有机自然观影响，习惯于融合不同学科的知识和概念，并力图从中找出共同点，再加上当时民族危机，使他们把所得新知识急切地与政治主张结合在一起，成了资产阶级维新运动的领导人物。

甲午战争失败之后，以康有为为首的维新派进行了宣传组织活动，他们通过学会、学校报刊传播资产阶级维新思想，同时进行近代科学技术传播，组织了我国近代史上一次大规模的科普活动。

在维新运动中，我国诞生了第一批自然科学学会，这些学会以普及近代科学技术为己任，广泛传播科技知识，并且借此宣传维新思想。梁启超呼吁："欲振中国，在广人才。欲广人才，在兴学会"。1896—1898年间，各种名目的学会如雨后春笋，见于记载的五十有余，各种报刊五十有余，各种学校超过半百。这些学会有纯属政治的学会，也有兼学西方政治和科技的，还有专学西方科技的。当时的算学会、农学会、地学会虽然以学习西方自然科学为宗旨，却也参与政治活动。

在维新运动中，科普报刊图书也得以兴起。如，上海的译书公会翻译出版图书，《农学报》1897—1906年共出版315册，还有《新学报》《算学报》《格致新报》《矿学报》等等。这些科普书刊与《强学报》《知新报》《时务报》等政论性报刊相互应，形成了一股变法维新的舆论。科普宣传使讲究近代科学的风气兴盛起来，推动了变法宣传，变法图强的宣传又激励人们学习西方科学技术，维新思潮与科学思潮成了不可阻挡之势。

当时维新派的政治宣传活动，也多伴有自然科学的传播。康有为在讲学中常常先说一段自然变迁、生物进化的开场白，然后转入人类社会。就连他给光绪皇帝的变法奏章中也以自然化为理论依据。康有为说："盖变者天道也。天不能有昼而无夜，有寒而无暑，天以善变而触久。人自童幼而壮老，形体颜色气貌，无一不变，无刻不变。"从而对封建的"天不变，道亦不变"提出了异议。

于是，爆发了维新派和洋务派的大论战，论战中维新派发表了大批具有鲜明观点的文章，洋务派则以张之洞为首坚持反对维新变法，原来的顽固派也进入了反对维新的阵营。

论战的内容是多方面的，但其核心是要不要实行君主立宪。维新派主张"变法之本在育人才，人才之兴在开学校，学校之立在变科举，而一切要其大成，在变官制。"（梁启超，《论变法不知本原之害》）谭嗣同指出，轮船、电线、火车之类都不过是"洋务之枝叶，非其根本"。康有为声称："宜变法律，官制为先"。具体来说，他们的目标是要实行君主立宪，要进行政治改革。洋务派则抓住"中体西用"不放，反对把西方的政治制度和伦理道德观念输入中国，主张维持"三纲五伦"。维新派高唱"天赋人权"，主张自由、平等、民权、立宪、议院，这是封建主义者万万不能接受的，张之洞云："使民权之说一倡，愚民必喜，乱民必作，纪纲不行，大乱四起。"顽固派惊呼："大权不可旁落，况下移于民乎？"权力崇拜、皇权至上是我国封建制度和封建文化的核心。老百姓尽管有的信神，有的信命，但大都畏权。官吏则必须寻求权力的庇荫，并且进行权力的角逐。"天赋人权"一说，遭到封建势力的极力反对是必然的。

百日维新失败了，谭嗣同等人被杀，慈禧下诏取消《时务报》，各种学会被迫解散或自动停止活动。科技宣传也成了"罪恶"："凡都中士大夫有误及西学新法者，同僚之中均闻而却避。盖恐人指之为康党，以致罹于法网。故自同文馆以外，竟无人再敢言声光化电之学，念爱皮西提之音"（《国闻报》，光绪二十四年九月十八日）。倡办上海农学会的罗振玉回忆说："方是时，朝旨禁学会封报馆，海上志士，一时雨散。"

我国近代史上一次大规模的科普高潮，就这样伴着谭嗣同等人的鲜血滑坡了。但是，这次科普高潮在中国人民心目中播下了科学的种子，为以后的

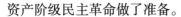

资产阶级民主革命做了准备。

1903 年左右，我国知识界的革命潮流开始涌现，在日本的留学生陈天华写了《猛回头》和《警世钟》，邹容写出了《革命军》，以后便有同盟会、孙中山和辛亥革命。

四、五四前后的科普高潮与文化论战

辛亥革命推翻了清王朝，但是没有从政治上、经济上摧垮封建势力的统治，更没有能从思想文化上动摇封建文化。五四前夜，政治上的复辟活动卷土重来，文化上的复古也纷至沓来，迫使先进的知识分子在文化领域里与愚昧搏斗，发动一场中国的"启蒙运动"——新文化运动。

新文化运动的兴起是以《新青年》杂志的创办为标志的。《新青年》提出了民主和科学的口号，指出："要拥护那德先生，便不得不反对孔教、礼法、贞节、旧伦理、旧政治；要拥护那赛先生，便不得不反对旧艺术、旧宗教；要拥护德先生又要拥护赛先生，便不得不反对国粹和旧文学"。《新青年》明确宣告："我们现在认定只有这两位先生，可以救治中国政治上、道德上、学术上、思想上一切的黑暗"。

《新青年》创办不久，便针对社会上盛行的鬼神之说，开展了破除有鬼论的宣传。

1917 年秋，上海的一帮封建文人开设了"盛德坛"，成立了"上海灵学会"，并出版了《灵学丛志》，声称"专研究人鬼之理，仙佛之道"。灵学会受到黎元洪的题词，得到了封建势力的支持。

1918 年 5 月出版的《新青年》第 4 卷第 5 号上，陈大齐、陈独秀，钱云同、刘半农等人都发表文章对"灵学"进行笔伐。心理学教授陈大齐在《辟灵学》一文中，抓住乩文的破绽，结合生物学和心理学的原理，论证了乩文并非"圣贤仙佛"所为，指出"扶乩所得之文，确是扶者所作"。陈独秀写了《有鬼论质疑》。后来，易白沙又在 5 卷 1 号发表了《诸子无鬼论》。到 1918 年 10 月，鲁迅以《随感录》的形式为这次斗争做了科学的总结。

> 现在有一班好讲鬼话的人，最恨科学，因为科学能教道理明白，能教人思路清楚，不许鬼混，所以自然而然的成了讲鬼话的人的对头。

《新青年》还通过介绍自然科学及其对世界观的影响，宣传唯物主义和无神论。刊登有马君武译的《赫克尔之一元哲学》，王星拱的《未有人类以前之生物》和《未有人类以前之地球》，周建人的《达尔文主义》和《性之生物学》等。《新青年》指出："人类将来的真实之信、解、行、证必以科学为正轨。"

五四时期先后涌现了 100 种杂志和报纸，发表了千余篇介绍自然科学的文章（据《五四时期期刊介绍》）。

中国新文化的旗手鲁迅，不但用犀利的笔锋揭露鬼神与愚昧，而且写了大量的科普作品，五四之前著有《中国地质略论》《说钼》《中国矿产志》《人之历史》《科学史教篇》。《新青年》共刊登随感录 133 篇，内有鲁迅 27 篇，其中"有的是对于扶乩，静坐，打拳而发的"。鲁迅还大力支持《新潮》等刊物创刊，以后又翻译了凡尔纳的《月界旅行》和《地底旅行》。

这一时期的科普倡导者还有陈望道、茅盾以及周建人（克士）等科普作家。

五四前后，科学技术团体又复兴起来，先后出现了中国化学欧洲支会（1907）、中华工程学会（1911）、中国科学社（1914）、中华学艺社（1916）以及农民学会、地学会、天文学会、古生物学会等，1907—1931 年间成立的就有 18 个学会。

五四前后还涌现了介绍西方科学技术的翻译出版机构，如上海的翻译馆、商务印书馆、有正书局。还出现了上海科学仪器馆（1901）、中华教育器械馆（1906）等科普实体。

五四前后的科学大普及，有着鲜明的反封建特点，把赛先生与德先生相提并论，有着扫除愚昧，唤醒民众的特点。

五四前后的科学大普及，有着注重通俗化的特点，有着面向工农大众的特点。

五四前后的科学大普及是与一场文化论战同步进行的。从 1915 年《新青年》创刊，关于东西文化问题便展开了论争，争辩延续十余年，百余人参与，发表文章近千篇。

五四前后的文化大论战大体可分为三个阶段：1915—1919 年间论战的重点是比较东西文明之优劣；1919 年五四运动之后论战的重点在于东西文化能否调和，新旧文化有无实质的差别以及如何处理新旧文化的关系；第三阶段则集中于中国应采用何种文化，走什么路？这个阶段的论争是由梁启超的《欧游心影录》引起的。在这个论争的后期，陈独秀、李大钊、瞿秋白等人发表文章提出只有走社会主义道路才是中国唯一的出路。

瞿秋白 1923 年 11 月 8 日撰写了《现代文明的问题与社会主义》，他认为，技术文明就是区别于神秘的封建制度文明的资产阶级文明，这种文明的科学成分多，因此也可以说是科学文明。他写道："对于现代的文明——技术文明，明明是增加人类威权的文明，却有反抗派（opposition），而且可以分两派：一便是古旧的垂死的阶级，吆喝着'向后转'的；二便是更新的阶级，不能享受文明而想导此文明更进一步的。"

值得注意的是，五四前后的文化论战和洋务时期、维新时期的争论是有联系的。例如第一阶段论战中林纾等遗老遗少仍死抱着清末守旧派的论点，认为中国列祖列宗的教化是不可动摇的立国根本。再如第二阶段论战中出现的"新旧调和"论，骨子里坚持的仍是"中体西用"。这种"中体西用"的回潮采用了新的哲学理论形态，坚持封建文化。

再值得注意的一点是，新文化运动的倡导者在对待传统文化上所犯的虚无主义错误。有些文章把中国封建时期发展起来的传统文化一律当成有百害而无一利的东西，要求一律弃绝甚至说"从前没有什么重要的事业，对于世界的文明，没有重大的贡献；所以我们的历史亦就不见得有什么重要"。（《新潮》1919.5）这样也就失掉了对旧文化的批判力，旧文化的卫士们抓住这些失误大做文章，使新文化的倡导者陷入困境。

五、历史让我们沉思

从徐光启到林则徐，从洋务运动到百日维新，从五四运动到今天的改革开放，这300多年的历史当中有着一次次的科普高潮，也有着一次次的文化论战、思想论战。新中国成立以后，50年代初有过一次大规模的科普高潮，60年代出现了新的造神运动，接着便是十年动乱。打倒"四人帮"之后，又出现了一次大规模的科普高潮，科协之恢复，科普书刊之畅销，科技馆之崛起，科普作家群之形成……随之而来的便有了一场关于实践是否是检验真理的唯一标准的论战，这场论战为改革开放扫出了道路，于是中国发生了巨大的变化，最近又发生了科学与文化的讨论。现在就新中国成立以来的科普史与文化论战进行评论恐怕为时过早，然而，联系近300年来的历史，却有一些科普战略和科技传播的理论问题迫使我们深思。

第一、"科普"只限于普及自然科学和应用技术吗？

洋务运动搞了30年，"强兵"之梦被甲午战争淹于大海，"富国"的神话因"官不能护商，而反能病商"宣告破产。历史无情地告诉我们，不反封建只学技术，是无法富国强兵的。"中体西用"、只师夷技的战略也是危险的。

回顾从维新运动到五四运动的科普史，我们发现，科技传播并不限于自然科学和应用技术的传播，哲学和社会科学的传播占了很重要的位置，是一种"大科普"。五四运动前后，马克思主义在我国的传播，就是一次重要的科学传播，是一次伟大的科普。

笔者认为，从布鲁诺宣传日心说开始，科普便是包括自然科学、社会科学和应用技术在内的一种科学技术传播，这种传播就有明显的反封建性质。真正的科普，在于请来德赛先生以清除封建文化，在于宣传马克思主义以提高全民族的科学意识，科普是一种文化现象。

我国正处于社会主义初级阶段，在这个初级阶段要去"实现别的许多国家在资本主义条件下实现的工业化和生产的商品化、社会化、现代化"。党的十三大报告中提出："要努力形成有利于现代化建设和改革开放的理论指导、舆论力量、价值观念、文化条件和社会环境，克服小生产的狭隘眼界和保守习气，抵制封建主义和资本主义的腐朽思想，振奋全国各族人民献身于现代化事业的巨大热情和创造精神。"科普工作的重要战略任务便是进行精神文明建设，科普的内容应当包括自然科学、社会科学、应用技术，并且使三者有机地结合在一起，从而努力形成有利于现代化建设和生产力发展的文化条件和社会环境，形成有利于生产力发展的舆论力量。

就是在传播应用技术的过程中，也存在着宣传科学思想的问题。宣传"人有多大胆，地有多大产"是科普吗？鼓动打鸟和围湖造田是科普吗？"超声波群众运动"，不管什么都"超"一"超"，促进了生产发展吗？广泛推广"土法炼钢"使生产力提高了吗？鼓吹砍树修田是科普吗？！

有一种误解，认为只有普及应用技术才是促进生产力、发展生产力。洋务运动的惨痛教训告诉我们，如果把人们的思想囚于封建主义的牢笼之中，就是学点新技术，生产也很难上去。

科普的首要任务是解放思想，是进一步解放思想，是提高全民族的科学意识，从而解放生产力。科普是一项精神文明建设。

第二，将科学注入我们的文化，使科学成为我们文化的脊梁，是科普的重大历史使命。

近几年一场关于文化的大讨论又全面展开了，这场讨论又叫做"文化热"。前几年的文化热，主要依据两个参照系：一曰"中国文化和西方文化"；一曰"传统文化和现代文化"。大家感兴趣的是中国文化的宏观走向。发人深思的是，这场"文化热"是在 80 年代初的"科普热"之后掀起的，与维新运动和五四运动的历史颇为相似，然而这次的"东西文化论战"却有着更深刻的内涵。

有的学者指出："比较中国与西方的文化，中国最缺少的正是科学精神以及科学精神在社会关系领域的再现——民主精神。"人们又在呼唤德先生和赛先生了。

为什么又出现了关于文化的讨论？在"中国文化与中国的改革"主题研讨会上，有人做了这样的解释：

> 当人们在改革、开放的道路上步履蹒跚时，越来越感觉到了传统文化影响的实体性——总有一种无形而强大的力量在制约着历史，制约着人们的主观愿望。人的行为、思维模式总是摆脱不了文化的影响……

1985 年 11 月，《中国科技报》的《文化》副刊创刊，提出"用科学来武装现在的文化"而后，在该刊上展开的讨论中，又提出"将科学注入我们的文化"，"使科学成为我们文化的脊梁"等，引起了科技界、理论界的关注，更是引起科普界的关注。

我国的传统文化具有强烈的"大一统"特征，这个特征的派生物便是"重权文化"或曰"权力崇拜"，通俗地说，就是有了权可以有一切。于是，在改革、开放和现代化建设中就会遇到一些很难打破的权力网、一些很难禁住的权力欲和一些很难除掉的权力弊。于是，在有些地方，决策不需论证，只需长官画圈；于是，办各种经济实体时，有些地方就要依靠官，"官倒"此起彼伏；于是，人人都要有等级……权力崇拜，是我国公民非独立意识的重要表现，是封建文化在人们心理上的沉淀，是我们前进中的绊脚石。改革、开放的重要任务之一是重组中国的文化，抨击重权文化、封闭文化。

历史告诉我们，传播科学技术是抨击封建文化的重要手段，科学意识可以使人们崇尚真理不畏权势。只有将科学注入我们的文化，才能出现科学精神在人们关系上的再现——民主。我们科普工作的重大历史使命就是把科学注入我们的文化，或者说，社会主义的初级阶段科普事业的发展战略就是将科学注入我们的文化，使科学成为我们文化的脊梁，从而促进社会主义由初级阶段向高级阶段的发展。

原载《科普研究》1989 年第 3 期

中篇

小议丛书

郭正谊

作为一个读者，我喜欢丛书。

回顾读书的历史，各种丛书曾经引我进入一座又一座知识殿堂，一而再、再而三地扩充了视野。小学曾得益于商务印书馆编的《小学生文库》，其中有几本书，如《昆虫记》《前期海滨人》《动物世界的奇观》等，至今还不能忘怀。前年，在一次座谈会上，徐惟诚同志也提起这几本书，引起了共鸣。在那个时代还看了一套世界文学丛书，是个二三流书店——启明书店出版的。说实话，翻译质量一般，但像《侠隐记》《鲁滨孙漂流记》《金银记》《苦儿流浪记》《伊索寓言》……都收集在这套丛书里，读来使人不愿释手。

中学时期迷恋的是开明书店出版的《开明少年丛书》和《开明青年丛书》，当时就像集邮爱好者搜集成套的邮票那样，几乎能把找到的这两套丛书的每一本都看过了，其结果是深广的受益，以至影响了自己的爱好和志愿，甚至决定了终身的命运。

高中在一个老牌子中学读书，学校有个不错的图书馆，图书馆管理员因为我借还书过于频繁，竟恩许自己进库找书。《万有文库》中的《自然科学小丛书》又吸引了我，虽然有不少是半文半白的，但也看了不少。

这些往事，并不是我个人的经历，许多与我同龄的人，大多有着类似的经历。回顾青少年时期读书的经历和影响，共同语言很多。一套好的丛书的影响能反映到三四十年以后，其作用之深远就可知了。说实话，中小学时代上过什么课，怎样学习的现在大都记不清了，但对读过的好书则至今仍然记忆犹新，书名、作者或译者、主要内容等都记得清清楚楚。一个出版社出的书，如果过了半个世纪还有人在怀念它，这是可以引以自豪的，其社会效益之深远也就不需多说了。

人以言传，出版社要以好书而确立社会地位。如果出版社出了几本、几十本好书，而这些好书并不形成体系，那只能是树立了这几本书及其作者的社会地位而已。出版社不能组编成套的丛书，归根结底是难以站起来的。因为丛书体现着出版社的特色和水平，说明编辑的水平，也说明出版社拥有什么水平的作者群。高级饭店不是靠卖快餐来传名的，而是要有名师配出具有独特风味的宴席。对出版社来说，丛书就是具有独特风味的宴席。

读一本好书，使读者对作者产生了信任以至崇拜，接下去是要把这位作者的其他著作找来读。丛书的作用不是这样，读者读了一本、两本、三本以后，对丛书产生了信任，产生了读遍该丛书的愿望。在得到了广泛的知识收益后，对组编丛书的出版社自然就产生了感情和信任，由之还产生了把出版社出版的丛书之外的书也找来看的愿望。于是，信得过的产品的牌子就创造出来了。

组编一套好的丛书并不是一件容易的事。首先要了解社会上读者的真正需求，否则闭门造书，读者也不感兴趣。这道理毋庸多说。

更重要的一点是保证质量。首先是组织高水平的作者群，而这些作者不能各吹各的号，各唱各的调，要共同唱好一台戏，指挥就是丛书的主编。请一些社会名流当挂名主编或顾问的办法并不高明，实际上是让这些老前辈当广告，起不了应有的效果，关键还是以质量取胜。新中国刚成立时，有个天下图书公司，出版了一系列的科学小丛书，其质量之低也是有相当"水平"的，现在大概除了少数大图书馆可能还有收藏着几本，绝大多数都回到了造纸厂了，其社会效果就不必提了。而《开明青年丛书》的作者群则是绝对高水平的，科普方面有高士其、顾均正、贾祖璋、刘熏宇、符其珣等，文史方面有吕叔湘、夏丏尊、朱光潜、陈原、丰子恺等。然而他们的著作都是面向青年的。

丛书要有时代感，要新是一方面，另一方面要隽永，要能传代（至少是一部分）。原来《开明青年丛书》距今已经半个世纪了。但是最近影印出版了贾祖璋的《鸟与文学》；李述礼翻译的《亚洲腹地旅行记》；科普出版社最近翻译的《微生物猎人传》，实际上30年代就已翻译，收入《开明青年丛书》，名叫《微生物世界的探索者》；科普出版社出版的《星座与希腊神话》，实际上是根据1935年《开明青年丛书》的《星座佳话》编写的。其他如伊林和别莱利曼等的著作至今仍在再版，而且在中学生中仍然有市场。四川出版了一套《走向未来丛书》，在大学生中很有市场，特点在于"新"，但缺点是参差不齐，现在已不那么红了。而三联书店出版的关于文化史的丛书在本市中始终畅销，而这些书恰恰是"老"书。例如《文明与野蛮》，是吕叔湘先生

1932 年的译本，《宽容》是房龙 1940 年的作品。真正的好书的时限是长远的。当然，出书要有时代特色，不要搞复古主义，但也不要去赶"时髦"成为过眼烟云。

编丛书不要把自己约束死，要开放，要"拿来主义"。《开明青年丛书》就是这样，有国内的著作，也有翻译的作品，而翻译的作品既有苏联的，也有欧美的。而这些书到如今大多还是站得住脚的。新中国成立后，50 年代中国青年出版社编译出版了《苏联青年科学丛书》，当时是一边倒政策，似乎是苏联的就都好，而实际上是良莠不齐，远不如《开明青年丛书》，除了伊林和别莱利曼等几位名家的著作外，大都已被忘怀了。所以编丛书不一定都找国内作者来写，收编翻译作品也是好办法。说实话，我国的科普作品大都是引进的，或是仿制的。

丛书的出版要有长期打算，但不能慢慢腾腾。长计划就是制定方针后就坚持编辑出版，搞上几十年，不要虎头蛇尾。丛书的出版有积累过程，也要不断筛选和更新，《开明青年丛书》一出就是十几年，最后又重新编集再版。另一方面，既是丛书就像个"丛"，不能一年才出两本，三年五载也出不到十本八本。读者群是两三年一代的（主要指青年），他们不能停滞不前，等不及慢出的丛书。时过境迁，丛书也就难以成"丛"了。

目前，一些流行小说充斥市场，前一段是金庸热，现在又是琼瑶热，如果我们出版的丛书也能在一定的读者群中形成"热"的话，那就成功了。当然这工作是十分艰苦的。

国外许多出版社也大多是以出版丛书取胜的，有许多经验可循，这里未能论及，容后再做研讨。

原载《科普研究》1990 年增刊

怎样"为他人作嫁衣裳"

——科普文章"征服读者的艺术"

王惠林

　　唐代诗人秦韬玉，在他著名的《贫女》诗中曾写道："敢将十指夸纤巧，不把双眉斗画长。苦恨年年压岁钱，为他人作嫁衣裳。"这里诗人是借用贫女的哀怨，写出自己身为幕僚年年写诗作文多半是为别人作了装饰品的心境。

　　但是，作为科普报刊编辑，却应有甘愿"为他人作嫁衣裳"的心胸。若如此，则怎样精编稿件以争取更多的读者，倒是一个很值得研究的课题。

一、让文章有笑容

　　记得三十多年前，作家老舍在一篇题为《记者的语言修养》文中曾讲到："一般来说，我觉得报纸上的语言有些干巴巴的。"后来，1956 年《人民日报》为改进工作，给中央的一份报告中提到，"新闻写作要生动，要有色彩和感情"。这是因为当时许多新闻报道没有"笑容"，而是"板着面孔"，所以才提出上述要求，作为努力方向。

　　由此想到，报刊上发表的科普文章更应该有笑容。"笑是嘴边的一朵花"，"千金一笑百媚生"，有笑容才能增添文章的魅力。若文章呆板，文笔再精工也会像古庙中观世音菩萨那样，尽管五官端正、形象完美。人们走过她身旁也不会"不断留恋地回头张望"的。因为她冷若冰霜，令人敬而远之。

　　那么，怎样增添文章的笑容呢？看来，我们科普编辑应注意前面所讲的"生动、色彩、感情"。文章生动、具有鲜明的色彩和浓厚的感情，才能触动更多读者的心灵，达到科普的目的。

二、生动从何而来？

　　宋代诗人陆游曾讲过："文章切忌参死句"，"死句"按现代语言来说就是"套话"。《红楼梦》中，薛宝钗评论林黛玉的五首诗时也曾说，做诗"若要随人脚踪走去，纵使字句精工，已落第二义，究竟算不得好诗……今日林妹妹的这五首诗，亦可谓命意新奇，别开生面了。"由此可见，文章的生动性，大体是指新鲜活泼、妙趣横生。

新鲜活泼对科普文章十分重要。从心理学上讲，只有新鲜的事物才能引起人们的"有意注意"，进入人们"意识的中心"，而不是处于"意识的边缘"。事实也是这样，一部著名小说里有这样一句话，"最早来到的是一只燕子，总是让北方的居民感兴趣的"，这就是说，它给人以新鲜感。刚从河里捞上来的鱼，较之冷藏过后的死鱼，在市场上更能吸引顾客，也是这个道理。所以近年来新闻战线有个口号，叫做"总编辑要抓活鱼"。在报刊上发表文章，也应注重"活鱼"，即应注重内容新鲜活泼，甚至标题也应注意是否新颖，"不可蹈袭前人，而要独辟蹊径"。

举例说，1978 年全国科学大会召开后不久，《光明日报》根据大会消息提到了遗传工程等八大科学技术领域，及时组织专家撰写科普文章进行介绍。对这样的文章，人们都争着看。当时《解放军日报》曾为此铅印几百份，使编辑部人员，人手一册。这就是由于遗传工程等知识，在当时是"最早来到北方的一只燕子"；是"刚从河里捞上来的鱼"，诱使你非看上它两眼不可。我想，如果时隔十年后的今天，再像过去那样平铺直叙地介绍遗传工程等知识，而无新意的话，读者就不会多了。

1989 年 7 月，中央广播电台广播《锡德拉湾上空的高技术战》之后，许多听众来信要求电台重播。主要原因也在于内容新鲜，时代感强（高技术这名词在我国新闻报道中刚出现不久），"高技术战"令人目夺神往。

"芳林新叶催陈叶"，选编科普文章一定要着眼于那种脱颖而出，在卷缩中开始伸展的"新叶"。

我们科普编辑以及作者应该"睁开眼睛看世界"。现代科学技术的新发现、新概念是不断涌现出来的，我们正面临知识更新的局面。编写知识文章应力求"以新夺人"，"以新取胜"，正如有的同志所讲，"80 年代要编写出80 年代的水平"。

当然，这并不是说一些基本知识不需要普及了，问题是不可翻来覆去说老话，对一些确实没有新意的东西，编辑应坚决摒弃。

恩格斯是很强调文章要有新意的。1967 年他写给路德维希·库格曼的信中说："您不要以为，就同一本书写十几篇评论，同时每一篇要有点新东西，而且要写得使人看不出所有这些评论出自一人之手，是那么容易的事情。这里常常需要停下来进行思考。"（见《马克思、恩格斯全集》中文版第31卷第579～580页）

"需要停下来思考"，使"每篇要有点新东西"，这段话虽然是指评论文章，但对科普文章同样适用。由此，使我想到一篇将被编入《国防科普佳作选》的文章——《枪弹的杀伤作用》。初看这标题，似乎是老生常谈了，但文中有许多"新东西"令人吃惊。例如在"肥皂射击实验"这小段中写到：

"在10米外用步枪瞄准200×200×280（毫米）的肥皂块中心，沿肥皂长度射击一枪。结果在肥皂上形成的内腔，不是我们想象的'钻一个孔'，而是一个进口小、出口大、有较大空腔的喇叭形。"

"为什么会形成带有空腔的喇叭形呢？……当弹头射入肥皂时，飞行介质密度增加1000倍，阻力陡增，弹头失去飞行稳定，即弹轴没有固定的方向，可以立着、横着飞行。加之本身的高速旋转，弹头实际上是翻滚着前进的，最后形成了喇叭形。"

仅此一小段，其中的奥秘就是一般人过去闻所未闻。全文约3000字，讲述的都是新鲜知识，而不是"明日黄花蝶也愁"的东西。可见，对一些基本知识，只要注意从新角度发掘，也完全可以"出奇制胜"，"征服"更多读者。

博得"短篇小说之王"的法国作家莫泊桑，在《谈小说创作》一文中曾讲到："为了描写一堆篝火和平原上一株树木，我们要面对着这堆火和这株树，一直到发现了它们和其他的火和其他的树不相同的特点的时候。这就是作家获得独创性的方法。"对科普编辑者和作者也应提倡这种"独创性"，即要创新，要"脱弃陈骸，自标灵采"。

关于妙趣横生，就是指文章的趣味性。

十年动乱期间，"趣味"二字在报刊上曾成为"禁区"。其实，趣味性并不注定就是资产阶级的，无产阶级也是很讲文章的趣味性的。恩格斯致威廉·李卜克内西的信中曾讲到："首先要从《人民报》中去掉的，是贯穿于该报的枯燥得要命的格调……"（见《马克思、恩格斯全集》第37卷477～478页）陶铸同志过去对《羊城晚报》副刊也曾提出如下办刊方针："寓教育于趣味之中，既要有趣味，又能给人增长知识。"显然，文章枯燥，味同嚼蜡，没人看，"教育"也将从根本上失去对象，落得"自拉、自唱、自听"。所以，鲁迅在《华盖集·忽然想到》一文中写到："往往加些闲话和笑谈，使文章增添生气，读者感到格外的兴趣。"这些至理名言，完全适合科普文章。"趣味性"确实如同花中之香，鸟中之语，可以使文章生意盎然，令人游目骋怀，赏心逸兴。

还应该了解，科学本身原是富有趣味性的。科普作家伊林曾说过："没有枯燥的科学，只有如赫尔岑所说的枯燥的叙述。"真是这样，你看，在一本介绍放射性元素的书中曾指出："放射性元素镭，每秒中在 720 万万个原子核当中要有一个核爆炸，不多也不少，长年累月如此"，这不很有趣味吗？在一篇有关仿生学的文中介绍：螳螂这个"昆虫界的猛虎"，在 1/20 秒内，能算出从它面前飞过的昆虫的速度和距离，并计算出提前量，一下子将其捕获；苍蝇这个"传播疫病的瘟神"，它的眼睛是由 4000 只小眼睛组成，模仿苍蝇眼睛制成的照相机，一次可拍摄 1329 张照片。以上是出自一位科研人员的描述，这不都很有趣吗？你再听听《洲际导弹自述》——当洲际导弹飞到攻击目，标时，能摇身一变，变出好几个子弹头，使敌方雷达真假难辨，防不胜防。如此玄妙的分导式多弹头，不更有趣味吗？

当然，这里所讲的"趣味"，是指博文约礼的趣味，是希望发掘科学本身的趣味，而并非赞同奇志怪诞。

三、色彩不是外敷的脂粉

"万堆红紫绿千条"，这是唐代诗人咏花木之盛的名句，七个字，色彩艳丽，令人赏心悦目。编写科普文章也需讲究文学色彩，即所谓"辞采"，唐代李翱《答朱载言书》中说："义虽深，理虽当，词不工者不成文。"这就是强调"辞采"。"只有写得好的作品才是能够传世的"，这是过去法国科学家、科普作家布封在《论文笔》中的一句名言，意思也是强调"辞采"。

但是，讲究"辞采"，是为了更好地表答情理。如果文章没有充实的内容，编辑强给润色，则"辞采"就成了外敷的脂粉。高尔基说过这样一段话："用词句来给人和事物'着色'这是一回事，而要把他们描绘得那样'婀娜多姿'和生动，以致使人不禁想伸手去抚摸所描写的人和物……这却是另一回事了。"这启示我们：科普文章的色彩，主要是对自然界客观事物真实的反映。

这里我们不妨看一下昆虫学家法布尔笔下蝉的肖像：

"未成长的蝉的地下生活，至今还是未发现的秘密，不过在它未成长来到地面以前，地下生活大概是四年。以后，日光中歌唱是五个星期。

"四年黑暗的苦工，一个多月日光下的享乐，这就是蝉的生活。我们不应该讨厌它那喧嚣的凯歌，因为它掘土四年，现在才忽然穿起漂亮的衣服，长出可以与飞鸟匹敌的翅膀，沐浴在温暖的日光中。什么样的钹声响亮到足以歌颂它那得来不易的刹那欢愉呢？"

你看，法布尔对蝉的生活习性，观察得多么深入细致！也正因如此，才能把蝉描绘得惟妙惟肖，呼之欲出，生动感人。

由前面所引的文中还启示我们，描述客观事物需要寻求最恰当的字词来表情达意。杜甫的"语不惊人死不休"的名言；贾岛对于"推敲"二字的斟酌，至今传为美谈。这就是说编者和作者都需要注意锤字炼句。

这当然是比较难的，"改章难于造篇，易字艰于代句"。不过"文章贵精，诗不厌改"。据记载，王安石的诗句："春风又绿江南岸"，其中的"绿"字就是经过十许次修改，始定为"绿"字的。讲这些个，旨在说明科普文章，特别是文章的标题尤其需要琢磨、锤炼、润色，使之春兰秋菊，各呈其妙。

标题是文章的眼睛。秋波不流慧，岂能动人？因此，科普编辑得学会"点睛术"。这里可以比较下列几个标题：

介绍"闪光"空对空导弹的文章，题为《谈谈闪光导弹》，这就是老生常谈了；若把题改为《战机上的神箭》，就生动得多。"神箭"是否太夸张了？不，"闪光"导弹能排除各种电子干扰，直取目标，神就神在这个地方。介绍美国的 A－10 飞机，题为《打坦克的飞机》，这不仅是"懒汉标题"也不确切，因为意大利的 A－129 也是打坦克的飞机，把题改为《天上雷公 A－10》，就比较吸引人看，想了解这雷公如何厉害。

由于好的标题最能捕捉读者的目光，差的标题对读者常起"挡驾"作用，所以有的科普文章除主标题外，编辑还费心给加个引题或副题，以点出精华。例如：

《3.5 兆电子伏特电子显微镜》这主标题太严肃了，令人敬而远之，但编辑给加了一个引题"给原子拍玉照，要月球现岩形"，添了十个字，这在修辞学上叫做"对偶"，俗称"对对子"，是群众喜闻乐见的一种修辞形式。这样的引题不仅语言凝练，增强了语言的表现力，还会给人留下深刻印象。重要的是这样的"点睛"，就使全篇文章有了"笑容"，诱人阅读。

《雷达预警飞机》，这样的主标题也较难争取读者，若配上引题"飞在空中的电子指挥部"，就比较生动、形象。

上述引题，都是以精当的词语，反映了文章的主要内容。关于副题以及文中的小标题，也是精心制作，以使语言简洁有力。在这方面，我们科普编辑需要学点古文。古文言简意赅，《古文观止》200 多篇文章只有一两篇文章的题目超过 10 个字。也可多看些杂书，夏衍同志谈副刊时曾讲过："编辑要多看杂书，秦牧是什么杂书都看的，所以写文章才触类旁通，丰富而又生动。作为一个编辑也是如此。这关系到才、学、识诸方面的修养问题。"此外，我们编辑们在现实生活中，也应注意"从活人的嘴上，吸取有生命的词汇"，搬到纸上来，以使片言可以明百意。

四、以感情"激动读者"

高士其同志在《怎样写科学小品》一文中讲过："必须使科学小品充满生命和感情，有了生命和感情，才能使读者读了激动。"这与唐代大诗人白居易所说的，"感人心者，莫先乎情"，是一个意思。

怎样使科普作品充满生命和感情呢？看来很难，其实，你赞美什么，反对什么，这里就有个感情问题。这就是说，首先需要作者对所宣传的事物动感情。古罗马一位文艺评论家曾说过："你自己首先要笑，自己笑了才能引起别人脸上的笑容。"《文心雕龙》的作者刘勰说得更深刻："植以物兴，故义必明雅；物以情睹，故词必巧丽"这后半句话的意思就是，带着感情去观察一个事物，必然会有美好的语言加以赞颂。

法国启蒙运动时期的科普作家布封，他很爱天鹅，所以在一篇《天鹅》文中，把天鹅描绘得十分优美动人。他赞颂天鹅高尚、尊严、仁厚、爱自由，是"太平共和国的首席居民"；他欣赏天鹅俊秀的身段、圆润的容貌、洁白的羽毛，是"爱情之鸟"；他羡慕天鹅在水上浮游、雍容自在的样子，是"大自然提供给我们的航行术的最美的模范"。布封正是带着浓厚的感情，长期观察天鹅的生活习性，所以才迸发出那么美好的言词，使全文如一曲清泉，涓涓流入读者的心田，感人至深。《庄子·渔父》中说："不精不诚，不能感人"，布封对天鹅的描绘，可算是文精心诚了。

作品总是作者世界观的反映，我们不能妄断，布封写《天鹅》有意影射什么？但文中说天鹅爱自由，它"似乎很喜欢接近人的，只要它在我们这方面发现的是它的朋友，而不是它的主子和暴君。"这不正隐含着布封这位启蒙运动的思想家，对当时的宗教统治和君主专政的讽喻吗？文章强烈的思想性也就在这里。尽管全文迂回曲折，不露声色，但读者总会"听弦歌而知雅意"的。这就是说，其感情可贵之处是在于有一定的思想性。

《科普创作》1985 年第 4 期发表一篇介绍雷达预警飞机的文章，原题经多次修改才定为《闪耀在战场上空的"明星"》。这标题就带有强烈的感情色彩。文中赞扬现代预警飞机"是真正的千里眼，机上雷达一般能看 400～600 公里，对低空目标也能看 300 公里左右，环视一圈，几乎能把一个四川省那么大的范围尽收眼底"；"是灵敏的顺风耳，能发现 500～900 公里内 200～600 个电磁信号，并能判明方位、距离"；"是战区指挥员的高参，它可以把各种空情信息迅速加以综合处理，提供 15 个以上最佳攻打方案"……如此用了五个在修辞学上的排比句，把现代雷达预警飞机的作用说得十分清楚，令人感到现代空战离不开它。作者对雷达预警飞机倾注如此浓厚的感情，是热切希望我国自力更生、早日研制出雷达预警飞机来，因此才写成这一篇激扬文字。

以上所谈的"笑容——生动、色彩、感情"，仅是自己在长期编辑工作中和作为一个读者，感到它是对一般科普文章的基本要求，不具备这些特点，就较难达到科普的目的。当然，对科普文章来说，更为重要的是科学性，这是科普文章的"灵魂"。若以伪科学冒充真科学，把"孙二娘"误为"刘三姐"（有一篇科普作品，文中讲的是第三代气象卫星——美国的太罗斯卫星，由于编辑工作疏忽，题图上画的是已属于历史的苏联早期卫星），这不仅令人啼笑皆非，更要紧的是以假乱真，对青年一代，为害匪浅。

总之："宣传科学和宣传任何东西一样，是争取读者的艺术"，"所有用字、思想、事实和结论，一定要经过选择和搭配得当"，"要使每一个结论都成为猛攻、占领的阵地"。我们科普编辑应理解伊林上述这些富有战斗性的名言，因为现代科普领域中也有"新高地"。希望我们科普编辑，以忘我的工作精神，编发出更多的高水平的文章，为我国当前两个文明建设，提高人民思想道德和科学文化素质，作出较大的贡献。

科普作品的命题艺术

王 洪

每个人都有个姓名，每样东西都有个名称。同样，每一篇作品也都有个"大名"——这就是作品的题目，或叫做标题。

对于读者来说，作品的标题是"门面"。俗话说："看报先看题，看书先看皮"，这里的"题"或"皮"，说的都是作品的标题。无论是对于一篇文章还是一本书，映入读者眼帘的第一个印象就是标题。标题有如人的面孔，人面能反映一个人的精神气质，标题更是像人的眼睛，人眼为心灵之窗，最能反映一个人内心世界的活动。好的标题不仅能起到"画龙点睛"的作用，而且能产生引人入胜的效果——给人以新鲜感，使人产生一种"急欲一读"的强烈愿望。

对于作者来说，作品的标题好比是一个"引子"。一个用词贴切而构思巧妙的标题，往往对作者的创作思维具有启迪和激发的作用。有经验的科普作家也许有过这样的体会：在创作中一个好的标题一经拟就，就如同在自己的脑海中"挖出了一条渠道"，思维的激流便顺"渠"而下，一泻千里，于是乎一篇作品便一挥而就，一气呵成。

本文着重对一般科普短文的命题艺术作一些粗浅的探讨。大凡科普作品的标题都应当做到以下这几点：

1. 贴切。标题要尽可能和作品的主题及内容挂上钩，对上号，而不能离题，更不能和主题有矛盾。

2. 言简意赅。题意要高度集中，用字要简明精练，不能拖泥带水。

3. 新颖。命题要有时代特点，富含新意，不落俗套，避免陈词滥调。

4. 鲜明。命题要态度明朗，爱憎分明，不能含糊其辞，模棱两可。

目前科普作品的标题，大体上可以归纳为以下几种形式。

一是直叙式。就是直截了当地揭示作品的主题，鲜明地展现作品的内容，不兜圈子，不拐弯抹角。如《你有头发五百万》（吴光照）、《奇妙的健脑术——散步》（刘清黎）、《生命的基础——氮》（孟天雄）、《生物体内的魔术师——酶》（劳伯勋）、《人类健康之友——蜜蜂》（房柱）等。这些标题开门见山，读者一看便大体上明白了作品的主题，想要了解这方面知识的读者自然就很乐意往下看。

二是疑问式。这类标题往往也是直接涉及作品的主题和内容，其特点是通过标题来提出问题。如《为什么暖气片总是装在窗子附近？》（林连宝）、《八百里洞庭今何在》（姜锡禄、祝竞文）、《向日葵向阳开吗》（陈小龙）、《是玻璃？是镜子？还是墙》（朱仁贻）、《花儿为什么这样红》（贾祖璋）、《a和－a到底哪个大》（复兴）、《月亮——地球的妻子？姐妹？还是女儿》（卞毓麟）、《能乘电梯登天吗》（朱麟毅）、《你见过陶瓷榔头吗》（李培俊）、《地球，你在哪里》（刘玉峻）、《什么是遗传》（谈家桢）等。疑问式标题往往能够激发读者的激情和好奇心，使不同层次的读者看了不同的标题之后，就想要继续往下看。标题上的问号有时可以省略。

三是警句式。就是用警句的语气来命题，这可以说是上述直叙式命题中的一种特殊形式。如《莫给医生帮倒忙》（张欣）、《别太看重退烧药》（邬枫）、《青年朋友们，愿你志在高山》（王文颖）、《爱鸟吧，朋友》（杨艺）、《喂，步行过街的人》（冷兆和）、《人类啊，你要仔细思量》（赵示宓）、《妈妈，不要再吸烟了》（范作彭）、《救救蓝天》（徐长松、谷美玲）等。这类标题的词语铿锵有声，能提高人们的注意力和警觉性，有时还能感人情怀，催人奋发。在这类标题之后有时加上惊叹号。

四是比喻式。在科普创作中巧设比喻，能够使作品更加形象生动，富于艺术的感染力。同样，以贴切传神的比喻来做标题，往往能使作品增添魅力，收到无可比拟的创作效果。

例如，《人体里的"药库"》（杨在钧），文中说人身上生长的头发，挤出来的奶汁，甚至排泄出来的尿液，统统都是"药"。读了这篇科普作品之后使我们了解到，人类不仅可以从大自然索取药物，而且也可以从自己身上"取药"，因此说人体本身就是一个小小的"药库"。这个标题与作品的内容紧密结合，看了之后使人大开眼界。

再如，《水火无情变有情》（朱志尧、吴必胜），这是一篇介绍水力采煤和煤地下气化新技术的科普作品。这个标题所用的是"借喻"，借喻的特征是"直接用喻体代替本体"，这里的"本体"就是水力采煤和煤炭地下气化，而"喻体"就是"（水火）有情"。这个标题匠心独具，具有"画龙点睛"的作用，富于哲理，耐人寻味，堪称题海明珠。

五是诗句式。就是用知名度比较高的诗句来做作品的标题。例如《游子身上衣》（杨在钧），说的是去南极进行考察的队员穿上了具有空调功能的服装，就无需再用"慈母手中线"来缝制棉衣了。这个标题既有很深的寓意，也富有人情味。又如，《霜叶红于二月花》（王敬东），显然就比诸如《秋月谈枫》这样的标题更增添诗意。还有像《咬定青山不放松》（励艺夫）、《味如蜜藕更肥浓》（胡开先）、《好鸟枝头亦朋友》（杨光中）、《坐地日行八万里》（尤异）等，都是很典型、很形象的诗句标题，读起来朗朗上口，令人回味无穷。而《道是无花却有花》（林蒲田）是从"道是无情却有情"的诗句转引改造而来，也相当巧妙，富有诗味。

六是成语谚语式。就是借用某些成语或谚语来做科普作品的标题。例如《多多益恶》（杨在钧），是说独生子女的超负荷营养，妨碍了儿童的健康成长，提醒父母们对儿童的营养要适度，不能像"韩信点兵——多多益善"；超负荷营养恰恰是"多多益恶"。

又如，《切勿"饮鸩止渴"》（袁清林）这个标题可以说是语重心长的。文中提醒人们，在用污水灌溉农田菜地时，一定要先进行必要的处理，去除其中的重金属、难降解的有机毒物及病原菌等，切不可为图省事，只顾眼前，否则就等于"饮鸩止渴"。"饮鸩止渴"一词本出自《后汉书·霍谞传》："臂犹疗饥于附子，止渴于鸩毒，未入肠胃，已绝咽喉。"这是比喻某些人只顾眼前利益，不顾随之而来的祸患。鸩是传说中的一种毒鸟，黑身赤目，喜食蝮蛇，其羽毛在酒中蘸过，人饮此酒便立即死亡，后来"鸩"就成了毒酒的代名词。

再如，《跳进黄河洗得清》、《天有可测风云》、《癞蛤蟆可吃天鹅肉》等标题，都是谚语、歇后语的反用，读起来也颇有一些新鲜感。

以上列举的几种科普作品命题手法，只不过是比较常见的而已，实际上作者的创造性、想象力和智慧是极为丰富的，我们很难在一篇短文中把它完全归纳出来。还有一些其他形式的标题读起来也很耐人寻味。比如：

用中外的历史人物或典故来引出题目，古为今用，借古喻今，这样往往也能增强标题对读者的吸引力，增添情趣。如《莎士比亚的诗与心、脑之争》（王文正）、《中国人揭开"拿破仑盲军之谜"》（刘笑春等）、《"疆宇"与新疆地形》（杨达）、《从孙膑巧计谈起》（刘绍球）、《从"芭蕉扇"到现代灭火剂》（唐祝华，苏尔德）等，这些标题都巧妙地引用了历史人物或典故，读起来显得富有传奇色彩。

还有些科普作品采用第一人称的标题。如《我们病毒并不都坏》（文有仁），这是将病毒拟人化了。文中说我们不应该"谈病毒色变"，对一切事物都得采取具体分析的态度，像"牛痘"呀，"肠道腐生病毒"呀，等等，它们都对人类有益。显然，这种标题显得相当别致而富有风趣。

此外还有只用一个汉字的标题。如《活?》（贝时璋）、《笑》（高士其）、《虹》（端木蕻良）、《泉》（林帆）、《睡》（克士）、《食》（沙玄，这里是讲日食和月食）、《梅》（姚毓璆）等，这些标题只用一个字就标示出作品的主题和内容，它是"直叙式"标题的又一种独特形式。

顺便指出，一般的科普短文和科学小品，二者在对命题的要求上略有一些差异。一般说来，科普短文的命题不需要过于深邃的意境，也无需过于雕琢和进行艺术的加工，只要标题醒目、题意突出就可以了；而科学小品则不然，为了提高科学小品的情趣，加深它的意境，突出它的特色和文艺性，作者必须在命题上多下一番功夫，要尽量用文采优美而耐人寻味的命题。

总之，命题是科普创作中一项重要的技巧，每一位科普作者都要通过自己的创作实践来不断提高自己的命题技巧。随着科普创作的繁荣和发展，现在已有某些命题令人感到陈旧和俗套，比如"为什么……"、"漫谈……"、"浅谈……"、"闲话……"之类。每位作者在其进入写作经历的成熟阶段以后，必然会形成一种鲜明而又别具一格的特色，这就是"风格"。科普作者为了提高自身的创作技巧（包括命题技巧），既需要模仿，也要勇于创新，而且贵在创新。模仿不是照搬别人的东西，而仅仅是学习别人的经验和长处。鲁迅先生说过："此后如要创作，第一须观察，第二要看别人的作品，但不可专看一个人的作品，以防被他束缚住，必须博采众家，取其所长，这才后来能够独立。"（《给董永舒书》）为了使自己能够"独立"，有所"创新"，需要首先在"模仿"上多下些功夫。俗话说"功夫不负有心人"，"功到自然成"，一个人的命题技巧是同他的写作技巧同步提高的。

原载《科普研究》1992 年第 2 期

要注重科普文章的开头和结尾

王福铨

俗话说"万事开头难",写文章也不例外。高尔基说过:"开头的第一句话是最困难的。好像在音乐里定调一样,往往要费很长时间才能找到它。"这"定调"二字,恰如其分地说明了文章开头的重要性,也说出了开头与全文的有机联系。我们在写文章时都有过这种体会:从这里下笔,写出的文章是一个样子,从那里下笔,写出的文章又是另外一个样子。有位作家说文章的开头能"在很大程度上左右全局",这话不无道理。对于科普文章来说,好的开头往往能一下子把读者"抓住",使他们很乐意往下读,而不好的开头呢,则常常会对读者起到"挡驾"的作用。

我国古代的那些"笔走龙蛇"、"妙手著华章"的文学大师们,都是很注意写好文章的开头的。例如元朝的陶宗仪在《南村辍耕录》中,曾经把"乐府诗"的起句比喻为"凤头",以其"美丽"而动人,明朝的谢榛在《四溟诗话》中说得尤为耐人寻味,他说"凡起句当如爆竹,骤响易彻",意思是说文章的开头要像爆竹那样响亮,使人为之一震;清朝的李渔在《闲情偶寄》中,强调"开卷之初,当以奇句奇目,使之一见而惊"。

上述这些精辟的见解,对于我们写科普文章同样是适用的。好的开头,一开始就能使读者的心情激动起来。

综观名家作品和一些成功之作,下面简略地介绍几种写文章如何开头的方法和技巧,以飨读者。

以富有诗情画意的文学语言开头

已故著名科普作家董纯才同志在《燕子的一生》一文中,开头写道:
"春天来了。春风和煦,阳光温暖,杨柳青了,桃花红了。就在这明媚的春光中,到南方去过冬的燕子,也跟着春天回来了。燕子回来第一件要做的

117

事，就是做窠……"

已故著名科普作家贾祖璋同志在《花儿为什么这样红》一文中，开头写道：

"花朵的红色是热情的色彩，它强烈、奔放、激动，令人精神振奋……'花儿为什么这样红？'首先有它的物质基础。不论是红花还是红叶，它们的细胞液里都含有葡萄糖变成的花青素……"

上面这两段开头的文字，难道不是像"凤头"那样美丽动人吗？！

以寓言或典故开头

已故著名桥梁专家和科普作家茅以升教授在《桥梁远景图》一文中，出色地运用了这一技巧。他先把天河鹊桥的神话，淡抹几笔，然后风趣地说："这'鹊桥'就是喜鹊搭的一座桥，它们是杰出的桥梁工程师——你们想想看，这天河该有多宽啊！同时也可见桥梁的重要，虽是神仙，也还需要桥。"这最后两句，有如画龙点睛，点出了作者的创作意图——连神仙也需要桥，更何况在人间呢！

著名科普作家王梓坤教授在《人类是怎样揭开自然科学奥秘的》（已收入《广播科普佳作选》，学术书刊出版社 1989 年 12 月出版）一文中，一开头便这样写道：

"传说，我国古代的伟大诗人屈原在流放期间，看到神府里的壁画龙飞凤舞，心有所感，就在墙上写下了《天问》这篇奇伟瑰丽、才气横溢的作品。当时，他思如潮涌，一口气提出了 172 个问题……天文地理、博物神话，无不涉及，高远神妙，发人深思。"

作者正是以《天问》作为"引子"，引出了整个这篇文章极其丰富的内容。文中说，随着社会的进步和科学技术的发展，在屈原生活的那个时代人们所提出的许多问题，在今天已不成其为问题了，"人们从群星争耀、高不可攀的天空，找出了天体运行的轨道，从看不见、摸不着的微观世界中发现了原子的结构，基本粒子的转化，从万象纷纭的生物界找出了进化的规律，从千千万万个机械运动中，发现了力学的奥妙……"作者的思路顺流而下，滔滔不绝，势如破竹，妙语连珠，向读者展示了人类是如何用自己的智慧来揭开自然科学之奥秘的。

以对比的手法开头

俗话说"不怕不识货，就怕货比货"。通过对比来引出文章的主题，使读者产生一种"要了解一个究竟"的阅读欲望，这也不失为一种成功的创作技巧。

例如，有一篇介绍电子计算机的科普文章一开头就运用对比的手法算了一笔账；"大家知道，一秒钟是很短暂的。可是，电子计算机在这短短的一秒钟内却能完成十万次、一百万次、一千万次、一亿次，甚至上百亿次的运算……例如，为了证明'四色定理'，数学家们曾经绞尽脑汁费了125年工夫，一筹莫展，自从有了先进的电子计算机系统以后，只用了1200小时，问题便迎刃而解。"写到这里，作者笔锋一转："电子计算机之所以有这样惊人的计算速度，其秘密就在'电子'二字上。"主题一经点出，下面的文章就比较好写了。

对于像航空、航海、陆上交通这类题材，也都可采取对比的手法来写，将飞得最快的鸟、跑得最快的马和游得最快的鱼，来同飞机、舰船及汽车、气垫船等作比较，也可以把世界上第一辆蒸汽机车与现代高速列车作一比较，还可以把1903年美国莱特兄弟发明的第一架飞机与现代高超音速歼击机作一比较。这种比较，往往能提高读者的阅读兴趣，并给读者留下一个较为深刻的印象。

以结论开头

也许有人要问：既然先下了结论，又何必再往下做文章呢？实际上，结论可以引起读者反问："何以得出了这一结论？"这样就为读者"乐于读下去"准备了心理条件。在开始就说出了结论之后，作者可以从容不迫地从头说起，达到"以理服人"。

让我们来看看著名科学家严济慈教授写的《我在你们的眼睛里确实是倒立的》这篇广播科普作品的开头吧（这篇作品已收入《广播科普佳作选》）：

"我在你们的眼睛里确实是倒立的。同样，你们在我的眼睛里也是倒立的。这是不是说，我们都是两脚朝天，两手着地呢？当然不是。我们都是两脚着地的。那么，岂不整个天地在我们眼里都颠倒了吗？事实确是这样。"

读者在看了这一段"奇句夺目"的开头之后，会顿生疑问："这是为什么？"为了把道理弄个明白，岂能不继续往下读！

实际上，整个这篇文章都是用来回答这个"为什么"的。文中说："像和影是根本不同的东西。影是由于物体挡住了一部分光线的投影而形成的；像是物体上各点发出的光经过透镜的会聚作用而形成的。所以，影和物体是上下、左右完全一致的，也就是正的物体产生正的影，倒的物体产生倒的影，而实像与物体的上下、左右关系恰好相反。"这一段解释性文字，对全文起到了画龙点睛的作用。文中说：在实际生活中我们所看到的客观事物之所以都是正立的而并非倒立的，其原因就在于我们大家都已经"养成了习惯"。

显然，上面列举的几种开头方法远不能概括全部，文章的开头实际上是各色各样的，在实践中不可能也无必要拘泥于哪一种模式。上面所说的，只不过是通过对几篇名家作品的分析，粗略地介绍了写科普作品如何开头的艺术和技巧罢了。

关于结尾，可以说它是文章发展的自然结果，不可给它硬加上一点什么东西，但也不能草草收兵。因为它不仅关系到文章结构的完整性，而且也可以起到强化和延伸主题思想的作用。我国古代的文学家们对于文章的结尾同样十分重视，有过许多精辟的论述。例如，有人把"乐府诗"的结尾比作"豹尾"，意思是"有力"。有人说"结句当如撞钟，清音有余"；有人说"终篇之际，当以媚语摄魂，使之执卷流连"；而明朝的王骥德甚至认为"尾声以结束一篇之曲，须是愈著精神，末句更得一俊语收之，方妙"。

上述见解，对于科普创作无疑同样适用。科普文章的结尾巧妙，可以使言虽尽而意未穷，文虽止而力不衰，给读者以启迪、动力和鼓舞。这里，让我们一起来读一读贾祖璋同志在1934年所写的科学小品《萤火虫》结尾的一段话吧：

"在电灯、煤气灯、霓虹灯交相辉映的上海，无法再看到萤火虫。故乡的萤火虫，更是一年，二年，几乎十年没见过了。最近乡间来信说，三个月没有下雨，田里的稻都已枯死，桑树也都凋萎。那么，小小的池塘，当然已经干涸，稻田树林都已改换了景色，不知是否萤火虫也少了。我那辛苦劳动的邻居们，在夜晚，还有心肠纳凉，还能有一些笑声吗？"

这段结尾，"戛然而止"，它凝练含蓄，耐人寻味，会引导读者去思索许多问题。

下面，我们再来看看王梓坤教授在《人类是怎样揭开自然科学奥秘的》

这篇广播科普作品是如何结尾的吧：

"历史上有许多主要的发现和发明，人们需要经历很长的时间，才能充分理解它们的意义。时间是一面精细的筛子，它以人类实践织成的网格进行筛选，既不让有价值的成果夭折，也不容忍废物长存。"

这一结尾有如"撞钟"，读后使人感到"清音有余"，说它是"豹尾"，是名副其实的了。

上面强调了写文章的开头和结尾的重要性，但这不等于说只要写好了文章的开头和结尾就行了。如果一篇科普文章只具有"凤头"和"豹尾"，但却没有丰富的科学内容——"猪肚"，那又岂能成为上乘之作！假如"戏虽热闹，无所教益"，那岂不失去了存在的意义。

原载《科普研究》1992 年第 2 期

发明、创造的思维方法——三"T"、二"S"

张开逊

现在和大家谈谈发明创造的思维方法。在未谈这个问题之前，我想先和大家谈一下我的亲身经历和感受。1986 年，我在日内瓦参观了联合国世界知识产权组织总部的一个展览。这个展览陈列着世界上许多国家送来的最能够代表本国智慧的产品，每个国家一般只送一件。展品有美国的、苏联的，也有中国的。当时虽是 1986 年，但美国送去的展品是美国阿波罗宇宙飞船登月球时，宇航员从月球上带回来的岩石标本。岩石放在一个精致的玻璃罩里面，并写着一行英文："a piece of moon"，就是说"一片月亮"。表示他们能"上天摘月"献给人类。苏联送去的是 1956 年他们发射的世界上第一颗人造卫星的复制品。我们中国送去的是东汉时期张衡发明的地动仪景泰蓝模型。作为一个科学工作者我心里很难过。在张衡所在的那个时代，这个仪器当然是最高水平的，但并不能显示当代的水平。科学应该是在同一个时代进行的比较，不能拿祖先的光荣去和现在别人的成就比。这使我深深地感到中国科学工作者肩负的使命。

第二个经历是 1988 年我在美国华盛顿参观的另一个展览，展览会的名字是"1876 年国际博览会"。当时我很奇怪，1988 年怎么会举办 1876 年的博览会呢？看了以后才知道，这是 1876 年美国为了庆祝国家独立 100 周年，显示本国在科学技术上的成就举办的展览，并被当时有远见的人把展览保留至今天。当时许多国家都为那次展览送去了代表本国水平的展品，有日本、德国、法国及英国的，也有我们中国的，展品当然是以美国的为主。美国的展品有自己做的本国第一台大功率发电机；有摩尔斯发明的发报机，当时摩尔斯参加了博览会并表演了自己的发明，值得注意的是，摩尔斯的编码、发报方法至今还在邮局里使用；英国的展品是由曼彻斯特运来的最新蒸汽机车；德国展出的是最新式机床，还有一些枪炮；中国的展品主要是一些资源，如矿石、矿砂，还有如大米、小麦、芝麻、大豆等农产品。另外还有一串掏耳勺，各种样式的有 20 多个；一双小脚女人穿的绣花鞋和一双用我国东北特产的乌拉草编制的大头鞋，一大一小形成强烈反差。看到这些，我心里很难受，中国在那里展出的东西代表了中国被掠夺、被污辱的形象，而欧美列强国家展出的是科学成就和工业成就。现在，我们中国要在国际上竞争，可我们和资本主义一些国家从祖辈起就已不在同一个起跑线上，我们这辈人肩负着非常重大的历史使命。今天我讲这些亲身经历和感受，是想表达自己的一个愿望，我衷心地希望在座的同学成为杰出的科学家，无论现实生活有多少种观念、有多少社会舆论在影响着你的人生选择，影响着你的学习生活，希望你都不要错过了选择科学的机会。同时，我想告诉大家，在科学上做出发现和发明，当一个科学家是不困难的，应该说是一件容易的事，只要你愿意。

　　大家知道的库仑定律是电学上学到的第一个定律，它是最早定量描述电现象的规律，而且后来成为电学、电子学重要的理论基础。这个定律说的是电荷间相互作用力的规律，是以它的发现者——法国物理学家库仑的名字命名的。在当时，已有很多人在研究电荷间的相互作用现象，知道同性相斥、异性相吸，但找不到测定力的办法。库仑是教中学物理的，他在为学生演示电荷间相互作用时，也试图找出变量之间的规律，但没有找出。很多人都是因为电荷量太小、作用力太小，测不出而放弃了，而库仑却一直在探索这个问题。一次偶然的机会，在乡下，库仑看到了农村老妇人纺棉纱时出现的一个奇特现象，纺好的棉纱抽出来一支后，这只棉纱能反弹回去，如果把它卷曲过来，它仍能反弹回去，而且每次反弹回去的角度都一样。这个现象使库仑联想到可以利用它测量微小的力矩，从而进一步去测量电荷间作用力产生的力矩。有了这样的发现和联想，库仑后来回到巴黎，做出一个非常灵敏的秤。他终于测出了电荷间的作用力，找出了电荷间作用力的规律。这个事实说明，无心的人对科学现象"视而不见"，只有那些有心的人，才能抓住机会，取得成功。所以，想成为一名科学家，首先从现在起，就应该有好的思维习惯、思维方法。这就是我要说的"3T、2S"的思维方法。首先说"3T"。这里的 T 是英文 Try 的第一个字母，Try 的意思是力图、尝试。3T 是指有三件应该力图去做的事。

　　1T 是试图解释每一种自然现象。如果你试图这样，就要随时检测自己的知识水平。当你能够解释得很合理的时候，表明对这种事物已经有了比较深入的了解。在大多数情况下，你的解释是不充分或者是不正确的。这个时候它就提示你，你知识的边界在这个地方。那么你就得探索学习新的东西。如果一个人试图解释每种自然现象，那么他的思维必定一直是不停的，他无形之中就会获得很多很多重要的知识。

2T 是试图分析每一件物品、每一项技术的缺陷和不完美的地方。文明的进程实际上就是不断地发现、发明的进程。发明是什么？发明就是人们做出了一种克服已有东西的缺陷的新东西。任何东西都是不完美的，如果你对它进行认真的分析，注重分析它不完美的部分，那么这就是你成功的起点。以挑剔的眼光去看待、分析任何一种现有的技术，这自然就是一个革新者。

3T 是试图为每一种知识找到用途。设想你所掌握的知识有哪些用处，去怎么应用它。我想，这个习惯对任何一个人讲都是不困难的。我觉得，这就是我们成为一个科学家，进入科学之门的途径。

现在谈"2S"。

其中第一个 S 是英文 Search 的第一个字母。Search 的意思是探索、搜索知识的源头，我们在化学课上，学到水 H_2O 的时候，我们就不能满足于仅仅记住化学分子式，要会算它的分子量以及了解水的一些属性，还应该知道人们怎样发现水是由氢和氧构成的，氢和氧又是怎样发现的，当时的实验是怎样做的，先驱者们的智慧表现在什么地方。在吃一只烤鸡的时候，如果是有心人，你就要研究，这只鸡为什么没有糊？为什么这么香？里面有没有什么致癌物质？为什么放那么长时间还不坏？同时还可以问，鸡是怎么驯化的？饲料是怎么转化成动物蛋白的？然后再往前追溯，这样会非常有趣，普通人不注意的事，你会觉得它非常有味道，你就漫游了智慧的世界，漫游了人类的文明。在这种漫游的过程中，你会发现，人类有许多事情还没有做好，只要你去做，就能够成功。我有一种习惯，在实验室工作的时候或看文献的时候，对于眼前的东西，总是想问；在这之前是怎样的？它为什么是这样的？这样常常能帮助自己避免肤浅，获得真正的知识。就能够使自己在很多领域摆脱自己的蒙昧，使自己掌握真正的知识。

第二个 S 是英文 Society 的第一个字母，Society 的意思是社会，即把社会当成一个巨大的知识宝库。我们的学校每年都要培养很多很多的人才，其中有相当多的人在步入社会之后，没有能够充分展现自己的才华，这有各种各样的原因，但重要的原因之一，就是他们没有把在学校里获得的知识和他进入社会以后所处的实际社会环境结合在一起，利用社会这个大舞台上巨大的资源和财富，来获得自己的成功。除了课堂之外，还要以创造性的姿态向社会学习。美国有一位创造学大师讲过："有创造思维特征的人，他们看事情同别人总不一样，他们喜欢在飞机场看时装，在五金店里看历史"。社会是一个比有院墙的学校要丰富、要生动、要大得多的巨大的学校。同学们在步入社会之后，才能善于融合社会的智慧，善于召唤社会的支持，善于了解社会的需要，为事业的成功打下坚实基础。

原载《科普研究》1994 年第 6 期

科学性与艺术性

——科普文学创作理论的几点思考

郭燕奎

众所周知，科学作品（包括科普作品）必须以真实可靠的素材为基础，而文学作品难免有假托夸张之嫌。那么，科学与文学"嫁接"在一起，科普文学属于科普范畴则成了一个并行相悖的命题，那么，如何确立这个命题，如何确立科学的科普创作思想，必须从理论上对科普文学作品的属性进行深入的考察。

从人类思维过程的统一观点去考察

人类的思维运动是一个客观存在，事实上人类从来也没有停止过对自己的思维规律进行探讨，从事自然科学研究强调实验的验证，在实验的基础上归纳总结上升为理论，进入理论思维的过程，进而指导和帮助人们认识客观世界，不断推向更深层次的未知世界的研究探讨，这就是科学这一概念的实质，不言而喻，整个科学研究的过程，直至上升到理论思维的过程隐喻着的基本原则是真实可靠的，自然科学领域的各种理论体系的建立毫无例外地都是沿着这样的规律进行的。

与此相反，文学艺术工作者在整个文艺创作过程中运用的思维方式主要是形象思维，即通过形象塑造典型环境、典型情节、典型性格，乃至旨在表达作者意志、感情、思想和世界观的各种艺术手法。总之，它的本质特征是用形象化的语言反映客观世界。那么，文学作品形成的思维过程是怎样的呢？高尔基曾经总结说："要塑造一个人物，'作者'要从20个到50个，以至几百个小店铺老板、官吏、工人中每个人身上把他们最有代表性的阶级特点、习惯、嗜好、姿态、信仰和谈吐等等抽取出来，再把他们综合在一个小店铺老板、官吏、工人身上"。从中我们可以体会到，形象思维也同样经历了"抽象化"和"具体化"两个基础的思维活动。至此，我们得出这样一个结论，形象思维和理论思维二者的思维过程是一致的。

同时，形象思维和理论思维也存在着很大的差异，其主要区别在于前者强调形象性，而后者强调的是规律性，二者殊途同归，以不同的方式把握客观世界，共同的结果必然是真实地反映社会，真实地反映大自然。事实上，作为人的认识整体来说，既需要有规律性的认识，也同样需要有形象性的认识，比如，我们谈到汽车，总是会随着汽车的概念联想到各类汽车的形象，而且也会连同汽车的各种形象把它们归结到汽车的概念上。因此，只有规律性而无形象性，认识往往显得单调苍白缺乏说服力；而只有形象性而无规律性，认识会脱离真实。理论思维和形象思维在实际思维活动中是紧密联系着的，在认识世界的主体和客体，在不同的时间和空间二者互相依存，互相补充，又互相推进，它们一起构成了统一的思维过程，科学认识和艺术认识的这种亲缘关系，促成了科普文学作品的产生。

当然，科学家和文学家是两种截然不同的行当。但是，这决不意味着某人只熟知理论思维而成了科学家或理论家，或者某人只精通形象思维而成为了文学家。之所以造成文学家和理论家的区别，是因为他们根据了解客观对象时的不同要求，有的侧重于理论上的规律，有的侧重于形象上的塑造，更进一步讲，二者的界限也是相对而言的，学术论文和文学作品因此迥然不同，但是二者兼备的体裁形式也不乏其例，比如：报告文学、科学小品、新闻报道、科普文学等。同理，科学研究与文学创作二者兼备一身的科学家也大有人在。比如，伟大的德国诗人歌德还以其动物学、植物学方面的著作而闻名；苏联科学院院士奥勃鲁切曾经创作了大型科幻文学作品《普鲁托尼亚》《萨尼科夫的大地》。总之，包括理论思维和形象思维在内的思维科学是一个范围很广的学科，我们的认识方法应该把它们作为统一体来研究，并以此为出发点去考察它们的所有思维形式，其中应该包括理论思维形式如概念、判断、推想等，也应该包括形象思维形式，如观念、形象、文学作品等。

从人类认识客观世界的过程去考察

人类对自然界的认识是从假说起步的。那是因为人们认识外界的开始阶段仅仅是通过感观的接触，感觉到了客观世界的部分现象，进而运用已经掌握的知识，对客观世界的一些偶然现象进行推测，以寻求它的必然性。这些现象有时表现出了事物的本质，有时表现出来的是假象。科学研究的任务就是从这些现象中假设出事物的必然规律，再不断地去伪存真、去粗取精，最终归纳总结出客观对象的本来面目。在这个复杂而又要经历多次反复的认识过程中，必须地经历着两个阶段，即假说阶段和科学理论阶段。自然科学发展史中曾经出现过的许多假说都证明了这个事实。例如："关于天体演化的假说"、"关于火星上可能有生命的假说"、"关于大陆漂移的假说"，等等。恩格斯在《自然辩证法》一书中也曾断言："只要自然科学在思维着，它的发展形式就是假说。"假说可以上升为科学理论，也可能被实践所推翻。即使被推翻了的假说，也不能轻易地判定它曾经是虚诬。因为它可能对建立新的假说有着积极的意义。

科学的假说对于形成科学的理论有着极其重要的作用。正是科学家们运用假说理论进行大胆的预见，从而不断地推动着自然科学和社会科学向更深层次发展。似乎人们都认为，在科学研究工作中运用想象这种思维方式是难以理解的。事实上每一项伟大的科学发现，其发源地都是土生土长在想象之中。人类掌握了化学理论以后，根据原子和原子价的结构，可以大胆地预见到通过电子计算机运算，构成特定结构的化合物，再选择最优化工艺流程，制造出人们假定需要的建筑材料或各种新型化工原料。这个假说也许在不远的将来会变成现实。伟大的科学家爱因斯坦高度评价过假说的重要作用。他曾经说过："想象比知识更重要"。

我们还应该看到，在上述科学理论形成的两个阶段中，每一个阶段都可以根据需要选择不同的方式去客观地反映客观事物。即既可以采取理论思维的方式，也可以采取形象思维的方式去进行研究或表现。应该提到的是，在某项事物仍处于扑朔迷离、不可知的阶段中，如果采用形象化的方式对这种事物进行表现，动用科学想象的原理进行推测性的解释，不可避免地包含有主观猜测的因素，也毫无例外地包藏有虚构假托的成分，这种现象是难以避免的。艺术家把他们的推测和猜想合乎逻辑地、艺术地表现出来可以说是无可非议的。

在世界历史文库中，文学家采用文学的特殊手法艺术地表现自然科学的发现、自然科学的假想，这样的例子是不胜枚举的。被誉为"科学幻想之父"的法国作家儒勒·凡尔纳受到当时科学发现的感染，在他的小说《底儿朝上》中，情不自禁地引用了微分学数学公式；前苏联作家罗索霍瓦尔特斯特在他的小说《沙漠中的聚会》和《鲨鱼之谜》中探索了不同水平上研究不同时间流的可能性；伏尔泰的小说《米克罗梅加斯》假设了人类登月太空航行，等等。

当今科学技术已经深入社会的每一个角落，深入到人们的物质生活和精神世界。科学技术的发展为文学艺术工作者提供了更加丰富的创作素材，也深刻地影响着文学艺术的内容和语言。虽然这类以科学为题材的文艺作品难以支撑科学研究的大厦。但是它对于普及科技文化知识，唤起民族科学意识，会起到难以替代的作用。由于形象化的科学语言更接近群众，更为群众所喜闻乐见，所以科普文学创作作为一种方兴未艾的事业，它将伴随着科学技术的不断发展，渗透到广大读者的精神世界。

科普文学作品必须以科学为基础

科普文学作品应该在科普创作中占有一席之地。我们这里所说的科普文学作品不应包括神话性的作品，更不包括那些假科学之词，而行封建迷信之实的伪科学作品。这里所说的科普文学作品具有特定的概念，具有严谨的限定。对概念进行准确的规定，对于正确的思维是非常必要的。不然，就会造成概念的混乱，思维的混乱，以至理论上的谬误。

科普文学创作的定义应该是什么呢？科普文学作品是一类文学作品，它是以科学知识为内容题材，以普及科学知识为目的的一类文学形式。

世界上任何事物都具有内容和形式两种属性。客观事物的内容决定了其本质特征，它的形式则起着辅助作用。科普文学作品的概念定义规定了它的本质特征就是它的科学性，违反科学的作品不能称为科普文学作品。基于这个观点，科普文学作品表现出了两种特性，科学性和艺术性。它是从科学上根据客观世界的理论思维与艺术上表现客观世界的形象思维的统一体，科学性则是其决定性因素。要成为一名科普作家应该说具有一定的难度。他应该具备精熟的科学知识功底，还应熟练掌握文学创作的技巧，要使科学知识巧妙地寓于文学作品之中。这也是因为科普文学作品毕竟不同于科学论文，也不同于其他题材的文学作品。

科学性与文艺性具备结合的条件。通过认真的考察，我们不难发现科学性与文学性有着许多共同之处。首先，二者都是客观世界的反映，科学知识是客观实践的总结，文学作品也应该来源于实践。即使文艺作品之中具有允许作者虚构的成分，但是文学作品的特性也规定了这些虚构成分仅限于人物、情节、环境的渲染。它表现出的事物必须反映客观事物本质的联系和关系。不合乎逻辑的虚构或者被世人唾弃的"假大空"之类的作品称不上成功之作。其次，二者都发生于实践，服务于实践。无论是科技论文，还是文艺作品都不是作者感性材料的堆积，而必须是"由此及彼，由表及里"地推理导出的新理论、新观点，以作用于实践。此外，二者都应该接受世界观的指导，都应该得到实践的检验。

客观事物的内容决定了它的形式。科普作品的内容特征是科学知识，而且科学性则应是判定其是否属于科普作品的唯一标志，至于其形式手段大可不必强求。我们还应该提倡采用不同的体裁形式来宣传科普知识，使群众更乐于接受，更易于接受，只有这样才能使科普之花繁荣似锦。需要再次强调的是以科学为依据的真实性在任何体裁的科普文学作品中都是不可含糊的。在文学描写中，对那些已知的客观事物要坚持科学性的原则，对于未知的客观事物，或许要加以想象或推断。但是，这种想象和推断也必须以已知的科学原理为基础，做出合乎逻辑的科学推断或科学想象。

科学与伪科学往往只是一纸之隔，超出一定的界线必然坠入伪科学的深渊。早已被科学断定为封建迷信之说的占卜、手相等，绝与科普无丝毫姻缘。至于曾风靡一时的所谓"众神之车""古代宇航员""恐怖的1999"等荒谬作品，难以接受历史和科学的检验，最终成为为人不齿的文化垃圾。这类作品的出笼不但起不到普及科学知识、教育群众的作用，相反只能把群众的科学意识引入歧途。

繁荣科普文化事业是实现"科教兴国"战略部署的组成部分。在推动这项事业发展过程中，必须保证科普创作这块园地清新悦目，把科学的芬芳送进千家万户，让科学的雨露浸润我们的民族。我们需要做的是走出一条新路子，用唯物辩证的观点探索科普创作理论，进而利用这个观点把握科普文学作品的实质。

原载《科普研究》1997 年第 1 期

知识与行为的统一

——全民科技脱盲的一个重要方面

王 前

全民科技脱盲并不只是意味着学习科技知识，也包括知识与行为的统一。有些具有科技知识的人，由于传统文化、习俗和思维方式的影响，在日常工作和生活中可能做着不符合科学技术的事情。要解决这一问题，我们必须在全民科技脱盲中注重科学、技术与社会的教育。

评价科技脱盲不能只考虑从学校教育中得到的知识范围，有些从学校中学到了科技知识的人，在日常生活和工作中常做着某些不符合科学技术的事情。这种状况表明科技脱盲并未取得实效。因而，有必要分析一下这种状况产生的原因，找到解决问题的办法。

知识与行为的矛盾

如果没有外来因素的干扰，知识与行为之间本来是不应有矛盾的，然而，影响人们行为的因素不只是知识，也包括传统文化、习俗和思维方式，其中可能包括某些不符合科学技术的因素。因此，这种矛盾是不可避免的。这种矛盾表现在三个方面：

有些具有局部科技知识的人，在整体上做着不符合科学技术的事情，特别是在生态环境方面。众所周知，环境污染是不适当应用科技知识造成的。现代工业为人类带来了巨大财富，同时也带来了有害的废水、废气和废渣，每个工人和技术人员在自己工作岗位上运用其科技知识都是心安理得的，他们没有意识到这种行为可能损害生态环境。类似地，森林面积在锐减，土地沙化在加重，某些物种面临灭绝。酸雨、温室效应、臭氧层空洞、噪声污染等等，所有这一切都是人为活动的结果，其中都用到某些科技知识。科技应用整体上的盲目性导致了对社会的消极影响，因而公众应充分掌握有关生态环境问题的一般知识，特别是认识到个人的似乎微不足道的破坏生态环境的行为，逐渐会演变成十分严重的问题。

有些只具有书本科技知识的人，由于缺乏应用科技知识的能力而做着不符合科学的事情。不适当的教育方式时常造就这种类型的学生。例如，有些学过电学的人在家中不会正确使用洗涤剂、化妆品和防腐剂；有些学过生理学和生物学的人不会正确吃药和保健。所有这些事情都导致对人们健康的损害，甚至危及生命。学校里的科学教育长期以来注重知识的逻辑体系，这一原则渗透到教学内容、方法和考试过程中。学生们过去总是注重理解知识的逻辑体系本身，忽视科技知识在日常工作和生活中的应用，因此他们的日常生活中时常出现不符合科学的事情，如乱接电线、乱按开关、触电、被化学药品烧伤、食物中毒等等，尽管他们在成绩单上能获得好分数。这种状况可能持续到成年阶段。近来学校的科学技术教育已开始关注培养学生在日常生活中运用科技知识的能力，但不少成年人运用已学过的科技知识的能力仍然是很缺乏的。

有些曾受过正规科学教育的人，在日常生活中却做着伪科学的事情，如相信鬼神传说、算命、占星术、风水等等。有时一些披着"科学"外衣的荒唐传说，如意念致动、招魂术等，甚至迷惑了一些有较高科学素养的人。在恩格斯 1878 年的一篇论文《神灵世界里的自然科学》中，介绍了华莱士、克鲁克斯、第尔纳等为降神术迷惑的事情。今天这类事情不大出现在科学家中间，但常出现在具有不少科学知识的公众中间。一些奇闻怪事刊登在不负责任的小报上，为很多人确信不疑。

上述矛盾表明，学校里单纯的科学技术教育，并不能解决人们日常工作和生活中不符合科学的问题。这个问题从根本上说是社会的、文化的问题。要解决它，必须进一步分析相关的传统文化、习俗和思维方式。

矛盾产生的原因

任何一种文化体系中都可能产生和发展科技知识，也可能包容某些不符合科学的事物。习俗本身不一定都是不符合科学的，有些习俗也符合科学的原理，尽管可能是不自觉的。导致人们行为上不符合科学的文化和习俗因素，一般是通过思维方式来发挥作用的。不同的文化背景导致不同的思维方式，进而对人们的行为产生不同的影响。

有局部科技知识的人之所以可能在整体上做着不符合科学技术的事情，往往是由于逻辑分析型的思维方式造成的。逻辑分析是现代科学技术得以产生和发展的重要思维工具。没有逻辑分析，就无法了解研究对象的细节，洞察事物的本质，揭示客观的规律。然而逻辑分析往往有"只见树木，不见森林"的弱点，缺乏整体上的客观把握，忽视人类活动的长期后果。逻辑分析型思维方式与机器的普遍应用密切相关。在工业化初期，人们往往过于相信机器的力量，相信自然界的资源取之不尽。人类可以不断征服自然，获得无尽的财富。这种思想倾向曾在西方文化中有较明显的表现，逻辑抽象思维的发达和对自然界的"进攻"意识，曾是西方文化的显著特征，当然，近年来情况有所变化，生态问题已引起人们普遍关注。东方文化中虽然有着人与自然和谐的思想传统，但在引进西方科学技术的过程中，环境问题仍是许多发展中国家现代化进程中急待解决的问题。

有书本知识而缺乏应用能力的现象，在不同的文化类型中都可以见到。西方文化环境中有些学生书本知识和应用能力的脱节，往往是由于科学教育中专业划分过细、过于严格造成的。这里也存在逻辑分析型思维的作用。把人的教育过程作为机械操作过程来处理。难免出现知识和能力上的不协调。在一些具有东方文化传统的国家里，由于"大一统"观念的影响，科学技术教育内容和模式相对固定，比较注重标准化的考试和统一的教学大纲的要求，因而很难跟上现实生活中科技应用迅速变化的步伐。像家用电器、家用化学制剂和药品的知识，本来是可以适当进入普通教育课程内容中的，目前一些中小学的选修课教材中已开始出现这类内容。然而由于这类知识与升学考试和就业不直接相关，往往得不到足够的重视。

受过正规科学教育而相信伪科学的事情，在科学技术比较发达的文化环境中并不多见，也比较容易被人们识破和揭穿。然而在科学技术相对落后的文化环境中，这类事情就可能屡见不鲜。在东方文化传统中比较常见的直观体验型的思维方式，往往会诱发或加剧这类事情，鬼神传说、算命、占星、风水等等具有原始思维特点，它们是列维·布留尔（1859—1929）所说的人与自然"互渗"的产物，即想象自然界具有人的属性，而人通过某种神秘途径可以操纵自然界的变化。停留在感性层次上的直观体验往往使人们相信这类"奇迹"，而一些落后的习俗会通过潜移默化的方式增加人们对它们的信任感。具备直观体验思维方式的人，特别相信绘声绘色的"特例"，相信古老的经验和别人的"亲身体验"，却很少考虑如何用科学思维方法加以分析和实证。对于他们来说，科技知识只是用于应付考试和工作需要的，而生活中的奇闻怪事则满足人们感官情绪上的需要，两者可以互不相干，他们还可能把自己了解到的某些科学技术知识同深信不疑的"伪科学"调和起来，使之披上科学的"外衣"。当然，这是直观体验思维在浮浅层次上的误用。直观体验思维本身还有另一些较深的更有意义的内容，在创造性活动中有特殊的价值，因而不能完全加以否定。它的误用是一种不正常的现象。

解决矛盾的途径——STS 教育

要清除科技脱盲中知识与行为的矛盾，必经重视 STS（科学、技术与社会）教育。

首先，在科学教育过程中，要增加有关科学技术的社会功能和实际影响的教育，既要看到科学技术给人类带来的巨大效益，也要看到不正确运用科学技术所带来的消极影响，任何个人的行为都要对社会负有一定的责任。不正确地运用科学技术带来的社会问题，不仅仅是应用技术本身的问题，其中也包含着价值观念和伦理道德判断的因素。

其次，要重视对学生应用科技知识能力的培养，在科技知识教育中加强同社会和生活实际需要的联系。还应该重视对缺乏这种能力的成人的教育，加强科技知识应用的普及。真正意义上的科技脱盲，应该是看人们是否能正确运用最基本的科学技术知识，以保障人们日常工作和生活不致出大的问题。对于一些伪科学的事情，应该不断地加以揭露和批评。伪科学实际上是科技脱盲的一大障碍。它使科技脱盲流于形式，甚至走向反面。

更重要的问题，是在文化背景上开展科学技术与社会的教育，研究文化、习俗和思维方式因素对于科技脱盲的实际影响。对于发展科学技术来说，偏重逻辑分析的西方传统思维方式和偏重直观体验的东方传统思维方式各有利弊。而东西方思维在现代经过多渠道的文化交流，也都发生了很大变化。然而深层次的文化和习俗因素仍然在起作用，这里还有很多复杂问题有待研究。英国的李约瑟、美国的 F. 卡普拉等人近年来对这方面问题有一定研究，提出了东西方思维各有优势，可以互补的问题，但对科学技术教育尚无明显的影响。科学、技术与社会教育的深入，依赖于人们对知识与行为关系的更具体的更有实证性的研究，这是一项很有意义的工作。只有当人们的科学技术知识与日常行为逐渐和谐一致，使科学技术的应用在局部与整体、书本与生活、科学知识与科学精神等方面都统一起来，科技脱盲的目标才算真正达到了。

原载《科普研究》1997 年第 2 期

知识社会的兴起

金吾伦

　　德鲁克不愧为是一位有远见卓识的经济理论家，他没有把电脑、核能开发、空间探索等重大科技成就看作是20世纪社会变革的发端，尽管这些成就对社会发展已经造成并将继续造成巨大的影响。他却把第二次世界大战结束后为士兵提供上大学的经费这件事看作是"20世纪社会变革"头等重大的事件，因为这意味着人类向知识社会转变的开始。这是一个具有何等深远的卓越见解呵！

　　"20世纪社会变革是从哪一件事或哪一样发明开始的？"著名美国经济理论家管理科学家彼特．F. 德鲁克（Peter F. Drucker）回答说：

　　"当代社会的起跑令是第二次世界大战结束时发表的'美国士兵权利宣言'。"

　　这项宣言实际上是一项法律，它规定向所有战斗归来的士兵提供上大学的经费。德鲁克认为"从此开始了美国和全世界向知识社会的转变"。

　　正是这位在美国克拉里蒙特研究生院（Claremont Graduate School）任社会科学和管理教授的彼特．F. 德鲁克于1993年出版了《后资本主义社会》（*Pose-Capitalist Society*）一书，其中的一章是《知识社会的兴起》（*The Rise of the Knowledge Society*）。在该章中德鲁克指出，自古以来，新知识和新发明总是周期性地重建人类社会。然而今日，知识已被认为具有前所未有的巨大重要性，它是国家财富中比资本和劳动更基本的财富。它已经创造出了一个新型的社会并将促进全球范围内的进一步转变。

知识造成了社会变革

　　根据德鲁克的观点，大约在1750年到1900年的150年时间内，资本和技术征服了全球并创造了世界文明。资本或技术在那时并不是新的东西，而是东西方都普遍具有的。新的东西是它们扩散和渗透的速度及广泛的范围。正是这种速度和范围，使技术革命转变成工业革命并使资本转变成资本主义。以前的资本只是社会的一个要素，而此时以大写字母表达的资本主义（Capitalism）已经变成了社会。到 1850 年资本主义在西欧和北欧普遍盛行，而在以后 50 年，到 1900 年，资本主义遍布整个世界。

这种转变是怎样造成的呢？是什么力量推动的呢？德鲁克在他的书中强调：

"这种转变是由于知识意义（the meaning of Knowledge）的根本改变驱动的。原先无论西方和东方，知识都被看作是应用于存在（being）。几乎一夜之间，知识被看成为是应用于做事（doing）。它变成为一种资源，一种用途。原先，知识总是一种私有财产，差不多一夜之间，知识变成为一种公众财富。"

由于知识涵义的不同，即知识被应用的对象不同，依时序造成三个不同的革命。

第一阶段，知识被应用于工具、过程和产物。这种应用创造了工业革命。但这种应用同时也创造了马克思所谓的"异化"，创造了阶级和阶级斗争。

第二阶段，知识有了新意义，它被应用于工作（Work）。这就引来了生产力革命（Productivity Revolution）。这一革命把无产阶级转变为具有较高收入的中产阶级。

第三阶段出现在第二次世界大战之后，知识被应用于知识本身。这形成管理革命（Management Revolution）。这时知识快速地变成生产的一种因素，这种因素兼有资本和劳动。它逐渐造成为新型的社会，即知识社会。（摘自《知识社会的兴趣》）

在知识社会中，知识将成为社会的主要财富和社会的基本资源。由于信息的有序化就是知识，托夫勒对两者关系作如下表述，即："知识是被进一步加工成更带概括性的表述的信息。"（《力量转移》中译本第 20 页）因此，在这个意义上，我们也可以说，信息和知识是知识社会中的主要财富和基本资源。

奈斯比特在他的《大趋势》一书中说："信息社会里知识是最主要的因素"。他说："在信息社会里，我们使知识的生产系统化，并加强我们的脑力。以工业来做比喻，我们现在大量生产知识，而这种知识是我们经济社会的驱动力。新的权力来源不是少数人手中的金钱，而是多数人手中的信息。"奈斯比特引用德鲁克的话说："知识生产力已成为生产力、竞争力和经济成就的关键因素。知识已成为最主要的工业，这个工业向经济提供生产所需要的重要中心资源。"（［美］约翰·奈斯比特《大趋势》，中国社会科学出版社，1984年，第15页）。

托夫勒在《力量转移》一书里也强调："知识的变化是引起大规模力量转移的原因或部分原因。当代经济方面最重要的事情是一种创造财富的新体系的崛起，这种体系不再是以肌肉（体力）为基础，而是以头脑（脑力）为基础。"这里所说的"头脑"就是知识，知识的力量。

日本邮政省的一份官方文件中提出，通过建立高性能信息通信基础结构建设，向21世纪智力创造社会（Intellectually Creative Society）过渡的纲领。这实质上也是指"知识社会"。所谓"过渡到智力创造社会"主要包含两个内容（或观念）：

（1）信息与知识是资源。对信息通信投资意味着焦点从20世纪对物品和能源的依赖转向21世纪对信息与知识的创造。在21世纪以高效信息通信为基础的智力创造社会中，信息与知识将必然成为最重要的社会和经济的资源，这种资源的自由创造、传播与共享将成为社会的基础。

以制造业为例，消耗在物质上的费用与思想、设计、研究和开发的价值相比将来只占较小的比重。在消费领域，在购物和服务时对准确并迅速获得信息的需求将增加。另外信息的拥有很可能要比物质财富本身更能发挥积极的影响。

（2）信息通信基础设施的重要性。为了解决国家所面临的越来越复杂的问题并建成一个强调智力创造活动的社会，日本需要营造一种社会环境以利于资本充分地投向信息和知识的创造中。为了实现这一决定，最根本的是需要一种新型的高效信息通信基础设施，在这一基础设施中信息和知识可以得到自由的创造、传播和共享。面向未来的转变已经在发生，在这一过程中，以物品和能源为导向的社会正在让位给以信息和知识为导向的社会。（Reforms Toward the Intelloctually Creative Society of the 21 Century. Program for the Establishment of High-Performance Info-Communication Infrastructure，1994）

从日本政府的这个报告中，我们可以得到两点认识：

1. 信息和知识是改变社会、创造新型社会的基本驱动力；

2. 信息高速公路，即信息基础结构是产生信息和创造知识的根本途径。

由此可见，信息和知识已成了社会变革、推动社会向前发展的基本力量。正如托夫勒所指出的，"知识本身不仅已经成为质量最高的力量的来源，而且成为武力和财富的最重要的因素，换句话说，知识已经从金钱力量和肌肉力量的附属物发展成为这些力量的精髓。事实上，知识是终端放大器。这是今后的力量转移的关键，它也说明全世界争取控制知识和传播手段的斗争变得越来越激烈。"

知识与农业时代的土地和工业时代的机器不同，同样的知识可以由许多不同的使用者同时应用，而且如果使用者巧妙地利用这一知识的话，它甚至还能产生更多的知识。就其固有性质而言，它是用不尽的，且不具排他性。托夫勒在《力量转移》一书中指出"武力和财富都是强者和富人的财产。知识却可以为弱者和穷人所掌握，这是知识的真正革命性的特点。"

经济学家保罗·罗默也强调了这一观点。他认为"点子和技术发明是经济发展的推动力量"。他说："点子不同于其他东西，点子有它们的特性。"这里所说的"点子"就是以知识为基础的创造性思想、观念、主意、想法。罗默认为，土地机器和资本这类东西是稀缺的，而点子和知识则是丰富的，能以很低的成本复制，甚至什么成本也不要。"知识的传播以及它几乎无止境的变化和提炼，是经济增长的关键。我们也可以说，它是社会进步、社会变革的基本动力。"

心智代替物质——观念产业革命

观念产业（Conceptual Business），这个词是由中国台湾力捷电脑董事长黄崇仁提出的，其含意是：新观念或新概念，创意加上点子，经由电脑"工厂"的创造，成为商品，正创造出一个无中生有，同样充满未知与挑战的电脑工业。我们可以进一步认为，这里所说的"观念产业"在某种意义上亦即"知识产业"。

中国台湾《天下杂志》1996年5月号发表一篇题为《观念产业以电脑筑梦》的文章，编者按说："想知道'玩具的故事'怎么诞生？'野蛮游戏'中的野生动物从何而来？每一波观念革命，都带来商机，成千小公司窜起。下一波：多媒体、互联网络、互动娱乐、电脑动画、虚拟实境……创意正结合电脑科技，让想象成真，同时开创巨大商机。"

这意味着人们运用自己的知识和智慧，不断提供出新观念、新猜想，然后利用电脑作为工具，使新观念、新猜想变成现实，制成商品创造获利的市场。

该篇文章的编者按中提到的"玩具的故事"、"野蛮游戏"都是运用电脑的动画电影，受到观众欢迎，卖座率很高，从而赢得巨额市场。例如，"玩具的故事"于 1995 年底上映，仅一个月就成为 1995 年最卖座的电影之一，预计全球将创造 6 亿美元的市场。

美国在 1995 年上映的电影中，有一半的影片多少使用了电脑科技，而九成使用数字音响。这就是人们常说的"好莱坞与硅谷的结合"，而这正在推动企业的发展，增长企业的活力，决定着企业的价值。

美国《未来学家》1996 年 11—12 月号的文章中甚至认为，"讲故事的人将是 21 世纪最有价值的人。所有专业人员（包括广告制作者、教师、企业家、政界人士、运动员和宗教领袖）的价值评判标准将是：他们编造故事吸引听众的能力有多强"。这个事情的实质是强调人的想象力和创意能力的重要价值。

不仅是电脑动画电影这种观念产业推动着观念产业革命，更迷人的是下一波——互联网络、虚拟实境、多媒体、互动娱乐……它们更能满足人们更真实、更快速、更自然的沟通方式，以及对信息（资讯）的强烈需求，改变传统经营模式，都将成为未来独领风骚的观念产业。

观念产业成为年轻人实现自己创业梦想的天堂。许多年轻人，经由电脑与网络行业，使自己的创新观念变为现实，成为世界巨富。

"观念产业正透过电脑科技，解构时空限制，释放想象力，打开一扇无限可能的机会之窗。""创意，无疑是附加价值之所在。而结合创意与科技的观念产业，也将在未来独领风骚。"

企业家与社会各界的有识之士已经充分意识到观念产业的重要性，认识到智力投资已成为企业取得战略优势的关键。

在激烈竞争面前，企业家们已强烈意识到企业产品要在竞争中取得优势必须及时更新产品，即要使产品更新更巧。这意味着，较老的产品必须以最新的高效率进行生产，而较新的产品则可以在设计、工程和技术方面的创新为特点。无视这些特点和要求的公司、企业，在激烈竞争中前途险恶。联邦储备委员会主席艾伦·格林斯潘称这种趋势为经济增长的"概念化"，是在创造有价值的产品方面以"心智代替物质"。

美国《洛杉矶时报》1995 年 7 月 28 日以"企业革命加快速度"为题的

一篇文章中强调，"一些看重知识的企业拥有将精明的点子转变为利润的炼金术。而加利福尼亚州仍然是凭借创造性、革新精神、设计和其他智力成果不断发展的公司的温床"。

美国《未来学家》在展望1997年的文章中认为，"未来将出现以满足社会日益增长的精神和创造性需求为基础的职业。比如战略空想家将帮助公司了解顾客的精神需求；冥想工作室操作人员将为人们提供做白日梦的轻松场所；感官设计师将使用色彩、气味和纹理创造可以激发人们特殊感情的环境"。

总之，观念产业的根本是观念创新。创新是企业制胜的法宝和筹码，是企业生存和发展的关键与灵魂。观念创新必须以丰富的知识作后盾，观念是知识的结晶。

知识富有者的社会

知识社会亦即是知识富有者的社会。知识即是财富，也即是权力。培根的名言依然放射光芒，"知识就是力量"只是在今天更赋有新意。从事电脑软件的比尔·盖茨成为世界首富。

早在1990年，《福布斯》杂志公布十位最有钱的美国亿万富翁中，有七位的财富以传播媒介、电信或计算机——软件和服务业——为基础，而不是以硬件和制造业为基础。相比之下，前者比后者知识更加富集。

美国的经济学家和管理学家对有关国家就业结构的变化作了研究，研究表明："知识和技能所得到的报偿似乎一下子变得比以往高出许多（倍），弹性和适应能力成了生产的必要条件"。这就是说，就业结构正在朝向知识不断升值的方向演变。

美国的就业结构变化表明，美国正在发生一场就业革命。它表现在：

（1）知识程度越高，就业越容易。

据马里兰大学教授，《就业机会的创造与消灭》一书的作者之一的约翰·霍尔蒂旺格估算，90年代，美国经济创造了至少4000万个就业机会，同时也使大约3000万个就业机会归于消失，这其中多出的约1100万个就业机会，据多伦多大学的管理顾问和经济学家努阿拉·贝克的调查，有4/10以上都是在软件、计算机、电信、医疗保健和医药等以知识为基础的行业。

（2）企业界日益看重雇员的知识和技能。

无论在工厂里，还是在办公室里，雇主比以往更看重知识层次较高的雇员。在当代企业中，真正的且数量越来越多的失败者是那些只具有中等学历以下的人。这些学历较低者，即使有就业机会，工资也低于一般水平。经济学家们得到的结论是：知识和技能越高，报酬越优厚；无专门技能者则所得甚微。

（3）知识型工人将越来越受重视。

"知识型工人"越来越受到企业的重视。管理大师们预言，到90年代末，从事知识型工作的人将占劳动力的1/3，并将超过产业工人成为最大的工作群体。

针对这种情况，麻省理工学院斯隆管理学院的经济学家莱斯特·瑟罗强调说："我们正进入体制变革的时代，其深刻程度和普遍性不亚于产业革命所带来的体制变革。"他指出，"能生存下来的是那些有创新精神并乐于接受技术、社会和经济变革带来的崭新机会的公司"。

而这些公司最看重的不是工人们的体力，而是他们的脑力；看重的是能运用他们的脑力想出各种新办法，新点子的"知识型"工人，以创造出更高的价值。

《洛杉矶时报》同年7月的一篇文章中指出，"知识和技能的商业价值改变了过时工业地区的行业的经营方式，渗入了纽约的全能中心，并影响了当代工人的工资等级。"

加州大学伯克利分校计划教授麦纽尔·卡斯特尔斯（Manuel Castells）和他的助手博士研究生 Yuko Aoyama 对西方七国集团的七国从20年代到90年代就业结构的演变作了比较研究，提供了许多有意义的资料和观点。

近25年来由于微电子、计算机软件和遗传工程而引发的新技术革命以及世界范围的经济结构重组或调整，使得社会变革大大加快。社会变革的一个重要指标就是使原有的就业和职业结构发生变革。在这方面发达的工业化国家已经走在了前面，而我国目前正处在社会转型时期，对于人才结构和就业指导以及职业设计方面可以借鉴发达国家的一些经验。

美国学者卡斯特尔斯（M. Castells）1992年提交给美国加州伯克利国际经济圆桌会议（Berkeley Roundtable on the International Economy）的文章——《通向信息社会之路：工业化七国的就业结构变革的比较分析，1920—2005》（*Paths towards the informational society：A comparative analysis of the transformation of employment structure in the G-7 countries 1920—2005*）就是这方面的成果之一。该文节缩本《通向信息社会之路：工业化七国的就业结构，1920—

1990》（*Paths towards the informational society*：*Employment structure in G-7 countries*，1920—1990）于 1994 年发表。卡斯特尔斯教授于美国加州伯克利加州大学城市与区域规划系同时兼任西班牙马德里自治大学新技术社会学研究所所长。他的其他著作有《信息时代的新型全球经济》（1976 年）；《城市、阶级和权力》（1978 年）以及论文《服务经济与后工业社会》（1976 年）等。

各种有关后工业化及信息化的理论总是采用经验证据来支持其论点：新技术革命的结果最终会产生新的社会结构，这个新的社会结构的特征是人们从以往的对实物的生产而逐渐转向提供服务，即以管理性和专业性职业为主导而传统的农业和制造业相应地萎缩，同时大部分工作的信息含量也越来越高。

不难看出，这些理论的后面暗含着一种经济的和社会的自然法则，而这一法则的模板却是美国社会迈向现代化过程所展现出来的单一图式。然而，由于各国所处的发展阶段和文化背景各不相同，迈向现代化的过程也不可能相同。因而，以美国社会为模式的理论在解释其他国家的发展过程时，难免会有不能自圆其说之处。

正是出于这种考虑，卡斯特尔斯教授才从一个时间（1920—1990 年）和空间（工业化七国）跨度都很大的背景下来检验就业和职业结构，希望找出符合各工业化国家迈向信息化的模式。卡斯特尔斯尤其重视服务业内部的组成以及就业和职业结构特别的演化，并在充分考虑各国文化和制度的多样性的背景下讨论迈向新的信息社会过程。

据卡斯特尔斯的研究，英、美、日、加、德、法、意这七个工业化国家的就业结构变化的时间跨度可分为两个阶段：

第一阶段是 1920—1970 年，第二个阶段是 1970—1990 年。第一阶段是后农业社会，而第二阶段为后工业社会。

1920—1970 年间，工业化七国在加工业和制造业都保持了较高的就业水平，比如，英国在制造业的就业率在 1921 年为 37%，在 1971 年为 35%；美国 1930 年为 25%，1971 年为 26%；加拿大 1921 年为 17%，1971 年为 22%；日本 1920 年为 17%，1971 年为 26%；德国同期从 33% 增加到 40%；法国从 26% 增加到 28%；而意大利则从 20% 上升到 27%。因而有人主张从 1920—1970 年这 50 年时间里，就业结构的转变是从农业转向服务和建筑业，但却没有超出制造业的范围。

然而，从 1970—1990 年情况则完全不同了，这个时期随着经济结构的调整以及技术革命，使得所有这七个工业化国家在制造业中就业的比例大为减少。尽管总的趋势是这样，但是这七个国家在制造业中就业下降的速度和比例即大相径庭，表明各国经济政策以及公司的战略不同从而使得社会结构呈现出多样性。

比如，英国、美国和意大利这三个国家在 1970—1990 年间制造业迅速下降，其比例分别为 35% 下降到 23%，26% 下降到 18% 以及 27% 下降到 22%。同期日本的下降则比较平和，从 26% 下降到 24%，而德国即使有所下降，但还是保持了相当高的比例，即从 39% 下降到 32%。加拿大和法国则处于中间地位，加拿大从 20% 下降到 15%，而法国则从 28% 下降到 21%。

后农业社会的特征为农业就业人口骤减，同时制造业和服务业兴盛，就业结构的特征是以制造业和传统的服务业为主导。而后工业社会的特征则是制造业就业人口下降，而新兴的服务业就业的比例大为增加。

自 90 年代以来，工业化七国进入前信息社会（Proto-informational society），就业人口大都集中在服务业。然而，就业是否就集中在信息处理上呢？

根据卡斯特尔斯的研究，除日本之外，信息处理业的就业比例确实一直是比较高的。其中又以美国为最，但是英国、加拿大和法国在历史同期基本上也是处于与美国不相上下的水平，德国和意大利虽然低一些，但在过去的 25 年间，这两个国家在信息处理这个行业上就业的人口已经翻番。因而，信息处理并非美国的就业结构所独有的特征。

日本在信息处理方面容纳的就业人口虽然不多，但日本的产品却能在世界市场上保持很高的竞争力，这说明日本在利用信息技术方面绝非等闲之辈。日本的情况说明，在信息领域提供多少就业机会是一回事，而工作和社会的信息化程度高低又是另一回事。因而，似乎可以这么说，信息处理只有当它与物质生产或商品处置相结合时才是最有效的。如果信息在调节经济和组织社会方面是一关键要素的话，并不意味着部分工作都将是信息处理方面的。那么工业化七国在迈向信息社会的过程中都集中在服务业哪些方面上呢？

生产服务

所谓生产服务就是为公司的生产力和效率提供信息服务和支持。这种服务之所以兴盛起来的一个直接原因是企业的生产越来越复杂。例如，英国在生产服务的就业从 1960 年的 5% 上升到 1990 年的 12%；美国同期则从 8% 上升到 14%；而法国则从 5% 上升到 10%。日本虽然也从 5% 上升到 10%，但这一比例却与其经济发展的速度不相称。这说明有相当一部分生产服务在日本的制造公司内部被分解了，这可以从日本产品在国际市场上的竞争力来说明。同样德国在生产服务方面的增长从 1970 年的 5% 到 1987 年的 7%，这一比例也与德国的实力不相吻合。日本和德国大概是依赖一种特有的组织结构使生产服务能在公司内部进行从而使其与生产过程更加密切。

社会服务

社会服务是后工业化社会中第二大就业领域。除日本之外，社会服务在工业化国家所占的就业比例大约是 1/5 到 1/4。社会服务的热潮始于 60 年代，是随着社会改良运动而兴起的，而不是后工业化的产物。此后（1970—1990），美国、加拿大和法国在社会服务领域内的就业增长很有限。福利国家的兴起自 20 世纪起似乎就一直是一股潮流，而社会服务的激增期亦因社会不同而各异，自 80 年代起，这股潮流有放慢的倾向。

日本是个例外，直到 1970 年，日本在社会服务的就业率还是很低。此后日本成为工业大国，而家庭支持的传统形式已经难以为继，日本这才在社会服务这一领域安排了相应的工作岗位。总起来说，社会服务的就业人口增加是所有发达国家的共同特征，但是社会服务的兴起似乎与国家和社会的关系更为直接，而与经济发展的阶段没有太大关系。

分配服务

分配服务是交通运输的结合，是所有发达国家不可或缺的一环，另外，还要加上批发和零售业，这个行当在欠发达国家中也是很发达的。随着工作的自动化、商业网络的现代化，这些低产出、劳动密集型的活动的就业率是不是也下降了呢？事实上，工业化七国在这个领域内的就业率还是相当高的，大概占到 1/5 到 1/4 的样子。可以这样说，不论将来怎样发展，在分配服务上就业的人口还是要占相当大的比例的。

个人服务

个人服务既被认为是原工业结构的残余，又被看作是社会二元化的表现，有的观察家认为社会二元化是信息社会的特征之一。到 1990 年个人服务在工业化七国的就业结构中占有相当大的比例。总的情况是个人服务自 70 年代起开始增加其在就业领域的份额。在过去的 20 年中，说到餐饮业、酒店业等与所谓"休闲社会"相关的行业的确发展迅猛。

信息社会的特征：

——农业就业逐步消失；

——制造业就业逐渐减少；

——生产服务和社会服务的就业比例上升（前者是企业服务，后者是医疗服务）；

——服务业就业工种的多样性增加；

——以管理性、专业性和技术性的工种迅速增加；

——形成以半技术性的职员和销售业工人为主导的白领无产阶级；

——零售业就业份额的相对稳定；

——职业结构的整体升级，其中越来越多的份额分配给需要较高技能和受过高等教育的岗位。但这不意味着整个社会都要在技能、教育或收入状况以及阶层上跟着升级。就业结构的升级对社会结构的影响将有赖于各机构的劳动需求与劳动力相结合的能力以及给工人与其技能相应的奖励能力上。

另外，对工业化七国的具体分析也可以看出，它们在就业和职业结构方面存有明显的差异，因而卡斯特尔斯提出了两种不同的信息社会的模型：

——"服务经济模型"，以美国、英国和加拿大为代表。其特征是自 1970 年以来，随着信息化的加速；制造业就业的比例迅速下降。由于农业就业已经消失，这一模型呈现出一种全新的就业结构，在这一结构中，各种服务活动的区分便成为其社会结构分析的关键因素。在这一模型中，相对于生产服务而言资本管理服务占支配地位，而且社会服务这一面继续扩大，其原因在于迅速崛起的健康医疗业以及（相对少一些的）教育口的就业。管理类，包括中层经理的扩大也是这一模型的特征。

——"信息—工业模型"，尤其以日本和德国为代表。在这一模型中，虽然也存在着制造业就业的份额减少，但还是保持了相当高的比例（大约占劳动力的 1/4）。这一模型在强化制造活动的同时却减少制造业的岗位。作为这一取向的部分反映，生产服务要比金融服务更为重要，而且生产服务似乎与生产公司的联系更密切。这并不意味着金融活动在日本和德国就不重要，毕竟世界十大银行中有八家属于日本。尽管这两个国家的金融服务的重要性不容忽视以及在服务业中金融服务日益增加份额，然而，这两个国家服务业增长的总量还是在为企业和社会提供服务上。日本较其他信息社会在社会服务就业率过低这一现象只是一个特例，可能是因为日本的家庭结构的关系以及公司承担了一些社会服务所致。

在这两个模型之间，法国好像是在往服务经济模型上靠，在保持可观的制造业基地的同时，积极扩大生产服务和社会服务，意大利的情况则较独特，这个国家几乎有 1/4 的就业人口是自就业（self-employment），这可能预示着第三种模型，它所强调的是一种不同的组织结构，其基础是对全球经济变化反应灵活的中小型企业网，因而也不失为一种从原工业化向原信息化过渡的一种形式。工业化七国的不同表现在于它们在全球经济中的地位。易言之，一个国家如果重点放在"服务经济"的模型上，这意味着其他国家为它起着信息—工业经济的作用。

数字化、信息化和网络化为知识社会的兴起和成长奠定了技术基础，而知识社会的发展反过来又将为"三化"营造更快发展的环境，准备更好的条件。知识社会的兴起表明了人类正在日益远离他所起源的动物界，从生物进化提升到知识进化和文化进化的过渡。可以相信，人类将由此而产生更加巨大的飞跃，创造出更加辉煌的奇迹！

原载《科普研究》1997 年第 2 期

科幻——集真善美于一身的艺术形式

袁正光

科学、艺术和信仰，作为知识形态，不断地分化，深化。但作为社会文化形态，又不断地交叉、融合，并创造出许多丰富多彩的新文化。科幻就是这个文化百花园中的一只瑰丽花朵。

人的精神世界本是"三位一体"

区别于任何生物群体的是，人类有一个广阔而丰富的精神世界，并不断地创造着人类的精神文明。人类的精神世界，始终在探索这样一些问题：事物的真相和原理？人生的意义和目的何在？人的机遇和命运？等等。这些问题原本是融为一体的，后来，作为一种知识形态被分为三个部分：科学、艺术和信仰。科学探索的是"真"，揭示事物的真相和原理；艺术探索的是"美"，为人们提供美的享受，增强人们的审美、爱美和创美能力；信仰虽然各式各样，但人类有一个总的趋势，那就是探索"善"，抑恶扬善，相信善有善报，恶有恶报，倡扬仁爱之心，以达到社会的和谐。于是，科学、艺术和信仰成为人类精神文明的产物。

人类精神文明进步的动力则是不断提高对世界（包括自然界、人类社会和人自身）的认识水平，增强人类自身的生存和发展能力，改善人类物质和精神生活的质量。显然，这是一个无限的过程。而人类的每一个现实阶段又是非常有限的。在有限的现实阶段去憧憬无限的未来，这就产生了幻想。幻想是人类精神文明的产物，幻想也是人类精神文明进步的动力。

科学、艺术和信仰在人的精神世界中往往是融为一体的，而且真中有美，有善；善中也有真，有美；同样美中也有真，有善。在人类的婴儿时期，三者笼统地以"知识"或"文化"的形式融为一体，并集中体现在同一著作或同一先哲身上。这个时期的幻想或幻想作品也是"三位一体"的，而且往往以神话的形式出现。尽管是神话，但仍然充满着对真善美的追求。在中国古典名著《西游记》中，人们喜爱的孙悟空，就是集真善美于一身，可以说是中国人美好幻想的优秀艺术形象。孙悟空的三大本领：火眼金睛，现在已经有了显微镜、X光线、CT扫描和核磁共振；腾云驾雾，一个跟斗十万八千里，现在人类甚至可以奔向太空；孙悟空的自我"复制"——拔一撮毛，吹一口气，就变成同自己一模一样的一群小猴子，今年克隆绵羊的诞生，标志着包括猴子和人在内的哺乳动物的"自我复制"已经实现。当然孙悟空的可爱之处，还在于他不因循守旧，勇敢无畏，主持正义，富于爱心。他是集真善美于一身的艺术形象。

人类在成长。"知识"和"文化"及其代表人物也在成长。知识的三个部分各自向着自己的方向深化、分化，进而出现专业化、职业化的趋势。知识最终分化为科学、艺术和宗教，等等。其代表人物也开始使用职业化的称谓：科学家、艺术家以及神父、牧师等。

科学、艺术、信仰的分化和独立，是人类精神文明的一次伟大进步，使人类从婴儿时期进入幼年时期。科学的发展进一步转化为技术。人类借助科学提高了自己的认识能力，借助技术增强了自己生存和发展的能力。人类精神世界中的幻想，也开始凭借科学和技术的力量，展开了更加丰富的甚至是异想天开的想象的翅膀。于是出现了被称之为"科幻"的艺术形式。

然而知识的三个方面于人们的精神世界之中，仍然是三者并存，融为一体的。科幻仍然是集科学（包括技术）、艺术和信仰于一身的文学艺术形式，仍然是人们对提高认识水平，增强生存能力，改善生活质量的一种美好的憧憬。

呼吁"两种文化"沟通和结合

随着时间的推移，加之教育的缺欠和职业的驱使，使得从事某一领域的专业人员，对自己所从事专业领域的知识特别强化，而在另一些领域又特别的弱化。以至出现这样的情况：需要给某些知识面很窄的人颁发如下的证书：

　　约翰斯·霍普金斯大学特此证明

　　约翰·温特沃斯·多伊

　　除了生物学以外什么都不知道

如果他对本学科以外的课题发表任何意见，请您多加留神；如果他与自己的同类人一起大谈挽救社会，挽救世界什么之类的，您就要格外小心了。

不管怎么说，他学习刻苦，已获得本学位，而且将成为一个非常有价值的公民，请善待他。

（约翰.C.伯纳姆：《美国科普发展中的缺陷》《科普研究》1997年第1期第17页）

这是人类幼年期的表现。

从科学、艺术、宗教的分化和独立时间来看，科学是个小弟弟。科学技术分为古代、近代和现代三个阶段。但是从严格的意义上讲，古代只有技术而没有科学，最多也只有一些科学的因素。现在意义上的科学诞生于16、17世纪，19世纪20年代成为社会的独立角色。19世纪70年代，科学开始规模转化为技术，转化为现实的生产力，进入现代科学技术阶段。到20世纪60年代，随着科学技术的发展，人类出现了两种文化现象（科学技术文化和艺术人文文化）。初期的科学文化以为自己可以解释或解决一切社会问题而表现出某种科学主义倾向，而人文文化，由于对新起的科学文化不了解而对科学文化不屑一顾，或把社会新产生的弊病都归之为科学技术。

1959年，被誉为STS先驱的英国知识分子斯诺（C. P. Snow）（他既是一名科学家，曾经担任英国政府的科学顾问，同时又是一位著名的作家）在一次著名的演讲中，提出"两种文化"存在着一个互不理解的鸿沟，一方由科学家组成，另一方由人文学家组成。他说，试图进行跨文化交流，恰如听一种仅知道几个单词的外语一样困难。他呼吁两种文化应加强交流与沟通。显然，两种文化的对立，既不利于人们对科学技术准确的理解，也不利于科学技术自身的发展和广泛的传播。

事实上，即使在科学文化领域也还存在自然科学与社会科学的裂痕。美国STS学者亨利.H.鲍尔（Herd. H. Bauer）指出，不同学科之间的"文化差异的确构成了一些在其他基础上难以解释的事件……比如，一位数学家就把国家科学院院士候选人在政治科学方面的研究叫作伪科学"，他说，"在理智及其多种文化的王国里，我们还处于部落主义的原始水平"，充满了对外部人的恐惧与仇视，更愿向其他部落开战，而不愿把他们当作值得进行有意义合作的同等人。

显然在科幻世界也同样出现了这种对立，硬要分一个姓"科"还是姓

149

"文"。本来凭借科学和技术的力量丰富了人类的幻想世界，但是如果因为有了科学和技术的因素，反而硬要排斥同样具有伟大力量的艺术和信仰，那么只能枯竭科幻世界，削弱人类幻想的力量。科学、艺术和信仰的融合，是科幻最肥沃的土壤。

科幻——科学、艺术和信仰融合的产物

在当今社会，没有科学和技术，将寸步难行。但同样重要的是，科学不是一切，科学不能解释一切，科学和技术不能解决一切问题。人类的精神世界，除科学外，还有艺术、信仰等。一个人的精神世界有三大支柱：科学、艺术、信仰，或者说真、善、美。科学追求的是真，给人以理性，科学需要理智；艺术追求的是美，给人以感性，艺术需要激情；信仰追求的是善，给人以悟性，信仰需要虔诚。

科学、艺术和信仰，作为知识形态，不断地分化、深化。但作为社会文化形态，又不断地交叉、融合，并创造出许多丰富多彩的新文化。科幻就是这个文化百花园中一朵瑰丽的花朵。

科幻世界是人类在有限的现实阶段，对无限的未来世界的一种憧憬，科幻是人类为提高认识水平，增强生存能力和改善生活质量的一种精神力量，科幻是集真善美于一身的、人们喜闻乐见的一种文学艺术形式。

在人类文明进程中，自然科学和社会科学并肩前进，科学精神和人文精神比翼双飞，科学、艺术和信仰相辅相成，共同完成人类对真善美的追求。科幻则是人类这种追求的一种激励，一种希望，一种憧憬。

原载《科普研究》1997 年第 4 期

科幻与跨文化交流

杨 潇

从本质上讲，科幻文化是文学艺术，是科技时代的文学艺术，是和科技发展密切相关的独特的艺术。优秀的科幻作品关心科技的发展，更关心科技发展时代的人类和社会。它描写了科技发展所引起的社会变革对人的生活和心理引起的变动。既然科幻是文学与艺术，它当然应具备文学艺术所要求的一切要素。它有别于一般文艺作品的显著特征是科幻所独具的想象力，这种想象力不同于神话、童话，而有一定的科学依据，这种依据往往是最新科技知识或最新科学假说。

科学技术文化与艺术人文文化从属于两种不同的文化范畴。目前，在中国，这两种文化都还发育得不充分、不健全。由于历史和教育的原因，科技文化和艺术文化更是泾渭分明，互不理解，甚至相互排斥。从事科技的学人心无旁骛，轻视不"解决问题"的文学，而从事文学的读书人，对科技的陌生，令人吃惊。科学文化以为自己可以解释或解决一切社会问题而表现出某种科学主义倾向，而人文文化由于对新兴的科学文化不了解而把社会所产生的弊病都归之于科技，两种文化存在着一条互不理解的鸿沟。遗憾的是目前的教育到高中就文理分科，不仅肯定而且还加大着这条鸿沟。

科学技术不仅仅是知识，它是具有价值观意义的社会过程，是出现在一定社会环境中的复杂事业。如果这样来定义科学技术，那么科普就不仅仅是传播知识，而是"公众理解科学"，提高公众的科学素养。国际上通行鉴定公众科学素养的三项标准，除了对科技知识的理解，对科学研究过程和方法的理解外，很重要的一点是对"科技对社会影响"的各种理解。

能在鸿沟上架桥吸取两种文化的精华，这就是科幻文艺。

科幻，往往就描绘了人们对未来科技社会的种种态度，或向往，或恐惧，描绘当代社会和人的生活在科技浪潮中的演变，它渗透了对"科技对社会影响"的种种理解。科幻探索并显示了科学、技术与社会的互助关系，它唤起人们热爱科学、向往科学、开阔眼界、拓展广阔的思维空间，"引爆"新发明、新创造；另一方面，它还警示出科学的局限性和技术的负效应，促进公众对科学全面认识，使社会对科技有一种制约作用。同时，近百年来科幻文化——从科幻小说到科幻影视的迅猛发展，极大地丰富了人文文化宝库。

从本质上讲，科幻文化是文学艺术，是科技时代的文学艺术，是和科技发展密切相关的独特的艺术。优秀的科幻作品关心科技的发展，更关心科技发展时代的人类和社会，它描写了科技发展所引起的社会变革对人的生活和心理引起的变动。

既然科幻是文学与艺术，它当然应具备文学艺术所要求的一切要素。它有别于一般文艺作品的显著特征是科幻所独具的想象力，这种想象力不同于神话、童话，而有一定的科学依据，这种依据往往是最新科技知识或最新科学假说。想象力是科幻的生命，实质上也是科学与创造发明的生命。近百年来的科技发展史与科幻发展史几乎密不可分。从人文意义上讲，科幻以其勇敢瑰丽、大胆、新颖，引人深思，激人探索，能引起高层次审美的愉悦。

因此，科幻是跨两种文化进行交流的良好方式，它促进科技文化和艺术文化的沟通，而且以人们乐于接受的方式显示了科学、技术和社会的互助关系。

比如美国科幻作家大卫·赫尔所著的科幻小说《天幕坠落》，它生动地描写臭氧层破坏后人们将在怎样的状态下生活。该文在我刊发表并经《读者》转载后，在中国赢得了百万读者的好评。读者纷纷来信谈读该文后他们受到的震动，谈绝不能让米兰达一家的悲剧在现实生活中上演，一定要保护好臭氧层。国家环保署在国际保护臭氧层日将《天幕坠落》一文重印并广为散发，足以见优秀的科幻小说怎样提高了公众的科学素养，促使公众理解科技对社会的影响，警示科学的负效应，从而促进科学的健康发展。

近30年来，科技发达国家兴起了跨科技文化和人文文化而进行交流的STS（Science Technology and Society）研究，近年来，我国的STS研究也开始兴起。但两者却产生于不同的背景：发达国家的STS的诞生是发端于对科技负效应的批评，而我国的STS则恰恰是为了引起人们重视科学，寻找科技落后的原因，去发掘和探索科技赖以发生和发展的社会环境及其价值观念。这两者的不同在科幻小说里也显得很充分。发达国家的科幻小说已经走过了探索热、宇航热、计算机热等激励公众献身科学的硬科幻时期，现在往往描写科技高速发展失控造成的恶果，灾难科幻、社会科幻往往是发达国家科幻的主题，而中国的科幻大都处在向往和呼唤科技的"甜蜜时代"。

《科幻世界》创刊18年来，从80年代侧重科普的"科学文艺"到80、90年代侧重文艺的"奇谈"，划出了一条曲折摇曳的轨迹。从科幻在中国的地位，从科幻发展历程的艰难都清楚地显现了这两种文化的鸿沟。80年代中国曾有沸沸扬扬的辩论，姓"科"？姓"文"？硬科幻？软科幻？至今主流文学对科幻小说仍不屑一顾，科技界对幻想的科学成分也苛求甚多。在双倍的苛求下，科幻沉重的翅膀难以起飞。

进入90年代，我们终于认识到，科幻摄取科技文化和艺术文化的精髓，促进两种文化彼此理解，相互交融，是一种跨文化交流的良好方式。科幻作品中科学的真、信仰的善、艺术的美，都给人以审美的愉悦，丰富了我们的精神生活。

历观科幻发达国家走的路程，科幻越发展，就越趋于这样的主题，科学导致人类和社会变化，而人类和社会的发展又或制约或促进科学的发展，就越趋于科学技术文化和艺术人文文化的交融。严肃的、有责任心的作家创造的科幻小说，往往比学者的STS论文更生动、更感人，更能普遍促进两种文化的相互沟通，引导未来的文明走向。

现在科技越来越改变我们的生活，因而也就改变着我们的思维和价值观，当代艺术再也不可能与当代科技老死不相往来了。当电脑大举进攻，无孔不入，冲击电影电视，侵蚀摄影绘画，你还能心如古井、屏息入静么。就算你关门闭户，专写古曲题材作品，但你的手指在键盘上敲击，目光在屏幕上移动，你的潜意识也会提醒你，进入数字化信息时代了，为当代和下一代青少年写点有时代气息的作品吧。

我们的时代呼唤科幻，有时代感的人们，关心一下跨文化交流的科学幻想吧。

原载《科普研究》1997年第4期

高速发展的科技对人类的影响

朱　梅

当高速发展的科技大潮拍击着 21 世纪的堤岸时，两股思维意识的洪流也在撞击着人类政治、经济、文化、思想、道德等方方面面。这两股洪流就是日渐增强的全球化意识和个性化意识。

全球化意识在地球上弥漫

全球化意识的日渐加强既是人类文明进步的必然趋势所致，也是人类面临的和平、理解、环境生态保护、经济一体化的现实所推动的。而现代信息技术也为这一进程尽了一臂之力，信息革命以其强大的吸附力使整个世界的政治、经济、文化等紧密地凝聚在一起，并使地球上的各个国家、各个角落、各个企业，以及个人相互之间都可能"息息相通"。在这个信息革命普及的过程中，全球化意识在地球上悄然弥漫开来，并随着信息革命的深入而愈加浓厚。我们主要从经济、科技领域的一些方面来看一下。

现代信息技术促进市场全球化已是不争的事实。信息技术使得世界经济区域和次区域内的劳动力、资本和资源能够在更大程度上流动与配置，以此获得最高的效率。发展中国家已意识到市场全球化的不可回避性，况且，由于市场日益一体化，信息技术渗透性极强，国家对一些具体的产业采取封闭的市场保护越来越困难，某项技术在国内领先一词的意义越来越黯淡。因而更多的发展中国家实行更加开放的改革措施，力图在加入全球经济发展的过程中发展本国的经济。发达国家更是站在全球制高点上，发展科技、经济。

大型跨国公司已成为世界经济的主导力量。据联合国贸发会议 1994 年 10 月的一份报告：跨国公司的产值占全球总产值的 1/3，销售额达 48000 亿美元，高于世界商品贸易总额。跨国公司占有世界工业研究成果的 80%，生产技术的 90%，国际技术转让的 3/4，对发展中国家技术贸易的 90%。世界贸易的50%是在跨国公司之间进行的。假如没有计算机、计算机软件、卫星、光学纤维等信息技术的帮助，跨国公司在全球性的经营网络中的信息沟通和管理将会无法进行。国际资金依靠各大金融市场之间电脑联网进行快速流通，为跨国公司创造了良好的金融流通环境。借助信息技术，大型跨国公司把眼光投向全世界每一个角落，在全球范围内寻找劳动力、自然资源、资本甚至知识的最佳配置和最大的市场，因而有了生产全球化。例如，美国通用汽车公司除在美国本土25个州的90个城市设有149个工厂外，还在加拿大设有13个工厂，并在北美以外的32个国家有汽车制造、装配业务。美国波音747喷气机是由8个国家的1600个大型企业、1.5万个中小型企业协作生产出来的，跨国公司中许多已属于跨国性集团，很难说清它是属于哪个国家的，说它属于国际的倒是比较确切。跨国公司在世界范围内的巨大作用之一是模糊了国家概念，增强了全球意识。

在这样的形势下，国家之间的贸易迅速发展，到1995年，国际贸易额已突破6万亿美元。在这样的形势下，任何一个国家经济发展都离不开全球经济，正如哈佛大学教授为美国经济提出的忠告："不联合就完蛋。"

在经济全球化的同时，政治全球化的趋势也在发展。第二次世界大战以后，许多国际上的重大问题，都是通过在地区以至于全球范围内协商解决，所以避免了许多战争。

全球意识的增强促使地球上不同国家、不同种族、不同地区的人们携起手来，为人类的共同发展创造一个融洽、和平、繁荣的环境。

与全球化意识相伴随而来的是个性化意识

可以从古代哲人那里找到个性化意识的渊源，比如普罗秦哥拉曾说过："人是万物的尺度"，提出了他对人的主体性地位的认识。然而，这种充满光彩的思想乐章却在历史的时空中宛若游丝般地回荡。在经历了封建专制及神学占统治地位的漫长黑夜后，文艺复兴运动掀起了个性化的思想浪潮，随后，一代又一代的思想家、哲学家、政治家又通过不断地完善和发展，把个性化的旗帜高高举起。然而，工业化社会里的芸芸众生，对这面高高飘扬的旗帜只能是高山仰止，品尝着虽心向往之、然不能至的苦涩。因为在大机器工业时代，工人们集中在工厂里，按照机器生产确定的节奏以标准化的方式劳动，他们每天按固定的时间、固定的班次工作，个性的尊严淹没在机器的轰鸣声中。

在经济发达国家，知识社会的特征越来越明显。20 世纪初，在美国从事体力工作的工人占工人总数 9/10，50 年代时仍占多数，90 年代占 1/5，并且比率还将下降，经济专家认为到 2010 年将只占 1/10。提高体力劳动者的生产率不是增长的出路，今后非体力劳动者的生产率的提高，即使知识转化为生产率的提高是增长的关键。在生产要素中，最关键的是知识而不是资本、土地、劳动力（劳动者的体力支出）。知识成为经济增长的动力，知识是人掌握的，人力资源自然也就成为经济增长的重要源泉。据美国经济学家核算，第二次世界大战以后，美经济增长不仅仅来源于劳动力和资本的投入，经济增长出现了第三个要素——科技，而且科学技术对整个经济增长的贡献在总的增长中占 2/3 以上，成为第一重要的或者说决定性的要素。科学技术成为第一生产力，这表明，经济增长的方式发生了变化，从增加投入型转到技术进步型。新的增长方式依靠技术创新提高生产率才能得以实现，而技术创新的模式经历了几代的演变，现已发展出又一新型创新模式。技术创新不再是早期的从生产到技术到科学或后来的从科学到技术到生产模式，或者说科学、技术推动型或市场拉动型，以及推动、拉动耦合型等。新的技术创新模式包括基础研究、应用开发、试验、设计、管理、营销、市场各个环节，是一个多因素集合的、并行的过程。与之相应，需要有知识的劳动者广泛的参与。劳动者创新能力的普遍提高，是国家创新能力提高的根本。一个民族的活力是由一个个具体的个人的创造力的发挥表现出来的，因而许多国家鼓励对国民创新精神的培养。创新意味着不盲从、不落俗套，创新是独特的思维，是个性化精神的表现，要使这种精神表现出来，就必须创造一个适宜的环境，我们政策中所强调的尊重知识、尊重人才实际上包含了对个性表现的肯定和支持。

我们知道日本一向靠团队精神称雄世界。最近，人们在总结日本的经验时，常津津乐道于日本的围棋精神，其最大的特点是个体无条件地服从于整体，为了整体利益牺牲个体。围棋精神的社会负面效果虽然是一目了然的，但很少被我们提及，这就是对个体利益的蔑视、对个性的束缚。在蔑视和束缚的过程中，个人的自主意识泯灭了，依着对团体的盲目服从、忠诚，凡事都循规蹈矩，毫无创见。所以我们不难明白，为什么日本在明治维新及战后以学习、吸收外来先进技术为主的经济发展中，是非常顺利、成功的，而当它成长为一流经济大国后，在开拓性的技术创新上却步履艰难，出现了创造

性危机。新的以知识创新为动力的技术进步趋势，对日本的国民性格提出了挑战。日本政府已经意识到这一点，并着手创造一个鼓励创新、尊重创新的环境，强调对开拓性人才的培养。政府的决心很大，从日本政府 1994 年科技白皮书中可见一斑。

资本主义社会以通过延长体力劳动者工作时间、增强工人劳动强度、使得工人贫困化来追求最大利润、提高生产率已渐渐成为历史，越来越多的人转向从事脑力劳动。与之相应，企业的管理思想也发生了变化。以往的管理是促使工人服从机器的役使，现代管理主要是为了激发人的创造力，而创造性的发挥是个体人格发展的高境界。一般情况下，人只有在生存的基本物质需要和精神需要得到满足后，才可能向创造性的方向发展，因而资本家或管理者必须为雇员提供较高的薪水和平等、宽容的环境。另外，这也是现代技术发展的直接结果。一方面，由于脑力劳动越来越复杂化、高级化，从事某一方面工作的人才相对于管理者来说，便是这方面的专家，管理者没有能力直接指导他该怎样做，很大程度上是由其自主决策、自主负责，管理的形式也就由金字塔向着网络化转变，企业内部管理者与被管理者之间的关系更趋平等，劳动者更有自主性。另一方面，也是最根本的原因，是由于知识成了生产要素中最关键的要素，有了知识便能吸引来资本、土地等其他要素，知识人力资源能够支配其他资源，因而拥有知识的工作者便在社会中占主导地位，他们拥有知识的优势如同以往资本家拥有资本的优势一样。作为一个有知识的人来说，他可以带着他的"资本"自由流动，他有较多的选择范围，对职业的选择中谋生的考虑因素逐渐减弱，他更多地考虑的是最大限度地发挥创造性，实现自我。决定薪水时，不仅仅是老板方面的因素，更多的是劳动者自己知道并决定自己的知识贡献的价值应该是多少。老板深知薪水买不来忠诚，因而更多地考虑提供什么样的工作条件、环境和发展机会来吸引人才，留住人才。

正是由于发现劳动者个体价值、个体自主性、个体创造性是企业的利益基础，企业才越来越关心人的利益，创造平等的环境，提供个人创造力发挥的机会。在现代经营管理思维中，人不仅仅是手段，更重要的是目的。满足个人利益和发展的同时必然会带来企业的利益和发展。

个性意识的增强体现在许多方面，上面的描述可说是管中窥豹。整个社会个性意识的普遍加强，不仅会使生产力产生持续飞跃，而且会使人类发展进入更高的境界。

与人类思维的发展相呼应，高科技使人们的生活向趋同化和个性化方向发展

现代技术使人们相互交流、接触的机会和形式越来越多，人们可以手持移动电话与地球另一端的人们交流看法，也可以通过电子邮件互致问候或进行讨论，坐飞机亲自游览世界并与当地的人们直接接触，或通过计算机国际联网查询世界各地的消费信息等。在这个过程中，人们相互感染的作用在增强，因而就有了消费趋同化现象，比如某一品牌的流行，旅游热的兴起，电子邮件成为家人、朋友联系的纽带等，共同的感受反过来又促进了人们相互之间的理解、沟通。

在趋同化的同时，人类生活也更加多姿多彩，更富于个性。

数字化信息革命推动制造业进入集成制造阶段，并使制造过程非物质化，生产车间无人化。越来越多的人从事信息工作，越来越多的人凭着一台计算机或多媒体在家里上班。1995 年，美国家庭开始步入信息时代。据美联社 1996 年 1 月 2 日报道，美国约有 1200 万人在家里上班，部分在家办公的已达 5400 万人，约占美国劳动力的 1/3，且每年都将不断增加，到 1997 年将达到 5600 万人。由此可见，社会劳动的分散化趋势日益明确。农业时代人类曾束缚于土地，工业时代人类曾束缚于工厂，而信息时代人类开始从固定的工作场所中解放出来，自主地确定合适的工作地点，甚至工作时间。随着工作方式变得自由化，我们的生活也更趋自由。

由于现代科学技术极大地提高了生产率，每个劳动力年劳动时间在不断缩小。目前我国实行周工作 5 天后，每年劳动 2040 小时，美国、日本约为 1800～1900 小时，德国、法国为 1600～1700 小时。1994 年，德国大众汽车公司做出"每周工作 4 天，工资降低 10%"的决定。《日本经济新闻》1994 年 5 月 18 日—19 日刊登日本大阪科技中心的一份研究报告称："多媒体正在震撼世界，借助多媒体每个劳动力年劳动时间可缩短到 1000 小时。"这意味着，每年除有 7 周的寒暑假、节假日外，每周工作 22.2 小时，即周工作不到 3 天，人类休息、娱乐的日子将多于工作的日子，人类生活的基调将变得轻松、愉快、闲适。在工业社会粉碎了人类的田园梦想后，现代科学技术为人类重新构筑了一个新的牧歌时代，人类将更加自主地支配自己的生活，由此更加亲近自然，亲近生活。人们有更多的时间相互接触，所以在个性化的同时，群

体意识也在发展，人们更加相互理解，相互尊重。

现代生产过程已经由单一品种、大批量、高效率向多品种、小批量、同样是高效率转化。日本松下电器公司有个自行车公司，只有 20 名雇员，1 台计算机，生产 18 个型号、1000 多种不同款式的自行车，从赛车、公路车到山地车无所不包，而且有 119 种颜色和图案，尺寸规格几乎同顾客一样多，因而它所生产的自行车对顾客来说是独一无二的。顾客购买自行车时，先到商店去量一下自己身体的尺寸，然后由商店把尺寸传送到工厂，3 分钟就绘制出顾客所要的自行车的蓝图，3 小时就生产出顾客所要的自行车。其间运用了计算机辅助设计（CAD）、计算机辅助制造（CAM）及计算机集成制造（CIM）等先进技术。世界上的大型汽车公司，已经开始利用计算机网络接受、传送订单，按照顾客的需求生产汽车，实现了一个汽车一个款式。美国的 Levi strauss 公司已经开始试验生产客户订做的女式牛仔裤，如同自行车、汽车的生产一样，每个有特别需要的牛仔裤的剪裁也是用计算机控制的机器完成的。工业社会大批量、标准化、单一品种的产品把人类丰富的审美个性欲望包裹得严严实实，现代信息技术则把它们挖掘出来，并使之得到淋漓尽致的表现和张扬。

高科技对人类生活的渗透和影响是无孔不入、无所不在的，上面所述仅是冰山一角。但可以肯定，它使人们普遍地追求幸福，并使物质的、精神的需求得到前所未有的满足。

原载《科普研究》1998 年第 2 期

外国科幻小说发展由来概览

石顺科

严肃科幻文学的发展是以科技发展为前提的，它根据科学技术的原理，采用文学的手法对未来的世界进行预期展望，历史上也确实有些东西为它所言中，如坦克车、飞机、潜水艇、卫星、空间飞行器等，人们为此而如醉如痴，津津乐道。但科幻毕竟是以幻点睛，大多数的猜想并没有实现。

科幻依托于现代科技，现代科技勃发于文艺复兴，没有文艺复兴，现代科技就不可能来得这么快，而没有现代科技，科幻小说更是无从说起。

汉语"科幻"一词是科学幻想的简称，概指科幻小说、科幻电影等文学创作，属文学艺术创作范畴。如同科学称谓一样，科幻小说一词对我们来说也是舶来品。它原产于美国，英文称为"Science Fiction"。据考证，新中国成立前我国称其为科学小说，新中国成立后，受苏联的影响，遂改名为科幻小说，沿用至今。早在 20 世纪初，我国就有人开始翻译移植国外的科幻小说，但中途多舛，一直未能发达起来。近年来国内出版界出现科幻热，外国科幻译作排峰叠浪滚滚而来，已然形成潮观。科幻小说自其发微，经过近两百年的演化，踪迹遍及全球，其影响已渗透到人们的日常生活中，常常涉及人们对世界、对未来乃至对科学技术本身的看法，作为一种颇具影响力的文化现象，我们是无法无视它的存在的。此外，科幻小说毕竟与赛先生沾亲，与科学宣传多有牵涉，并且早已形成一种文学流派，堂而皇之地在文学领域占据了一席之地，因此就更有必要认真地对待它、了解它。而要了解它，首先就应弄清它的来龙去脉，对它有个概括性的认识，这就是本文的初衷。

说到科幻，我们脑际只是一个单一的概念，然而今天当西方人提起科幻时，他们经常要加上一个 Fantasy（姑且译作奇想小说）。它确实与科幻小说有关，是 20 世纪 70 年代从科幻小说中剥离出来的一个分支。科幻小说和奇想小说虽系同宗，但各自有着完整的体系（创作内涵、品评根据等）和不同的界说。我们在引进或欣赏这类作品时，应当注意区别。这两者有什么区别呢？理论专著对二者的定义颇为复杂不甚简明；按照通俗的说法，大概可以这样解释：即科幻小说是以未来为舞台、以科学原理为准则、以技术应用为道具而进行的遐想，一般是未来有可能发生的事情，不太借重传统意义上的怪力乱神；奇想小说也是以科学原理为依据，但现代技术手段不占重要地位，时间背景是过去没有发生过的某个历史场景（叫做 alternative worlds，另一种世界；比如，假设拿破仑没有战败，希特勒打败了同盟国，世界会怎么样），多涉及荒诞的外力，如巫术和咒语，有极浓的恐怖成分。所以有人说科幻小说是在可能性中寻不可，而奇想小说则是于根本不可能中求可能。目前国外对这两类创作的解释说法不一，还没有形成完全统一的认识。

未成曲调，先弄拨弦之声，为的是使读者能从大处着眼，对当前国外科幻作品的分野有个较为明晰的概念，这将对阅读欣赏科幻作品有所裨益。

科幻作品（在此我们将上述两种创作视为一体）如同我国的武侠小说，是一种土特产，不过它是西洋的土特产，有关这个土特产的内涵特征，国外已经有了至为详尽的研究和总结，作者在此只不过是采取拿来主义的做法，总其大概，略加梳理，旨在得出一个粗泛的轮廓，以便于记识。本文以 1818 年为分界线，前一部分溯源，后一部分叙流；全篇以时序为隐线，以重要人物和重要事件为缀珠，重在表现历史流程和转折节点，不论当今的发展状况和各家风格。下面试将对科幻文学流派的形成与发展做一概要的介绍。

一

经过几十年的争论与探讨，国外对科幻作品的发端基本上达成了共识，认为它的起始点当推英国作家雪莱夫人的《弗兰肯斯坦》（*Frankenstein*，又名《现代普罗米修斯》，有汉译本），时间在 1818 年，正值工业革命和现代科技发生时期。

一种文学创作总有本源可寻，科幻小说也不例外。科幻小说最早的源头有人追至公元前 2000 余年的《吉尔伽美什史诗》（*Epic of Gilgamesh*）。这似乎已经到了尽头。溯源就从这里开始。

《吉尔伽美什史诗》是古代两河流域阿卡德人的作品，在世界文学史和文化史上有着十分重要的地位，对欧洲各民族的文学形成都产生过极大的影响。据说旧约圣经中大洪水诺亚方舟的故事即取材于这篇史诗。吉尔伽美什是半神半人式的英雄人物，他曾制服过猛兽，战胜过魔怪，在神的启示下躲过了洪水大劫难。最后他去追求长生不死的仙药，神祇怜惜自己荫蔽的子民，告诉了他取药之法，结果他却无功而返。这是一部古老的英雄史诗，反映了上古人民与自然搏斗，探求自然规律、生死奥秘的过程。在后来出现的希腊神话故事和欧洲其他国家的民间传说等故事中均可见到它的影子。大凡神话、民间传说、英雄故事都反映了人类与自然斗争的过程，反映了人类为摆脱某种束服而做的努力，表现了人类求得驾驭自身命运的愿望。希腊的荷马史诗《奥德赛》可算是此类作品中的经典。史诗中的伊塔刻国王俄底修斯在特洛伊战争结束后率部归乡，历经十年海上漂泊，遭逢各种险怪的磨难，但他凭借自己的机智和勇气顽强地与厄运做斗争，终于得以返回家园。故事中的种种险象，无疑是在向人们昭示未知世界的恐怖，告诫人们自然界中存在着各种危及人类安全的险境，但它同时也在告诉人们，人类依靠智慧和不懈的努力就有可能求得胜算。月亮是地球的伙伴，它离我们实在太近了，几乎伸手可触，有关它的传说是一支支古老的歌。公元 2 世纪生于叙利亚萨莫撒塔（Samosata）的卢奇安（Lucian）写过两篇关于月球旅行的故事，其中一篇称为《真实的历史》（*The True History*）。故事中的主人公乘船从地中海出发，后遇飓风，被升举到空中，随后演化出主人公如何到达月球之上，目睹月球人与太阳人进行的大战。作者以极丰富的想象力，描绘了上天世界中种种奇异现象。自卢奇安之后，西方登月的遐想就一直在如丝如缕地唱叹着一个美好的梦。飞向月球，在人类尚缺乏能力和手段的古代，简直就是妄想，可是就在不久以前的现在，我们已经实实在在地实现了人类这一古老的愿望。神话传说、英雄故事都带有幻想的色彩，它们记录了人类早期探索自然的活动，反映了人类征服自然、躲避灾难、冲破束缚的信念。从这一点看，科幻小说可以说是与其一脉相成的。

科学幻想小说的源头已经追溯得很久远了，但这还远不是它的全部。从近代科幻作品不难看出，科幻小说与早期的游记故事传说还有着密切的联系。14 到 16 世纪，欧洲大陆上掀起了一场彻底改变世界面貌的文化运动——文艺复兴运动，这场运动不但是一次极其深刻的思想革命，造就了欧洲近代文学艺术的繁荣，它还宣告了近代自然科学的诞生。15 世纪末，大规模的航海探险活动拉开帷幕，不久，人类便证实了地球是圆形球体猜想，世界地图的面貌从此发生了迅速的变化。此后天文学、医学、数学、物理学相继得到迅速发展。新的地理发现开阔了人们的眼界，探险者从外域带回了许多令人耳目一新的奇闻逸事，极大地刺激了人们的好奇心。有关大西洲的记载，使人们相信地球的某些地方一定还存在着未知的世界，这就是所谓的 Lost Worlds（失落的世界）。到了 17、18 世纪，许多在科学和文学领域曾作出过卓越贡献的科学家、文学家都写过有关游记题材的作品，如德国的天文学家开普勒写了《梦》（*Somnium*，1634，介绍月球旅行），英国的文学家笛福写了《鲁滨孙漂流记》（1716），斯威夫特写了《格列佛游记》（1726），挪威的路德维希·霍尔伯格（Ludwig Holberg）写了《地下世界之旅》（*A Journey to the World Underground*），法国的伏尔泰写了《米克罗梅加斯》（*Micromoges*，1752，太空旅游）。这一时期的作品已明显带有近代科学的印记，考证科幻发展史的史学家往往把这一时期出现的作品称之为早期科幻作品（Proto Science Fiction）。游记题材小说对后期科幻小说作家的影响最为显著，直到 20 世纪仍有大批的科幻作家在兴致勃勃地对失落的世界作出各种各样的猜想，他们有的钻入地下空心世界，有的潜入海底，有的窜迹于亚马孙的热带雨林、喜马拉雅山之雪谷、冰天雪地的极地，设想着一个个形态各异，一直与我们隔绝而独立存在的社会群体。游记小说本身就是一个古老的话题，是许多文学体裁共有的源头，不过科幻小说似乎对它情有独钟，一旦乘乎其上，便得以肆意扇动那自由畅想的翅膀。

　　科幻小说的另一个源头是乌托邦文学。在继承乌托邦文学的衣钵的同时，科幻创作又衍生出非乌托邦体裁，即 Disutopia。乌托邦雏形的出现可追溯到柏拉图的《理想国》（Republic），到英国的托玛斯·莫尔始对乌托邦有了较为详细的描述，这一称谓从此就以他的论著《乌托邦》定下名来。此后还有德国人托玛索·康帕内拉（Tommaso Campanella）的《太阳城》（*City of the Sun*，1623），弗朗西斯·培根的《新亚特兰蒂斯》（*The New Atlantis*，1624）等。这些原本大多是哲人们的一种政治理想，旨在探索人类社会的理想模式，但科幻小说家与此并不相悖，他们所关心的也是人类整个种族的命运。不过他们并不总是显得很乐观，所以才在他们的笔下创造出了非乌托邦式的社会。乌托邦可以说是对美好社会的一种向往，而非乌托邦则是对现实社会的一种讽刺，对未来的一种警示，告诫人们如果人类不能理智地控制自己的行为，世界就有可能会变成地狱。作为科幻小说的源头，乌托邦小说与游记小说并非是泾渭分明，不相容的，相反它们往往同时表现出这两种属性，如培根的《新亚特兰蒂斯》和康帕内拉的《太阳城》。

　　18 世纪前后现代科学伴随工业革命得到全面的发展，在历史上被誉为科学时代。与此同时文学创作进入了繁荣阶段，显露出勃勃生机。诞生于法国的启蒙运动，以其否认权威、崇尚理性思维的精神在欧洲诸国再度引起一次思想革命，对这一时期及其以后的文学创作产生了深刻的影响。一般认为科幻小说的直接来源是哥特体小说，即科幻小说是直接从哥特体小说脱胎而来的。哥特小说是 18 世纪中叶的产物，因中世纪哥特式建筑而得名，开山鼻祖是英国的沃波尔（Horace Walpole，1717—1797）。这种体裁的小说具有浪漫主义与现实主义、科学与神话相结合的特点，重在表现自然情感的宣泄，崇尚自由，不迷信权威，富含想象、神秘、恐怖的成分，故事地点多发生在布满各种机关暗道的中世纪古堡中，情节与鬼魂、谋杀等奇闻相缠结，当时曾在英国风行一时，是中产阶级用以消闲的读物。自哥特小说出现后，许多著名作家都进行过这方面的创作，如英国的狄更斯·勃朗特（Bronte）姐妹，美国的埃德加·爱伦·坡（Edgar Allan Poe）、霍桑等，直到 20 世纪仍能见到它的踪迹。

历史的脚步终于迈入 1818 年，这是极其普通的一年，一个年轻的女子做了一件极其普通的事，她发表了一本书，名字叫《弗兰肯斯坦》。160 多年过去了，一种文学流派终于发展成熟。当人们开始认真寻找它的起始点时，人们于是找到了她。

二

1973 年，英国的文学评论家布赖恩.W. 奥尔迪斯发表了（Brian W. Aldiss）《百万年的狂欢》（*The Million Year Spree*，后于 1986 年又修订再版，改名为 *The Trillion Year Spree*，《亿万年的狂欢》）一书，专门论述了科幻小说的形成及发展，力主雪莱夫人的《弗兰肯斯坦》为科幻小说之第一部，并以此为界碑划出一条分明的界限。他的观点现已为理论界所认可，俨然已成定论。然而《弗兰肯斯坦》毕竟是 19 世纪初的产物，作者根本不会意识到她是在进行新体裁小说的创作。她只不过运用了当时流行的技法和模式，进行了富有浪漫色彩的大胆想象。很显然这部小说仍旧属于哥特体。但与以往的作品不同之处是，这部小说在做浪漫畅想时，第一次引入了现代的科学原理和技术发明。在此之前的神话传说、英雄传奇、游记及乌托邦文学虽然不乏浪漫和丰富的遐想，但都不具备充分、成熟、可靠的现代科学依据，原因很简单，因为它们的出现均在现代科技产生之前。这就是说科幻小说是伴随现代科技的出现来到的，其根本特征是特定的历史原因形成的。这是值得首先明确的一点，也是科幻小说分界线的根本所在。

　　历史上许多人物生前不会想到自己会给后人带来多大的影响，会在历史上占有什么样的地位，雪莱夫人是断然不会想到的。然而当今天人们追述科幻流派的形成根源时，她已成为人们首当唱颂的仰观人杰。雪莱夫人是英国大诗人雪莱的第二位妻子，全名是玛丽·沃斯通克拉夫特·雪莱（Mary Wollstonecraft Shelly），1797 年生于英国伦敦，卒于 1851 年，出身书香世家；父亲名叫威廉·戈德温（William Godwin），是位小说家和自由哲学家；母亲名叫玛丽·沃斯通克拉夫特（Mary Wollstonecraft），是位女权运动者，生下女儿后十天即辞世。小玛丽自幼受家庭熏陶，11 岁时就写出了第一部作品。诗人雪莱与小玛丽的父亲是忘年的挚友，常有往来。1814 年小玛丽对雪莱产生爱慕之情，二人遂携手私奔，浪迹于法国、德国、瑞士和意大利之间。1816 年小玛丽与雪莱正式结为夫妇，人称雪莱夫人。1822 年雪莱溺水身亡，雪莱夫人从此一直寡居，未再婚配。雪莱夫人一生著述并不算丰厚，丈夫去世后她用了大量的时间整理了丈夫的诗集和遗作，个人的创作除《弗兰肯斯坦》外，还有几部小说和游记，一般认为《最后一个人》（The Last Man）是她最好的作品，这也是一部科幻小说。雪莱夫人写作《弗兰肯斯坦》原出于一次偶然的机会。雪莱夫妇寓居意大利时，拜伦是家中的常客。一天诸位好友在雪莱居所诵读文学作品，拜伦提议每人写一篇有关鬼怪超自然力的故事。当时生物学正处于蓬勃发展的阶段，人们对放电现象也已经有所认识。在此之前，雪莱夫人已得知伊拉兹姆斯·达尔文（Erasmus Darwin，查理斯·达尔文的祖父）关于生命规律的研究成果，认为使死人复生似乎并不是不可能的事。基于这种知识背景，作者发挥了大胆的想象，借科学家弗兰肯斯坦之手，创造出一个用不同死人尸体的肢体拼凑成的怪物，并用电击的方法赋予了它生命气息。雪莱夫人的想象至今也没有成为现实，但她却是第一个借助现代科技手段进行大胆想象的拓荒者。

　　雪莱夫人的《弗兰肯斯坦》问世后很快在社会上引起反响，这部作品后来被多次搬上舞台，拍成电影。尽管雪莱夫人的作品获得了不小的成功，但它终未能以一种文学流派迅速蔓延开来。19 世纪的文学主流是批判现实主义，文人学士受正统文学的影响，视神奇怪异小说为末流，多不肯染指。这一时期撰写科幻小说的作家虽不甚多，但也不乏响当当的人物。美国的著名诗人、小说家埃德加·爱伦·坡就是其中之一。他写下了《瓶中手稿》（*MS Foundina*

Bottle）、《皮姆历险记》（*The Narrative of Arthur Gordon Pym*）、《瓦尔德马案实》（*The Fact sin the Case of M. Valdemar*）等科幻小说，开了美国科幻小说的先河。有人认为坡才是科幻小说第一人。然而真正使科幻界骄傲的是法国人儒勒·凡尔纳。

凡尔纳 1828 年出生于法国的南特市，23 岁时发表了他的第一部科幻小说《乘气球旅行》，以后又接连不断地发表了《地心游记》、《从地球到月球》、《海底两万里》、《神秘岛》、《八十天环游地球》等数十部脍炙人口的科幻小说。他的作品已被翻译成 140 多种语言，在世界上享有的读者之多实属罕见。20 世纪初我国就有人开始将他的作品介绍给中国的读者。到目前，在我国引入的外国科幻作品中，他的小说译本最多，远在其他作家之上。中译本的凡尔纳的作品现有近 40 种，其中有的作品有若干种译本，如《海底两万里》，从 1951 年算起共有 15 种译本，先后有 14 家出版社出版发行。可见他的作品受人喜爱之深。凡尔纳被誉为科幻小说之父，他是科幻史上一颗最为闪耀的明星，科幻小说到了他的手上开始变得令人赏心悦目，使幻想和现实开始拉近距离。他在小说中曾预见过潜水艇、水下呼吸器和电视等，这些都被后来的科技发展所验证。雪莱夫人、坡和凡尔纳，他们是 19 世纪科幻发展史上三位举足轻重的人物，科幻创作在他们的笔下，经过开蒙浸润琢磨，得以文脉延拓，一代代流传下来，为后来的步尘者搭起一座可以表现无限遐思的历史舞台。

19 世纪将过，20 世纪将至，科幻小说进入了重要的历史转折期。一位继往开来式的历史人物应运而生，他就是赫伯特·乔治·威尔斯（Herbert George Wells）。

威尔斯 1866 年出生于英国肯特郡的布罗姆利，早年家境贫寒，父母靠开一家瓷器店维持生计。威尔斯天资聪颖，勤奋好学，一生笔耕不辍，著书 170 余种，涉及面极广。除科幻小说外，他写过洋洋百万言的《世界史纲》（*The Outline of History*），参加起草过《人权宣言》，后成为联合国《世界人权宣言》的蓝本；他参加过费边社，与萧伯纳共过事；他晚年从事政治活动，会晤过罗斯福和斯大林，倡导社会改革。威尔斯大学期间主修生物学，曾师从于著名生物学家托马斯·赫胥黎，这对他以后的创作生涯有着至关重要的影响。1895 年威尔斯发表了他的第一部小说《时间机器》（*The Time Machine*）。借助这部机器，威尔斯带领读者进入了数百年、数千年乃至地球末日的未来，他用进化论的观点向人们展示出一幅幅未来世界的画面。小说对人类的未来活动显露出悲观的情绪，表现出作者对当时社会的一种讥讽的态度。威尔斯的大部分优秀作品都是在 40 岁以前完成的，如《隐形人》（*The Invisible Man*）、《人类复制岛》（*The Island of Doctor Moreau*）、《大战火星人》（*The War of the Worlds*）、《月球上最早的人类》（*The First Men in the Moon*）等。威尔斯是跨世纪的人物，也是跨时代的人物，他带着维多利亚时期的科学繁荣步入了一个更加扑朔迷离、色彩缤纷的 20 世纪；他还是一个承前启后、奠定现代科幻内涵的人物，他继承了前人勇于探索的精神，紧随科学发展的步伐，运用敏锐的思维，透视现实世界，对未来作出许多可预见性的想象。这一时期他开始把科幻小说称为科学浪漫小说。

从凡尔纳到威尔斯这两座高峰之间，科幻小说的创作并不是孤寂的，恰恰相反，正是这一期间，科幻小说的创作热潮始露端倪。19 世纪中期以后，科学进入大发展阶段，技术的广泛应用提高了工业生产的效率，人们从繁忙的劳役中有了喘息的可能，空余休闲时间开始增多，阅读消遣成了人们生活的一部分，杂志因其内容丰富、灵活多变的特性而受到人们的青睐。1884 年德国人发明新的造纸法，采用木头做原料，生产出一种木质纸浆（pulp），从而将纸张的成本大大降低。由于这一技术革命，便产生出早期的纸浆杂志（pulp magazine），使得杂志消费变得极为低廉，一份杂志十个美分就能买到，登在这种杂志上的小说遂被人称为一角钱小说（dime novel）。消费的通畅和媒体的大众化把大批的科幻作家吸引过来。19 世纪末至 20 世纪上半期大多数的科幻作家都是在这种杂志上发表作品的，威尔斯的许多作品也曾在这种杂志上登出。较为知名的早期杂志有瑞典的 *Hugin*（思想），德语国家的 *Der Orehideengarten*（兰草园）和美国的 *The Argosy*（文库），*All-Story*（小说），*Cavalier*（骑士）等。但早期的纸浆杂志，还不是专门的科幻载体，科幻小说只是杂志内容的一部分。到 1926 年，专门的科幻小说杂志在美国正式出现，从此科幻小说演化成了一种文学流派，创作的重点从欧洲转到了美洲大陆。这又是一次划时代的变革，在科幻文学的发展史上树起了一块永远值得纪念的里程碑。与以往的历史成因不同，这次推动科幻文学发展的动力是以一种物质形式体现出来的。雨果·根斯巴克（Hugo Gernsback）就是启动这一推动力的第一人。

雨果·根斯巴克，1884 年出生于卢森堡，1904 年移居美国，时年 20 岁。根斯巴克酷好电器、无线电，曾卖过电池，推销过家用广播电器。1908 年他办起第一本个人杂志《现代电子学》（*Modem Electrics*），1911 到 1912 年在这

本杂志上连载发表了自己的科幻小说《拉尔夫 124C·41+》（Ralph l24C·41
+）。根斯巴克对科学幻想有着特殊的爱好，屡屡在自己的刊物上自编或发表
他人的科幻文章。经过几年的摸索和准备，他终于在 1926 年开创出一本新的
杂志，名叫《惊奇的故事》（Amazing Stories），副标题首次使用了 Scientifiction
一词。显然该词是由 scientific（科学的）一词和 fiction（幻想故事）一词拼缀
而成，所表达的意思就在词面上。这即是科幻小说的原始称谓模型。《惊奇的
故事》是第一本专门刊载科幻小说的刊物，出版后销路很好，很快给根斯巴
克带来收益。什么样的文章才叫 Scientifiction 呢？根斯巴克解释说，像凡尔
纳、威尔斯和埃德加·爱伦·坡这些人写的作品就是 Scientifiction，既新奇浪
漫，又有科学根据，还有预见性的展望。继《惊奇的故事》之后，根斯巴克
又办起了几本类似的刊物，有《惊奇故事季刊》（Atoning Stories Quarterly）、
《科学奇妙故事》（Science Wonder Stories）、《空中奇妙故事》（Air Wonder Sto-
ries）、《科学侦探月刊》（Scientific Detective Monthly）。根斯巴克本人在科幻创
作方面没有什么了不起的修为，但他所创造的科幻杂志把遍布四方的科幻作
家群集于科学幻想小说的大旗之下，为他们提供了展露才华的用武之地，结
束了他们漂泊不定、无所栖止的感觉。从此科幻小说作为一个正式的文学流
派得以形成。后人为了纪念他所作的贡献，于 1953 年以他的名字命名了科幻
小说的创作奖——雨果奖。听上去是一个多么响亮的名字，使我们想起法国
大文豪维克多·雨果。也可能正是这个缘故，该奖才使用了他的名，而没有
用他的姓。

　　1895 年到 1926 年之间出了许多有名的科幻作者，有的是我们所熟悉的，
如美国小说家杰克·伦敦和英国作家柯南·道尔（就是编写大侦探福尔摩斯
的作者），后者于 1912 年写了一本《失落的世界》（The Lost World），被后人
看作是这一题材的晚唱；有的则在科幻史上占有重要的地位，对科幻创作产
生了重要的影响，如埃德赖斯·伯勒斯（Edar rice Burroughs）、卡雷尔·恰彼
克（Karel Capeck）。伯勒斯是与威尔斯齐名的科幻先驱。两者的不同之处在
于威尔斯常常借助未来以讽今，伯勒斯则是往往遁入未来以避现实。伯勒斯
的作品光怪离奇，继他之后慢慢衍生出一支与科幻小说分庭抗礼的支脉，到
70 年代达到鼎盛，这就是我们上面提到的奇想小说。恰彼克是捷克人，1920
年他发表了剧作《罗素姆万能机器人》（R. U. R. Rossum's Universal Robots），
在欧洲获得极大成功。机器人从此成了科幻作品的骄子，成了科幻作家手中
横扫天下的不克之师，以至于到 40 年代阿西莫夫不得不对它进行约法三章

（即机器人三定律）。在捷克语中机器人原本是契约劳工（indentured labourer）的意思。随着科学技术的发展，机器人在科幻小说中有了更高级的从兄表弟，其一叫 Androids，是智能性机器人，用有机材料制成；其二是 Cyborgs，以钢筋铁骨为架，外覆以皮肉。机器人像火星人、太空飞船、星球大战一样在科幻小说中占有重要的地位，是家喻户晓尽人皆知的角色。

　　进入 20 世纪，科幻小说的发展愈加一发而不可止，纸浆杂志成了科幻小说乘坐的特快列车，一时间，群豪并至，良莠莫辨。1937 年约翰·小坎贝尔（John W. Campbell Jr.）接任《令人惊奇的故事》（*Astounding Stories*）主编，再一次对科幻小说的规范化作出贡献。首先，他上任后不久便将《令人惊奇的故事》改名为《令人惊奇的科幻小说》（*Astounding Science Fiction*），到此时科学幻想小说终于有了凿凿实实的叫法，是为科幻小说定名之始（据有人考证 Science Fiction 一词最早见于英籍散文家 William Wilson 的作品中，时间在 1851 年）。在这之前存在着各种各样的流派和称谓，颇为混杂，如奇幻旅行小说（Fantastic Voyages），乌托邦小说（Utopias），科学浪漫小说（Scientific Romances），哥特浪漫小说（Gothic Romances），未来战争小说（Future Wars），失落的世界（Lost World Tales）等；其次，坎贝尔急切地感到小说的质量需要提高，因此他极力要求他的作者在创作内容和创作风格上必须严谨，科学原理和技术发明的运用务求精到。从坎贝尔开始，一批才华横溢、光范垂照的科幻巨匠纷至沓来；从坎贝尔开始，严肃的科幻小说脱颖而出，踏上了正统文学殿堂的石级；从坎贝尔开始，科幻小说进入了历史上的黄金时代。现代科幻小说从此诞生。黄金时代一般指 1938 年到 1950 年这一段时间，以坎贝尔的《令人惊奇的科幻小说》为起始上限，已庶无异议，但其下限也有人认为应划在 1945 年。30 年代，社会上流行的杂志达数百种，专登科幻小说的只是其中的一小部分，科幻杂志在整个期刊销售中所占的市场份额不到 3%，尽管如此，竞争依然激烈。这时的科幻小说，就创作内容而言，主要畅行的是伯勒斯一派的文脉，随意的怪诞想象居多；就读者群而言，仍限于爱好者的范围之内，外界舆论仍然将其视同闾巷妄语，粗杂小技。乱世出英雄，坎贝尔就是独具慧眼的英雄，他一臂撑天，力博狂澜，踌躇满志地率先扯起了一片通向光辉彼岸的风帆。论起这一贡献，有人不禁地把他比作带领希伯来人走出埃及的摩西。坎贝尔编辑的作品以何见长呢？仅以一件趣闻为例。1944 年，坎贝尔在《令人惊奇的科幻小说》上刊载了克利夫·卡特米尔（Cleve Cartmill）的《生死界线》（*Deadline*），内中述及原子弹的研制过程。

故事刊出后，很快便招致联邦调查局军事情报人员的造访，他们前来调查这篇文章的背景，怀疑有人泄露了曼哈顿计划，因为故事中的情节与秘密计划有颇多相似之处。而实际上无论是坎贝尔还是卡特米尔在此之前根本就没听说过曼哈顿计划。一年以后，原子弹终于把广岛和长崎夷为平地。这件事使人领悟到科幻作品不完全是虚无缥缈的东西，它能言中未来。同时原子弹的巨大威力也把恐惧深深地嵌入人们的心灵深处，后期的作家常常表现出明显的反战情绪。60年代时，许多人对当时的社会现状都有一种似曾相识的感觉，原因是此情此景在40年代的科幻小说中早就有人作了预见性的展望，这不能不归功于坎贝尔和与他同时代的科幻巨擘们。科幻小说与现实贴得更近了。坎贝尔像一块磁石，把许多风华正茂的才子吸附到自己的周围；他的刊物像一所学苑，把一批批饱学之士送向开疆拓土的前缘，使他们展尽风骚数十载。从这所学苑中走出的巨人有：A. E. 冯沃格特（A. E. van Vogt）、罗伯特·海因莱因（Robert A. Heinlein）、伊萨克·阿西莫夫、西奥多·斯特金（Theodore Sturgeon）、阿瑟·克拉克（Arthure Clarke）……其中海因莱因（四次获雨果奖，1956，1960，1962，1967）、阿西莫夫（三次获雨果奖，1946，1973，1983，1946年奖系1996年追记）和克拉克（两次获雨果奖，1974，1980）被誉为现代科幻小说的三巨头。阿西莫夫和克拉克已有多种作品被介绍到我国，已是广为人知的人物。海因莱因则不然，查中国国家图书馆（前北京图书馆）书目索引，只有他写的一本《双星》（Double Stars，获1956年雨果奖）被译成汉语。海因莱因在科幻史上是一位代表性人物，詹姆斯·冈恩（James Gunn）在他所编的《科幻之路》中便是以海因莱因为开端来划分一个时代的。海因莱因的成功在于他带头冲出了杂志的封闭圈，把现代科幻小说投入了图书领域。1950年到1960年的十年间，他以图书形式共出版了22部小说。科幻小说又历经了一次物质形态的变化，平装书，精装本，选集，丛刊，直到在更晚的后来打入最佳畅销书行列，为广大的读者所接受，更为广泛地流传开来。

50年代科幻小说发生了种种变化：一是进入图书市场；二是世界科幻小说协会成立（The World Science Fiction Society），雨果奖正式设立；三是奇想类小说继续发展，特异功能、意念传感、超自然力的因素急剧膨胀；四是世界范围内的科幻创作出现：1951年，法国第一本现代科幻杂志《大猩猩王国》（Le Règne du Gorille）付梓；1955年德国第一本现代科幻杂志《乌托邦杂志》（Utopia Magazin）问世；苏联科幻界作家与西方同行建立接触关系；五是 1957 年苏联人造卫星上天，拉开了科幻史上太空时代的序幕。有人说这是科幻小说的白银时代。1960 年，金斯利·埃米斯（Lingsley Amis）在普林斯顿大学作了关于科幻小说的系列讲座，首开科幻小说进学堂的先例。1961 年，马克·希勒加斯（Mark Hillegas）和布鲁斯·福兰克林（H. Bruce Franklin）分别在科尔盖特（Colgate）学院和斯坦福大学正式开设科幻小说课程。到 70 年代末至少有 300 多所大学开了同类课程。据调查，1977 年以科幻为题的博士论文多达 412 篇。自是，科幻小说终以一种文学流派的面貌北向拾级，登堂而入室。1965 年美国科幻作家协会（Science Fiction Writersof America）成立，星云奖（Nebula Awards）正式设立。稍后，又有许多奖项出现，如克拉克奖，坎贝尔奖，Locus 奖，世界科幻小说奖等，不一而足。六七十年代，科幻文学理论有所发展，人们开始整理科幻发展的历史，探求它的本源，界定它的内涵。1975 年，世界奇想小说联会（The World Fantasy Convention）成立，开始颁发世界奇想小说奖（World Fantasy Award）。从获奖情况看，从未出现过一部作品兼得奇想奖和雨果奖的现象。80 年代以后，科幻文学已如日中天，小说发行量直线上升，它不再是一门单纯的文学流派，它已发展成一宗产业，各种以科幻为名的广告、玩具、电子游戏随处可见，巨大的经济效益已赫然在目；科幻已不再偏居一隅，它已成了一种全方位的文化现象，从书本创作到传播形式（广播、影视、绘画乃至因特网），从组织机构到奖品鼓励，从文学到产业，它已如此的庞大，几乎无处不在。难怪曾有人兴叹，今天才是科幻的黄金时代。

三

　　科幻小说起于青萍之末，育化于混沌之中，它像芦丛中的丑小鸭，灶尘下的灰姑娘，退去稚羽，洗尽烟垢之后，出挑得一副光彩照人的风韵。持自然主义观点的人，对理论界为科幻小说所下的界语或条说愤愤不平。在他们看来，飞鸟在空，花香在野，本是自然的纯滋味，实美之美所在，一旦驯化，原味尽失，哪里还有真正的科幻。异哉！

　　严肃科幻文学的发展是以科技发展为前提的，它根据科学技术的原理，采用文学的手法对未来的世界进行预期展望，历史上也确实有些东西为它所言中，如坦克、飞机、潜水艇、卫星、空间飞行器等，人们为此而如醉如痴，津津乐道。但科幻毕竟是以幻点睛，大多数的猜想并没有实现。有评论家说，

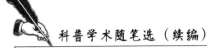

科幻往往还热衷于采用非科学的手法，如意念传感，特异功能，超自然力等，易混人视听。这大概是文学创作中的特殊现象，该当何论呢？

科幻文学虽是现代科技的伴生物，但它并没有充当十足的科学赞礼师，相反常常以科学叛逆者的形式表现出来，特别是在两次世界大战、原子弹事件之后，在60年代的环保运动以及科学进步引发的伦理道德问题出现之后。许多科幻作品中所表现的技术运用是灾难性的，科学家经常被丑化，成为邪恶势力的代表。西方人这种戒备科学的心理由来已久，是人本主义的一种映射。这与我国国民对科学的态度形成了鲜明对比，我们对这舶来的宝贝倒是始终表现了忠贞。器为心之用。器固是利器，用者行善恶，辨贤愚。大概科学与人类亦可一比。

科幻依托于现代科技，现代科技勃发于文艺复兴，没有文艺复兴，现代科技就不可能来得这么快，而没有现代科技，科幻小说更是无从说起。文艺复兴像是现代文明先驱者手中的魔杖，左挥一下，就敲响了中世纪的丧钟，右挥一下，就冒出了现代科技，再挥一下，世界就彻底变了样。当我们追昔抚今，纵览几百年来世界所发生的翻天覆地的变化时，我们或许可以再为科幻小说的成因求得一个源头，一个真正的精神源头，那就是文艺复兴运动。

夫观水者，必观于澜。科幻长河，逆亘古以为源，纳众流以为川，遇艰阻以成激澜，澜成而观现。唯有观澜始得深印象。愿所集科幻史上的几点波光堪作读者观澜之赏。俗语讲百川归海，终有尽时，千里长筵，没有不散的席。遥想我国的骚风赋体，都已成为昔日的光辉；近看西人所创的诸种文学流派，无不随岁月的迁移而更替。文学是反映时代精神的。以此为鉴，试问科幻的明天会怎样呢？这一天终会到来的。但是当我们反顾《吉尔伽美什史诗》《真实的历史》等古老作品，剔除它们历史的长衫，较以现代科幻的精髓时，我们不难发现它们都共同表现了人类骨子里的精神，探索自然，认识自然，战胜自然。这种精神伴随人类走到今天，它也必将伴随人类跨越明天，不管采取什么样的形式。求索者，路漫漫兮其修远……

原载《科普研究》1999年第5期

中国人的创造能力哪里去了

胡安邦

　　中国的中学生参加国际奥林匹克数理化竞赛，每次都取得了好成绩，拿了很多金牌，这说明中国的智慧和能力在国际上是强者。可奇怪的是中国这个 13 亿人口的泱泱大国，到如今竟然还没有出现一个诺贝尔奖得主。美国的中学生参加国际奥林匹克竞赛没有一个获得金奖，但美国的成人获得诺贝尔奖的人数却最多。这是一个值得中国政府以及每个公民深思的问题。一提起这个问题，人们往往会说，中国科学基础差，中国的经济实力不强，中国没有尖端实验设备……一大堆理由。应该承认，这些问题是主要原因，但主要原因不是根本原因，根本原因是中国人的创新意识薄弱，心理素质较差，创造能力没有得到充分发挥。

一、传统的教育观念束缚了人们的创造精神

　　中国的教育特别是高等教育，由于受根深蒂固的传统教育观念的影响，过分强调教师和教学，而忽视学生学习的主体意识和主体地位。比如"师者，传道、授业、解惑也"自古便是教育界一个颠扑不破的真理。在这种盖世真言指导下，中国的教育自古以来特别重视知识的传授和继承，举一反三、重复思维、重复操作的教育方法普遍采用，局限前人积累起来的知识和技能。而对能力特别是创造能力培养问题的重视程度则明显不足，致使创造教育在我国的教育理论和实践方面都令人遗憾地造成了许多空白。

　　传统教育思想观念，对创造教育的束缚和制约的作用是不容低估的。长期以来，死记硬背考高分和老实本分"听话"的学生则是好学生，老师和家长视为掌上明珠；思想活跃，有好奇心、逆反心、挑战性的学生得不到鼓励；经常突发奇想，但在脾气、性格和生活上有点怪癖的人往往成了不受欢迎的人，甚至被别人讥讽为"精神病"。回顾一下，我们培养的人才是什么类型的

人才？不要说全部，但有相当一部分大学生思想保守，墨守成规，按部就班，思维定势单一，知识面狭窄，缺乏创新精神，缺乏独立分析问题和解决问题的创造能力，竞争意识和应变能力均不很强，习惯于用标准化程式去解决有标准答案的问题。

二、弱者阴暗心理使强者的创造能力得不到充分发挥

在中国，对一个真正的强者来说，最让人操心、最可怕的是弱者。弱者并不是他自己想弱，而是因为条件所限强不起来。弱者并不是不想竞争，那份好强的心并不比强者少。有竞争意识按说是好事，但要看用什么心态去竞争。你比我强，我要超过你，就得加倍努力，这是具有积极意义的竞争。但这种竞争并没有形成气候，只在少数人中或在少数单位中有，而更多的则是另外一种破坏性的竞争。弱者因为弱，就产生了许多阴暗心理，嫉妒、怨恨、仇视强者，对他们来说是家常便饭，没有什么不好意思的。你比我强，我没有能力超过你，但我可以想办法把你拉下来，不求自己成功，但求他人失败。这种弱者伤害强者的心理，在中国源远流长，而且有愈演愈烈之势。这种竞争心理在国外也有，但没有中国这么强烈，这不是说中国人丑陋，也不是说外国的月亮比中国圆，而是中国这个国家太古老了，阴暗心理太重，我们想想看，哪个戏剧，哪个电影，哪个电视剧不是让人看得心疼，不是说全部，但大部分是人整人的内容，手段越来越高明，心地越来越狠毒，这样下去怎么得了。

强者在明处，弱者在暗处，弱者把强者一点一滴的毛病都记下来，作为向强者进攻的子弹，后发制人，出其不意，攻无不克，战无不胜。有一记者曾经说过一句名言："无论哪个人，我把你一生做的好事总结出来，可把你说成一个英雄、模范。但把你的错误集中起来，可以把你打成'反革命'。"

弱者对强者的仇恨常常没有直接原因，他们对强者的伤害常常不是有计划而为之，而是有意无意之间，潜意识作用，令人防不胜防。他们的攻击也常常不是正面出击，而是随手一击。在这方面阿宁先生有很深的体会，他举了一例子，很形象。他说："就像你正在拄着拐杖登泰山，他们不从正面阻拦你，而是从后面用东西勾一下你的拐杖，你都不知道为什么，就滚到山下去了。"

弱者人数多，强者人数少，弱者像汪洋大海一样，包围着强者，使你不

知如何防范。强者的失败往往不是自己的专业技术、业务能力，而是弱者的阴暗心理。

高等学府是知识分子密集的地方，是各种信息不断交汇，新的理论不断产生的知识殿堂，按说这里是出现诺贝尔奖得主最有希望的地方。但目前高校的精神状态如果没有什么转机，诺贝尔奖得主很难出现。

高校教师中的一些人，由于受中国传统的不良的思维定势和行为习惯的影响，养成了爱慕虚荣，讲究"面子"，好胜逞强，凡事都要自己为先的恶性和恶习，这种恶性和恶习在日常生活和工作中表现为一种畸形的心理需求，他们不喜欢或者看不到别人的长处和优点，由不得别人冒尖，往往采取评头品足、拨弄是非、讽刺打击、挑剔毛病等方法来排挤强者，使人随时都有受到冷枪暗箭的伤害的可能。这种局面的存在，在高校产生了恶劣后果：（1）教师中有信任危机感，存在戒备心理，你怕我抓辫子，我怕你背后搞小动作，相见如同路人；（2）压抑了教师的创造性，淹没了教师智慧的火花。思想上心灰意冷，行动上敷衍应付，不思进取，丧失了应有的责任感。

现在重大课题的突破，是要集多学科知识而才能大成的。高校的合作问题迫在眉睫，内耗太多，形不成合力，影响整体功能发挥，什么事也搞不成，更不要说搞出拿诺贝尔奖的成果。

三、缺乏心理自卫能力的强者自己扼杀了自己的创造力

弱者的进攻，往往给强者造成精神压力和心理负荷，使他们自暴自弃，丧失斗志，但如果强者心理素质高，承受能力强，百折不挠，那么弱者心理进攻的负面影响是很少的。而中国的情况恰恰是许多人（包括强者、弱者）缺乏这方面的知识和能力，心理不能独立，一味地跟别人走，跟着舆论走，跟着潮流走。过去像周瑜、林冲、寇准、阮玲玉等人，多有能力，他们不是死在敌人的刀下，而是死于自己的心理作用。现代人，更不知道有多少强者因心理负荷而死。

近些年来，越来越多的研究人员认为，智商并不是衡量人类智慧水平的唯一标准，因为一个人要想创造辉煌，要想获得成功，仅有一个聪明的头脑是不够的。智商只是创新成才的基础，能不能获得成功的关键是一个人的情商如何。所谓情商，主要是指信心、恒心、毅力、乐观、忍耐、抗挫折、合作等一系列与个人素质有关的反应程度，也即心理素质。爱因斯坦说："智力

上的成绩，依赖于性格的伟大，这一点常常超出人们的认识。"不少研究材料表明，世界上有名的科学家、企业家、社会活动家，其成功的因素中，智力因素才占 1/3，而非智力却占 2/3。有人做过调查，发现获得诺贝尔奖的科学家，其青年少年时代，绝大部分智力在同龄人中不是最好的，多在中上水平，但心理素质方面却是最优秀的。他们意志坚强，在挫折面前不退缩，百折不挠；他们不计较个人得失，全心全意为人民服务，集体主义精神强；他们富有同情心，会体谅人、理解人及爱人、助人；他们诚实，能长期取得别人的信任，长期与人合作，任何时候都能得到朋友的帮助。由此看来，中国的强者要想获得诺贝尔奖，除了有良好的外部环境之外，根本的原因是要有足够的心理自卫能力，不断地排解外部干扰，认定一个目标，锲而不舍，所向披靡，坚持数年，必有收获。

找到了丢失创造力的原因，我们就可以有针对性地采取相应措施，加强创造能力的培养：第一，彻底改变传统的教育观念，树立全民创造力教育意识；第二，开展各种有助于培养国民创造能力的活动；第三，高度重视心理素质在创造力教育中的重要地位和作用。

原载《科普研究》1999 年第 6 期

浅析人才与人才的创造性

马抗美

人才就是在一定的社会历史条件下，在认识世界和改造世界的过程中进行创造性劳动的人。具体地说，人才具有三个基本的特征：人才的历史性，人才的实践性和人才的创造性。

一、人才的历史性

人才的历史性，即人才的社会性。

人有自然属性，但更重要的是它的社会属性，是"社会关系的总和"。马克思说："人们自己创造自己的历史，但是他们不是随心所欲地创造，并不是在他们自己选定的条件下创造，而是在直接碰到的、既定的、从过去继承下来的条件下创造。"也就是说，人才是社会的人才，任何人都离不开他所生活的特定环境，离不开具体的历史条件。人才是历史现象，人才是历史概念，一个人在某个社会、某个时期是人才，在另一社会、另一时期就不一定是人才。1945 年，美籍匈牙利数学家冯·诺伊曼直接领导的研究小组，完成了世界上第一台电子计算机的设计，这是 20 世纪人类最伟大的发明创造，冯·诺伊曼无疑是天才的科学家，伟大的发明家。但是在今天如果有人完成了类似冯·诺伊曼的设计，仅依据这点他就谈不上是人才了。另一种情况是，某人在早期曾有伟大的创造，是个非凡的人才，但后来由于思想僵化、故步自封，"江郎才尽"，就不再是人才了，甚至打击人才、压制人才了。再一种情况是，一个人在某个领域是人才，在另一领域内就不一定是人才。"人无完人，金无足赤"，说的就是这个道理，在某一领域是专家，在另一领域就可能是外行。有人长于理论思维，短于动手操作，在理论物理方面是出类拔萃的人才，而在实验物理方面却无甚建树。这样的事例俯拾即是。

人才的社会性，在阶级社会中必然表现为阶级性，不同的社会制度、不同的阶级有不同的识别、培养、选拔人才的标准。

人才的社会性、历史性，也就是人才的相对性。任何人才都不是绝对的，一切社会、一切时代、一切领域、一切阶级都通用的人才是不存在的。一句话，任何人才都是一定社会历史条件下的人才。

二、人才的实践性

人才的实践性有两个方面的意义：一是指一切人才都是来自社会实践，并且服务于社会实践，为社会实践作出实际的贡献。二是指是否作出实际贡献以及贡献的大小只能由社会实践来检验；而不能由人的主观来判定。也就是说，只有在认识世界和改造世界的社会实践中，在精神生产和物质生产的社会实践中表现出来，并为社会作出实际贡献的人才能称之为人才。离开社会实践的人才是不存在的，这就是人才的实践性。或者说，人才是现实的人才，故人才的实践性又称为人才的现实性。

如果一个人具备人才的某些条件，具有人才的潜在能力，只是由于某种原因还没有在实践中表现和发挥出来，这样的人就称为潜人才。简言之，所谓潜人才就是具有人才潜能的人。他们是可能的人才，而不是现实人才。

与"潜"相对应的就是"显"，显人才就是已经在实践中表现出来为社会作出实际贡献的人才，也就是现实的人才。

一切人才的成长过程都是由潜到现、由可能到现实的过程。所谓"神童"、"超常儿童"是客观存在的，国内外的统计资料表明，智力超常的儿童有2%到3%，他（她）们都可以叫潜人才，其成长过程也是由潜至显的过程。能否由潜发展到显，成为为社会作出实际贡献的人才，关键在于后天的社会实践。古今中外的有关经验和教训是很丰富的。

科学和经验都表明，人的潜在能力是很大的，只要正常的人都具有人才的潜能，都有成才的可能性。就在这个意义上，我们可以说人人都是潜人才。问题在于潜人才怎样发展为显人才，这正是人才学所关心的课题。

总之，实践性是人才的重要特征，是识别人才和考察人才的重要标准，也是培养人才的重要手段。

三、人才的创造性

创造性是人才最本质的特征，是划清人才与非人才界限的根本标准。

1. 创造和创造力

什么叫创造？我国的《辞海》解释为：首创前所未有的东西。古人也认为，"创，始造之也"。我们认为：知识的重新组合、加工，提出新设想就是创造。创造体现了人的一种能力，即创造力，所谓创造力就是为了一定的目标重新组合原有的经验、知识提出前所未有的新设想的能力。

要准确全面地理解创造和人的创造力，除了它的定义，还必须了解创造的构成、创造的层次性、创造的多样性和创造的普遍性。

（1）创造的构成

创造是由三个因素构成的，第一，任何创造都以一定的经验、知识为基础，包括直接经验和间接经验。例如个人的生活经验、劳动经验或从书本上学的、老师传授的知识等等。这就是说，要创造首先要继承，继承是创造的基础。第二，对经验知识的重新组合、加工产生新设想。这是最重要的条件，也是最复杂的问题，怎样组合、加工旧知识，提出新设想，也就是怎样进行创造的问题，涉及大量的人的主观、客观的复杂因素。人才学家关心它，心理学家，教育学家、甚至政治家、企业家也关心它，所以，现在世界各国广泛开展创造学、发明学、创造心理学的研究。第三，新设想又必须是新颖的、有价值的。新设想的范围很广，可以是从旧知识推导、联想或想象出新的知识、新的观念，也可以是建立新的定理、公式，还可以是设计出新产品、新工艺等等。创造活动的成果必须具有新颖性，是前所未有的，否则就是重复性，而不是创造性。但是，新颖性又具有按时间、地域范围来划分的层次性。一个新设想，如果在古今中外的范围内都是前所未有的，就是最高层次的新颖性，即世界新颖性，或叫绝对新颖性。中间层次的新颖性是指地区、民族、团体或行业范围内的新颖性。例如，被人封锁、保密的某种先进技术，我们自己独立创造出来，虽然在世界范围内不是前所未有的，但在某一地区范围内还是新颖的。个体新颖性是低层次的新颖性，这种新颖性只是对创造者个人来说是前所未有的，所以又叫主观新颖性。任何设想的新颖性都与它的价值相联系，新颖的层次性往往也就是它的价值的层次性。新颖度越高，一般来说，其价值也就越大。与此相反，没有价值的设想，就无所谓新颖。

上述三个方面是构成创造不可缺少的因素，从日常生活中的小改小革到伟大的历史创造都具备这三个因素。例如，磁有两极，同性相斥，异性相吸，中学生就有这样的知识，也做过"磁悬浮现象"的实验。如果我们从书本上、在课堂中学到这些知识，而且也记住了这些知识，只是知识的传授、信息的转移，并没有创新。创新不能停留在原有知识上，更不能受它的束缚。有人根据这样的知识、经验，想象出火车运行时，车厢与铁轨脱离接触的"磁悬浮列车"，这就是对原有知识的重新组合提出新设想的创造，是对原有知识的扩展、加深，这是飞跃。这种新设想是前所未有的，有很高的新颖度，也带来巨大的经济效益，从而产生了新型的交通工具。牛顿根据苹果往地上掉，不往天上飞，水往低处流，不向高处跑；月亮绕地球转，不飞离地球等经验知识，提出"引力"这一新概念；爱因斯坦根据光速不变和惯性原理这两条基本假定，提出时间膨胀、空间缩短的新设想，创立狭义相对论；沃森和克里克合作，成功地查明了DNA（脱氧核糖核酸）的双螺旋结构模型，为基因工程的创立奠定了基础；等等。这些都是科学上的创造，而且是伟大的创造。进行这些创造性劳动的人，当然都是人才。

（2）创造的层次性

创造是有层次的，创造能力有大小，水平有高低，因而对社会的贡献及创造的价值也就不同。但不论创造的能力、水平和对社会的价值如何不同，只要有所创造、有所发现就是人才。或者说，有不同层次的创造，有不同层次的人才。

历史性的创造是最高层次的创造，具有世界新颖性，具有伟大的历史价值，有划时代的意义，甚至可以改变整个社会的理论、观念，改变科学和技术的面貌。马克思的唯物史观、齐奥尔科夫斯基的航天理论和比尔·盖茨的"微软视窗95"都属于这类创造。

一般性的创造是中间层次的创造，具有地区、行业的新颖性，具有一般的社会价值，能够带来经济效益和其他社会效益。如邯郸钢铁公司在企业管理中建立的"成本否决"制、湖南袁隆平的水稻杂交技术，以及城市、农村各方面的改革，无论是技术上、管理上、经营上、体制上的任何改革，包括生产过程中的一切小改小革都是属于这一类创造。

前面讲的都是物质生产，自然科学方面的创造，这里还要特别强调指出的是社会科学、精神生产方面的创造。在社会科学研究中提出的新思想、新理论是一种创造，善于把已有的理论、思想运用到实践中去解决实际问题也是一种创造。例如，"实践是检验真理的唯一标准"，理论本身并不是新创造，马克思、恩格斯、列宁、毛泽东早就讲过，但在粉碎"四人帮"以后，运用这种理论拨乱反正、正本清源，批判"两个凡是"，收到了极好的社会效果，也是创造性的活动。有人认为只有像马克思那样的理论上的伟大发现才是创造。还有人认为只有直接带来经济效益的物质生产才有创造，精神生产不能或者难以做出创造，甚至否认保尔·柯察金、雷锋是人才，都是不正确的。保尔·柯察金、雷锋都是人才，而且是优秀的人才，他们的创造是在精神生产过程中的创造，虽然不能直接带来可以用数字计算的经济效益，但"精神变物质"的力量是不能低估的。

社会的改造，社会制度的进步，最终将表现为物质文明和精神文明的发展。精神的产品是不能单纯用经济数字来表现的。这一点，伟大的科学家爱因斯坦的看法是极其深刻的。他在《悼念玛丽·居里》一文中强调指出，不仅要看到她在有形的物质成果方面的贡献，还要看到她的无形的精神产品，他认为居里夫人"对于时代和历史进程的意义，在其道德品质方面，也许比单纯的才智成就方面还要大。即使是后者，它们取决于品格的程度，也远超过通常所认为的那样"。

初级创造是低层次的创造。它和其他层次的创造一样，也具备创造的三个条件，也具有新颖性和价值性。这种创造形式是普遍的，又是多种多样的。学生在学习中发现新的解题方法、新的记忆方法，我们在日常生活中、工作中善于提出问题、发现问题，特别是在人们习以为常、司空见惯的时候提出问题等等都是这种形式的创造。这些创造的新颖度可能不大，但至少具有个体的新颖性。这种创造往往成为更大创造的起点。

初级的创造活动，在儿童时期表现得特别明显。他们来到这个陌生的世界，一切都感到那么新鲜，会提出许许多多的"为什么"，这种善于提出问题，发现问题，就是一种创造。这些发现，可能不是历史上第一次，不是前所未有，但对个人来说却是前所未有的。

总之，初级创造有不同于高级创造的特点，一般说来，它既无历史价值，也无直接的经济价值，它的意义在于，具有认识上的价值，让人们思考，给人们启迪，而且是一切创造活动的基础，高级的创造是它的发展和继续。人类和人类每一个个体的智力发展史都是从低级不断转化为高级创造的历史。

（3）创造的多样性和普遍性

从创造的三个层次看，给我们两点启示：第一，人类的创造是有层次的，像马克思、恩格斯、达尔文、牛顿、爱因斯坦那样的划时代的历史创造，当然不是人人都能做到的，他们都是伟大的天才。但是，创造能力是人人具有的潜在能力，是人类普遍存在的能力。人之所以区别于动物就在于能够进行生产劳动和进行抽象思维，而生产劳动、思维活动本质上是创造性的。

由于长期以来，人们对自身的创造能力和创造过程缺乏研究，加上唯心主义的偏见，人类的创造被蒙上一层神秘的面纱，创造力被视为少数天才独有的天赋能力。今天应该还事物的本来面目，创造力是人人皆有的潜在能力，具有普遍性，至于在哪个领域创造，是在认识世界过程中的创造，还是在改造世界过程中的创造，是在精神生产领域还是在物质生产领域的创造，是在这个行业还是那个行业创造，那是人类创造形式的多样性问题，而不是有无创造力的问题；至于创造能力的大小，贡献的多少，以及由此带来的社会价值如何，那是创造的层次、水平问题，而不是有无创造力的问题。如果有人没有创造，那么，正如 W·贝尼斯所说，那只是因为"有的人把它丢掉罢了"。创造并不神秘，人才也不是高不可攀，人人都可以创造，人人都可以成才。我国著名的创造教育先驱者陶行知先生在他的《创造宣言》中指出："处处是创造之地，天天是创造之时，人人是创造之人，让我们至少走两步，向着创造之路迈进吧！"

第二，人类的创造是发展的，是从低级到高级，从低层次的创造到高层次的创造发展的，人类和人类个体都是如此。也就是说，创造是可以学会的，人类和人类个体，都是从孩提时代的初级创造活动开始发展到高级的历史创造活动，这一发展过程也就是学习过程。可见人才并不神秘，进行伟大创造的天才也并不神秘，关键在于学习，而学习创造，又必须从娃娃开始，从小学开始，从学龄前儿童开始。现代教育的发展趋势是在对传统教育反思的基础上，强调发展智力，培养思维敏捷的创造型人才，提出了与传统教育相对立的"创造教育"新概念。

2. 创造性劳动和重复性劳动

从上面的论述我们已经了解到什么是创造、什么是创造力，因而也就比较容易理解什么是创造性劳动。即那些对物质生产、精神生产或社会变革方面具有开拓、创新和进步性质的劳动，可以称为创造性劳动。与之相对的非创造性劳动，则是重复性劳动。下面我们再具体分析创造性劳动和重复性劳动的区别。

首先，创造性劳动作用的客体是未知世界。任何创造性劳动的对象都是未知世界，未知的领域。如果一个人只在已知世界中徘徊，只和已知世界打交道，只会维持简单再生产，甚至简单再生产也维持不了，他所进行的劳动只能是重复性劳动。因此，人类认识的提高、知识的积累、技术的进步、社会的发展，都是人类不断地变"自在之物"为"为我之物"，变"必然王国"

为"自由王国"的结果,都是人类不断地探索未知世界的结果。

其次,创造性劳动是探索性活动。创造性劳动的对象——未知世界,是人类从未进入的殿堂。抵达神秘的殿堂,没有现成的道路,没有现成的方法,没有羊肠小径,更没有阳关大道,只能在黑暗中摸索、寻觅。这和人们根据现成的严格的逻辑规则进行三段论推理是完全不同的。认识未知世界,改造未知世界没有大前提,也许有,但要在知识的海洋中寻找,也许根本就没有,这就要发挥你的聪明才智,去发现、去创造,就像牛顿所说,像个孩子,在广阔的海滩上去寻找一个小小贝壳。"沙里淘金"、"海底捞针"就说明这种探索性活动的艰巨性。

既然是探索,就难免要失败,甚至不可避免要失败。历史上的失败者,总是多于胜利者,一个人一生的失败也总是多于胜利,即便是伟大的天才也不例外。英国物理学家开尔文说得好:"我坚持奋战 55 年……用一个词可以道出我最艰辛工作的特点,这个词就是失败。"有的科学家甚至说,一生中累累遭受失败的痛苦,只要有一次体验到成功的欢乐,就终生不忘。

其三,创造性劳动的成果是创新。创造性劳动有精神产品,也有物质产品,一切新知识、新经验、新原理、新方法、新学科都是精神产品,而由此产生的一切新技术、新设备、新工具、新材料,以及由它们转移过来的能满足人类需要的物质资料都是物质产品。总之,创造性劳动的一个共同特点就是一个"新"字。其实,能满足人类需要、推动人类文明发展的一切物质资料最初都是创造性劳动的"新产品"。我们知道,所谓物质资料无非是人工物质和自然物质。自然界本来没有汽车、飞机,这是人造物质,现在的波音飞机已经不是新产品,但是历史上第一架飞机,即便是上天几分钟就掉下来的蹩脚飞机也是创造性劳动的创造成果,甚至人学鸟飞的新思想的首次提出,也是古代创造性劳动的"精神产品"。自然物质中的煤、石油、矿石需要人们去发现、加工、利用,动、植物也需要人们去开发、利用、保护。在这个意义上可以说,人类社会的发展,人类文明的进步就在于通过创造性劳动不断创造新的成果,新的产品。

有人说,既然创造性劳动是探索性活动,失败往往多于成功,那么,失败了还是创新?还有新产品?是的,仍然是创新,有新的成果,新的产品。那就是使人们增长了知识,增加了经验,给人们提供了新的精神产品、新的思想财富。爱因斯坦说过,科学上的每条道路都可以走一走,发现一条走不通的道路,就是对科学的一大贡献。哈密顿说:"我的最重要的发现是由失败给我的启示。"

3. 两种劳动两种效率——有效与无效、高效与低效、负效

人们为了达到一定目的所从事的任何一种实践活动，都存在"效果"和"经济效果"。效果和经济效果同时存在，但不是一回事。它们之间的关系是：经济效果等于效果和劳动消耗的比较。当经济效果通过效果和劳动消耗两者"之比"的形式来体现时，该形式所表示的经济效果指标，就是经济效率指标。不言而喻，效果越大，或劳动消耗越小，经济效益就越高。

综观创造性劳动和重复性劳动，其效益也是根本不同的，存在着有效与无效，高效与低效、负效的区别。创造性劳动的效果即创造财富，主要是通过劳动的主体——人才的创造性实现的，表现在商品中即商品所凝结的劳动中创造性劳动所占的比例越来越大，经济效益也更高。这在现代高科技产品中尤为明显。据20世纪80年代的统计，以每公斤产品的出厂价格计算，如果钢筋为1，小轿车则为5，彩色电视机则为30，计算机则为1000，集成电路竟高达2000。至20世纪90年代末，信息产业崛起，美国微软公司凭借小小的WINDOWS操作系统，以其4000亿美元的市场价值，10倍于美国通用汽车公司的市场价值，充分反映出创造性劳动的高效率、知识的高价值。而以重复性劳动为主的一些传统的落后工业，如设备陈旧的纺织工业等，其产品只能带来负效。

在充分认识了人才及人才的创造性的基础上，世界各国，特别是西方一些发达国家，不仅注重现有人才的争夺和使用，而且极为重视对未来人才培养和创造力的开发。纵观当代社会，人才培养和创造力的开发越来越成为决定生产力发展速度和经济竞争力高低的关键因素，因此，对未来人才培养和创造力的开发是至关重要的。可以说，当代经济的竞争，是科学技术的竞争，而科学技术的竞争，又是教育的竞争。教育是一种对人才培养和创造力开发的投资，这种投资虽然收效比较慢，但一经发生作用，它的经济效果可以超过任何其他投资。我们应该充分认识教育在知识经济时代面临的机遇和挑战，努力为我国现代化建设培养更多的具有创新精神和创造能力的高质量人才。

原载《科普研究》2000年第4期

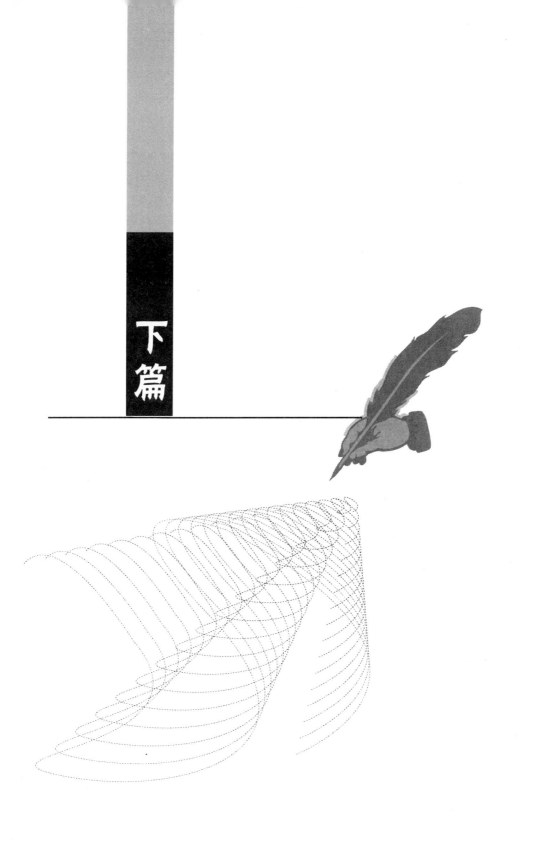

下篇

科学与魔术

刘锡印

魔术是一种历史悠久的传统艺术形式。它起源于原始文化，起源于人类的幻想，早在新石器时代，已有魔术活动的踪迹。

魔术与科学有着不解之缘。许多魔术表演是借助于自然科学的规律，加上巧妙的构思和精湛的演技，制造出似乎违反常规的假象，引起人们的好奇，激发人们揭开谜底的求知欲望。它的创作和表演过程有许多值得借鉴的经验。

如果主动地将科学技术和魔术艺术结合起来，二者必将相辅相成、互相促进。在科普教育活动中（如：科学表演、科普讲座及青少年科技教育等），有计划、有目的地将部分魔术艺术手段移植过来，无疑会有力地推动这些活动的开展。

一、魔术中的科学

魔术是一种以科学技术为依托的艺术，许多节目运用了科学原理。中国传统魔术中，从汉代的"口中吐火"到清末的"壁上取火"、"蜡烛自燃"，内容十分丰富。这些节目清楚地表明，中国古代的"幻术"（即魔术）已和科学发生联系。中国古代著名科学家张衡、马钧、葛洪、沈括、徐光启等，都对幻术有着浓厚兴趣。

在今天的舞台上，更经常采用局部燃烧、分解、化合等手段来增强魔术的神秘气氛。如在舞台上燃起几堆五颜六色的火焰；白花突然变红；红水忽而变清；或在镁粉燃烧的强烈闪光的刹那，演员腾身隐遁，都可以说是一种艺术化了的化学实验。

猜测斗智的魔术，经常采用速算。如请观众任意抽一张扑克牌，然后请他暗自把这张牌的点数乘以 2，加上 3，再乘以 5，最后再减去 25，然后请他说出答数。如果回答是 50，魔术师便脱口而出"你的牌是 6 点"。其实道理很简单。设观众所抽的牌点数为 x，其方程式应为：

$$5(2x+3)-25=50$$

魔术师只要把得数去掉 0，再加上 1，就是正确答案。

大型魔术同样需要精确的计算。有一套名为"刀柜"的节目，女演员站在一个仅能容身的小立柜里，把门关上后，魔术师把数十把钢刀一把一把插入柜内，女演员丝毫无损，而且还能从打开的柜顶被吊环吊出来。再打开柜门，里面明晃晃的钢刀密如蛛网。这一节目就是根据数学等积交换原理设计出来的。

物理学中的力学、光学和电磁学，在魔术中应用得更为广泛。魔术舞台上造成人或较大物体忽而隐去，忽而出现的离奇变化，主要运用光的反射。在舞台上不同位置安装一些方向不同的大镜子（因有幻术设计，观众不会感觉镜子存在）。随着镜子的移动和灯光的变换，可以产生许多变化效果。如：可以使立柜中的洋娃娃变成小孩或再放大变成大人，也可以使人的身体一下子缩小许多倍，还可以造成"人头鸟"、"美人鱼"、"花芯人面"等形象。

生理学、心理学甚至天文学和气象学也被魔术采用。有些节目看起来并没有多少科学原理。例如，观众眼看着一根绳子被魔术师剪成几段，然而当魔术师让观众牵着被剪断的绳子的一头把它拉出时，拉出的竟是一根完整的绳子！这类节目似乎只有技巧，没有科学。其实，技巧之中隐含着许多科学道理。由于观众事先已经知道魔术师在制造假象，所以从节目开始，就睁大眼睛盯住魔术师的一举一动，力图找出破绽，揭开谜底。魔术师要在这样一群观众面前不用任何道具表演节目而不留痕迹，必须采用虚张声势、声东击西等办法，或者利用视错觉，将观众的注意力从关键部位引开，这是一场紧张的心理战。魔术师的一颦一笑、一招一式，都是精心设计、千锤百炼的。在表演过程中，魔术师不仅要分析观众的心理，而且要利用观众的心理。

随着魔术艺术不断改革和完善，魔术越来越自觉地运用科学。

二、魔术与科学：相伴而行

中国、印度和埃及被国际魔术界公认为世界魔术的发祥地。魔术的起源可以追溯到原始社会。故弄玄虚的巫师可以说是原始的魔术师。人为制造奇迹的做法，延续了许多年代。它孕育着姹紫嫣红的魔术世界。

在历史的长河中，有一种古老的观念，认为天象和人间发生的事有对应关系。地上一个人死了，天上就会有一颗星陨落。家道兴衰，帝王命运，都可以事先从星宿的变化预测出来。因此在许多国家，观测天象为帝王关注，这为天文学积累了丰富的资料。炼丹也为古代宫廷所热衷。人们企盼长生不老，希望得到取之不尽的黄金，对永生和财富的渴望促使人们百折不回地进行各种试验，发现了许多有用的新材料和新物质，为化学的诞生奠定了基础。中国的黑火药就是在炼丹炉里产生的。在欧洲，一段相当长的时期里，人们狂热地追求永动机，结果永动机没有成功，却发现了能量守恒定律。14 世纪以后，真正意义上的近代科学在欧洲诞生了。18 世纪以后，蒸汽机的发明引起了工业革命，近代技术也开始突飞猛进地发展起来。因此，古代的巫师、术士，曾经自发地对科学的产生和发展起过促进的作用。

随着社会的进步和科学技术的发展，人们的认识水平、知识水平和思维能力不断提高，愚昧、迷信渐渐失去了市场，魔术也逐步从巫师、术士手中脱颖而出，展露出表演艺术的本来面目。它不再隐瞒自己是假的，公开声明自己是在运用智慧和技巧来制造幻觉。只有这时，魔术才彻底摆脱了功利主义的羁绊，成为真正的表演艺术。魔术表演中的迷信成分也逐步被革除。

在过去漫长的历史时期中，魔术对科学进步的关注远远超过科学对魔术的热情。科学只是在其发展的过程中，自发地、不断地创造着魔术般的奇迹。许多重要的科学发现，往往引起人类社会的巨大变革，改变人们的生产和生活方式。这种推动作用是魔术望尘莫及的。

三、科普与魔术

科学的发展离不开社会，它需要公众的理解。帮助（促进）公众理解科学的工作，在中国被称为科学普及工作，简称"科普"。

魔术的特点可以概括为新、奇、快，即：构思新颖、现象奇怪、手法神速。魔术节目的创作过程，首先是要有丰富的想象力，特别是那些在日常生活中似乎办不到的事。这种想象，通常是源于生活常识和科学知识，然而又不仅仅局限在这一范围，需要打破常规。

其次是严谨的态度。想象出来的东西未必都能实现，其中哪些通过魔术手段在技术上可以实现，哪些无法实现？魔术毕竟不是万能的。这一步取舍并不是一下子就能决定的。有时要经过很长时间的摸索、反复试验，才能得出结论。越是比较好的构思，越不易被放弃。在这一过程中，魔术师如果能和科学家一起讨论，将会节省好多时间，少走好多弯路。

道具的研制是魔术创作中的关键环节，对于一些大型魔术来说，这一过程的技术复杂性不亚于一件科学展品的研制。

魔术虽然在许多场合自觉地运用科学原理，然而由于它的行业特点，不可能将谜底当场揭穿，特别是那些新创作的节目。而科普工作的任务，则是帮助公众揭开一个个谜团。在这一点上，二者似乎是针锋相对的。

近年来，一些有远见卓识的魔术师已经深切地感到魔术与科学的共通共融，创作了许多有推广价值的科学魔术，并在青少年中主动开展了以《科学与魔术》为题的普及活动，受到热烈欢迎。

在科学中心的各种活动中借鉴魔术艺术的经验是极为有益的。

科学中心的特点在于，它是以展品的参与性和趣味性吸引观众的。因此，展品的设计和制作是十分关键的环节。如果一件展品很好地反映了某一科学原理，但没有吸引力，观众不爱看，它的教育作用就发挥不出来。一件受欢迎的好展品，往往需要很长时间才能完善起来。其中倾注了工程技术人员和美术师们的大量心血。在这一过程中，如果工程师能和魔术师一起讨论，可能双方都会有意想不到的收获。

科学中心在许多展品中不知不觉地运用了魔术手段，这些展品的特点是，使观众突然看到或感受到一种奇怪的现象，似乎违反了常规或不可思议。例如《幻象》，人们明明看到展品前方有一个汽车模型，伸出手去，却抓不着。有的《幻象》是一朵花，或一个可动的小人儿。这是一个很好的展品。它是利用凹面镜反射，使照到物体上的光形成实像。人们在生活中看到光线经过反射或折射形成虚像的情况很多，而对实像概念不很熟悉。因此，看到这个看得见却摸不着的东西，感到很惊奇。这个展品似乎只完成了一半。因为科技馆的任务不是让观众猜谜。如果在展品下方放东西的位置，不用板子封死，改用一块液晶玻璃，平时是不透明的。当观众想了解内幕时，按一下电钮，玻璃立刻变得透明，魔术就被揭穿了。后边这一改动，恰好体现了科技馆的教育功能。

再如《锥体上滚》。常识告诉人们，在地球上，所有物体只要可能，都会向位置较低的方向运动。这个锥体却一反常态，自己由低处向高处运动。按道理这是不可能的。因此，好奇心促使人们进一步去观察，以便找出一个合理的解释。如果科技馆是一个魔术师，做到这一步，就已经完成了任务。然而科技馆的目的并不是到此为止。它要引导人们透过现象去寻找事物的本质。

因此，这个展品的任务似乎也只完成了一半。如果将两条轨道设计成可由观众操作，可以改变夹角（增大、减小或平行），并且旁边再放几个形状不同的锥体和一个圆柱体，参与性会更强。人们通过自己动手，几经实验，最后会得出这样的结论：只有当两条轨道夹角为某一特定值、锥体的锥度为一特定值时，特殊现象才会发生。如用一块平面镜做为底面，观众则能根据物体与像的相对距离，判断出锥体的重心实际是在下降。后边这一改动，其意义不仅是让观众更透彻地学到知识，而在于让观众从参与中体会科学研究的方法。

展品《隐身术》可以说是科学与魔术相结合的典型。它巧妙地利用光的反射原理造成一种有趣的错觉，让观众看到一个只有活动人头、却没有身体的奇怪现象。只要观众绕到展品背后，其原理便一目了然。这样的展品不仅向观众介绍了科学知识，而且介绍了魔术节目的表现手段，对破除迷信、崇尚科学会起到潜移默化的作用。

在科技馆中有意识地开展科学魔术活动，可以培养人们的观察、推理、分析、判断和动手能力。在进行科学表演时，插入几个反映某一科学原理的小魔术，会使表演生动活泼。观众一边欣赏着变幻莫测的表演，一边与魔术师进行着一场既紧张又愉快的智力竞赛，既得到了艺术享受，又体会着科学的内在美。这是其他艺术无法给予的。

由科技馆牵头，有意识地组织青少年开展科学魔术活动，对于开发智力，增长知识，培养创造性思维和动手能力将有深远意义。

由于魔术是一种表演艺术，它对演员的素质要求是很高的。科技馆的工作人员充当魔术师，要有一个学习过程。当他们掌握了魔术的基本特点和技法后，无疑会创作出许多新的节目，对原有展品会有新的认识和改进，对于提高自身素质极有好处。

近年来，有些地方伪科学、反科学活动很猖獗，他们为了表现自己的超凡能力，常常借用魔术手段。这些与现代文明相悖的现象，日益侵蚀人们的思想，愚弄广大群众，腐蚀青少年一代。科学中心有意识地开展科学魔术活动，将有助于揭露伪科学的欺骗，引导公众用科学的思想观察问题，用科学的方法处理问题，促进公众树立正确的世界观、人生观和价值观。

魔术是艺术百花园中的一枝奇葩，一直深受百姓喜爱。当科学以同样的热情回报魔术时，必将结出丰硕的果实。

原载《科普研究》2001 年第 1 期

191

我对"科学文学"概念的一点看法

刘嘉程

从词义上看，"科学文学"与"科学文艺"的关系更密切些，可以被包含在这个总概念下，而把重点落在了"文学"上。科学文艺不仅包括文学，因为文艺的形式众多，文学只是其中一类。

作为一个只有六年编龄的年轻编辑，我是读着在座的几位专家的科普作品长大的。我在这里，只是以一个从小就对科普抱有浓厚的兴趣，工作后又有机会编辑了几本科普书的年轻人的身份，谈谈自己的一些想法。另外，作为一名科普编辑，我原来准备以位梦华先生的系列作品为例谈一下对"科学文学"的概念和内涵的认识。这个题目稍微有点儿大，如果以作品为例的话，可以谈得实在一点儿。因为今天许多发言者都谈了位先生的作品，所以我这里仅就我的理解谈点感想。

关于"科学文学"的概念，实际上可以说在我们现在的科普界，还有整个公众的理解中是有一些混乱的。

什么是"科学文学"？

其实，这是一个已经不大为人使用的概念了。我们经常用的概念是"科普文学"，以前也用过"科学文艺"的概念。前者意义非常明确，科普者，以普及科学（包括科学知识、方法、精神、思想等内容）为其目的的文学作品。后者"科学文艺"则不仅限于文学样式，其宽泛的程度几乎可以把其他许多文艺形式包含在内；但同时，此概念又偏重于"文艺"，所以更强调的是"文艺性"，而把"科学"置于一种限制词的地位，限制的是"文艺"的内容和表达方法。从词义上看，"科学文学"与"科学文艺"的关系更密切些，可以被包含在这个总概念下，而把重点落在了"文学"上。科学文艺不仅包括文学，因为文艺的形式众多，文学只是其中一类。我记得70年代末的时候出现一些科普相声，甚至有科普快板，还有科普剧，形式丰富多彩。而"科普文学"的概念，则因为过于强调"文学"的科普实用目的，使得其名下的作品样式过于繁杂，渐渐失去了"文学"作品的独立性，所以不宜与"科学文学"画等号。"科普"一词从它的产生起就被赋予了很强的实用目的。现在这个词用得很宽泛，大家知道，有时候电视里面经常介绍一些科普下乡活动，那些科技工作者到农村发放的科普图书，都是诸如养猪种菜之类的实用科技书籍，这种书其实与"科普文学"已经相差很远了。

科学与文学在中国的结缘，应该是在近代小说出现的时候。清末时已有"科学小说"的名称出现。① 至于这是不是"科学小说"概念的最早出现，还不能肯定。但可以肯定的是，随着清末民初大量留学生的出现，西方现代小说被逐步引入的同时，"科学小说"就已经作为小说的一个种类被引入中国了。我一直认为："科学文学"首先是文学，所以在这个大类下的细分应该遵从文学的分类依据。既然是文学，就会有小说、戏剧、散文、诗歌等的相应形式，这些形式在我国的科学文学发展史上也都曾经出现过。其中有些文学形式因为深受读者欢迎，曾风行一时，比如科学小品、科幻小说、科学诗等。近十年来，科学文学的发展又有了新的变化，比如，科学传记的大量出现，科考探险类纪实文学的风行一时、科学思想类的散文逐渐增多等。视野愈加开阔，形式趋于多样化，思想更加开放与深刻，这都是令人振奋的现象。

我想可以试着把"科普文学"并入到科普作品的大概念中去，而把"科学文学"归入文学一类。一类以功用分类，一类以表现形式分类。现在通用的"科普文学"的概念比"科学文学"要宽泛得多，但太宽泛了就失去了其独立存在的意义。我们这次研讨会叫作"科学文学讨论会"，大概也是有意把这个概念限窄一点儿吧。"科学文学"的概念是从形式方面来做界定的，而既然以"科学"作为对"文学"内容及所表现的思想内涵的限定词，必然有其特定的内容与内涵。我想就以位先生的作品来做些分析。

我跟位先生有一点儿缘分，1997年跟他认识，作为责编经手了一本《北极日记》，1999年出版。后来又作为编辑处理了他的一本《南北极探险史话》。一本属于科学纪实文学，另一本可以应该是属于科学故事类的图书，当然也属于科学文学。位梦华先生出的书非常多，从给少儿到给成年人的都有。位先生得天独厚的一点在哪儿呢？那就是他经历的独特性。他的书基本以纪

---

① 侠人《小说丛话》："西洋小说尚有一特色，则科学小说是也。"此文载于《新小说》第十三号。（转引自于润琦"清末民初小说书系"代序《我国清末民初的短篇小说》）

实为主，以去南北极的几次经历为基础。但是近期出版的《从北极到夏威夷》却给我一个惊喜。这本书我也是半年前才看到的，里面的虚构性占了很大一部分。当时给我的第一印象是，位先生终于也写这样的作品了！我跟位先生关系比较密切，曾经讨论过有关"科学文学"的问题。他曾说："我以前写的东西都是纪实性的，能不能用更加文学性的笔触来写我所知道的东西。"我当时觉得这个想法很好，也希望他能够努力写出这样的作品。为什么这么说呢？因为"科学文学"的作品，尤其是科学家们写的东西，以位梦华为例，主要是以事实为依据写自己的经历与体会，书里面对情感类或者思想类的东西加入都不多。这点可以注意一下位先生《从北极到夏威夷》以前的作品，基本上都是这样的。吴岩教授曾谈到，位梦华教授的作品比较克制，作为作者他很少加入自己私人化的东西，从文学的角度看就是主观渲染很少。而在《从北极到夏威夷》这部书中，已加入了许多虚构的成分，写成了接近小说的形式。我现在很难来确定说这本书应该称作什么，但肯定不能叫科学纪实文学了，但是叫科学小说好像又不太成熟，我想它已经是在向科学小说走了一大步了。

谈到对位梦华先生作品的评价，那当然是一部比一部更好看了。这个好看的具体变化在于：内容增加并不很多，但是写法变化很大，还有心灵体会更丰富深刻了。增加了什么内容？一个是在细节的构筑上下了很大的工夫，另外一点是渐渐把自己思考中和想象中的一些东西，也就是把他作为一个科学工作者的所思所想写出来了。我编辑《北极日记》的时候跟位先生开玩笑说，这么惊险的场面，我怎么很少看到你自己的情感表达呀？他说自己是一个不大爱表达的人。后来的书他才慢慢把自己的所思所想融入文字中去。这正是文学核心所在。什么是文学？文学是人的文学，表现的当然是人的所经所感、所思、所想。位先生的所思所想是什么？在探索北极的过程中，在与北极因纽特人的交往中想的是什么？——人与自然界的关系。现在是什么状况？应该是什么状况？我们应该为此做些什么实际工作？他想的是这个事情。近一两年他的作品开始向这方面倾斜，比如说像《从宇宙到生命》这部作品，还有他的《伟大的猎手》，这些都是从纪实文学转向了科学随笔、科学札记的形式。这两部作品更偏重思想性，把自己思考的东西更直接地反映出来了。我看到位先生作品的发展趋势，就感悟出了"科学文学"的写法问题。我同时也关注过出版界近几年的探险纪实文学出版。我可以说其中大部分的科学性都不是很强。这可能是因为作者的原因，因为许多人并不是科学家，他们是以探险者的角度去写他们的经历。有些书写得很精彩，很吸引人，但精彩的部分往往是探险的那部分，而非其中的科学内容。真正由科学家，由科学考察者写的东西反倒不是很多，即便写了，情节上也不是很生动，不太吸引人。包括位先生的前几部作品，内容变化不大，在有关科学内容的表达上也存在单一化、平面化的缺陷。这些科学探险类图书的出版往往会影响公众对科学文学的理解。如果不能用吸引人的、具有真正科学内涵的"科学文学"作品去占领市场，读者对"科学文学"的认识就不会建立起来。位先生这几年的探索是十分可敬的。他既能够把科学探险的过程记录下来，又能把他作为科学家，作为一个一线科学工作者与常人不同的思考写进来，而且尝试为不同年龄、不同层次的读者提供不同形式的作品。这是值得具有科学背景又有意从事"科学文学"创作的人应该学习的，也应该是"科学文学"创作发展的一个趋势。

　　我对"科学文学"只能做上述一种感性的描述。因为从小很喜欢科普作品，我想从我的实际经历中简要谈一谈对科普作品的感受和对现在科普出版现象的想法。现在的科普创作及出版还谈不上繁荣，出的东西真是很多，但高水平的太少。这是什么原因呢？我小时候看科普书最多的时候应该是小学三年级以后，那时候给我印象最深的几种科普作品一个是杂志，当时有一个《少年科学画报》，装帧非常漂亮，上面介绍了很多植物、动物的有关知识，我一直觉得那是本特别好的画报。而且确实引起了我对自然界的极大兴趣。另外还有两本书，一本属于科普知识类，叫《一百个科学家的故事》，我记得主要是讲外国科学家。那本书给我的印象非常深，介绍了很多科学家的故事，故事短小精悍，但都很有针对性。比如写科学家艰苦从事科学研究多年，在很意外的情况下有了发现，而这些科学家正是抓住了这个机遇，从而取得了成就。还有一套书就是叶永烈当时的科幻系列，那个时候科幻小说在少年儿童中很盛行，其中许多想象大多没有什么科学的确切依据，但都很吸引少年儿童。叶永烈的小说吸引了当时大多数的少年儿童，使我们对未来的科学与生活有了美好的憧憬。现在过了20年，想一想当时那些小说中是什么使你兴奋？不光是离奇精彩的故事情节，还有科学与未来展现出的充满魅力的景象，也有科学精神的传达。比如写一个科学家，被人利用，其研究是把探测器做得越小越好。这个当然从现在看，也还没有完全出现那样智能化的东西。但是那个时候从我的感觉来说，科学竟可以这么发达，令人吃惊。但更令人吃惊的是，从故事里面看到，有的人利用科学做的却是不道德的事情。探测器的研制者是一个科学家，这个科学家并不知道制造东西的真正用途，他是想把这个造得越小越好去帮助医学研究。而他的雇主的目的却是用于间谍活动。从中你可以知道，科学用好了它可以造福人类，用坏了则会给大家造成危害。

我当时记住的并不是科学知识，而是产生了对科学的渴望，并从中体会到了科学与人的关系，还有对社会、对身边事情的一些很浅显的好恶认识。我想，这就是科幻小说对我的最好的启迪作用。中学时候我还很爱看科幻小说，大学以后到现在，除了研究需要，我基本不看国内的科幻小说，因为水平太低，科学性不显著，文学性更差，优秀的科幻小说可以说是非常少。顺带地谈到了有关科幻小说的话题，应该怎么给这种小说定位？到底它的社会影响是好是坏？我觉得不在于有哪部小说怎么样，而在于怎么去引导这种文体整个的创作与研究。现在的科幻小说都叫这个名字，可大部分属于以虚构为主的幻想小说，其中有的把科学作为背景，有的只是作为道具而已。这种小说不能作为科普作品，我们科普工作者是不能用它来传播科普知识的，而应该放在小说中进行考察。真正的科幻小说从其发展史上来看，也从未真正承担过此种任务。所以我觉得应该在小说的大类中，把"幻想小说"与"科幻小说"严格分开，才更便于我们理解科幻小说。这只是我对科幻小说的一点想法。

原载《科普研究》2002 年第 5 期

引进文学手法　创立科普美学

焦国力

科普创作引进文学手法，就要求科普作家和作者要具备一定的文学修养，要学习一些文学技巧。首先，科普文章要有一定的情节，这里说的情节当然不可能是小说里那样曲折、复杂的情节。科普文章的情节应该是为普及某一科学知识而设置的故事和安排的情节，这种情节完全是为普及知识服务的。

"你看过《飞鱼，飞鱼》那篇短文吗？那是一篇绝妙的科普文章，把'飞鱼'导弹写活了。"科普界的一位老先生这样对我说。《飞鱼，飞鱼》是作家刘亚洲的一篇很有名的报告文学《这就是马尔维纳斯》中描写阿根廷飞机用"飞鱼"导弹击中英国军舰的那个章节。据这位老先生说，还准备把这篇短文收入《国防科普佳作选》一书中。我佩服这位老先生的眼力，的确，无论从哪个角度看，这篇报告文学写得都很精彩。我更佩服这位老先生的胆量，他敢于把文学作品"引进"到科普作品中来，这样做，没有胆量万万办不到的。

近一个时期以来，有不少科普作品只注重科学性，忽视文学性，甚至有些人以"知识容量小"为理由，排斥文学性强的科普作品。以至于科普创作的路子越走越窄，科普作品的读者日渐减少，科普作品的作者有的改弦更张，有的弃文经商。科普创作走进了低谷期。这其中的原因固然有社会上大气候的影响，但与我们的作品路子窄，科普不能引人入胜不无关系。

前些年，科幻界有"科幻作品应该姓科还是应该姓文"的争论。在科普创作中虽然没有听到这样公开的争论，但在创作实践上却有着很大的差异。有些科普作品只注重介绍某一科学技术或科技成果的原理、构造、性能，而忽视文章的文学色彩。有的读者说：读这样的文章，"像是在看产品说明书和教科书"，这是"科普文章的八股腔"。因此，科普作品失去了不少读者。总之，一句话：科普创作缺少突破性的作品。

科普创作的突破口在哪里？我认为：科普创作的出路在于——引进文学
手法，创立科普美学。

引进文学手法，科普创作才有活力

这里借用"引进"这个词，是想说明科普创作，要像引进吸收外资那样，
吸收文学创作的成功经验，改革我们的科普创作。文学，在几千年人类文明
史的发展中，显示了强大的生命力，人民创造了文学。我国是一个文学的大
国，有许多成功的创作经验，从上古流传下来的神话故事如《山海经》、《淮
南子》等古籍，到明清的戏剧、曲词，从近代的新文化运动到当代的小说创
作，在这浩若烟海的文学长河里，有多少经验可借鉴，有多少手法可学习呀。
假若回顾一下近些年来我们的科普创作，到底借鉴了多少，吸收了多少呢？
答案是会使人遗憾的。我绝不否认，在科普创作的大潮中，出现了许许多多
脍炙人口的作品，就是在近几年的科普创作中，也出现了许多手法新颖、充
满活力的好作品。但是从总体来看，科普创作的情况，距离科学普及任务的
要求，还有很大差距。

科普创作引进文学手法，就要求科普作家和作者要具备一定的文学修养，
要学习一些文学技巧。首先，科普文章要有一定的情节，这里说的情节当然
不可能是小说里那样曲折、复杂的情节。科普文章的情节应该是为普及某一
科学知识而设置的故事和安排的情节，这种情节完全是为普及知识服务的。
没有一点以情节的科普文章无异于产品说明书。科普文章应该以情节带动知
识，以情节的发展自然而然地引出要普及的知识来。

我们知道，文学作品中的人物都是在情节的发展中塑造完成的。武松这
个人物是在景阳冈打虎中表现了他大智大勇的英武形象，完成了"打虎英雄"
的塑造。如果没有景阳冈打虎的情节，武松的英武形象就不会如此鲜明。同
样，介绍飞鱼导弹，如果不把它放进英阿马岛之战这场冲突中来描写，也不
会有那么多的读者了解飞鱼的威力，人们也不会知道，"空对舰导弹已问世多
年，但这枚'飞鱼'却是海战中发射的第一枚导弹。自然，谢菲尔德号是导
弹的第一个牺牲者。"如果你读了刘亚洲的这段文章，你就会发现，情节是多
么的重要，多么不容忽视呀！

科普文章要有精巧的结构。一般来说，科普文章的篇幅都不可能很长，
这就要求作者讲究一点布局谋篇，在精巧上出文章，在结构上吸引读者。如

果科普文章都是那种"三段式"的结构，给人以"千人一面"的感觉，就很难吸引读者。结构是科普作家对题材进行全面调度和把知识加以深化的一种艺术反映，每个科普作家都应不断探求更适合反映和表现科技知识的文章结构。

小说创作中有"总体结构"说，在动笔之前，总要有个大致的设计。我国古典小说大多采用"章回体结构"，而现代小说常有时空倒错的结构。科普作品的结构力求"精"，力求"巧"，力求"绝"。

我在创作《导弹世家》系列科普作品时，采用了电影剧本的结构形式，作品刊出后，有的读者写信给我，说：用电影剧本的结构形式普及科学知识，新颖，吸引人。有的刊物根据这种电影剧本的结构，绘制了连环画，收到了较好的效果。尽管这种形式并非无懈可击，但是它给了我很大的启发，我认识到结构的重要性。

科普文章还要注意语言的锤炼，也就是要注意语言的美。科普文章语言的好坏，直接影响知识的普及，如果那种教科书式的语言充斥科普文章，那么科普作品的读者毋宁去看教科书。文学是语言艺术，语言美是文学作品成功的重要因素之一。因此，文学的语言应该成为科普文章"引进"的主要部分。

文学作品强调语言的准确性，语言的表现力、语言的容量和喜剧色彩。所有这些都是科普作品所不可缺少的。读刘亚洲的《飞鱼，飞鱼》你就会感到，他的语言明快、流畅有节奏感，很有艺术感染力。

这样说来，情节、结构和语言应该成为科普文章引进的"三要素"。

科普需要美学，用以指导创作

什么样的文章才算科普文章，在科普界似乎并没有一个明确的结论。从科普文章的内容和写法上来看，我觉得科普创作可以分为两大类，一类文章是专门写给某个行业的专业人员阅读的。比如，苏联有一本书《高效率砌砖法》，这是一本专门写给建筑工人看的书，而且并不是所有的建筑工人都适合看，只有建筑工人中的瓦工才适合阅读。据说，这本书在当时的苏联和我国的建筑业中都产生过积极的影响。笔者曾看到一本类似的书，这本书只是平铺直叙地介绍砌砖工种的创新操作法。也许有人要问：这样的书能叫科普作品吗？回答是肯定的，因为这本书在推广新的技术、新的方法，对于瓦工来说，确实是在普及知识。一般说来，这样的科普作品并不需要什么情节，也没有人物，语言也无需多么美，只要把砌砖的方法交代清楚，工人能看懂就行了，至于能否吸引其他读者来阅读这种介绍砌砖方法的书，那是无关紧要的事情。为了便于区别，我们不妨把这样的科普作品称为"硬科普"或者叫"专业科普"。还有一类科普作品，它的读者面相当广，它不是专门给某一个行业的人员阅读的。高士其的作品《细菌与人》、《菌儿自传》并不是专门写给医务人员看的，它吸引了许许多多不同行业的读者。如果把刘亚洲写的"飞鱼，飞鱼"也算作科普作品的话，那么它的读者绝不仅仅限于海军舰艇上的导弹发射手。写这样的科普文章，就需要有一定的情节，要讲究一点文章的结构，还要注意语言的明快、流畅，也就是要注意语言的美感。因为，你要吸引各行各业的人员都来读你的科普文章，那么，文章就要有一定的艺术感染力，否则就不会吸引读者。我们把这样的科普文章叫做"软科普"或者叫做"大众科普"。

科普美学，就是研究科普创作特别是研究"软科普"创作的一门科学。

我们知道，美学就是艺术的哲学。美学，从艺术门类上分，可以分为音乐美学、绘画美学、小说美学、戏剧美学、电影美学……等不同的分支，提出科普美学就是为了有别于其他艺术门类的美学。科普美学就是科普创作艺术的哲学。科普文章要按照美学的规律进行创作，科普创作就是要艺术地普及科学知识、科技成果和科学技术，艺术地预测未来的科技发展。科普美学是从哲学、心理学、社会学的角度来研究科普作品的艺术本质，分析科普作品在创作和欣赏中的各种因素和诸种矛盾，找出其中规律性的东西来，用以提高科普作家的创作水平和读者的审美能力。

科学技术发展的实践是科普美学的基础。我国科学技术的发展源远流长，为科普美学的创立打下了坚实的基础。

科普美学包括哪些内容呢？科普美学要研究的范围是什么？这是一篇很大的文章，这里只能提纲挈领地谈点意见。

1. 夸张与虚构

科普美学要求科普作家调动一切可以利用的文学手段，为普及科学知识和科学地预测未来服务。科普作家应该认真地研究一点文学，大胆地"引进"文学手段，要像文学作品中塑造典型人物那样，来"塑造"要普及的科学技术和知识。

我们在要求科普作品所普及的知识的准确性的前提下，允许科普作品的夸张与虚构。虚构是文学最常用的手法之一，任何一篇小说，都不同程度地包含着虚构的成分。科普作品中的人物、情节同样也都是可以虚构的。比如，我在创作《隐秘的较量》（此文获 1989 年全国国防现代化征文一等奖）一文时，就虚构了飞行员等人物，文中的所有情节几乎都是虚构的。虚构的人物与情节，都是为了吸引读者去阅读你的文章。虚构并不等于虚假，源于生活的虚构，读者是会接受的。这就是鲁迅说的：不必是曾经发生过的事实，但必须是可能发生的事情（大意）。当然，我们说科普作品允许虚构一些情节，并不是说科普作品一定要有虚构的情节。总之，文学作品创作的一切手段，只要能够为普及知识服务，我们都应该"引进"。

2. 艺术价值与艺术流派

科普美学要研究如何创造科普作品的艺术意境。科普作品除了有科学价值外，还应该具备艺术价值，不具备艺术价值的科普文章，其生命力是不会持久的。这里说的艺术价值首先是科普作品要有一定的社会内涵，要寓意深刻，有一定的主题思想，当然，我们不能要求科普作品也像文学作品那样，有深刻的催人猛醒的鲜明主题。一篇好的科普文章，读者不但能从中学到知识，也应该从中受到某种思想的启迪和警策作用。其次，科普作品在创作手法上要有一定的新意，那种"八股"式的文章，那种教科书式的语言，那种千篇一律的结构，是不会有生命力的。

我国的文学创作，产生过许多很有特色的流派，比如"荷花淀派"、"山药蛋派"等。这些文学流派所产生的作品有很高的艺术价值和艺术特色。我们的科普创作为什么就不能形成某种"流派"呢？我想，只要大家努力，科普创作的"流派"是会诞生的。

3. 熟悉生活与创作禁区

科普美学要求科普作家要有广阔的知识面和丰富的生活阅历。科普作家对所普及的知识的领域要十分熟悉。普及医疗卫生知识，就要对医疗卫生系统非常熟悉，普及国防知识，就要对军队、对战争有所了解，还要熟悉部队的生活。小说家在写反映某一领域生活和作品时，常常先要深入某个领域去生活一段。科普作家在写作科普作品时，同样应该深入其中，这样写出来的作品才会有生命力。一般说来，科普作家都有一块自己比较熟悉的领域，那么，是不是其他的领域你就不能去涉猎呢？不。我认为，作为一个科普作家，应该任何领域都可以去驰骋，科普作家应该是多面手，在科普作家面前无"禁区"。当然，这并不是说，科普作家要离开自己所熟悉的领域而去写自己所不熟悉的东西。我是说，在有的科学领域里，在有的学科里，还没有这方面的科普人才，或者说还没有这方面的科普力量，那么，我们的科普作家就应该去那里熟悉生活，创作出这门学科为群众喜闻乐见的好作品。我曾听到一些杂志的编辑抱怨，某个学科的科学家们写出来的科普文章不通俗，学术味太浓，像是专业论文，可是在这门学科里一时又找不到合适的作者，就只好在原文的基础上略微加工一下，所以，科普杂志很容易走到"学术化"、"论文化"的道路上去。熟悉生活的问题看上去并不是一个美学问题，但是，这与科普美学提出的科普作家要有广博的知识的要求是一致的。

4. 感情色彩与感动自己

感情是人类特有的精神生活。科普作家不是照相机，科普文章也不是给某种知识拍摄的"照片"。科普作品的产生是科普作家对现代科技、对现实生活进行的一种"再创造"，科普作品不可避免地带着科普作家的感情色彩，这就要求科普作家具有良好的审美意识。我国老一辈科普作家高士其先生创作的《细菌与人》等作品，感情色彩浓厚，他写这些作品的目的，一方面是向读者普及知识，一方面是唤起民众，保卫祖国，保卫民族，同时它也像匕首一样，刺向敌人的心脏，给国民党当局和日本侵略者以有力的揭露、打击和嘲讽。高士其先生的科普作品中的感情色彩是十分强烈的。

感情是多方面的，喜、怒、哀、乐皆可入文章，只有带着感情色彩去进行创作，写出的文章才能够影响读者，才能使读者产生共鸣，也才能感动读者。小说家不是常说："要想感动读者，首先要感动自己"吗？科普创作也是同样的道理。

5. 读者心理与乐而多趣

科普作家应该了解不同读者的阅读心理，时刻想到"读者是我们的上帝"。科普美学要求每一个科普作家在创作科普作品时，必须考虑如何能为广大群众喜闻乐见，通俗易懂。要改变某些科普文章"科学家读起来不过瘾，老百姓读起来看不懂"的状况。

也许有的人要说：科普作品的读者面很广，由于各自的经历、阅历、要求不尽相同，"众口难调"。事实上，科普作品的读者，绝大多数都是"门外汉"，他们读你的科普作品，并不是想从你的文章中学到系统的知识。了解了这一点，科普作品就不应该只在"专"上做文章，而更应该在文章的形式上动脑筋，要用幽默的语言、曲折的情节、丰富的内容来吸引读者，让读者在轻松愉快的气氛中获得知识。科普作品能够适应绝大多数读者的要求，为他们所理解，所欣赏，所欢迎，并不是一件轻而易举的事情。这就要求科普作家研究读者的心理，要把握、适应和引导读者的美感心理和美感要求。我们的民族自古以来对民间的笑话、幽默、故事，有着特殊的兴趣，有喜欢听故事的传统，民间的曲艺、戏剧中也有大量可借鉴的东西，如果我们的科普作家能够准确地把握读者的心理，就一定能创作出"浅而易解，乐而多趣"的好作品，科普创作的路子就会越走越宽。

原载《科普研究》2002 年第 5 期

高士其及其作品

叶永烈

高士其是中国科普界一面鲜红的旗帜。不论就"人"来说，还是就"文"来说，高士其都不愧为我们时代的楷模。高士其是中国的保尔·柯察金，是一位"患病不病的病人"。

最初，我是从高士其的作品中结识他的。我在北京大学上学时，星期天有时进城，最爱去的是旧书店，在那里"淘"旧书。我"淘"得高士其在1941年出版的《菌儿自传》，"淘"得中国第一本科学小品集——1935年由上海文化书店出版的《越想越糊涂》一书。

在1962年4月20日下午，我有幸在北京西郊第一次拜访了高士其，他回答了我提出的一系列问题。那一下午的谈话，我整理成《高士其谈科普创作》一文。从那以后，高士其一直成为我心中的楷模。我们保持着经常的联系。即使我到了上海工作，即使十年浩劫之中，仍书信不断。1978年，我写了20万字的长篇文学传记《高士其爷爷》一书。在写作过程中，我多次访问了他，并访问了他的数十位亲友，使我对这位中国少年儿童的"爷爷"有了比较深入的了解。

高士其原名高仕錤，福建省福州市人，1905年11月1日生。后来改名高士其，他说："丢了'人'旁不做官，丢了'金'旁不要钱。"他果真是这样走过了艰难而漫长的一生。在这"官"念深重、物欲横流的世界里，他真可称得上"出污泥而不染"。他的心纯净得像一颗水晶……

1925年，高士其毕业于清华留美预备学校，入美国威斯康星大学化学系。1926年夏，转入芝加哥大学化学系。1927年夏，入芝加哥大学医学院细菌学系。1928年，他在实验时不慎受甲型脑炎病毒感染，留下了严重后遗症。后来病情不断加重，以致全身瘫痪。

1930年秋，高士其学成归国。在陶行知、李公朴、艾思奇的影响下，开始进行科学小品创作。1938年8月，高士其赴延安。1938年底，参加中国共产党。

高士其在 1935 年写了第一篇科学小品《细菌的衣食住行》，发表在《读书生活》半月刊上。从这时起，至 1938 年 8 月离开上海止，可说是他科学小品创作上最旺盛的时期。他用有点僵硬、发抖的手写下了近百篇科学小品。尽管此后他写了不少科学小品和科学诗，但是，我以为他的作品最精华的部分，都是在这一时期写的。

高士其是在伊林作品的影响下，开始从事科学文艺创作的。高士其在 1653 年第 12 期《文艺报》上的《纪念伊林》一文中，曾这样写道：

"伊林的作品，很早就感动了我。远在抗战以前，当我在上海读书生活出版社的楼上，开始写作科学小品的时候，我就读过伊林的《五年计划的故事》，当时我为这本书所鼓舞，我要以他作为学习的榜样。"

高士其在 1962 年 6 月 10 日《人民日报》上《让孩子们获得丰富的科学知识的滋养》一文中，谈到自己的写作经过：

"……接着，我也在《读书》、《妇女生活》《通俗文学》等杂志响应起来，那时候我虽然已经有病，但仍坚持写作，写成了将近一百篇的科学小品，收集成单行本出版的有《我们的抗战英雄》、《细菌与人》、《菌儿自传》、《抗战防疫》等集子，我写这些科学小品的主题，是为了抗日救亡，用我一点一滴的力量，对祖国、对人民尽我应尽的责任。"

1936 年 4 月，高士其的第一本科学小品集《我们的抗敌英雄》（与别人合著），由读书生活出版社出版。

1936 年 6 月，高士其的第二本科学小品集《细菌大菜馆》，由通俗文化出版社出版。

1936 年 8 月，高士其的第三本科学小品集《细菌与人》，由开明书店出版。

1937 年初，高士其的第四本科学小品集《抗战与防疫》（该书后又曾改名为《活捉小魔王》、《微生物漫话》出版），由读书生活出版社出版。

自 1936 年起，高士其在《中学生》杂志上连载《菌儿自传》每期发表一章，至 1937 年 8 月完成最后一章。这些文章后来编成《菌儿自传》一书，于 1941 年 1 月由开明书店出版。

高士其应陶行知之约，写过一本《微生物大观》；应中山文化教育馆季刊之约，翻译了《细菌学发展史》；还应《开明中学生手册》、《大众科学》、《申报》周刊、《新少年》半月刊、《读书》半月刊、《妇女手册》、《力报》、

《言林》等杂志的约稿，写了许多科学小品文。

高士其在发表第一篇科学小品时，就署名"高士其"，此后没有用过别的笔名。

高士其作品的一个鲜明特色，就是富有战斗性。他是为了战斗而写作。他的作品，像一把把锋利的匕首，刺向国民党反动派。

高士其在他的第二篇科学小品《我们的抗战英雄》中，用极其饱满的政治热情，讴歌了白血球：

"白血球，这就是我们所敬慕的抗敌英雄。这群小英雄们是不知道什么叫做无抵抗主义的，他们遇到敌人来侵，总是挺身站在最前线的……一碰到陌生的物体就要攻击，包围，并吞，不稍存畏缩怯懦之念，真是可敬。"

"白血球尤恨细菌，细菌这凶狠的东西一旦侵入人体的内部组织，白血球不论远近就立刻动员前来围剿……"

在这里，不用加任何注解，读者就可以领会作者写这篇文章的用意。

高士其在《都市的危机》中，曾这样写道：

"都市像是一只大湖，一只庞大的死湖。"

"阔人贵人想来这湖上做寓公游客。穷人难民想沿着这湖边讨一口饭吃……"

"在上层的建筑上，犹可以看见青天，向天空呼出一口气。在下层的建筑下，是暗无天日，而又拥挤。一间阁楼上睡着七八个人，亭子间里住满了一个家庭，灶披间也做了寓所；肩膀挨着肩膀，鼻尖几乎碰到鼻尖了。这拥挤，是都市的危机的先兆……"

又如，高士其在《伤寒先生的傀儡戏》一文中，辛辣地讽刺了当时日本军国主义扶持的各种傀儡：

"傀儡戏到现代，闹得真凶了；南也傀儡，北也傀儡，真要把我们大好的土地，摆满了傀儡摊了。"

"谁也想不到，如今在我们的小百姓里面，却也发现了一群摇摇摆摆、会蹦会跳、体格健全的人，不知不觉地也做了一种傀儡了。这在幕后牵线者是毒菌，毒菌的傀儡戏的角色可真多。"

"由嗡嗡的苍蝇、哼哼的蚊子，到咳呵咳呵的病人，乃至于嘻嘻哈哈的好人，它都可以逢场作戏，随时随地拿他们来排演……"

高士其的科学小品，语言生动、活泼、形象、清新。

例如，高士其在科学小品《听打花鼓的姑娘谈蚊子》一文中，巧妙地用凤阳花鼓调，写出了蚊子的危害，写出了劳动人民在旧社会的痛苦，具有很强的艺术感染力：

> "说弄堂，话弄堂，弄堂本是好地方，
> 自从出了疟蚊子，十人倒有九人慌；
> 大户人家挂纱帐，小户人家点蚊香，
> 奴家没有蚊香点，身带疟疾跑四方。"

> "说弄堂，话弄堂，弄堂年年遭灾殃，
> 沟壑不修污水涨，孑孓变成蚊娘娘；
> 多少人家给她咬，多少人家得病亡。
> 卫生不把疟蚊灭，到处寒热到处昏。"

> "说弄堂，话弄堂，弄堂年年遭灾殃，
> 从前苍蝇争饭碗，如今蚊子动刀枪，
> 大街死去劳力汉，小弄哭着讨饭娘，
> 肚子还欠七分饱，哪有银钱买金霜。"

这里所说的"金霜"，即金鸡纳霜，治疟特效药。

高士其善于运用比喻，用读者熟悉的东西来比喻读者所不熟悉的东西，使科学小品通俗易懂。比如，一般读者从未看到过细菌，那么，怎样向读者介绍细菌的生活呢？高士其从"衣食住行是人生的四件大事"入手，剖析了细菌的"衣、食、住、行"，读者容易明白，浅显有趣：

"我们起初以为细菌实行裸体运动，一丝不挂，后来一经详细地观察，才晓得它们个个都穿着一层薄薄的衣服，科学的名词叫做荚膜，这种衣服是蜡制的，要把它染成紫色或红色才看得清楚……"

"细菌是个贪吃的小孩子，它们一见了可吃的东西便抢着吃，吃个不休，非吃得精光不止。但它们也有吃荤绝对不吃素的，也有吃素绝对不吃荤的，所以我们有动物病菌与植物病菌之分……细菌的住是往往和食连在一起的，吃到哪里就住到哪里，在哪里住就吃哪里的东西，他们吃的范围是这样的广大，它们住的区域也就无止境了。而且它们在不吃的时候也可以随风飘游，它们的子孙便散布于全地球了……"

高士其还常用拟人化的手法写作科学小品，使读者读了倍感亲切。如《菌儿自传》一书，便是用"菌儿"——细菌自述身世的手法写的，颇有新意。

高士其的科学小品以细菌学为主，但是常常广征博引，涉及整个自然科学。尽管他自称他的科学小品是"点心"，是一碗"小馄饨"，实际上却是富有知识营养的"点心"、"小馄饨"。他的一篇科学小品只千把字，读者花片刻时间便可读完，然而在这片刻之间，却领略了科学世界的绚丽风光。

再以高士其在新中国成立后创作的科学小品《谈眼镜》为例。司空见惯了的眼镜，经高士其娓娓而谈，真可谓妙笔生花，趣味盎然。

原来，世界上最早的眼镜，"是用绿宝石造成的"，是"一位近视眼的罗马皇帝"用它来"观看剑客们的决斗"。

原来，人们最初曾把眼镜"缝在帽子上"，曾经"装在铁圈里面"，曾经"镶在皮带上面"……

打开正儿八经的"科学技术发展史"，是查不到这样的"眼镜发展史"的。像聊天，像讲故事，作者把这位"为人类视力服务"的"玻璃国的公民"的身世，从公元1世纪讲起，一直讲到20世纪最新式的"隐形眼镜"。令人惊异的是，这篇《谈眼镜》，不过是千把字的"千字文"而已！

这是一篇典型的科学小品——短小精悍而又生动活泼，它，尺幅千里，容纳了经过高度浓缩了的科学知识。

作者采用纵横交叉的写作手法。纵线，就是眼镜的发展史；横线，则是介绍眼镜的兄弟们——望远镜、显微镜、照相机、电影机等。纵横交织成了这样一篇内容丰富的科学小品。

作者还用一小段文字，说明了眼镜的光学原理。

作者高士其是一位被病魔捆缚在轮椅上多年的瘫痪者。写作这篇科学小品时，他无法亲自握笔，只好经过反复构思、打好腹稿之后，以嗯嗯喔喔的"高语"口授，由秘书代笔。然而，通篇文字扫地样的流畅，富有幽默感，一点也不带病痛的痕迹。作者是一位强者，是一位毅力惊人的英雄。

高士其在几十年漫长的时间里，一直勤奋而又艰难地坚持创作科学小品。他的科学小品题材广泛，通俗易懂。他的文字朴素、清新，从无矫揉造作之感。他的文章段落简短，节奏快，从不拖拖沓沓。他爱用短句，显得简练、明快，从不用欧化的晦涩的长句。他的作品雅俗共赏，从黄发稚子到皓首长者，都是他的读者——因为他擅长把艰深的科学道理明明白白地讲出来，讲得引人入胜，像《一千零一夜》一般动听。他拥有众多的读者。

科学小品是科学散文中的一种，通常不过千把字。科学小品虽小，要写好它，作者往往要研读科学"万言书"——科学专著。只有深入地了解科学，方能浅出，写好科学小品。

高士其不仅创作了大量的科学小品，而且还创作了许多科学诗。

诗是浪漫的，科学是严谨的，它们之间像油和水一样格格不入。然而，高士其却独辟蹊径，把诗与科学共冶于一炉，使诗与科学乳水交融，创作了别具一格的诗篇——科学诗。

科学诗"就是把科学和诗歌结合起来，把一般人认为枯燥无味的科学，变成生动活泼富有诗意的东西"（高士其：《科学诗》序言）。也就是说，科学诗是用诗的形式来描写科学。在科学诗的创作中，高士其可算是一个最努力、最有成就的作家。如今，在我国，科学诗并不多见。这大抵是由于写科学诗，既要懂得科学，又要懂得诗；科学家不少，诗人也不少，而兼懂科学和诗的人却不多。

高士其具有诗人和科学家的两重品格。追溯高士其走过的创作道路，可以看出，他之所以会成为一位科学诗人，是有其历史渊源的：高士其出生在一个充满诗意的家庭。高士其的父亲高赞鼎先生，是一位诗人，出版过诗集《斐君轩诗钞》，收有260多首诗，其中大部分是五言诗。高士其的母亲、祖父、外祖父都会作诗。高士其自幼受诗的熏陶，善背唐诗，并擅长写五言诗。因此，高士其写诗是深有根底的。后来，高士其赴美留学，专攻科学，使他具有广博的科学知识，尤其是对化学和细菌学，作过深入的了解。正因为这样，他具备了作为一个科学诗人的两个条件——懂诗，懂科学。

自1946年高士其写了第一首科学诗《天的进行曲》以来，共写了100多首科学诗。这些科学诗，成为中国诗坛上一簇别具风采的鲜花。

高士其在1950年写的科学诗《我们的土壤妈妈》，曾获1954年全国儿童文学作品一等奖。1959年，作家出版社出版了他的科学诗集《科学诗》收入40多首诗。1978年，人民文学出版社出版他的作品选《你们知道我是谁》，其中，收15首科学诗。1979年，上海少年儿童出版社出版了他的科学诗集《祖国的春天》，收13首。除科学诗外，他还曾译过英文的诗，也曾用英文写过诗。他写过几十首充满革命激情的政治诗。他的科学诗，总共有100多首。

科学诗可以分为两大类：一类是鼓舞人们向科学进军、努力攀登科学高峰的诗，如高士其的《让科学技术为祖国贡献才华》。这类科学诗如进军的号角，用振奋人们的诗句激励人们猛攻科学堡垒的斗志；另一类是以诗的形式来普及科学知识，如高士其的《电姑娘》、《森林之歌》、《太阳的工作》、《生命进行曲》等。人们常说的科学诗，一般是指后一类。

高士其曾这样谈到他写科学诗的目的："写作科学诗，有一个崇高的目的，那就是为了建设社会主义，为了实现共产主义的伟大理想而奋斗。它不是为了写诗而写诗，也不是单纯地为了介绍科学知识而写作它；要激发少年读者们爱祖国、爱人民、爱劳动的感情，培养他们树立起唯物主义世界观，鼓舞他们向科学进军，引导他们去攀登科学顶峰，使他们能更好地为社会主义建设服务，这就是写作科学诗的基本思想和社会意义。"（高士其《科学诗》序言）高士其的科学诗，是中国诗坛上一丛别具风味的鲜花。

高士其的科学诗，诗中有科学，科学中有诗，又生动，又活泼，朗朗上口，精炼隽永。他不仅赋予科学诗新的形式，新内容，而且赋予它深刻的政治意义。高士其科学诗的一个显著特点，就是充满着对祖国、对社会主义的无限热爱。像组诗《第一个五年计划的故事》通过《地下资源的报告》、《钢铁工业和轻工业的发言》、《机器工业的汇报》、《动力会议记录》、《化学工业和轻工业的发言》、《交通和邮电的建议》、《检阅农业的队伍》这七首诗，向少年儿童生动、具体地介绍了我国第一个五年计划。

高士其的科学诗很注意教育意义。如《时间伯伯》中，他提醒小读者：

　　　　"'时间如流水，一去不复返'……
　　　　我们要献出我们宝贵的青春，
　　　　以最快的速度，坚定的步伐，
　　　　向社会主义——共产主义进军！"

写诗要用形象思维，写科学诗也要用形象思维来表达科学。只有化科学为形象，才能写好科学诗。高士其的科学诗，很注意运用形象思维来表达科学。

就拿《我们的土壤妈妈》来说，高士其用这样许多形象化的诗句，来表达土壤科学知识，"我们的土壤妈妈，是地球工厂的女工"；"她是矿物商店的店员"；"她是植物的助产士"；"她是动物的保姆"；"她是微生物的培养者"；"我们的土壤妈妈，像地球的肺"；"她又像地球的胃，她会消化有机物"；"她又像地球的肝，毒质碰着她就会被分解"……在这里，高士其把科学知识写得何等生动、活泼，富有形象，跃然纸上！

又如，高士其在《空气》这首科学诗中，是这样运用形象思维的："空气是宇宙的帐幕"，"空气是永恒的流浪"，"空气是气体的海洋、生命的仓库"，"生命没有它，便停止了呼吸；火没有它，便停止了燃烧；物质没有它，就不会氧化；食物没有它，就不会消化……"他在《小人国的冬季攻势》中，把病菌和病毒比喻为"小人国"："杂花和鼻涕是小人国的伞兵，咳嗽和喷嚏是小人国的炮队，在我们谈话和唱歌之间，小人国的空军也乘机出动。"在《揭穿小人国的秘密》中，他用这样的诗句勾勒"小人国"居民们的相貌："有的胖胖圆圆，有的大腹便便，有的像鼓槌，有的像竹竿，有的全体都是纤毛，有的满身都是油脂，有的头上留有辫子，有的既有辫子又有尾巴，长长短短，大大小小。"

科学诗非常精炼，仿佛是把科学知识经过反复筛选而留存的结晶。高士其却很善于用短小的诗句，表达丰富的科学内容。如在《时间伯伯》一诗中，他只用了九行诗句，概括了一部计时工具发展史：

> 从远古的年代起，
> 人们已经设法向你领教，
> 用木材，用竹竿；
> 用油灯，用蜡烛；
> 听鸡叫，量太阳的影子；
> 中国的古人用过铜漏，
> 还有水钟和埃及的乳钟。
> 如今人们发明了发条和齿轮，
> 制造出精巧的钟和表。

高士其在《我访问了原子弹的母亲》这首诗中，把原子弹中铀的链式反应，生动地说成是"我的爱人叫做中子，我们不常见面，我一旦碰到它，我的原子核就起了突变"。

高士其的科学诗的第三个特点是题材广泛，是一束知识之花。从太阳（《太阳的工作》）、天（《天的进行曲》）、空气（《空气》）、土壤（《我们的土壤妈妈》），到微生物（《揭穿小人国的秘密》、《传染病的头号战犯》、《小人国的冬季攻势》）、电子（《电子》）、原子（《我访问了原子弹的母亲》、《原子的火焰》），直到火箭（《火箭颂》）、人造卫星（《献给人造卫星》、《太阳系的小客人》）……

高士其在不同历史时期写的科学诗的代表作，是以下四首：

新中国成立前的代表作是《天的进行曲》，"文化大革命"前的代表作是《我们的土壤妈妈》，晚年的代表作是《生命进行曲》和《让科学技术为祖国贡献才华》。

高士其新中国成立后写的科学小品，收于 1958 年中国青年出版社出版的《高士其科学小品甲集》一书中。他写的科学诗，收入 1959 年作家出版社出版的《科学诗》一书中。在 1978 年，人民文学出版社出版了高士其科学诗和科学小品作品选《你们知道我是谁》。1978 年初，科学普及出版社出版了《高士其科普创作选集》。1991 年安徽少年儿童出版社出版的四卷本《高士其全集》，是高士其最重要、最全面的著作。1997 年天津教育出版社出版的高志其编的《高士其科普作品精选》一书，则是高士其作品的精品选集。

高士其离开人世时，留下的"遗产"是少先队员们送给他的上千条红领巾。这位中国少年儿童的"爷爷"，对孩子们寄予厚望，把他们比喻为"祖国的春天"：

"春天在哪里，在哪儿？
啊！春天就是你们，
你们就是祖国的春天！"

原载《科普研究》2003 年第 1 期

科学魂　爱国心　平民情

——竺可桢科普作品初探

卞毓麟

　　人们研究竺可桢的科普工作，非自今日始。然而，如今更深入地研究这一课题，却有了更为优越的条件——拥有了完整的宝贵资料。经《竺可桢全集》编辑委员会多年的艰辛劳动，这部千余万字的《全集》自 2004 年始由上海科技教育出版社分卷陆续出版，头 7 卷今已面世。笔者研究竺可桢及其科普工作尚未深入，今不揣浅陋，呈"初探"一札，盖欲求教于方家也。

一、引言

　　竺可桢，字藕舫，1890 年 3 月 7 日生于浙江绍兴，1974 年 2 月 7 日病逝于北京医院。1984 年，竺可桢逝世十周年纪念会在北京举行，竺可桢研究会随之成立。嗣后，研究会着手筹备编写《竺可桢传》，并设立了编辑组。1990年，竺老诞辰百年之际，《竺可桢传》由科学出版社分为上下两篇出版，上篇主要介绍竺老的身世、经历、"求是"精神和道德修养，下篇主要介绍他多方面的建树和成就，书末附有"竺可桢生平年表"。书中《科学普及工作》一章由高庄撰写，约 12 000 字，所见甚当。又，此前将近 10 年，科学普及出版社曾出版《竺可桢科普创作选集》（1981 年），收竺老科普文章 28 篇，编者以《科学家竺可桢和科普创作》一文代序，可资研究者参阅。

　　1998 年，沈文雄编《看风云舒展》由百花文艺出版社出版。该书系"金鼎随笔丛书"之一种，收录竺老文章 47 篇并日记多则，卷首有沈文雄的长"序"。"金鼎随笔丛书"旨在综合反映中国学人大师们治学、做人的品质和他们的文化素养。从大科普的角度视之，书中不惟美文连篇，而且很能体现竺老科普创作之良苦用心。

　　竺老逝世以来，纪念和研究类的出版物品种尚多，此处不拟一一枚举。

竺老本人原作悉按旧貌收入《全集》，此举为研究者带来便利。

二、竺可桢和《竺可桢全集》

1910 年，20 岁的竺可桢与胡适、赵元任等作为第二批庚款生同船赴美国留学，1918 年获博士学位。竺可桢是中国现代气象学、地理学的一代宗师，卓越的科学家和教育家。他曾任中国科学社社长、中央研究院气象研究所所长、浙江大学校长、中国科学院副院长、中国科协副主席，1955 年当选为中国科学院学部委员，并曾当选生物学地学部主任。他在气象学与气象事业、地理学与自然资源考察、科学史、科学普及、科学教育、科研管理和诸多科学文化领域皆有杰出贡献。

《竺可桢全集》尊奉"存真"原则，以求如实展现竺老的学术成就和人生道路。《全集》原定 20 卷，但近来又陆续发现不少佚文和新材料，故原计划或将突破。2004 年 7 月，《全集》第 1 至第 4 卷 310 万字面世，以时间为序收录竺老从 1916 年到 1973 年已刊和未刊的中文著述 701 篇，包括学术论文、大学讲义、科普文章、讲演词、工作报告、思想自传、信函、题词、序跋、诗作等。2005 年 12 月出版了第 5 至第 7 卷，其中第 5 卷专收竺老的外文著述。竺老毕生坚持写日记，可惜 1936 年前的日记均已在战乱中丧失。《全集》第 6 和第 7 两卷，系竺老 1936 年至 1940 年的日记。此后诸卷将为 1941 年直至逝世前一日的全部日记以及补编、年表和人名索引等，各卷珍贵历史照片不乏首次公开者。《全集》不仅可以让人们看到一个真实而丰满的竺可桢，可以让我们重新思考竺老留下的宝贵思想遗产；同时它还用一种独特的方式映射出了 20 世纪中国政治、社会、文化的曲折历程。《全集》编辑委员会执行副主任兼主编樊洪业曾满怀激情地宣称，《全集》对研究者而言乃是一座"丰富的宝藏"。诚哉斯言！

竺老生前身后受到无数学人的尊敬和怀念，乃是历史的必然。2004 年上半年，因有人对于费大力气出版《竺可桢全集》殊感费解，我遂作了这样的解释：《竺可桢全集》是科技和教育领域（其实远不只是科技和教育领域）的《鲁迅全集》，竺老长达半个多世纪的学术成就和社会地位，使其《全集》的价值在某种意义上绝不亚于《鲁迅全集》；有如《鲁迅全集》不只是"德先生"的写照那样，《竺可桢全集》也绝不只是"赛先生"的画像，它们都是了解近现代中国的不可替代的极珍贵的材料。

　　编纂和出版《竺可桢全集》是对社会责任感和历史责任感的追求。此前，1977 年 4 月中国科学院决定编辑《竺可桢文集》，1979 年由科学出版社出版，约 70 万字。2000 年 3 月，在纪念竺可桢诞辰 110 周年前后，叶笃正、黄秉维、施雅风、陈述彭等 10 多位院士提议增补《文集》。而在收集整理的过程中，大家又深感有出版全集之必要。这年 11 月上旬，樊洪业对我提及已为编纂《竺可桢全集》申请到一笔基金。我即询问将由哪一家出版，樊告曰："目前首先要扎扎实实地做好工作，先不急于找出版社。"我闻言深知我社有了为之效力的极佳机遇，后来《全集》成为我社的重大选题。2001 年 3 月，以路甬祥为主任的编委会组成，《全集》编纂工作正式启动。现已出版诸卷，封套上书名中"竺可桢"三字，乃是竺老当年亲题"求是精神"时落款的手迹。

三、唤起国人科学意识

　　1915 年元月，任鸿隽、杨杏佛、胡明复、赵元任等前辈学人于内战连年、外辱交加之秋，毅然节省留学生活费而创办《科学》杂志，并于同年正式成立中国科学社，树起了"传播科学，提倡实业"的旗帜。竺可桢即由赵元任介绍加入中国科学社并担任《科学》月刊编委，从此他一直是该社的主要成员。

　　《科学》发刊词曰："世界强国，其民权国力之发展，必与其学术思想之进步为平行线，而学术荒芜之国无幸焉"，是以率先将科学与民主并提，以为救国之策。中国科学社早期会员们的种种努力，或可一言以蔽之：为唤起国人的科学意识筚路蓝缕、不遗余力。

　　此处"科学意识"一语，其语境大体与今日谈论"环保意识"、"安全意识"、"忧患意识"之语境相当。举凡对于"科学为何物"、"科学之内容"、"科学之方法"、"科学之精神"、"科学之为用"、"科学与社会"、"科学与教育"、"科学与道德"等之领悟，皆属科学意识之范畴。《科学》创刊之际，国人对这些都很陌生，亟待启蒙，故包括竺可桢在内的中国科学社早期会员们乃以无比的热情，竭力在《科学》杂志和其他场合对此进行全方位的宣传，其志正在于唤起国人之科学意识。

　　1915 年 9 月，竺可桢被选为分组编委主席，负责 1 年之中 4 个月的编务，其亲自为《科学》撰写的文章亦殊可观。如 1916 年和 1917 年，他在《科学》上发表的作品即达 16 篇之多。其中固然有学术性较强的论文，但更多的还是科普类作品，如《五岳》、《钱塘江怒潮》、《古谚今日观》、《维苏威火山之历史》、《卫生与习尚》、《论早婚及姻属嫁娶之害》、《食素与食荤之利害论》等，均为这一时期所作。它们向当时陷入愚昧落后的国人灌输先进的科学思想，激励人们学习科学反对迷信，影响甚著；即以今日观之，这些文字亦仍为科普的上乘之作。90 年前一位二十六七岁的青年学人，何以能达于此等境界，取得如此成就，确实很值得我们后辈深思。

方今"科学"二字家喻户晓，"科学技术是第一生产力"、"科教兴国"、"科学发展观"等论断和决策已然深入人心。人们对"科普"的理解与实践也在与时俱进。2002 年 6 月，《中华人民共和国科学技术普及法》颁行，科普之重要乃以立法形式得到更充分的肯定和体现。《科普法》中写道："本法适用于国家和社会普及科学技术知识、倡导科学方法、传播科学思想、弘扬科学精神的活动。开展科学技术普及（以下称科普），应当采取公众易于理解、接受、参与的方式。"既明确了"科普"包含"科技知识、科学方法、科学思想和科学精神"四大要素，且强调了公众的参与。所有这些，正是当年的任鸿隽、赵元任、竺可桢们梦寐以求的。下文先从科学精神一端，简述竺老为唤起国人科学意识所做的努力。

四、不朽的科学魂

如今，人们已经习惯于将科学精神、科学思想、科学方法与科学知识并提，甚或简称为"四科"。对于何为"科学精神"，讨论也正在逐渐深入。

任鸿隽尝言，"科学精神者无他，即凡事必加以试验，试之而善，则守之勿忽；其审择所归，但以实效而不以俗情私意羼之。"今言之，则可曰"检验真理的唯一标准是实践"。

竺可桢也是对科学精神屡陈灼见的代表人物。例如，他于 1933 年 11 月 6 日在南京中央大学演讲《科学研究的精神》，即明白晓畅地说道：

"法拉第对于世界贡献很大，但他本人终身安贫乐道，临卒时家徒四壁。他的门人丁台儿（Tyndall）说他很有机会可以坐拥巨万，但是为富不仁，为仁不富，富与仁二者不可得而兼，他情愿终身研究科学，贫亦不减其乐。"

"今天特别提出开白儿（现译开普勒）和法拉第二位，是想把两位来代表研究科学的人们应持的态度……现在中国正在内忧外患，天灾人祸连年侵袭的时候，我们固然应当提倡科学的应用方面，但更不能忘却科学研究的精神。

他的精神就是孟子所谓富贵不能淫，贫贱不能移，威武不能屈，而开白儿和法拉第就是这精神的榜样。"

1935 年 8 月 12 日在南宁六学术团体联合年会上讲演《利害与是非》时，竺老更讲了一番道理：

"科学是等于一朵花，这朵〔花〕从欧美移来种植必先具备有相当的条件，譬如温度、土壤等等，都要合于这种花的气质才能够生长。故要以西洋科学移来中国，就要先问中国是否有培养这种移来的科学的空气。培养科学的空气是什么？就是'科学精神'。科学精神是什么？科学精神就是'只问是非，不计利害'。这就是说，只求真理，不管个人的利害，有了这种科学的精神，然后才能够有科学的存在。"

1941 年 5 月，竺老又一次演讲《科学之方法与精神》："提倡科学，不但要晓得科学的方法，而尤贵乎在认清近代科学的目标。近代科学的目标是什么？就是探求真理。科学方法可以随时随地而改换，这科学目标，蕲求真理，也就是科学的精神，是永远不改变的。了解得科学精神是在蕲求真理，吾人也可悬揣科学家应该取的态度了。据吾人的理想，科学家应取的态度应该是：(1) 不盲从，不附和，一以理智为依归。如遇横逆之境遇，则不屈不挠，不畏强御，只问是非，不计利害。(2) 虚怀若谷，不武断，不蛮横。(3) 专心一致，实事求是，不作无病之呻吟，严谨整饬，毫不苟且。"

半个多世纪过去了，竺老这些入木三分的论述依然令人肃然起敬。"只问是非，不计利害"，永远是我们追求的精神境界，它堪称是竺老不朽的科学魂。

五、光荣的宣传员

竺老积极提倡科学之普及，毕生身体力行。在 1916 年到 1974 年的半个多世纪里，他的科普讲稿、书籍约有 160 余种。他认为，做好科学宣传工作是每一个科技工作者分内的事，科学工作者获得成果时，就有责任向人民作报告，因此他努力动员广大科技人员做科普讲演，写科普文章，"做一个光荣的科学宣传员"。

竺老本人的科普作品，亦如其科研著述一样，立论严谨，用语准确，且复引人入胜。试以脍炙人口的《物候学》一书观之。什么是物候学？竺老告诉我们："物候学和气候学相似，都是观测各个地方、各个区域春夏秋冬四季变化的科学，都是带地方性的科学。物候学和气候学可说是姊妹行，所不同的，气候学是观测和记录一个地方的冷暖晴雨、风云变化，而推求其原因和趋向；物候学则是记录一年中植物的生长枯荣、动物的来往生育，从而了解气候变化和它对动植物的影响。观测气候是记录当时当地的天气，如某地某天刮风，某时下雨，早晨多冷，下午多热等等。而物候记录如杨柳绿，桃花开，燕始来等等，则不仅反映当时的天气，而且反映了过去一个时期内天气的积累。如1962年初春，北京天气比往年冷一点，山桃、杏树、紫丁香都延迟开花。从物候的记录可以知季节的早晚，所以物候学也称为生物气候学。"试想，以如此清晰生动的语言界定一门学科的分野，当需何等坚实的学术底蕴和语言功力！

杜甫有《梅雨》诗："南京犀浦道，四月熟黄梅。"是说唐时曾作为"南京"的成都梅雨是在农历四月。于是，在谈到物候的古今差异时，竺老便举了这样的例子："物候古代与今日不同。陆游《老学庵笔记》卷六引杜甫上述《梅雨》诗，并提出一个疑问说：'今（南宋）成都未尝有梅雨，只是到了秋天，空气潮湿，好像江浙一带五月间的梅雨，岂古今地气有不同耶？'卷五又引苏轼诗：'蜀中荔枝出嘉州，其余及眉半有不。'陆游解释说：'依诗则眉之彭山已无荔枝，何况成都。'但唐诗人张籍却说成都有荔枝，他所作《成都曲》云：'锦江近西烟水绿，新雨山头荔枝熟。'陆游以为张籍没有到过成都，他的诗是闭门造车，是杜撰的，以成都平原无山为证。但是与张籍同时的白居易在四川忠州时做了不少荔枝诗，以纬度论，忠州尚在彭山之北。所以，也不能因为南宋时成都无荔枝，便断定唐朝成都也没有荔枝。"

由此，竺老"推论到古今物候不同，推想唐时四川气候比南北宋为温和。从日本京都樱花开花记录看来，十一二世纪樱花花期平均要比9世纪迟一星期到两星期，可知日本京都在唐时也较南北宋时为温暖，又足为古今物候和气候不同的证据。"如此旁征博引，在《物候学》一书中比比皆是。

宣传的终极目的，是让受众认同宣传者的理念和结论。因此，宣传者必须对自己宣扬的事物有十分清晰的认识。以其昏昏使人昭昭是断然不行的，真所谓："说得清楚的人肯定想得清楚，想不清楚的人肯定说不清楚。"竺老之所以能说得异常清楚，正是因为他想得异常清楚。

今再举两例，皆为竺老中年所作。

其一为1932年11月的著名科普讲演《说云》，共由4部分组成：云之组织及成因，云之类别，云与雨之关系，云之美。"云之美"的结尾，也就是整篇讲演之结尾："且云霞之美，无论贫富智愚贤不肖，均可赏览，地无分南北，时无论冬夏，举目四望，常可见似曾相识之白云，冉冉而来，其形其色，岂特早暮不同，抑且顷刻千变，其来也不需一文之值，其去也虽万金之巨，帝旨之严，莫能稍留。登高山望云海，使人心旷神怡，读古人游记……无不叹云殆仙景，毕生所未寓目，词墨所不足形容，则云又岂特美丽而已。"真是令人拍案叫绝。

其二为1939年5月的天文科普讲演《测天》，结语为："吾人从空间之大，已可见吾人所处地位之渺小。如再以时间之观点，以视吾人，则人生直如蜉蝣一瞬耳！……自有人类迄今，不过一百万年，知用铁仅三千四百年，待天文镜之发明，只三百四十年之久。视诸天体，则吾人类在历史上之短促渺小，几无可形容。世界人类，果能从此点观察，则定能具伟大之人生观，而以互助合作，促进人类共同之幸福为目的矣！"寥寥数言即足见竺老之智慧与胸襟。

今天的科学家，今天的科普人，尤当以学习竺老"做一个光荣的科学宣传员"为自己毕生的崇高追求。

六、伟大的爱国心

竺老为唤起国人科学意识不遗余力，视宣传科学为光荣职责，其根本就在于他既有一颗伟大的爱国心，又有一腔浓郁的平民情。他时刻关注着国家，关注着人类。1936年2月，东北沦陷后，华北乃至整个中国危机日深。此时，竺可桢应邀在暨南大学讲《中国的地理环境》。这原是一个科学的题目，而他更注重的乃是申扬爱国大义。在演讲中，他极其沉痛地说道：

"我国和阿比西尼亚同是被侵略的国家，人为刀俎而我为鱼肉，我们不及阿比西尼亚的地方，就在阿比西尼亚的人民还晓得保护自己的国土，而我们简直袖手旁观任人宰割。阿比西尼亚是一个文化落后的国家，只有七百万人口……寻常的时候各部落不能相互联络，但是一遇外侮，尚敢抵抗。而我国号称文明古国有四万万以上的人口，竟任人家鱼肉，简直是中华民族的大耻辱。""中华民族要得一条出路，唯一方法，只有奋斗。二十年前的比利时，目今的阿比西尼亚就是中国的好榜样。"

1939年7月，竺老在浙大第十二届毕业典礼上演讲《出校后须有正确之人生观》。他说：

"诸君一入社会，首先要解决的是衣食住问题，在在需要金钱。若冷眼观察社会，好像钱是万能的，各种享受的东西工具，非钱莫办。钱而且可以攫高位，握大权，甚至左右一国以及全世界的外交和政治。""目前在美国，尽有许多富翁，一方面贩卖钢铁、煤油、飞机予日本，以从事轰炸中国后方手无寸铁的妇孺，赚资数千万，而一方面则又捐款若干万予礼拜堂，因而被一般庸俗人目为最忠实的基督教徒，同时也是社会上最体面的商人。如果每个人对于成功的看法都作如是观，以利为义，则均将变成为富不仁，故以赚钱为目的，则无论什么无耻的勾当都可以做到。如此种观点一日不改，则人类之腐败、残杀，即将永无底止的一天。"

　　纵观竺老一生的科普活动，这种炽烈的爱国情怀无时无刻不在感染着周围的人群。由此，我不禁想起中国科学院院士王绶琯的一首五律《缅怀竺老——竺可桢先生逝世十周年敬献》：

　　　物候贯千载，禹迹穷八荒。科坛标铁汉，学宇沐春光。
　　　海纳百川大，壁立千仞刚。浩茫极仰望，一瓣荐心香。

　　诗中："物候"句谓竺老研究物候学，考据远及古代文献，近至日常记录；"禹迹"句谓竺老主持综合考察，足迹遍及边远地区，故以大禹治水喻之；"科坛"两句谓竺老耿直刚正，但对学生后辈呵护备至；"海纳百川"再应"学宇"句，"壁立千仞"则应"科坛"句。

　　方今尚谈"人文关怀"，竺老的那些训词和讲演，不正是一种既伟大又平易的人文关怀吗？

七、可贵的平民情

　　享誉全球的科普巨匠艾萨克·阿西莫夫曾提出一种"镶嵌玻璃和平板玻璃"的理论。他认为，有的作品就像有色玻璃橱窗里的镶嵌玻璃，它们很美丽，在光照下色彩斑斓，但是你无法看透它们。至于平板玻璃，它本身并不美丽。理想的平板玻璃，你根本看不见它，却可以透过它看见外面发生的事情。这相当于直白朴素、不加修饰的作品。理想的状况是，阅读这种作品甚至不觉得是在阅读，理念和事件似乎只是从作者的心头流淌到读者的心田，中间全无遮拦。写诗一般的作品非常难，要写得很清楚也一样艰难。事实上，也许写得明晰比写得华美更加困难。

竺老的许多作品，真是达到了阿西莫夫所说的"理想的状况"，阅读这些作品时，理念和事件真是从作者的心头流淌到了读者的心田。我们不妨看看时时为人称道的《变沙漠为绿洲》，这是竺老于 1960 年以古稀之年为少年儿童写的一篇通俗文章。文有三节，首为"向地球进军"，次为"历史的教训"，末为"征服沙漠的道路"。首节在介绍各种灾害之后写道：

"冰川、火山、地震、海啸、山崩、水旱灾荒统是我们的敌人，是我们进军地球的目标，但还不是我们人类最顽强最普遍的敌人。那么试问谁是人类在地球上最顽强、最普遍的敌人呢？不是别的，这个魔鬼姓沙名漠，别号戈壁，又称旱海的便是。世界冰川，近一百年来统在退缩，至少是暂时保守阵地无力前进。火山、海啸，虽是猛烈，只影响到局部地区……水旱灾荒虽可以遍及大面积，但时间上至多也不过几年。而沙漠的祸患却可以笼罩全国甚至于好多个国家，而且天天扩大，使这个国家的人民世世代代受到灾殃。所以沙漠是人类在地球上主要的敌人，也是人类向地球进军的主要对象。"

显而易见，如此说理，就连小学生也能听得明白。全文最长的末节"征服沙漠的道路"，更是绘声绘色：

"当然我们的敌人沙漠魔鬼是极其凶恶顽强的，因此我们在战略上虽可藐视敌人，在战术上还须重视敌人。敌人的武器是风与沙。沙从何而来呢？他利用冬寒夏热、雨打日晒，把岩石泥土化为散沙。《佛经》中称无穷大为'如恒河沙数'，沙漠的武器供应是无穷无尽的。沙的进攻主要有两种方式。一是取游击方式。狂风一起，恒河沙数的沙粒随风的强弱和方向，各奔前程，时行时止……沙进攻的第二种方式可称为阵地战，即是用风力堆成沙丘，缓缓前进。沙丘的高度一般从 4～5 米到 50 米，但也有高达 100 米以上的……几个沙丘常连在一起，成为沙丘链。沙丘移动虽慢，凡是所过地方，森林为其摧毁，田园为其埋葬，城郭变成丘墟。"

接着，作者便开始提出应对的策略：

"孙子兵法云：'知己知彼，百战百胜'。人类知道了沙的进攻方式以后，就可以设计应付的方法，水是人类防御风沙主要的武器，但除水以外还必须以草皮和森林来支援，方能克敌制胜……"

文中继而又娓娓谈及法显《佛国记》和玄奘《大唐西域记》对沙漠的种种描述，谈到"魔鬼的海"，谈到"光怪陆离"，如此等等，真是精彩纷呈，目不暇接。

确实，大多数科普和科学文化类作品追求的一个共同目标，就是"雅俗共赏"。半个多世纪前，朱自清曾写过一篇《论雅俗共赏》的文章，谈到：

"中唐的时期，比安史之乱还早些，禅宗的和尚就开始用口语记录大师的说教。用口语为的是求真与化俗，化俗就是争取群众……所谓求真的'真'，一面是如实和直接的意思……在另一面这'真'又是自然的意思，自然才亲切，才让人容易懂，也就是更能收到化俗的功效，更能获得广大的群众。"

在同一篇文章中他还谈到：

"抗战以来又有'通俗化'运动，这个运动并已经在开始转向大众化。'通俗化'还分别雅俗，还是'雅俗共赏'的路，大众化却更进一步要达到那没有雅俗之分，只有'共赏'的局面。这大概也会是所谓由量变到质变罢。"

"只有'共赏'的局面"，真乃一种炉火纯青的境界，竺老的科普作品正是如此。那么，如何才能达到"只有'共赏'的局面"呢？这似乎很难言传。但有一点却很明显，那就是作者必须也像竺老那样，怀有一腔醇厚质朴的平民情。

区区数千字，谈论竺老的科普事业和作品，势必挂一漏万。要说的话很多，姑且诉诸来日。科普，绝不是在炫耀个人的舞台上演出，而是在为公众奉献的田野中耕耘。就此而言，竺老的榜样绝计堪称不朽！

原载《科普研究》2006 年第 1 期

换一个角度思考

——读秦克诚教授《邮票上的物理学史》

罗印文

眼前这部《邮票上的物理学史》，由清华大学出版社用铜版纸精美印刷，图文篇幅近 80 万字，可以称得上皇皇巨著。它以邮票为媒介，向读者介绍了物理学知识、物理学的历史发展、物理学和社会各方面广泛而又紧密的联系，形象而又生动地再现了人类不屈不挠、艰苦卓绝地探索大自然，也即是人类文明成长的历史进程。全书刊印有关物理和物理学史的邮票 2200 多张，这些邮票由包括联合国在内的 80 多个国家和地区发行，绝大部分邮票是原大原色刊印。

就像我国著名物理学家、北京大学物理学院赵凯华教授在该书序言中所说："我惊讶地看到，邮票上反映物理学的内容竟如此之丰富与全面，这是未曾想到的。"从书中的邮票，可以看到物理学的各个分支的发展过程；古往今来著名的物理学家，除了个别几位以外都出现在邮票上，而且同一物理学家在不同方面的工作和贡献也在邮票上有所反映；还可以看到物理仪器如望远镜和加速器的发展过程，看到物理实验及其装置如何走向大型化；还记录了重要的物理实验如马德堡半球实验、富兰克林风筝实验和爱丁顿验证广义相对论的远征，以及重要的物理模型如玻尔原子模型、粒子物理的标准模型、宇宙创生的大爆炸模型等。世上邮票浩如烟海，真亏得作者在邮票海洋中如此全面地搜集到深入说明他的专题的邮票！

以人们所熟知的爱因斯坦为例，展示出来的邮票多达 143 张，分属 59 个国家和地区。爱因斯坦，人们称之为 20 世纪最伟大的物理学家，也有人说他是人类社会迄今最伟大的物理学家，他在物理学方面的贡献是多方面的。出于多方面的原因，他只获得 1921 年度诺贝尔物理学奖，以表彰他对光电效应规律的发现，但不少物理学家认为爱因斯坦有资格至少拿 5 次诺贝尔奖。他的光电效应理论、布朗运动理论、狭义相对论、广义相对论、激光理论和凝聚态物理（固体比热理论及磁学）都有得诺贝尔奖的资格。光电效应理论提出了自发辐射和受激辐射这两种跃迁几率的概念，奠定了激光理论的基础。根据狭义相对论导出的著名的质能关系 $E = mc^2$，是包括和平利用和用作武器的核能利用理论基础。用广义相对论的结果研究宇宙，开创了现代宇宙学说。

1998 年直布罗陀发行了一套格言邮票，其中一张是爱因斯坦的名言："Imagination is more important than knowledge（想象力比知识更重要）。"作者在书中评论说："这是至理名言。它对我们中国传统的教育模式和教育工作者提出了挑战：如何培育、发展学生丰富的想象力，而不是一味灌输知识。"

爱因斯坦具有非凡的天赋，而且，他从小就特立独行、坚持独立思考、反抗传统的桎梏、富于叛逆精神。正是具备了这种特质，他才敢于并且能够进行前所未有的思考，在物理学上作出了空前的贡献。不仅如此，他还是一位社会责任感极强，为捍卫个人自由、社会正义和世界和平而斗争不息的世界公民。他是反对希特勒法西斯的坚强战士，在希特勒向他伸出罪恶之手时，他正好在美国讲学，但他在德国的居所被搜查、财产被没收、著作被焚烧。他强烈谴责纳粹的暴行，并愤而退出普鲁士科学院，放弃德国国籍。正是因为爱因斯坦对人类作出的巨大贡献和他的伟大人格，世界各国争相发行邮票向他表示敬意。这些邮票不仅多角度、多层次、多色彩地再现了他在物理学上的诸多贡献，而且还反映了他的风趣幽默、业余爱好和爱情生活，等等。这一部分简直就是一部图文并茂的爱因斯坦的传记。

在这部《邮票上的物理学史》中，第 49 章是专门讲述希特勒政权下的德国物理学家的。20 世纪前期，德国的物理学居于世界领先地位，19 世纪末物理学的三大发现中，X 射线完全是德国人发现的，在电子的发现中，德国人也做了大量的工作；20 世纪两大物理理论的创立者量子论的普朗克和相对论的爱因斯坦也都是德国人。德国和德语文化圈国家有许多拔尖的物理学家。但是，希特勒于 1933 年攫取政权后，颁布种族歧视法令，疯狂迫害犹太人。在这种情况下，包括爱因斯坦在内的许多顶级物理学家纷纷出走。非犹太裔的物理学家，出于反对纳粹当局对学术自由的践踏和对犹太人的迫害，也有许多人相继出走。他们中多数人去了美国。就这样，德国物理学的领先地位便很快丧失，而由美国取而代之了。由此可见，外部社会环境，亦即是政治形势或政治制度影响着科学的存在与发展。

在第二次世界大战中研制原子弹的国家有美国、英国、苏联和德国、日本，但最先获得成功的是美国。德国的核计划失败的具体原因可以列出很多，但最根本的一条，是希特勒倒行逆施、疯狂迫害犹太知识分子，使德国的科学发展受到致命的打击。反观美国，正是西拉德等出走到美国的物理学家，早在 1939 年 7 月，在他们看到德国有迹象正在研制核能炸弹时，联名上书美国总统罗斯福，提请美国政府注意，并建议美国政府率先研制。美国的核计划叫做曼哈顿计划，参加这一计划的科学家中，主力是一批为逃避法西斯迫害而移民美国的物理学家，如费米、西拉德、弗兰克、维格纳、弗里施、贝特、特勒、塞格雷、乌拉姆、韦斯科夫、布洛赫、富克斯和玻尔父子等，这个名单简直就是从纳粹德国和纳粹德国势力范围逃出的科学家名单的复印件。

外部社会环境影响到科学的存在和发展，在苏联和我国也是有案可查的。苏联曾经批判所谓"资产阶级科学"，包括对孟德尔－摩尔根遗传学、化学中的"共振论"和控制论的批判，结果是批判什么苏联就在什么领域落后，甚至原来领先的领域也随之落后。在中国，"文化大革命"中的"知识越多越反动"，可谓是发展到极致了，不少学者和科学家受到残酷迫害。仅物理学界，两位元老叶企孙和饶毓泰，一个以莫须有的罪名被拘押，一个自杀。叶企孙先生曾为我国培养了许多拔尖的物理学家，参加我国核计划的主要物理学家钱三强、彭桓武、王淦昌、邓稼先、朱光亚、于敏、黄祖洽、周光召、郭永怀、王大珩、陈芳允、程开甲等，都是叶企孙的学生或学生的学生。他还是一位忠诚的爱国者，抗日战争期间，他曾在人才、技术、物质和财力上支援冀中人民开展地雷战。在大革文化之命的情况下，我国除少数领域外，科学技术的发展处于停滞状态；同发达国家相比，我国科技发展水平本来就有相当差距，这时差距就更大了。

即使在美国，也曾有不光彩的纪录。在 20 世纪 50 年代初，麦卡锡主义猖獗，不仅有美国"原子弹之父"之称的奥本海默受到迫害，还有别的科学家也受到迫害，例如物理学家玻姆就出走巴西转英国，终生不回美国。

中国古代文明确曾灿烂辉煌，国人是可以引以为自豪的，许多西方学者也曾给予高度评价。以指南针、造纸、印刷术和火药四大发明为例，它们流传到欧洲促进了生产力的发展，为欧洲文艺复兴和近代科学的产生准备了条件。然而在中国，古代文明却没有直接发展出近代科学。造成这种情况有历史的、社会的、文化的诸多方面的深层次的原因。原因之一是，中国古代发明有着极强的经验性与实用性，四大发明就都是实用技术；而很少有超出直接实用目的的自然界基本规律的纯科学研究。

物理学是研究自然界最普遍规律的学科，是最基础的自然科学学科。它领先于其他学科，也是各种新技术的基础。物理学的发展水平在相当程度上反映了一个国家科学技术的发展水平。应当说，我国的物理学发展水平与世界先进国家比，有着相当大的差距，而这又不能不反映在邮票上。有关中国物理学和物理学史的邮票，无论是中国自己发行的还是外国发行的，数量均很少；而且在已经发行的这类邮票中，许多还是与古老的四大发明相关的。这不能不让我们感慨万千！

《邮票上的物理学史》上刊出的中国邮票共有 56 张，其中香港 2 张、台湾 8 张、澳门 24 张、内地 22 张；澳门被选入的超过内地。澳门回归后发行的邮票选题中，每年都有 1 套科学方面的邮票：2001 年发行的为"脱氧核糖核酸的组织及构成"，5 张；2002 年为"粒子物理学的标准模型"，7 张；2003 年为"中国首次载人航天飞行成功"，2 张；2004 年为"廿一世纪宇宙论"，5 张；2005 年则是一套以数学为题材的邮票。内地发行的 22 张中，除了反映指南针和古代学者墨子、沈括、张衡等 5 张，介绍中国物理学家竺可桢、吴有训和外国物理学家哥白尼、爱因斯坦和约里奥·居里等 6 张，合计 11 张外，另 11 张的题材是建成反应堆、加速器、核电站以及原子弹爆炸（武汉市邮政自绘邮票）和航天员上天等，这些邮票主要是着眼于宣传我国建设成就的。两相对照，对待科学宣传的态度区别够大了。至于说到国外，从书中刊出的情况来看，许多国家以"科学教育"、"科学发现"、"科学名人"和"诺贝尔奖百年纪念"等总题，有计划地长时期地发行了一系列关于科学和科学家的邮票，数量之多，让我们又羡慕又叹息！

除了国外的华裔科学家外，我国还没有人获得过诺贝尔自然科学奖。获奖的华裔科学家杨振宁、李政道、丁肇中等人，国外有圭亚那、马尔代夫、内维斯分别发行了有他们各自肖像的邮票。据说中国台湾准备发行一套华裔诺贝尔奖获得者的纪念邮票；而中国大陆过去没有出过这样的邮票，短期内似乎也没有这个选题。居里夫人是波兰人，后来入籍法国，对于波兰来说她是"波裔法国科学家"，但波兰多次发行了有她的头像的邮票，当然法国也出了她的邮票。像这样的情况，即对著名科学家或诺贝尔奖获得者，原籍国和入籍国都出邮票的，在这部书中的实例不少。

本书作者北京大学秦克诚教授，在说到澳门重视科学题材的邮票后明白地写道："内地发行的邮票中科技题材太少，特别是基础学科的题材更少。这表示对现代科学的重要性和对中央'科教兴国'国策的认识都很不够。"

这部著作缘起于 1998 年下半年作者在《大学物理》杂志上开辟的一个名为《邮票上的物理学史》专栏，每期 1 篇，一直连载了 6 年半，受到读者的欢迎，在 2004 年 4 月还曾获得全国大学物理教学优秀论文一等奖。对这个专栏文章修订补充后就成了这部专著。笔者是物理学的门外汉（在中学时虽然学过物理，可是早就忘得一干二净了），但读这部著作时仍然获得了美好的精神享受。奥妙而神奇的物理学知识，源远流长的物理学史，在他的笔下表述得那样深入浅出、条理分明！令人惊叹的是，他对汇集到书中的来自众多国家和地区每一张邮票上的每一个细节，几乎都做出了说明和解释；他甚至还发现了邮票上有违物理学知识等方面的错误十余处。书中还展示了有关物理学和物理学家的许多故事，诸如一些物理学家的工作风格、政治态度、为人品格，以及社会环境、政治氛围对物理学发展的影响，乃至发明权的争执等，都很吸引人。读了这部著作不由得萌生出不尽的求知欲望。只有勤奋的人，只有掌握了丰富知识的人，才能写出具有如此水平的著作。可以想象，作者在书写这部书时，由于他的艰辛探索，由于他的深厚积累，而做到了游刃有余；他一定十分舒畅、十分愉悦——这种境界是许多人企望达到的。

原载《科普研究》2006 年第 3 期

科普书插图三题

林凤生

在被出版界业内人士称为"读图时代"的今天，虽然各种装帧精美、图文并茂的出版物琳琅满目，但仔细翻阅会发现，几乎清一色的是照片，既有科学内涵又有艺术品位的原创作品，实在难觅其踪。究其原因，除了部分科技编辑缺少艺术修养、对绘画缺乏眼力，而美术作者大多对科学知识了解甚少、难以产生创作灵感之外，最主要的是科普类图书和文章的作者自己对图像也不予重视，这才是问题的关键。就笔者见到的许多文章和书稿而言，插图大多采用拿来主义，即通过复印或从网上下载；有些甚至连外文的图注都懒得译，张冠李戴、内容与图像不符的随处可见。

除了上述原因之外，随着信息时代的到来，人们可以方便快捷地从网上获取各种图像资料，再加上大部分人对图书插图关注不多、缺少思考，致使有以下几种观念在科普界和出版界流传甚广，从而更加阻碍了人们对科普书插图的创作和研究。为此笔者撰文，就以下几个问题谈点自己的看法。

一、照片可以取代绘画作品吗？

许多人认为，时至今日，由于数码摄影、互联网等新技术走进了千家万户，人们可以十分方便地获取各种信息和图片。这些照片色彩绚丽、分辨率高、唾手可得，并且传递快捷。而由太空望远镜和电子显微镜拍摄的彩照还能让人看到以前无法观察到的景象，大大开拓了人们的视野。那么，为什么还要用陈旧古老的传统手绘方法来为书稿画插图呢？

笔者认为，"尺有所短，寸有所长"，彩照虽有巨大的优越性，但要完全取代原创插图，似不可能也无此必要。例如图1选自德国医师莱·富克斯（1501—1566）编撰的《植物志》（拉丁文本）的插图。此书在插图文化史上堪称经典，全书收录植物400多种，配512幅图，由3位画家分别担任绘画和雕版。仔细读图可知，图中所绘的植物虽然栩栩如生，但不是一幅简单的写生作品。画家显然经过精心构思，巧妙地在一簇灌木上表现植物所发育的各个不同阶段。正如文献在评述此书时说："富克斯部分图画所描画的植物永远也不可能在自然界中找到……在某些图画中，同一植物的不同生长阶段或各色各样的花朵，都被融合到了同一簇灌木身上。"

《植物志》以论述的条理性、描述的精确性和插图的美观，被誉为博物学发展史上的一个里程碑。后来，著名的瑞典植物分类学家卡尔·林奈在完成他的历史性分类工作时，就选用了不少富克斯的描述，其中有些植物，甚至以富克斯的名字来命名，如倒挂金钟属植物的学名叫 Fuchsia，就是为了纪念富克斯。

图 2 选自另一本科学名著，格·阿格里科

图 1　莱·富克斯编撰的
《植物志》的插图

图 2　格·阿格里科拉所著
《论天然金属》中的插图

拉所著《论天然金属》一书。作者对自己著作的插图十分重视，诚如他在序言里说："我在这上面已花费了很多心血和劳动，甚至破费了不少钱财。对于矿脉、工具、容器、流槽、机器和冶炼炉，我不光用语言描述了它们，而且还雇佣了画匠画出了它们的形状，以免单纯文字陈述的东西既不能为当代人所理解，也给后人带来了很大的困难。"从图 2 看到：地面以上部分的矿区根据实境绘成，而地下部分又巧妙地通过剖面图得到，清晰地展示了工程的结构；地面上下画面的衔接恰当、浑然成为一个整体；复杂的画面充满了整个空间，位于地面下的深坑占据了画面的主体，坑里的水泵、活塞、构件、杂物、竹篮等一览无遗。整个画面给人一种压仄杂乱的感觉，烘托出金属矿开采之艰辛和劳累。

20 世纪初西方的绘画艺术出现了新的突破，

其特点是否定用"传统照相机"式的写实方法表现世界，认为作品应该反映"心灵状态"而非复制现实。他们探索用变形的构图、绚丽的色彩和奇崛的笔触来表现对时间、空间、生命、宇宙和运动的理解，还试画出如梦境、幻觉等形象。这些现代画的风格给科技书的插图艺术带来了丰富的借鉴。近年来笔者见过欧美出版的科技、科普书籍，插图明显带有诸流派的特点，大大地开拓了读者的视野。

图 3 是现代超现实主义大师西班牙画家、插图作者达利（1904—1989）在 1955 年所画的作品"最后的晚餐"，此画后来被一些数学和心理学普及读物"拿来"作为插图，表示最后的晚餐发生在一个柏拉图学派用于象征整个宇宙的正十二面体之中。画面构图诡异，给人一种梦幻的感觉。

图 3　达利的作品"最后的晚餐"

从上面几个实例可知，凡经过画家深思熟虑、精心创作的插图，能够大大地提升图书的艺术品位和文化底蕴，非几幅照片可以简单取代。

二、插图是雕虫小技吗？

近年来随着收藏热的兴起，绘画作品的市场价格扶摇直上，让人看不懂。原来有点名的画连环画或图书插图的画家也纷纷冠以国画名家头衔，到了惜墨如金的程度；而原来画得不怎么样的也觉得为书稿，特别是为科技类书画插图有点屈才，以致许多科普书写好了却难觅插图作者。有些只能让文字作者充任。说来不怕见笑，笔者就曾多次为自己或别人写的科普书画插图，发表的已逾千幅。事实上，我只能说这些画手不免有点孤陋寡闻。自然科学类图书从它诞生之时开始，插图的绘制就可以用"名家荟萃、精品叠出"来评价。15—16 世纪文艺复兴时期，各类科学名著纷纷出版，为这些书画插图的个个都是名家高手。伽利略的不朽名著《关于托勒密和哥白尼两大体系的对话》1632 年首版插图是意大利版画家斯·德·贝拉（1610—1664）所绘，他一生创作了 1400 多幅作品，大部分为蚀刻版画。贝拉与伽利略是朋友，所以插图画得极其精致。图 4 是该书的封面，画面表示托勒密、哥白尼和伽利略在一起切磋天体模型。艺术史家评论插图显示出"伦勃朗式的优美形象"。

图 4　意大利版画家斯·德·贝拉为
《关于托勒密和哥白尼两大体系的对话》所绘插图

　由比利时医生维萨里编著，被称为"近代科学史上的双子星座"之一，1542 年出版的《人体的构造》一书，书中附有 278 幅木刻插图，出自名画家卡尔喀等人之手。他画的人体都有生动的姿态，并衬以明快的自然背景，与历来阴森可怕的解剖图完全不同，反映了文艺复兴时期肯定生活的乐观情绪。历史上最著名的书籍插图画家丢勒（1471—1528），在创作大量宗教书插图的同时，也为自然科学著作画了许多的插图，并且他还从事科学研究，将透视几何原理引入绘画之中，撰写了有关透视比例、测度、解剖等问题的 3 本书（图 5），成为插图文化史上一个标志性的人物。在西方的科普图书和知识类图书的插图作者中，笔者可以列出长长一连串名家的名字，其中最显赫者有毕加索、马蒂斯、康定斯基和达利等。毕加索为 18 世纪博物学家布封（1707—1788）的巨著《自然史》画插图，从而使这本科学名著身价倍增。

图 5　阿·丢勒 1525 年的木雕插图

　　无独有偶，在我国古代刻印的大量纂图书籍中也不乏名家高手和优秀作品。被称为 15 世纪中国技术百科全书的《天工开物》一书，附有 128 幅木刻图，为这本书增加了不少学术含金量。此书现被译成 10 多种文字，其中的插图就是宋应星本人自绘自刻，由其好友涂伯聚出资刻印，俗称涂刻本。而清代吴其浚编著的《植物名实图考》一书中的插图画得最佳。此书出于道光二十八年（1848 年），全书共 38 卷，收录植物 1714 种，每种植物均附插图，图极精确逼真，有呼之欲出之感。德国人比施奈德在所著的《中国植物学文献评论》一书中（1870 年）认为，它的插图"刻绘尤极精审"、"其精确者往往可以鉴定科和目"。

　　历史上有如此多的名家高手，不惜劳神费力甚至几易其稿，为科普类、知识类书稿绘图，难道我辈竟然不屑为之吗！事实上，这里最关键的问题在于画插图稿酬太低，当然，这也是客观存在。笔者是这样想的，如果见到的书写得不俗，内容又较熟悉，那么画一些只当自娱自乐，何乐而不为呢？

三、"拿来主义"好不好？

　　记得 10 多年前吴国盛编著的《科学的历程》一书由湖南科技出版社出版，笔者见了觉得好，因为当时配有几百幅插图的科普书几乎没有，就是在一般图书中也很少见，后来我还写了一篇书评捧了场。但现在看来，这几百幅插图全部是"拿来"的,不免有点失落。当然史类读物拿一点老古董来展示也是一种常见的做法。4年前出版的《剑桥插图天文史》插图也拿来不少,不过是英国人米·霍斯金编的,可见"拿来主义"也是一种"国际惯例"。以出版"老照片"起家的山东画报出版社近些年来出版图文并茂书籍,已经俨然成为业内的一面旗帜,还喊出两句响亮的口号"读图引领时代,品位彰显精神"。但仔细翻阅该社的出版物,虽说图文并茂,但插图仍以"拿来"居多;不过他们是这方面的行家,看图颇有眼力,图选得不错,又不要付稿酬,不拿也是白不拿。也许正是由他们做的几本书取得了成功,别人看得眼红,于是配图之书一哄而起,你也拿,我也拿,书越来越厚,图越拿越多。据说这样的书现在大多积压在仓库里。

对于"拿来主义",笔者的看法是,套用一句旧时的政治术语,就是"有理、有利、有节"。

其一是有理。把古人、洋人的绘画拿来要拿得有道理,画图虽然是老的,但可以赋予新鲜的含义。例如一幅画尽了宋代清明时节"珠帘十里沸笙歌"的繁华景色的清明上河图卷,历史学家可以用它来佐证北宋的"盛世伟观",经济学家看到当时的商贾贸易和内河航运,建筑师看到我国独创的汴河拱桥和宋代民居,造船师见到它的满篷大舟,而著名文学家沈从文先生却偏偏关注图中的宋代服饰和头发发型。真所谓仁者见仁、智者见智。各人着眼点不同,可以得到迥异的看法。所以对各种图像绘画应该抱着拿来"为我所用"的观点才好,诚如一位伟人所说"古为今用,推陈出新"。

其二是有利。"拿来"的图画要与文字内容相匹配,有利于提升书稿的品位和可读性。现在有些草根美编在文化底蕴和绘画鉴别上都没有什么本钱,看到什么图就胡乱拼凑,冠以"插图珍藏本"等,把书编得如迷花乱眼的展览橱窗,给读者造成"视觉疲劳",如此的插图本正在被广大读者所抛弃。

其三是有节。古人、洋人的画虽好,毕竟是前人的创作成果和智慧结晶,虽然有些作品取得合理,可以事半功倍、相得益彰,但我们作为构建创新型社会中的一员,保持旺盛的创新意识才是最可贵的。

笔者近时每每空闲无事,常常会翻阅湖南美术出版社出版的那套《中国古板画》,其中明代万历年间的刻绘十分精致,笔者掩卷凝想感慨不已。当时画家画了一幅图之后,刻工还须将它雕在木板上面,一刀一刻没有10来天的工夫,根本雕不出来。但古代有些刻工,如徽州的黄姓家族刻绘出的画真是技术精湛,做到笔笔传神、刀刀得法。版画中的精品正如版本名家张秀民点

233

评："纤丽细致、姿态研美、刻镂入微、穷工极巧……开卷悦目、引人入胜。"现在的创作条件和当时相比，简直是不可同日而语，却反而不见有优秀的原创插图问世，令笔者叹息不已。走笔至此，文章本来也应该收尾了，转念一想，本文所引的几幅也居然全部都是拿来的，有点自觉惭愧，故文章末尾笔者自荐一幅自绘的插图（图6），画得不好仅供大家一笑。

图6　笔者为《大突破——20世纪重要科技发明与发现》

（东方出版中心出版）所绘插图

原载《科普研究》2006年第5期

科学与人类和谐

张开逊

人类向往和谐。

在遥远的古代，人类面对严峻的生存环境只能在梦境与神话中寻找和谐。科学丰富了人类的知识，增强了人类的能力；建立在科学发现基础之上的现代发明为人类的多种愿望提供了实现的可能性，使人类能够实现更高境界的和谐。

人类的和谐包括人与自然的和谐、人类相互关系的和谐以及人类个体内心世界的和谐。在这三个方面，科学及其表现为物化形态的技术能够提供有益的帮助，使和谐具有深厚的理性基础与物质保障。

人类从发明工具至走出石器时代经过 250 万年的艰难历程，那时候，地球上人口总数只有数百万。历史学家估计，公元前 4000 年全球总人口大约 600 万，不到今天北京人口的一半。进入青铜时代之后，人口开始迅速增加。公元前 500 年，全球总人口增加到 1 亿。工具的进步提高了人类活动的水平，人类为自己营造了比较适于生存的环境，3500 年间人口数量增加了 15 倍。

产业革命之前，人类长期在农业社会徘徊，技术进步缓慢，与之伴随的是人类生存条件的缓慢改善。从公元之初到公元 1000 年，全球人口由 1.6 亿增加到 2.6 亿。

从 1950 年到 2000 年，50 年间世界总人口从 25 亿增加到 61 亿，超过了人类这一物种数百万年里增长的总和。其间，世界人均收入增加了 2 倍。人口增长加上收入提高使得全球经济产出从 1950 年的近 7 万亿美元增至 46 万亿美元，增长将近 6 倍。而这 50 年正是建立在科学基础上的现代技术全面介入人类活动的 50 年。

从 1750 年到 2000 年，250 年间世界人口平均寿命从 35 岁提高到 70 岁。这一时期，正是人类开始借助化石燃料提供的动力摆脱沉重体力劳动的时期。同时，在科学的推动下，农业、工业和医学获得了迅速的发展。科学与技术

235

在诸多领域的进步总体上为人类提供了前所未有的生存环境。

1914年至1918年间发生了第一次世界大战；21年之后，1939年又爆发了第二次世界大战，这次世界大战1945年结束，至今已经62年，差不多是"一战"与"二战"之间间隔的3倍；现在还没有发生世界大战的迹象。20世纪后半期以来，人类能够赢得持久和平，科学技术的发展与传播起着重要的作用：其一，现代科学技术使人们能够以和平的方式获取巨大的财富，通过生产和贸易获取经济利益比战争更加可取；其二，科学使人类更加理性；其三，科学使人们理解现代战争的严重后果。

财富、人口和人类寿命的持续增加，以及今天的持久和平，似乎表明科学技术进步正在理所当然地为人类带来幸福与和谐。然而，情况远比人们想象的复杂。

产业革命以来，人类义无反顾地将文明建立在化石燃料基础之上；继煤之后，人们又选中了石油。这些在宇宙演化历程中只能出现一次的资源，在人类轰轰烈烈的前进步伐中不断化为力量与财富，同时化为温室气体和大气中的有害成分。建立在化石燃料基础上的现代技术对自然的扰动远远超过了漫长的农业社会人类对生态的破坏。科学共同体不断公布证实全球变暖的最新观测数据一次次震撼着人们。因为，这种变暖的趋势不仅意味着人类会失去美丽的沿海家园，而且有可能面临空前的生态灾难。更糟糕的是，不久这些化石燃料就会被用光，而今天的替代能源技术远远没有做好迎接这一天到来的准备。一路飙升的油价不停地冲击着世界的和谐，提示人们人类走出能源困境还需要付出艰苦的努力。

从20世纪40年代开始，人类开始从原子核索取能量，核科学的研究成果使人类看到了走出能源困境的希望。今天，核电已经占全球总发电量的16%；在2006年，核能提供的电力已经相当于燃烧10亿吨煤获取的能量。然而，与人类的需求相比，这仍然是一个很小的数目。地球上铀235的储量只能供人类和平利用数百年，而可以利用铀238产生电力的快中子核反应堆技术还没有达到实用的程度，人们寄予厚望的可控核聚变研究距离实用仍然十分遥远。

人类为准备核战争付出的努力远远超过核能的和平利用。1961年，苏联在北冰洋新地岛爆炸了一枚试验氢弹，其爆炸力相当于6000万吨TNT炸药，相当于第二次世界大战中人类使用爆炸物总量的6倍。20世纪80年代，美苏两国核军备竞赛达到高潮时，总共制造了12.5万枚核弹，它们的爆炸力足够摧毁地球若干次。按全世界 60 亿人口计算，平均分摊到每个人的核爆炸力相当于 2 吨以上 TNT 炸药。或许，人类与动物之间最大的区别是动物知道自己需要什么，而且知道需要的程度，而人类却不然。

在发展核技术的同时，人类探索太空的努力取得了重大的成就，极大地拓展了人类知识的疆界，拓展了人类活动的空间。1954 年人类发射了第一颗地球卫星，13 年之后人类登上了月球。今天，人类的探测器已经近距离考察了太阳系的诸多行星和它们的数十颗卫星，其中，一些精巧的探测器至今还在它们的表面上进行细致的科学研究。

航天技术的进步使人类有可能避免 6500 万年前恐龙灭绝的命运。今天的技术已经能够使人们及早发现可能撞击地球的小行星，并且有可能改变它们的轨道以保证地球平安。在数十亿年之后，当太阳即将耗尽自己的物质成为红巨星吞没太阳系行星之前，人类能够利用自己创造的空间技术安全地到太空寻找新的家园，使人类在宇宙永生。今天，科学已经使人类有能力同宇宙的灾难抗争。

人类的科学探索活动常常源于崇高的非功利动机，而后来却走上另外的道路。1927 年，液体燃料火箭研究的先驱戈达德（1882—1945）曾在一篇笔记中写过："探测太阳系之外的恒星，应该选择海王星的一颗卫星做出发点。在那里装配设备，使火箭起飞。"然而，戈达德加了一句话："这些笔记只能由乐观主义者阅读"。这时戈达德的火箭仅重 4.5 千克，飞行时间 2.5 秒，飞行距离 56 米，火箭发射后落到了邻居的菜地里。然而，空间科学技术在刚刚诞生的时候就承载着战争的使命。1944 年 9 月，在布劳恩（1912—1977）领导下，德国研制成功飞行速度为 1700 米/秒的火箭，它们以酒精和液氧为推进剂，在约 100 千米高空飞行，射程达到 320 千米。仅在 1944 年 9 月至 1945 年 3 月，纳粹德国就向英国本土发射了 4300 枚这种火箭。这些"喝酒的火箭"在它们诞生之日没有飞向太空，而是立即飞向人类自身。

今天的洲际导弹已经装上了核弹头。2007 年初，俄罗斯核武库拥有近 1.55 万枚核弹头，其中 5670 枚核弹处于战斗值勤状态；美国拥有 9660 枚核导弹，其中 5735 枚在役。如果人类用核弹头攻击自己的同类，无论在地球上或是宇宙空间，被攻击者都已经无处藏身。如果被攻击者以相同的方式报复，人类很可能迅速回到石器时代。

造成这种局面最根本的原因可能是人类工具性智慧与人文、哲学智慧的严重脱节。近代科学出现之前，科学与人文、哲学常常结伴而行。在古希腊，科学、哲学与人文几乎同时达到自己的高峰，当时的许多著名剧作家、诗人、艺术家、哲学家、科学家的名字人们至今仍然十分熟悉。近代科学诞生之后，自然科学研究开始建立在实验基础之上，人类以新的方式探究宇宙的奥秘，相继发现了一系列基本的自然规律。建立在这些科学发现基础之上的现代技术以前所未有的力量震撼世界，迅速改变着人类的活动方式，使人类走出农业社会，在400年间相继跨过蒸汽时代和电气时代，进入信息、核能和太空时代。人类技术发明的进程突然加速，应接不暇的新事物纷纷出现。面对这种变化，经济、军事、政治开始与科学技术联姻，这种联姻的声势越来越大。科学革命与产业革命浪潮席卷大地的时候，哲学家的声音显得十分微弱。哲学与人文并没有对科学技术表现出应有的亲昵，在相当多的场合反而疏远了它们。哲学家与人文学者或许更喜欢在清静的书斋里独自研究那些古老的命题，对世界上由于科学发展引起的变化似乎并不那么关心。科学技术经常被另一种力量推动着前进，它们过多承载了人类欲望的使命。

在当今人类的科学技术活动中，过细的学科分化使许多学科领域出现了孤立的价值观。许多情况下，这种孤立的价值观有可能背离人类的终极目标。例如，研究汽车的学者无一例外将"速度"与"舒适"作为自己追求的目标，竭尽智慧与热情努力实现它们；可是他们很少思考人类到底需要多高的速度与什么程度的舒适，更不会思考为了这种"速度"与"舒适"，世界需要付出多大的代价。再如，人类发明火药之后，开始出现一种新的现象——"爆炸力崇拜"，研究爆炸的学者更将这种崇拜推向极致。从令人愉悦"啪啪"作响的爆竹一直发展到足以摧毁地球的超级氢弹，这些成果是当之无愧的"技术进步"，然而并不是人类的福音。人类的科学研究一定要在哲学智慧的引领之下进行，认识与改变世界的工具性智慧应该在崇高的人文情怀规范之下发展。

长期以来，市场一直主导着人类的经济与发明创造活动，这种以利益为驱动力的人类行为使我们的世界看起来充满生机。市场需求是人类的现实需求，其中相当多的成分是无节制的感官需求，这种需求很大程度上是由人的本能驱动的，基本上不考虑未来。市场可以在有限的时间导致人类的繁荣。然而，在宇宙演化的时间尺度上，这种生动的景象不可能持久，人类需要超越市场的精神力量走向未来，这就是科学的思索与哲学的理性。

从古到今，人类依靠法制与道德规范自己的行为，维护文明的秩序。法制呼唤正义，道德呼唤善良。今天，仅仅有正义和善良是不够的，还必须有科学的理性精神。现代科学技术已经远离人们的经验与常识，公众对科学感到陌生。在许多情况下，公众难以估计、判断现代科学技术对社会和人类未来的影响，主持正义、心地善良的人们可能由于缺乏科学的理性精神做出错误的决定。现代社会中每个人都享受着科学技术带来的好处，每个人都有可能利用科学技术为自己的目的行事，只有在科学成为大众文化的社会里，人们才能正确地运用科学技术。科学智慧通过传播、普及成为社会的常识，不仅可以使科学更有效地为人类造福，而且能够成为避免滥用技术的理性制衡力量。作为现代社会的精神支柱，除了法制、道德之外，应该加上科学。

目前人类面临的问题只是人类未来面临问题的冰山一角而已。今天，人类活动正在一步步逼近文明的底线。人类文明有3条不能越过的底线，它们是人类的生存环境、支撑文明的物质条件和人类自身的和谐。

在亿万年生命演进的历程中，人类形成了对大自然固定不变的生理需求，这就是人类生存必需的生态环境。人类不可能在短时间内改变自己的生理特征适应日益恶化的环境，然而人类在不经意中常常几十年、几年甚至几个月之内使环境严重恶化。按照热力学第二定律陈述的法则，恶化的环境重新恢复是极为困难的，高级形态文明存在的条件远比初级形态文明需要的条件多。维系现代文明需要的物质条件，不仅包括不断增长的能源需求，还包括保障文明运转必需的各种生产资料，以及不可能返回原始时代的现代人类的多种物质需求。愈是高级形态的文明愈加脆弱，一旦这些必需物质的供应链断裂，或者突然出现某种生产、生活要素的缺失，文明可能会受到严重的冲击。人类从诞生之日起，就是一个相互依存、协同活动的社会性共生群体。在这个星球上，人类已经没有天敌，自身的和谐是这个群体存在的前提。古往今来，虽然人间战争不断，但是由于武器本身的局限性，人类可以一次次修复战争的创伤，使文明得以持续存在甚至愈加辉煌。今天则不然，如果人类之间的冲突达到不可调和的程度，一旦开始运用现代技术大规模攻击自己的同类，已经没有胜负可言，人类的整体会付出难以想象的代价。

这三条底线是人类文明的基础，是托起人类舞台的支柱。如果漫不经心的人类在盲目乐观与荒唐的欲望驱使下使自己的舞台坍塌，将是宇宙间最大的悲剧。

现代科学技术已经成为一串神秘的钥匙，可以为人类打开天堂之门，也可以打开地狱之门。人类为了自己的和谐与幸福必须严肃地思考今天的处境，应当重新审视人类创造活动的终极价值，探究驾驭人类创造力的智慧。

科学不仅需要探究宇宙的奥秘，创造改变物质世界的方法，还应该认真地研究人类，探究人类需求的本源，探究人类合理的需求"度"，努力寻找自然与人类默契的结合点，努力研究修复自然创伤的新技术，研究实现人类和谐的途径。当学者们在这条道路上与哲学家会合的时候（或许他们自己已经成为哲学家），将标志着人类科学活动达到一个新的境界。

　　人类通过不懈的努力创建了辉煌的文明，幸福与和谐是文明的核心内容。科学能够使人类到达更高境界的和谐，为和谐赋予崇高的含义。

原载《科普研究》2007 年第 6 期

翻译：沟通中西科学文化的恒久渠道

李大光

中西的科学翻译大致可以分为这样三个阶段。（1）明末清初西方传教士的西学东渐所引发的科学翻译。（2）20世纪最初20年，中国留美学者以创办《科学》和建立"中国科学社"等模仿西方科学社团的形式，试图完整地介绍科学的概念、科学的价值和科学文化为主要目的的翻译高潮。其中新文化运动对于引进西方科学思想也起到十分重要的作用。由于战争和社会的动荡，这段期间的翻译呈现出不稳定的发展过程。（3）新中国成立后，科学翻译呈现出不稳定，但是持续发展的趋势。这段时期科学翻译的主要特点是：受意识形态影响；由自然科学和技术普及翻译为主，逐步呈现科学技术知识翻译与科学文化翻译并重的多元化科学翻译趋势。

西学东渐"永垂不朽"

从16世纪的方济各·沙勿略、巴莱多、培莱思、范礼安等因明朝实行闭门锁国，"他们不得其门而入"，到1580年，意大利传教士罗明坚随葡萄牙商人进入广州假借商业活动，向两广总督行贿，得以在肇庆建立教堂，后于1583年把利马窦（意大利，1583—1610）带来中国开始，以利马窦等为首的西方传教士打开了中国的大门。他们做的事情不仅仅是将西方的科学技术介绍到中国，同时也将中国文化、宗教和技术介绍到西方。

对于在明清时期耶稣会士的"学术传教"活动，后来的学者议论不一。但是，无人否认，这些高鼻蓝眼的洋人以极其巧妙的各种手段所进行的科学传播活动给中国带来了重要影响。李约瑟（Dr. Joseph Needham，1900—1995）认为："在文化交流史上，看来没有一件足以和17世纪耶稣会传教士那样一批欧洲人的入华相比，因为他们充满了宗教的热情，同时又精通那些随欧洲文艺复兴和资本主义兴起而发展起来的科学……即使说他们把欧洲的科学和数学带到中国只是为了达到传教的目的，但由于当时东西两大文明仍互相隔绝，这种交流作为两大文明之间文化联系的最高范例，仍然是永垂不朽的。"

　　明末清初来华的大约70多位传教士的译著共成书400余种，利玛窦、汤若望、罗雅谷、南怀仁4人的译著就达到75部。其中科学的占到130余种，主要涉及天文历算、数学、物理和机械工程学、采矿冶金、军事技术、生理学和医学、舆地学、语言学、经院哲学和论理学等。

　　从明清时利玛窦到最后一个传教士钱明德去世的大约200年，是中国翻译史上继佛经翻译后的第二个翻译高潮。但是，从科学翻译史角度讲，这是科学翻译的第一个高潮。这次高潮不仅打开了中西交流大门，而且引起皇室和中国学者对西方科学的兴趣，徐光启、李之藻等人开启了中西学术合作的历史。徐光启与利玛窦合作翻译了《几何原本》的前6卷，在后来的两个半世纪之后，由李善兰与传教士伟烈亚力联袂补译了后9卷。

　　笔者认为，传教士们在中国的学术活动，尤其是翻译活动，更重大的意义在于开启了中国科学翻译的机构建设和学术活动建制化。于1868年成立的江南造船局翻译馆将傅兰雅、金楷理等传教士与中国学者合在一起从事翻译，不仅大大提高了翻译的速度和质量，同时也开启了中西文化融和的新方式。傅兰雅的"格致汇编社"和出版中国最早的《格致汇编》（1876年2月—1881年1月为月刊，后1891年3月—1892年冬为季刊）对于中国人了解和借鉴西方的科学传播模式具有不可忽视的意义。

　　甲午之后西学数量多于甲午之前的主要原因之一是留学运动的兴起。这种判断大概是有一定道理的。从1895年到1911年，译书之风大盛，各种报刊如雨后春笋，不少报纸都刊载译文。在这段期间，梁启超、严复、康有为、罗振玉、王国维、蒋斧、杜亚泉等人的贡献最为突出。他们不仅办刊、翻译，同时对翻译的技巧、中西文化的差异、翻译的规范与要求等都有重要的观点和研究。而对科学文化的传播，具有启蒙作用的当属严复。严复翻译的意义已经超越文化译介，而成为启迪民智的先驱。"最早提出'民智'问题的是启蒙思想家严复"。

　　"严复一个人所译的《天演论》、《原富》、《法意》、《名学》等几部书，实在要比一大批传教士与洋务人士30年间所出的全部作品和书籍，更能适应这时代的要求，更能满足这个时代的热望。"其中，对当时的国人最具震撼力的当推《天演论》。这本译作是严复根据英国生物学家托马斯·亨利·赫胥黎

1893 年发表的《进化论与伦理学》和《进化论与伦理学导言》两本书编译而成的。美国学者本杰明·史华兹在其《寻求富强：严复与西方》中认为，《天演论》是在译者对赫胥黎的学说完全理解的基础上，同时将斯宾塞主要的观点进行了充分阐述的编译之作。严复与其他译者不同之处在于，他的译作具有明确的目的。严复翻译《天演论》的政治目的，是用进化论的"物竞天择，适者生存"原理，反对顽固派的保守思想，向国人敲响祖国危亡的警钟。《天演论》译成出版后，轰动了整个中国思想界，尤其是在上层人物和知识分子中产生了巨大影响。康有为从梁启超处看到《天演论》译稿后，说"眼中未见此等人"，承认严复翻译的《天演论》"为中国西学第一者也"。1898 年定稿刊刻后，《天演论》对于社会的影响就更深远了。当时，小学教师往往拿它做课本，中学教师多以"物竞天择，适者生存"做作文题目。关心中国存亡的爱国青年，也都争相阅读此书。鲁迅在《锁记》一文中曾说，他在南京上学时，"看新书的风气便流行起来，我也知道了中国有一部书叫《天演论》。星期日跑到城南去买了来，白纸石印的一厚本，价五百文正。翻开一看，是写得很好的字，开首便道'赫胥黎独处一室之中，在英伦之南，背山而面野，槛外诸境，历历如在机下。乃悬想二千年前，当罗马大将恺彻未到时，此间有何景物？计惟有天造草昧……'哦，原来世界上竟还有一个赫胥黎坐在书房里那么想，而且想得那么新鲜？一口气读下去，'物竞天择'也出来了，苏格拉第、柏拉图也出来了。"于是鲁迅"一有闲空，就照例吃侉饼、花生米、辣椒，看《天演论》"。

从维新失败到 1909 年期间，严复翻译出了对当时的中国产生重要影响的 7 本书：（1）亚当·斯密斯的《原富》（1901—1902，原名为 *Inquiry into the Nation and Cause of the Wealth of Nations*，后人译为《国富论》）；（2）赫·斯宾赛（H. Spencer）的《群学肄言》（1903，原为 *Study of Sociology*，后人译为《社会学研究》）；（3）约翰·斯图亚特·密尔（John Stuart Mill）的《群己权界论》（1899，On Liberty 后人以为《自由论》）；（4）甄克斯（E. Jenks）的《社会通诠》（1904，*History of Politics*，后人译为《政治史》）；（5）孟德斯鸠的《法意》（1904，*Spirit of Law*，后人译为《法律的精神》）；（6）米尔的《穆勒名学》（1909，*System of Logics*，后人译为《逻辑体系》）；（7）杰文斯的《名学浅说》（1909，后人译为《逻辑学》）。严复翻译的 8 本书涉及生物进化论、社会学、经济学、政治学、法学和逻辑学等领域，超过 200 万字。严复自己认为："有数十部书，非仆为之，可决三十年中无人为此者。"

明清时期的科学传播以西方传教士的学术传教为主要形式。他们虔诚的传教精神浸润了科学技术的传播，对于中国国民的启蒙具有重要的意义。其意义主要在于使得中国当时的文人学士了解和接触了西方的科学技术，对于带动中国的翻译机构的建立、学术期刊的创办和翻译的规范起到了重要的影响作用。但是，更重要的是，李之藻、徐光启、严复、梁启超、康有为等人积极引入西方科学并对西方科学的功能、文化意义做了讨论。他们的观点对于中国后来的科学文化的发展具有积极的意义。

科学社会化与科普翻译

民国时期，中国进入了由中国科学家和知识分子自己成立组织并开始系统建立科学技术研究体系，同时开始有组织地进行科学技术传播的活动。这两个组织是：（1）1914 年成立的"中国科学社"（Science Society of China），并于 1915 年创办《科学》；（2）1932 年"中国科学化运动协会"成立，开展了中国科学化运动。该组织于 1933 年创办《科学的中国》杂志（1933—1937）。这个时期的主要特征是：以留美科学家为主的学者以"科学救国"为目的，模仿英国皇家学会的模式，自发成立组织和积极开展关于科学普及的讨论和以普及科学知识为主的科普的活动；政府和个人资助；科普概念和理论呈现多元化现象。其中，这两个科学组织通过自己创办的科学刊物，大量翻译了西方科学技术和科学方法以及科学精神的文章。中国科学社成员做的另一个重要事情就是《科学大纲》的翻译。《科学大纲》是英国生物学家、博物学家兼科普作家 John Arthur Thomson（1861—1933）爵士主编的 4 卷本高级科普巨著。《科学大纲》（The Outline of Science）第一卷 1922 年 8 月问世，两个月里就重印 8 次。1937 年出版的合订本厚达 1220 页。"全书用 38 章介绍了天文学、地质学、海洋生物学、达尔文进化论、物理学、微生物学、生理学、博物学、心理学、生物学、化学、气象学、应用科学、航空学、人种学、健康学等学科知识，最后一章为'科学与近代思想'，分 10 小节讨论科学的目的、态度、方法、范围、分类和限度、科学与感情、科学与宗教、科学与哲学、科学与生活等科学思想。""汉译《科学大纲》译者多数为中国科学社社员。"这本书后来成为毛泽东的藏书。

同时在 1915 年兴起的"新文化运动"，以《新青年》杂志请"德先生"

和"赛先生"为口号的呼唤新文化的强音，掀起了科学社会化和科学普及的高潮。以任鸿隽等为首的留美学者认为："鉴于祖国科学知识之缺乏，决意先从编辑科学杂志入手，以传播科学提倡实业为职志……"《科学杂志》于民国四年（1915年）1月正式创刊，内容以"阐发科学精义及其效用为主"，"以传播世界最新知识为帜志。"在传播的知识中包括科学精神、科学方法等理论知识和科学发明、科学应用等实用知识。1915年，发明大王爱迪生在得知中国的《科学》创刊的信息后，曾发出"伟大中华民族在觉醒"的感慨。20世纪40年代中期，著名科技史家、剑桥大学李约瑟教授曾称许《科学》期刊为中国之主要科学期刊，并把它与美国的《科学》杂志、英国的《自然》杂志相提并论，称之为科学期刊的 A（America）、B（Britain）、C（China）。

中国科学化运动协会在其《科学的中国》创刊号的重要文章《中国科学化运动发起旨趣书》中阐明，成立中国科学化运动协会的目的就是要集合起研究自然科学和实用科学的人士，把科学知识"送到民间去，使它成为一般人民的共同智慧，更希冀这种知识撒播到民间之后，能够发生强烈的力量，来延续我们已经到了生死关头的民族寿命，复兴我们日渐衰败的中华文化，这样，才大胆地向社会宣告开始我们的中华科学化运动的工作。"

在民国时期，翻译最多、影响最大的国外科普作家是法国著名博物学家和文学家法布尔（Jean Henri Casimic Fabre，1823—1914）。1923年，周作人称颂法布尔是"诗与科学两相调和的文章"。鲁迅也对法布尔的《昆虫记》推崇备至。他甚至借《昆虫记》对中国的科普文章发议论道："可看的书报实在太缺乏了，我觉得至少还该有一种通俗的科学杂志，要浅显而且有趣的。可惜中国现在的科学家不大做文章，有做的，也过于高深，于是就很枯燥。现在要 Brehm 的讲动物生活；Fabre 的讲昆虫故事似的有趣，并且插很多图画的。"从民国时期翻译的法布尔的著作中可以看出，当时译介进来的法布尔的书已经达到 10 多种。在那个时代确实是够多了。

民国时期，译介进来的伊林的作品达到 20 多种。

20 世纪 20 年代，爱因斯坦的相对论轰动世界。相对论的翻译在整个翻译高潮中显得很突出。从 1917 年到 1923 年期间，各种刊物上登载的关于爱因斯坦以及相对论的论著、译文、通信、报告和文献等竟然达到 100 多种。1921 年，《少年中国》推出"相对论号"。《科学》在 1921 年 3 月 16 日刊载了杨铨翻译的《爱因斯坦相对论》。

上海商务印书馆 1936 年 3 月出版的《万有文库·自然科学小丛书》第二

集第 646 种就是沈因明翻译的《爱因斯坦传》。另外，还有叶蕴理翻译的爱因斯坦文集《我的世界观》和刘佛年翻译的《物理学的进化》。这些作品都可以说是科普作品。

民国时期的翻译已经呈现出中国学者在意识到启迪国人的科学意识、推动中国的科学文化以后，主动跟随世界科学技术发明和发现的重大事件进行翻译和介绍的主动性。在科学技术的普及作品中，已经具备鉴赏科学普及佳作的能力以及开始总结和推广科普创作经验。法布尔的作品影响了中国的一代科学家和学者，以至于现在健在的科普人仍然对法布尔等国外作家和作品津津乐道。爱因斯坦的理论和这位世界顶级科学家的故事对中国的科学文化的影响也许是难以简单评价的。

新国家与新科普

1950 年 8 月，中华全国自然科学工作者代表会议在北京正式召开，这次会上成立了中华全国自然科学专门学会联合会（全国科联）和中华全国科学技术普及协会（全国科普）。这个会议不仅建立了新中国第一个科学组织，而且成立了第一个科学技术普及组织。1958 年中国科协成立，在其第一次会议上，明确表明党对科学具有绝对的领导权，逐步废除过去的科学技术组织，讨论内容集中化，科学组织重视科普工作。从此，个人会员制度逐步过渡到单位会员制度，经费得到政府的资助，科普活动受到意识形态和政治运动的影响，科普翻译也受到这种形势的影响。

新中国成立初期，在全国学苏联的热潮中，科学翻译在原著上的选择也基本上都是苏联的，科普翻译当然也不可能是例外。苏联科普作家作品的翻译，最多的是伊林、别莱利曼、别列亚耶夫、费尔斯曼、齐奥尔科夫斯基等。其中伊林的作品影响最大。在翻译引进的 10 多种科普书中，《十万个为什么》、《不夜天》、《黑白》、《几点钟》、《在你周围的事物》、《自动工厂》、《原子世界旅行记》、《人怎样变成巨人》和《书的故事》是其代表作。其中《十万个为什么》得到甘子钊等著名物理学家和科学家的赞扬。伊林的其他20 多种翻译作品也曾经是中国当时最有影响的科普翻译作品。别莱利曼的一系列的以"趣味"命名的科普书（《趣味物理学》、《趣味天文学》、《趣味代数学》、《趣味几何学》、《趣味力学》等）甚至影响了一代科学家的成长。著名化学家卢嘉锡就曾经谈到其父亲收藏的别莱利曼的科普书对他的影响。从他的谈话似乎让我们感到当年的苏联科普作品甚至对两代科学家产生过影响。

除了苏联科普作家的作品以外，还有奥地利科学家薛定谔和法国天文学家弗拉马里翁的作品翻译也在那个时代的中国科普翻译史上留下了浓重的一笔。弗拉马里翁的《大众天文学》在 1965 年由李珩翻译，科学出版社出版以后，由于其内容的翔实和图片的精美而俘获了许多青年读者。在随后的几次重大的天文科普事件中，这部重要的天文科普书都得到了重提和议论。尤其是 1957 年北京天文馆建成以后的繁忙的日子里，李珩和李元经过了长达 1 年多的时间，将这部巨著翻译完成。尽管在"文化大革命"期间，这部书被认为是宣扬了资本主义文化的"毒草"，但是，2003 年，在历经坎坷之后，这部优秀的天文科普书终于又重新修订出版。但是，历史沉重的脚步已经迈过了整整 40 年。

笔者认为，改革开放初期，中国的科普并没有像经济领域或者其他领域那样经历过迅速升温、经历阵痛和改革奋起的阶段。真正的科普热潮是在 90 年代逐步开始的。但是，中国的科普创作一直到今天都没有出现过真正的崛起，尽管政府和有关部门在极力鼓励科普创作。这是一个复杂的问题，需要进行专门讨论。从 90 年代开始到现在，真正有影响的好科普书大概还是翻译作品。在这段期间，法布尔、阿西莫夫、阿瑟·克拉克、约翰·格里宾、卡尔·萨根、伽莫夫、克鲁伊夫、加德纳、霍金、托马斯、古尔德等著名的世界级科普作家在中国掀起了一个接一个的小高潮。这些人的作品不仅带给了改革开放后国人新知识，同时，在科学文化、价值理念和科学的多元化等方面起到了震动作用。这些作家的作品让中国的学者不断产生疑惑：他们的知识范围为何如此广阔？他们对科学与社会、科学与文化、科学与伦理、科学与政治等各个领域之间的理解为何如此之透彻？他们的研究范畴为何如此广阔？他们为什么能够讲清楚自己领域的研究与这些知识之间的关系到底是什么？他们所接受的教育是怎么样的呢？

法布尔永远是个谜。他的名字几乎贯穿了迄今为止的中国科普翻译史。从民国 20 年开始英文版翻译引进，到新中国成立后对民国时期的译本再版重印，直到 90 年代，法布尔的《昆虫记》再次得到国内几家出版社的同时关注和出版。从 1992 年到 1999 年短短的 7 年时间内，共有 19 种法布尔的书出版。这个消息如果让已经辞世 97 年的法布尔知道，不知作何感想。对待法布尔的态度浸润了老一代科学家和科普人的热忱和对过去时代的怀念。在得知花城出版社在 2001 年准备再次出版法布尔的书的时候，郭正谊先生说："值得大书一笔的是在新世纪的开始，花城出版社推出了《昆虫记》十卷的全译本，我个人认为这件事在科普界的意义不比文艺界出版的莎士比亚戏剧全集差。"

艾萨克·阿西莫夫（Isaac Asimov，1920—1992）这个科普写作的奇才一生写了接近 500 本科普书。从 70 年代开始，中国开始译介他的作品。在很多引进阿西莫夫的作品的人中，我认识的卞毓麟是贡献很大的天文学家和科普作家。在引进阿西莫夫的作品过程中培养了几个著名的阿西莫夫迷和引发了一些科普事件。进入 21 世纪以后，南京江苏教育、上海科技教育、福建海峡文艺、内蒙古人民等出版社都翻译出版了阿西莫夫的作品。据说，到 2001 年为止，国内已经出版了 80 多种阿西莫夫的作品。关于阿西莫夫的讨论文章也经常出自资深学者和著名记者之手，比如林自新、李元和尹传红等。

与法布尔等科普作家在中国的命运相比，卡尔·萨根（Carl Sagan，1934—1996）的命运就差多了。卡尔·萨根在科学技术普及方面做出的贡献使其成为 "20 世纪最伟大的科学普及家"。1980 年，他推出大型长达 16 集的电视序列片《宇宙》，在世界上引起极其强烈的反响，这部电视片被翻译成 10 多种语言，在 60 多个国家放映，观众达到 6 亿。这个电视片获得米·彼博迪大奖。与这个电视片配套的科普书籍《宇宙》是《纽约时报》连续 70 周发行量最大的畅销书，是历史上英语出版的科普书中发行量最大的书籍。他的一生著述甚多。除了各种科普文章以外，他还写了 30 本书。其中《伊甸园的飞龙》、《布鲁卡的脑》、《无人曾想过的道路：核冬天和武器竞赛的终结》、《被遗忘的前辈的影子》、《接触》、《彗星》、《宇宙中的智能生命》和《浅蓝色的圆点：人类在宇宙中的未来之展望》等书籍已经被翻译成多种语言。《伊甸园的飞龙》还获得美国普利策奖。国际天文学联合会于 1982 年将 2709 号小行星命名为 "卡尔·萨根"。萨根的巨大名声不仅给他带来荣誉，同时也给他带来财富。但是，他的名望在学术界引起争议。1992 年，他虽然被提名美国国家科学院院士，却落选了。两年以后，他被美国国家科学院授予公共福利奖。做科普出名并非一定在学术同行中得到承认，在美国也是同样。在萨根的 30 本书中，大概我国只译介引进了 10 本左右。萨根在国内的影响远远不及他在世界其他国家的影响。80 年代，中国的天文学家翻译了《宇宙》系列片全部 13 集。但是，中央电视台却没有播放。2001 年 12 月 23 日李岚清接见中国的三位科普界人士的时候，中央台才紧急调出当年的译稿，编制放映。

萨根的引进与当初引入者的初衷相比相差很远。但是，无论如何，从80年代初开始到90年代末，《伊甸园的飞龙》、《太阳系》、《外星人的文明探索》、《宇宙科学传奇》、《布鲁卡的脑：对科学传奇的反思》、《宇宙》、《伊甸园的飞龙：关于人类智慧进化的猜想》、《天涯何处是尽头》，《魔鬼出没的世界》和《宇宙的秘密》这10本书在中国的科普翻译史上还是具有相当的影响。

　　霍金（Stephen W. Hawking, 1942—）的书在中国的风靡让国人对科学类书籍的看法跌了一次眼镜。《时间简史》在1992年出版后，到2002年，年年重印，一年比一年多，总量已经达到数十万册。尽管学界对其译本的质量批评不断，霍金的书的内容也是晦涩难懂。但是，发行量之大，真正让人难以理解。是不是霍金老先生残疾人的不屈不挠精神感染了中国人？还是刘兵教授动人的忽悠"读霍金，懂与不懂，都是收获"确实起到了作用？抑或是国人认为在自己新装修好的房子里不放一本霍金就品味低下？这基本上可以做一个课题了。

　　1999年，科技部、中国科协、中国科学院开展的"科学家推介的20世纪科普佳作评选"活动对带动中国的科普书的翻译起到促进作用。90年代后期，科普的观念发生了重要的变化。科普的目标已经不仅仅局限于科学知识，而是将触角广泛地伸展到科学思想、科学方法和科学精神范畴。作品的内容也广泛地涉及科学史、科学伦理、科学家传记、博物学、环境伦理、科学与社会的关系、科学社会学、科学传播理论、科学教育改革、科学家的故事等。许多人已经不再将这类书籍叫做科普书，而称为科学文化书籍。这是科普书籍意义发生超越的和革新的时期。这些书籍的出版以及由这些书籍所引发的评论和讨论，开启了科学文化书籍的新时代。这个时代最重要的特征就是科学文化丛书的出现。由湖南科技出版社的《第一推动丛书》为起点，上海科技教育出版社的《哲人石丛书》和《百大画库》、上海科技出版社的《大师佳作系列》、江西教育出版社的《三思文库》、吉林人民出版社的《绿色经典文库》、江苏教育出版社的《金苹果文库》、湖北科学技术出版社的《人与自然丛书》、中国对外翻译出版公司的《科学与人译丛》、三联书店的《科学人文丛书》、江苏人民出版社的《剑桥文丛》、上海译文出版社的《当代世界名人传记丛书》、上海教育出版社的《通俗数学名著译丛》、河北大学出版社的《计算机文化译丛》、湖南教育出版社的《世界科普名著精选》等形成了科学文化翻译的各个方阵。在这些方阵中，上海科技教育出版社的《哲人石丛书》的阵容强大，截至2007年年底，《哲人石丛书》已经翻译出版了多达75种书籍。《哲人石丛书》可以说是改革开放以来新时期最具科学人文学术含量的科普图书翻译工程，相继入选"九五"、"十五"、"十一五"国家重点图书出版规划。最近几年上海科技教育出版社的《技术史》、《世界科学技术通史》、《科学是怎样败给迷信的》、《背叛真理的人们》等书不仅对科学技术史研究产生影响，而且进入了科学传播硕士生教育。笔者在教学中要求所有的学生都要写《科学是怎样败给迷信的》读书报告，收到很好的效果。

科学文化类丛书的特点是：（1）出版人已经将关注点不仅仅放在世界著名科学家的作品上，而是根据科学技术发展的进展，以国际学术界对科学所引发的各种问题的争论为关注点引进图书；（2）基本以自然科学为主线，拓展到科学家的传记、故事、历史、环境与人类命运的关系等领域；（3）丛书传播的思想不再是线性的、单一的对科学的认识，而是在更广阔的范围内对科学进行了观察；（4）科学文化书籍引进人由接受过很好的科学教育和训练，同时对科学文化有很好理解的年轻人构成，他们很多人的背景是科学史、科学哲学、自然科学和人文科学，这种知识结构增强了对国际潮流和国内需求的敏感性；（5）科学文化翻译质量和出版质量有显著提升，具备收藏价值的书越来越多。

翻译：科普原创呼声中的地位认识

与国人对创新的认识一样，科普界也对原创进行了政策上的倾斜和支持。但是，根据北京开卷图书市场研究所对其监控的全国130多家书店的销售数据统计，2002年引进版科普图书动销品种仅2772种，只占本土原创科普的1/4强，但销售码洋所占比重并不低，占了科普总体的39.3%，约为本土原创科普图书的2/3，这主要因为引进版科普图书大多印刷质量较好，其中不乏精美之作，图文并茂者颇多，"身价"也就相对比较高，因此，虽动销品种并不多，但经济效益并不菲。在科学文化的影响方面，我们仅仅从科普文章和科学文化类文章引用频率上，还是能明显地感觉到翻译文章占了上风。

从文化影响上看，在近些年关于科学教育、科学传播、科学与宗教、科学与环境、科学伦理、科学与社会、环境问题的科学与文化等重要领域的讨论中所引用、借鉴的观点频率看，多数都是国际著名的科学文化类图书介绍和阐述的。我们无法否认这一点。

一个国家没有创新是没有出路的。但是，我们也必须承认，由于我们的教育思想、讨论的自由度、两种文化的结合，对科学本质的理解和融会贯通都还具有一定的差距。我国学者和科学家在创立适合本土文化的科学普及作品方面还有很长的路要走。我国的科普至少在今后相当长的时间内还需要依靠译介国外优秀科普作品，尤其是科学文化作品来提升我们的水平。这可能是不以我们的意志为转移的。

原载《科普研究》2008 年第 1 期

诺贝尔科学奖离我们有多近

——纵谈科学成就的机遇问题

王绶琯

1. 诺贝尔奖科学故事的启示

"我们离诺贝尔奖有多远？"近年来关心我国科学进步的人常会这么问。我们也常听到各种答案。我也有一个答案，即远虽是远，但说近却也很近。那么，诺贝尔奖离我们会有多近？

大家当然都注意到，诺贝尔奖没有包括数学和好些其他学科，评议上还出现过许多争议，比如相对论竟然没有入选（我国科学家的工作中也有应当入选而未入的），等等。但是总体上说，它的权威性毋庸置疑。这里我们说诺贝尔奖，是以它为象征、泛指自然科学（不包括工程技术）上"诺贝尔奖级"的成就，为的是讨论当前我们的科学综合实力与发达国家比相距多远，或多近。

诺贝尔奖授予自然科学的重大发现和科学方法的重大发明，属最高层次的创造性智慧。对于现代社会，创造性智慧的拥有是其实力所在，获奖多的国家综合实力就强。从全局看，在100年多一点的诺贝尔奖历史中，还没有一项工作出自中华大地。这当然不能不引起我们的高度关注。然而诺贝尔奖并非凤毛麟角，自然科学方面获奖者每10年不下六七十人。其中有一些旷世奇才，但大部分则是一般的优秀学者；有一部分工作依靠昂贵的精良设备，但也有不少工作选择或设计了适用而且相对低廉的设备来完成。因此，要问今天我们离诺贝尔奖的远近，就要看选择什么为参照。下面我们先就这个话题讲三个诺贝尔奖的故事。

1.1 第一个故事："脉冲星"的发现

20世纪60年代，英国剑桥大学的安东尼·休伊什设计并建造了一台占地达两个半足球场的特种射电望远镜。整个系统仅花费1万多英镑，但具有测量天体辐射快速变化的专一功能。休伊什的一位研究生，乔瑟琳·贝尔，用这具射电望远镜探测天体无线电辐射穿过行星际介质时引起的快速"闪烁"，意外地发现了一种发射出极其规则的快速无线电脉冲的天体——脉冲星。脉冲星很快便被证实为 30 年代初期根据恒星演化理论预言的"中子星"。

中子星的发现确立了当今恒星演化模型作为天文学一大理论支柱的地位，并以石破天惊之势引发了极端致密物体——中子星、黑洞的探讨。这一成就首先归功于休伊什所创的探测天体射电高速变化的实验，为此他被授予 1974 年度诺贝尔物理学奖。天文学界普遍将此视为他们师生两人共享的荣誉。因为其中乔瑟琳细致而敏锐的观测和分析为脉冲星的发现作出了同样重要的贡献。

1.2　第二个故事：宇宙微波背景辐射的发现

1965 年，美国两位年轻的天文学家彭齐亚斯和威尔逊，在利用贝尔实验室 6.1 米喇叭抛物面天线进行射电源的"辐射定标"时，发现了宇宙微波背景辐射。这是一次"巧遇"，但是对于把辐射定标做到极其细致者却是"必然的"。为此他们获得了 1978 年度诺贝尔物理学奖。

辐射定标是一项细致的基本性工作，要求尽量排除与待测目标的辐射混在一起的各类"噪音"。贝尔公司的这具天线原先用于人造卫星通信，因为实验不很成功而闲置，但是它有着屏蔽"地面噪音"的至佳性能，而且配备有"本机噪音"甚小的接收机。彭齐亚斯和威尔逊充分利用了这些优点。于是这台在本职任务上退休了的设备，在他们的手中变成了科研利器，帮助他们迎来了上述导致诺贝尔奖的先机，即率先发现宇宙中存在着一种布满空间的微波辐射。这一发现验证了大爆炸宇宙学的理论推测，使人类对于宇宙起源的认识跨入一个新的里程。

1.3　第三个故事：富勒烯（C_{60}）的发现

英国萨塞克斯大学的波谱学家克罗托在研究星际空间暗星云波谱中发现了富含碳的分子，想要在实验室里模拟它们产生的环节。他于 1984 年赴美参加学术会议时与莱斯大学的科尔相识，了解到该校化学家斯莫利设计的激光超团簇发生器技术正符合他所考虑的实验要求。于是 3 位科学家开始合作，并在 1985 年共同进行了自由碳原子成簇的实验。实验的结果产生了含不同碳原子数的原子簇，其中 C_{60}，也就是含 60 个碳原子的簇分子具有超常的稳定性。克罗托他们受建筑学家富勒设计的圆顶的启发，领悟到 C_{60} 的结构可以由 20 个正六边形和 12 个正五边形拼接出来的中空的 32 面体来描述（32 面体共有 60 个顶点，60 个碳原子各占 1 个顶点）。这个发现虽然未能解决星际分子的问题，但却开辟了一门新的化学分支——以 C_{60} 为标志的富勒烯分子家族。三位科学家为此被授予 1996 年度诺贝尔化学奖。实验之后几年，富勒烯的制备方法达到成熟，大量的研究与开发接踵而至，相继发现了 C_{44}、C_{50}、C_{76}、C_{80}、C_{84}、C_{90}、C_{94}、C_{120}、C_{180}、C_{540} 等纯碳组成的分子。此后又增加了碳纳米管等新的富勒烯家族成员。由于其特殊的结构和性质，富勒烯以其在超导、磁性、光学、催化、材料、生物等方面优异的技术性能，位居 20 世纪最有影响的发现前列。

这三个诺贝尔奖故事中的科学成就无疑都是巨大的，无愧于当代最高科学水平。但是这些成就中的每一个均属"巧遇"（附带说一句：这类"巧遇"在科学研究上并不罕见，往往是一种"必然的偶然"）；这几位科学家当时的研究课题（行星际闪烁，射电天体绝对测量，暗星云波谱，超团簇实验），学术水平上都和优秀科学刊物中日常发表的优秀文章没有太大差别；而在这之前，他们无论是作为研究生或教授，在学术界都尚未知名。可以说，在我们国家今天的科学团队中，这样层次的人才和研究工作并不罕见。由此看来，诺贝尔奖离我们未必太远！

但为什么这样的人才还没有脱颖而出？！

2. 科学成就的机遇问题

当然，我们故事里这些人物的成功并不是偶然的。首先，他们和许多科学家一样，是勤奋的；其次，他们具备的高科学素养（或天赋）得到了发挥的机遇并把握了时机；最后，他们开拓的实际上是一个富有机遇的领域（如新的探测功能、新的学科互渗等，只不过当时没有意识到罢了）。总起来说，他们获得诺贝尔奖的条件是"完备"的，可以表达为：

$$[科学成就] = [努力] \cdot [素养] \cdot [机遇]$$

其中"努力"包括了勤奋，"素养"包括了天赋，"机遇"包括了接触机遇的机遇。这种描述比通常说的"天才加汗水"多了一个因素——"机遇"。

实际上，这种描述普适于一切大的成就。科学历史上虽然常常出现耀眼奇才，但他们多数在做出可观成就之前也是不知名的。而他们同样也是凭自己的素养并把握了机遇才取得成功。其中，许多人在成长时期得益于求师交友的机遇还常常被传为佳话。

根据这种情况，现在我们来比较不同国家获得诺贝尔科学奖级成就的概率。如果假定国与国之间国民的勤奋本质没有什么差别，人口中赋有潜在科学禀赋的比例也没有什么差别，那么总成就的高低就唯一地取决于种种机遇，包括：国民最基本的谋生和受教育的机遇——宏观机遇；不同的人走进科学之前被发现和受引导的机遇——入门机遇；所有人进入科学之后自由探索、激励"火花"的机遇——学术机遇。

于是，回答诺贝尔科学奖离我们多近或多远的问题，便转化成为对各种机遇的研究和分析。

2.1 关于"宏观机遇"

作者曾在一篇文中提到："考虑大环境的'宏观机遇'：爱因斯坦和陈独秀是同龄人。在他们的青少年时期，灾难深重而正面临民族觉醒的中国大环境，相对于当时的西欧，有更多的机会产生杰出的革命家，而出现杰出科学家的机会则要少得多。这并不是因为那一年代的中国少年中值得造就的'科学苗子'比人家少，而是因为缺少适于'科学苗子'生长的土壤，是大环境阻碍了成材。"这种全国性的大环境，以我国当时的积贫积弱为起点，转变起来需要时间，而"文革"中又经历了一次大逆转。现在又已过去30年，比起以往，许多大城市和富裕小城市已进入"小康"，接受良好科学教育的人口前所未有地增多。大环境似乎已经向着诺贝尔奖的机遇靠近了一大截！

进入"小康"确实减少了埋没人才的概率。但是除了"宏观机遇"之外，同样重要的还有小环境中的个人机遇。历史上，牛顿当年如果不是有一位懂得科学的舅父，他就可能被留在家中务农，而科学史将会为之改写。在我国，很多人都听到过华罗庚年轻时候得到熊庆来帮助的故事。人们至今依然常把这些"幸遇"传为佳话。但是，如果把这佳话反过来听，就会发现它表达的实际上是："不幸的'不遇'"如此之多，以至于以"偶遇"为"至幸"。所谓佳话，反映出的正是人们对这种"不幸"习以为常、不去想它罢了！

而这正是我们现在应当想一想的事——"入门机遇"问题。

2.2 关于"入门机遇"

相对于"宏观机遇"，"入门机遇"属个人小环境。

首先，这样的机遇应当为谁而创？让我们再次引用笔者旧文。

"看一下杰出科学家作出杰出贡献时的年龄段。据统计，整个20世纪100年中，诺贝尔物理学奖获得者共159人次，他们作出自己的代表性工作的年

255

龄分布为：30 岁以下的占 29%，40 岁以下的占 67%。这是一个很能说明问题的例子。说明了近 30% 的杰出人才的成就高潮发生在 30 岁以前，而由于学科条件不一，40 岁时取得大成就的人多半也不是'大器晚成'，而是在 20 来岁时也已经脱颖而出。"

"更具体一些：从牛顿说起，1665 年他 23 岁，当年他发现了万有引力；同一时期，他通过实验还发现了光的分光性质；也是在这一时期，他发明了微积分。爱因斯坦的狭义相对论发表于 1905 年，同年他还发表了光电效应和布朗运动理论，这时他 26 岁。"

"牛顿和爱因斯坦的成就是无与伦比的，但他们都不曾是神童。而科学史上 20 来岁进入成就高潮的事例并不罕见。达尔文是在 22~27 岁的 5 年里进行他的环球考察的。在 20 世纪量子力学形成期，玻尔提出他的原子模型时是 28 岁，海森堡在 25 岁时提出测不准原理，泡利 25 岁发现不相容法则，狄拉克 28 岁提出反物质理论，李政道（和杨振宁一道）发现宇称不守恒时是 30 岁，沃森（和克里克一道）提出 DNA 双螺旋结构时是 25 岁……在本文上面的故事里，乔瑟琳·贝尔当时是一个研究生；威尔逊当年 29 岁。"

"这个现象是带有规律性的。现在设想一个科学家在 20 来岁时作出了世界性的杰出贡献。这之前他会需要几年'进入角色'的奋斗。而在这之前，还应当有一个找寻方向、充实自己、接触机遇的时期。对于一个有作为的社会，这也正是为这些可造之材创造机会、引导方向、'因材扶植'的时机。可以容易地推算出：这个过程应当开始于十六七岁，正是落在高中时期。"

这就是说，"明日的杰出科学人才"非常可能产生在"今日有志于科学的优秀高中学生"中。高中时期专科分流和个性化教育的分量随着学生年龄的增长而加重，对于志趣已明、禀赋已显、常规课程已难满足要求的学生，非常有必要普遍地为他们创造"入科学之门"的机遇，以提高人才被发现和得到造就的概率。为了做到这一点，一个自然的（也是可取的）想法是接纳这些学生进入到第一线上的科学环境中去接触科研、求师交友。

把这种想法具体化，一项已经做了几年试验的方案是：一方面组织各个学校有志于科学的优秀高中学生，另一方面联络各个科研院所第一线的优秀团组，每年安排每个团组接纳一到几个学生在寒暑假和课余时间进入实验室，进行时间跨度为 1 年左右的"接触科研、求师交友"的活动（这种活动必须在"课外"进行，以免影响中学期间的常规综合素质教育；必须有足够长的时间跨度，以利于求师交友）。活动的方式是"以科会友"，主要是学生在研究人员指导下完成一项"真刀真枪"但又适于中学生的科研课题。课题的设置和执行需要精心策划，做到足以促使学生体验科学思想和科学方法，发掘他们的科学潜质，同时又可以借以考察和发现可能的"科学苗子"。应当指出，在这里，课题的学术水平不在考虑之列。因为出自科研第一线的题目对于中学生来说都是高水平的。对它的首要要求是必须有利于因材施教，有利于发掘学生的科学潜质。这一点也表明了这个活动本质上不同于任何"应赛"活动。为了区别于"科学实习"，我们把这种方式称为"科研实践活动"。"科研实践活动"严格与"应赛教育"相区隔。

与此同时，设置了一套相应的评审方法，对学生的科学素质做出有效的评估，以检验"科研实践活动"的效果，并借此为可能成为杰出科学家的人才（通常所谓"科学苗子"）的判断提供科学依据。

这种"科研实践活动"方案目前已积有一系列试验结果可供探究。这种或与之类似的方案，可以在试验中不断改善以取得效果。倘若在发现"科学苗子"上确有成效，则可以跨进一步，将这种发现的信息广泛传递给科学社会，并进一步在全国范围创造"科学家与'科学少年'互相发现的机遇"（在今天，这些当不难利用网络来操作）。

这种方案的局限性是明显的：全国能够接纳学生进行"科研实践活动"的科研团组的数目远远少于有志于科学的高中学生人数。这是不可变更的事实！而它会导致什么后果？以下是目前考虑到了的两个方面。

首先是影响问题。这个活动的效果如果得到认可，那么由于可以接纳的人数远远不能满足要求，将会不可避免地引进某种选拔过程。我们非常希望这种情况不要演变成为新的"应试"或"应赛"的要求，给学生施加新的压力（交友岂宜施压！）。我们知道这种矛盾在我国中学教育中是普遍性的难题，解决尚需时日。目前所能做的当是时时保持警觉。

更现实的是效果问题。假设全国有 1 万个科研课题组自愿参加"科研实践活动"，如果一个课题组平均每 3 年接受 1 次中学生（平均 3 个人 1 组）来实验室工作，那么每年全国可以有 1 万个有志于科学的高中学生参加这一活动。设想这 1 万人中日后有 2000 人从事科学研究，倘若其中有 200 人比较出色，当可望出一二十个"尖子"，包括一两个诺贝尔奖级人物（这样的话，也许每历三五届就会出几个诺贝尔奖候选人）。可以看出，这种估算条件相当宽。目前我国单是国家自然科学基金委员会每年资助的课题项目就数以万计，如果把中学生"科研实践活动"作为一种社会义务提供给每个项目，则受益

257

的中学生范围还可以扩大很多。这样做，虽然依然覆盖不到大部分中学生，但总体来说，哪怕实际参加的课题组只达到预计的 1/10，离诺贝尔奖还是会近了很多！

当然，究竟收效如何，还必须看其中的"尖子们"能不能在他们科学创造的黄金时期里（按前面所说，是 20 岁出头到 30 岁以下）获得机遇、发挥自己的才智。

2.3 关于"学术机遇"

在自然科学领域，具有优秀科学素质的人才能不能发挥他的才智，与"学术机遇"密切相关。影响这种机遇的因素，除经费、装备、"智库"等"硬条件"外，科研体制、学术风气等"软条件"同样十分重要。近一二十年，随着经济实力的增长，我国自然科学研究的"硬条件"有了很大的改善，这显著提高了我们的科学实力。然而国际上的发展速度同样很快，缩短与他们之间的差距仍然是一个重大的策略性课题，这应当放在其他场合讨论。这里我们将着重就"软条件"的影响说几点看法。

2.3.1 自由与宽容

对于已经成名的科学家，倘要"择木而栖"，"硬条件"的吸引力会起很大作用。这无须赘说。而对于一个未知名的可能成为杰出科学家的人，特别是 20 来岁的青年，能导致他"脱颖而出"的"软条件"则更为重要。本文前面说到的几个故事中的人物，在那些故事发生之前就都属于这种情况。初遇熊庆来时的华罗庚也是如此。当时的一些"软条件"，如"破格收学生，教授有多大发言权"等，就起了决定性的作用。

"软条件"往往不是绝对的。一个优秀的科学家若要发挥他的洞察力和创造性以取得成功，就应如格罗特·雷伯（射电天文学的创始者之一）所说的："需要合适的人在合适的地方和合适的时间做合适的事。"这里我们讨论的合适的人是与前面故事里所说的那些科学家同样优秀的人；主观上，他可以做到的合适的事应当是与那些科学家做到了的同等水平的事，而他所需要的合适的时间和合适的地方则是一种带给他"学术机遇"的工作环境和管理政策，其标志为：自由与宽容。

自由：自然科学家面对未知世界，要运用洞察力以判明探索的方向、运用创造性以追求探索的目标；而"运用之妙，存乎一心"，所以必须有一个自由发挥的空间。宽容：探索含有"试错"的性质，必须有一个宽容的环境。

自由和宽容都是相对的。对于任何人或任何事都有一个适度的"相对于约束的自由"和"相对于问责的宽容"。为了适度，对于新手（为了后面的讨论，姑且称为"学生级"的人才），会多关照一些，予以传帮带，多约束一些；对于学术水平高的（"同事级"的人才），就会比较放手，依计划，看结果；对于杰出科学家（"老师级"人才），自由度就更大。

2.3.2　不同学术等级人才对自由和宽容分寸的感受

这种按学术水平或"学术可信赖度"区别对待是必要的。对不同的事也一样，也要区别对待。比如一项周密计划好的任务，就必须卡内容、卡进度，而对于自由探索就不能这样。

于是，问题就转成为对于不同学术等级的人才应掌握的"自由"和"宽容"的分寸。这当然是"仁者见仁、智者见智"，需要更多的讨论，希望感兴趣的读者能够都参与。而我们下面将结合本文的主题"诺贝尔科学奖离我们有多近"，罗列几条历年来对这种分寸掌握的感受，以就教于科学管理专家们。

2.3.2.1　同事级人才

"诺贝尔科学奖离我们有多近"的问题现在可以浓缩为：本文故事里的科学家，以及许多和他们近似的杰出人物（其中的 2/3 在 30 岁以前做出了重大成就）当时都尚未知名，工作也都不靠昂贵的装备或特殊的学术团体。按照他们的工作能力和事迹，如果把故事换成在今日中国的科学圈子里"演出"，应当说大多数的人和事都是有可能"重现"的。但是在现实中我们还没有出现 30 岁以下的人做出过诺贝尔奖级的成果。

落后的原因何在？

这里涉及的是尚未知名的、可能杰出的人物，属前面所说的"同事级"人才。在我国，目前这一级中比较年轻的是 30～40 岁。对于他们，我国目前国家自然科学基金等给予的支持是得力的。从人员素质、课题水平，到支持强度、项目数量，较一些发达国家都并不逊色。因此在重大科学成就上的落后，可能大部分要归咎于"学术机遇"上的差距。下面我们将列出一些这些年里感受（也可以说是引起忧虑）比较多的事，以助进一步的探讨。

（1）我们"同事级"人才的年龄平均比人家大了 10 岁，错过了杰出科研人才"首次成就高潮"的年龄段。这个问题是暂时的还是根本的？不论如何，我们希望前面所提的高中学生"科研实践活动"这一类的措施能够适当地跟上。

（2）前面故事中的人物从事的研究探索都很单纯，相当于我们单纯执行国家基金协议。但是，在我国时时会有一些非学术因素的介入。比如说，如果是在我国要建休伊什当年做的那种设备时，可能就需要回答诸如"用这么大一块地搞这么廉价的天线跟研究所的形象相称吗"一类的问题；"彭齐亚斯们"也许会被提前告知："我们这是电信电话公司，用了两个编制来做的却是毫无实效的'天文测量'！"；在 C_{60} 工作中，一个美国化学实验室里来了一个英国研究天体的，也是一种很不平常的组合。当然，影响更大的要数历次的"大轰动"：历时数年的"全民皆商"曾给科研队伍带来不少失落感。SCI 高潮的时候，本来是宏观统计的参考变成了人人"文章挂帅"的驱动力。有一些科学家曾丢失了对科学的忠诚和信念，有人甚至于把一篇文章掰成几块来发表，这种文章当然与诺贝尔奖无缘！

2.3.2.2 "学生级"人才

前面在讨论"入门机遇"时强调了把注意力放到高中年龄段的重要性。目前最大的问题仍然是"应试教育"和"应赛教育"的影响。像"科研实践活动"那样的试验，尽管可能发现一些"科学苗子"，但他们一进入高考，就一律变成了一个个无个性的角逐分数的考生了。进了大学好像一切又重新开始。我们这里不准备广泛地讨论大学教育。诺贝尔奖的问题一半涉及的是基础，另一半则涉及的是精英。人们也许会问："今天的华罗庚"被推荐给"今天的熊庆来"之后会怎么办？会问：我们什么时候能够有一代 20 多岁的人登上科研舞台，开展他们追求诺贝尔奖级成果的探索？近年媒体经常在报道各种各样的大学排行榜，我总希望有人什么时候能够虚拟一个"今日的西南联大"，看看能否榜上有名。

2.3.2.3 "老师级"人才

我国古代论人才的名言很多，其中之一是"你把他当老师看待，引来的就会是杰出的人才"。如果这个人已经得了诺贝尔奖，当然都会被当作老师看待，这里可以不用讨论。如果一个杰出人才在尚未成名时被你发现了，你最好能像刘备对诸葛亮那样把他当"老师级"人才请来工作（而不是照例声称："给你一个副局级待遇、定三年合同……"），他就会一辈子安下心来一起搞国家的科学建设。

一个问题是，怎么肯定他是一个诸葛亮？当然必须有推荐、有审查、有考察。应当尽最大力量组织一个负责物色和审查"老师级"候选人才的集体，由顶级德高望重的科学家参加（科学界也要像文艺界和体育界那样，高度专业化地物色人才、考察人才）。一旦定下了就给予高度信任，最大限度地为他创造"自由"和"宽容"的学术环境。

万一没有看准怎么办？设想延请了 10 个"老师级"人才，其中有二三个是"诸葛亮"，这效果就是非常好的了。因为关键是"人才难得"（可以想一想燕昭王"千金市骏骨"的故事）。而且经过了那样高学术层次的审查，其余的七八人也绝不会是庸才。

原载《科普研究》2008 年第 2 期

美国科普史研究方法探究

——读《科学是怎样败给迷信的——美国的科学与卫生普及》

刘新芳

《科学是怎样败给迷信的——美国的科学与卫生普及》是约翰·C.伯纳姆20世纪中期的一部力作，上海世纪出版集团和上海科技教育出版社于2006年7月正式引进出版。约翰·C.伯纳姆（John C. Burnham）是美国俄亥俄州立大学的历史系教授，专长研究美国医学史、科学史和社会史。该书详细考察了美国自1830年以来科学普及的历史，重点介绍了公共卫生、心理学和自然科学三个领域内的普及活动，向读者展现了一部美国的科学与迷信的"战斗史"。书中蕴藏的丰富史料信息使得它更是一部美国科普史。作者对美国科普史研究的新颖方法与独特视角，非常值得当代中国科普史学界和研究者加以借鉴。

仔细研读，我们认为该书作者在美国科普史研究方法上有着突出特点。

1. 角度新颖

作者选择科学普及人员和普及机构的变化为切入点，将美国的科学普及史分为四个阶段。（1）. 传播阶段（19世纪初—19世纪中叶）。在这个阶段，科学在美国文化中的优越地位还没有充分确立，由于历史原因，英国的科学出版物在美国享有话语霸权的地位，直到19世纪90年代，《大众科学》月刊上大量文章的作者还是英国人；同时，美国专职科学家团体还没有形成，1802年，美国只有寥寥21个靠做"科学家"谋生的人。因而科普只能借助该时期的知识传播和技能传授活动来进行，不需要对科学加以浓缩、简化与翻译。（2）普及阶段（19世纪中叶—19世纪末）。这一阶段，科普进入了一个十分活跃的时期，特别是19世纪晚期出现了身为科学家，同时热心科普的"科学人"，他们满怀热情，用通俗易懂的方式向社会普及宣传科学知识，向公众展示科学技术的美好前景。那个时代的许多人认为，最杰出的科学研究人员也应该是最杰出的科普工作者。人们对科学技术的热情日益高涨，他们通过科学讲座、书籍、杂志和报纸以及无数的地方社团和许多有意思的俱乐部学习科学和参与科学活动。例如，枯燥的科学讲座可以让好几百人耐心地坐着，直到已经拖堂的对科学材料的解释完毕，例如学术讲演厅和肖陶扩村的巡回演讲。（3）稀释阶段（20 世纪初—20 世纪中叶）。这一阶段，随着科学技术的迅速发展，"科学人"退出了科普领域，科学普及的任务转移到了教育人员和新闻记者的身上。20 世纪 20 年代出现了专业的科学记者，首度出现了受到特别资助的科学通讯社。（4）琐碎化阶段（20 世纪中叶以来）。20 世纪中期以后，科普活动中进一步渗入商业利益，新闻媒体成为主要的科学传播机构，科学普及只是由一些苍白无力的新闻碎片组成。公众所获得的科学，只是被科学记者或者其他媒介（如教育机构）拆分为碎片的科学内容。这些内容，"不是对科学的翻译、浓缩和解释，而是一连串孤立事件和产品"。作者通过对科学普及人员与普及机构变化的分析，清晰再现了美国两个多世纪的科学普及史。

这一研究方法值得借鉴。当代中国科普的历史尽管只有半个多世纪，但资料庞杂，且散落在各个方面。它不仅存在于可数的几本探索科技历史的史书中，它同样存在于大量的非关科技史研究的史料中。许多探索教育、教育史的专著，不免涉及科普的现象；许多社会性的文化活动，都有科普的记录；许多行业的发展都含有与科普相关的因素或影响科普发展的因素。选择一个领域，从科普的某一方面入手，显然不失为一种好方法。

2. 史论结合

作者从科学技术传播史角度探索科学、科学家共同体和媒体以及由于各自利益关系在科学技术普及中所扮演的角色，科学家与媒体之间的复杂关系所引发的迷信与科学的攻坚战，以及这种战斗所最终导致的大众文化中迷信胜利与科学失败的最终结果，使所有从事科学传播研究的人感到震撼和深思。

作者在大量占有历史资料的基础上，没有进行简单的史料堆积，而是深入分析了科学败给迷信的原因。作者认为，"科学人"退出科普领域是造成科学在大众层面败给迷信的主要原因。

19 世纪，科学家曾经是那样热衷于向大众普及科学，甚至提出，科学的目标是通过战胜迷信的宿命论，为人的生命带来更多的尊重。普及层面上的科学自然主义和还原论包含一种明确的反谬误程序。

然而到了 20 世纪，这种反谬误程序逐渐被削弱乃至停顿。科学家逐渐退出了科普阵地，科学普及的任务转移到了教育人员和新闻记者的身上，他们在填补这片真空时，没有抓住科学家的怀疑精神和科学方法，却带来了非理性主义和反理性权威。新闻媒体成为主要的科学传播机构。到 20 世纪中期，科普活动中进一步渗入商业利益，成为广告宣传的附属品。

大众与科学的接触虽然日益频繁，却与科学日益生疏。当强调的重点始终围绕着技术和科学产品时，公众面对的科学就成了没有科学思维、科学方法和科学过程的内容碎片，公众因而更加缺乏对科学的理解，最终采取迷信的方式来接受科学的产品和成果——这正是伯纳姆所说的"迷信战胜科学"的真正意义所在。从这种意义上说，本书也可以看作一部美国科普思想史。

同时，作者对自己提出的观点进行深入论证的过程中，采用了定量描绘与定性分析相结合、典型事例与一般论述相结合的方法。

例如，作者通过对几种流行杂志中科普文章出现的频率进行定量描绘，勾勒出了 20 世纪科普活动的基本框架，即 20 世纪 20 年代、50 年代和 60 年代以及 70 年代末和 80 年代初的几个科普高峰，20 世纪初的最初几年、30 年代和"二战"期间以及 70 年代的几个低谷，进而分析了科学普及活动与政治、经济、教育等的密切关系。

作者的这一研究方法，对当代中国的科普史研究同样有着重要的启发意义。中国的科普似乎正在重走美国科普的老路，只不过在美国用了将近两个世纪来完成的科学普及模式的转变，在中国则很拥挤地铺展在几十年里。选择一些典型事件或一些流行科普杂志，进行分析研究，进而发掘科普思想的演进，探讨科普存在的深层问题，显然不失为研究中国科普史的一条新路。在中国，尽管在新中国成立初期许多科学家如竺可桢、茅以升、华罗庚、高士其等对我国科普工作赋予了极大热情，但是在我国一直没有出现一支强大的"科学人"队伍，应该说这是中国科普效果不尽如人意的重要原因。

3. 观点独特

书中许多观点新颖独特，发人深思。例如，本书主要观点——从 19 世纪到 20 世纪，更加发展了的科学最终在大众层面败给了迷信，即是振聋发聩、令人警醒的。人们常常认为，在向大众普及启蒙的过程中，科学通过理性的和自然主义的力量，在反对迷信的斗争中必然且已经获胜。然而，伯纳姆通过对公共卫生领域和自然科学领域的普及状况进行的研究，得出了让人相当震惊的结论——从 19 世纪到 20 世纪，更加发展了的科学却败给了以新面孔出现的迷信。

而这种失败是如此隐性，以至于大多数人面对现在的局面表现得相当高兴，并且对于科学的未来如此振奋，却忽略了这种表象之下潜藏着的迷信的令人惊异的发展。

为了深入分析科学失败的原因，作者在第一章探讨了科普的概念。作者认为，在长达一个半世纪还要多的时间里，在所有转变中保持不变的是科学普及的基本概念。

第一个要素就是"简化"，尤其是忽略数学和细节记忆；第二个要素就是"翻译"，即科学普及工作者用普通的、非技术性的用语和概念来解释科学家工作中的想法。最后，科学普及还要"紧跟"——人们应该知道来自学术和科研前沿的重大事件和发现。

作者的观点，涉及理解"科普"这一概念的两个基本点：第一，科学普及，是要求科学家以通俗易懂的方式向公众讲解科学知识；第二，在前述意义的基础上，科学普及的背后，隐含着特指科学界与公众之间的关系。这对于准确把握中国科普的内涵，具有重要意义。

同时，作者认为，科学普及应该把普及科学知识、科学方法、科学思想作为一个整体来进行，支离破碎的传播必然导致科学普及的失败。单纯强调方法，跟媒体单纯强调科学的产品和孤立的事实，结果都会导致一种似是而非的科学普及。这与科学实践哲学关于科普的观点是一致的。科学实践哲学认为，科学知识是高度依赖于实验室场景和实践方式的高度地方性的知识，它的传播与普及，不仅要求整个物质性的生态环境要按科学实践所要求的进行改造，而且社会公众也要进行相应的转变和改造。这种重构不仅表现在知识、技术方面，而且更深刻地表现在态度、情感方面。因此，对科学普及不能理解为单方向的知识灌输，其实际上是一个公众、科学共同体、产业界和政府等不同利益主体之间民主互动的多向建构过程。这对于当前我国公共科学服务体系的建设具有极大的启发意义。

作者甚至认为："科学普及的混乱标志之一就是科学素养这个概念的提出……教育工作者开始使用这样的措辞来描述科学教育的目标，并且最终在一个技术世界里把这个概念作为工业生产效率的关键而推广。"在作者看来，对科学素养的概念的认同是很困难的事情。因为对科学素养进行鼓吹的人并不能取得最后的定义和概念上的认同。其结果，对于科学素养的狭隘理解导致对技术知识的追求，因为，"对科学产品的强调能够以事实的形式出现，无须背景和意义，科学素养在某些方面表现出一种只要态度无需内容的趋势"。作者对科学素养的看法，对于我国公民科学素养的测定与建设都具有极大借鉴意义。

总而言之，作者对美国科普史独特的研究方法，对于研究当代中国科普史，探索新时期中国科普的新途径，具有重要的启发意义。目前，我国对科普历史的研究已经取得了一些主要成果，但是至今还没有一部思想深刻的科普史著作。因此，一个准确的切入点，一种科学的方法，对当代中国科普史的研究是至关重要的。

原载《科普研究》2008 年第 3 期

徐迟：文学与科学的交融

路圣婴

"在风沙的季节中，忽然黎明晶耀：淡蓝色的冰河里，裂开深蓝色一条。大雁飞回来了，旋转蓝色的翅膀。空中宁静无尘雾，一片春光。天地河山小村，被笼罩上朝阳，初春无比爱娇，露出喜悦一笑。初春明媚阳光，投射在果林里，密密的干枝影，纷纷跳下沙地"。

把这样的曼妙风情展现给我们的就是诗人徐迟。他一直就是一个诗人，无论何时都保持着一份诗人的情怀和执着。他的文学之路缘起于一部诗集，他用不时流露的诗句追求爱情，甚至他的逝去也充满诗意的迷惘。所以我们首先要称他为"诗人"。这位诗人不仅以诗和散文著名，他还翻译了大量外国名著，也是位编辑家，20 世纪 60 年代后更以报告文学的形式广泛而深入细致地反映现代科技题材，与科学结下不解之缘，建树颇丰。我们难以简单描述他的所有，只能一次次沉醉于他诗的气质、诗的语言。倘若我们去深入了解他的人生、他的创作，那是多么丰富、美丽、炽热的世界！

1. 诗样人生

1914 年 10 月 15 日，徐迟出生于浙江省湖州市南浔镇，这就是他后来的长篇自传体小说《江南小镇》中所写的地方。由于他是出生在 3 个姐姐之后的第一个男孩，故取名"迟"。他的曾祖父曾官至内阁中书；他的父亲从日本留学回来后，倾尽家产，与妻子创办了贫儿教养院。父亲因此过度操劳而去世，加上后来抗日战争的爆发，徐迟的学习生涯也就一波三折，并最终因经济困难失学。虽然大学只上了一半，但是他的文学之路还是开始了。1936 年出版了第一部诗集《二十岁人》。他由写诗进入文学界，很大的原因是听了燕京大学里冰心的一门课，他说正是冰心繁星般的诗把他引领到这个世界。

徐迟的文学创作虽然经历了几次大的转折，也做过记者、编辑，但是那种好像是与生俱来的诗人气质却始终伴随着他，我们从他每一篇作品中都能找到诗人的影子。所以要理解他，最重要的就是不要忘记他"诗人"这个身份。1945年9月16日，毛泽东曾接见他和音乐家马思聪，并给他题赠了"诗言志"3个字。

新中国成立后的头一个10年里，徐迟在不断推出热情磅礴的工地通讯和报告文学的同时，也发表了许多激情澎湃的诗篇。徐迟在出版于1956年的特写集《我们这时代的人》后记中写到："……我想我怎能不充当这一历史时期的记录员呢？并且，我又怎么能不发为歌唱呢？""文革"后，他迎来了人生和创作的第二次青春。他的写作进入了"科学的春天"，从1977年开始，他发表了一系列以科学和科学家为题材的报告文学作品，他的笔下塑造了多个科学家的形象，最著名的就是《哥德巴赫猜想》中的陈景润。徐迟的这一系列报告文学树立起了科学和科学家的新形象，影响极其巨大，好几代人甚至都可以背诵其中的著名片段。从这个意义上说，恐怕就难以有人和他相比了。之后，其在文艺理论上的探索文章和长篇自传体小说《江南小镇》，以及译作《瓦尔登湖》等都相继出版。

其中，他对美国作家梭罗的《瓦尔登湖》情有独钟，认为那是一本非常不错的科学读物。《瓦尔登湖》记录了作者从1845年开始在湖边小木屋独自生活的两年多时间。徐迟很推崇梭罗对自然的观察、描写和对人与自然关系的哲学思考，所以他总是推荐周围的人读这本书，认为对科学工作者也有很大帮助。《瓦尔登湖》是徐迟作为文学作品翻译的，但是其中的生态思想和博物学描写等内容在今天看来是更具科普意义和科学精神的。这部译作使徐迟和他的作品在科普历程中又增添了新的内容，成为了徐迟的经典之一，以至他后来去美国访问的时候，经常是作为这本书的中文译者的身份被欢迎和邀请的。这个特殊的名片使中外文化的交流更多了一个交点和机会。

2. 徐迟之科普特点

徐迟以1978年发表的报告文学《哥德巴赫猜想》而闻名，成功地实现了科学与文学的结合。在新中国科普走过50年的今天，我们再一次回顾老一辈科学家的科普工作，也再一次提到徐迟。他与科学家们在科普意义上有相同点，也有很大差别。徐迟是个特殊的例子，他从一个现代派诗人转而成为写了这么多科学的文学家，具有以下几个鲜明的特点。

首先，他不是科学家，没有科学基础。

徐迟写《哥德巴赫猜想》的时候，不仅和陈景润同吃同住了很长一段时间，还专门读了马克思的《数学手稿》和其他很多数学书籍以及陈景润的论文。他写每一位科学家的时候都是这样，花很大力气去了解他们的学术领域和成就。尽管他自己也认为这相当困难。夏衍老人在世时常常提到他，说"中国文人，除了那几位原先学理工和医学转到文学的人外，徐迟可说是最先一个涉猎自然科学的人，我们应该像他那样扩大读书的范围，要读些自然科学的书刊以扩大自己的眼界"。

第二，他不是专门写科普。

徐迟的报告文学确实塑造了科学的崇高形象，但是这些作品一方面不是以科普为目的写作的，另一方面，其中的科学内容都可以说是某一领域最艰深、最高端的研究，并不适合宣传普及。例如"哥德巴赫猜想"中罗列了三大段近乎"天书"般的数学公式；还有《结晶》里"肽链"的叙述、《刑天舞干戚》里长江葛洲坝工程中处理大坝基岩的泥化夹层的技术……

于是他的第三个特点就是，他迫切地想把科学里最美妙神秘的部分，通过他的文字展现给所有人。这些内容普通人是难以接触和理解的，所以他就越发想用自己的方法去让更多的人能够"开开眼"，即使不懂，也能够得到美的享受和熏陶。

第四，在写科学的过程中，他首先提出写科学题材的文学中重要的是写科学家。这可能是他找到的一个写科学的突破口。通过科学家的人性美同时塑造了科学和人物两个形象，又同时能把两者都全面地展示出来。这样的观念使他创作出一系列不同以往的描写科学家的报告文学。在《哥德巴赫猜想》写作开始之前，甚至选定主人公之前，徐迟也是经过犹豫的，因为陈景润是"文化大革命"中被批为"白专"典型的人；另外一个更主要的原因是，徐迟知道，一个科学的门外汉要进入这个深奥未知的世界是多么困难。但他经过细致了解，不仅确实为陈景润的数学成就所激动，也逐渐感受到一个科学家人生的起起伏伏和情感波澜，于是他决定了就写这个有争议但却丰富而有感染力的可爱年轻人。

总之，徐迟希望读者理解科学家的工作，了解科学的内容和意义。徐迟不但传达了一种对科学的憧憬、热爱和追求，也让所有的读者感受到其中隐含的一种意思，即科学家也是普通人，他们为科学献身是无比光荣的，所以普通人也有可能、有权成为一名科学工作者。从而他的作品成功地激发了无

269

数人的科学梦想。

后来，徐迟曾困惑于公众对"科学"的日渐疏远。徐迟科学文学的辉煌确实伴随着传统科普的辉煌期，但是他的意义又超越了那个时代，正如《瓦尔登湖》和梭罗的价值不断被发现和挖掘，徐迟的丰富也在慢慢散发出愈加浓厚的甘醇。

3. 文学路上的科学缘

总结徐迟科学与文学的结合历程，可以用两条线索表示。

第一，诗人的激情与对科学的热爱。

徐迟说，在写了《哥德巴赫猜想》之后，自己好像从长久的蛰伏之中苏醒了过来。这部作品使无数读者和他自己都开始对科学产生了浓厚的兴趣。他一发而不可收，用诗人的激情去狂热地爱上了科学，直到去世的前几天《谈夸克》一文发表，他一生的目光再也没有离开科学。他用好几年时间钻研夸克、高能物理，把几本书都翻到破了。他真的实在是热爱科学，也实在是想让他的读者也分享这些伟大奇妙的独特风景。他甚至说，别的都是假的，唯有科学是非写不可的。他还勇于接受新事物，在 1989 年开始使用电脑写作，成为最早使用电脑的作家之一。他用五笔方法在电脑上打出的第一句话是："我人生的高潮"。

第二，"真是少年胆大，敢讲自己不懂的话，做自己不会的事，写自己也不知道明白不明白的文章和书"。

这是文学大师、徐迟早年的好朋友金克木先生回忆少年徐迟时说的。因为在 1936 年左右，金克木先生住在徐迟家翻译《通俗天文学》，而热爱音乐的徐迟陆续编译了 3 本介绍音乐的书——《歌剧素描》、《世界之名音乐家》和《乐曲及音乐家的故事》。在中国的新音乐运动中，这 3 本书起到过不可磨灭的作用。许多当代著名音乐家都曾受其影响。

我想这"胆大的少年"也是带着这种炽热投入到科学世界中的。徐迟也说过，对于陈景润的研究其实最终也是不大明白的，那些量子物理世界的东西更是难以用文字表达。

但是这有什么关系！努力用自己的笔去讲自己不懂的话，写不大明白的文章，这正是一个诗人、一个文学家、一个纯真的人热爱科学的方式！

然而 1996 年 12 月 12 日午夜，诗人用自己的方式向着星空去了。他在病历纸上留下这样两则随感："将军死于战场，书生死于书斋。他不知回书斋的路，误入医院，恐怕就出不去了。"然后又写道："死亡是一种幸福、解脱，未来如日之升"。

再次回顾徐迟先生的文学生涯，仍旧觉得这是一个"胆大的少年"勇敢而热烈的一生，同时他又是那个振臂高呼的人；而我们知道，他行过的路上自有后来人！

原载《科普研究》2008 年第 4 期

用艺术展示技术文明

戴吾三

由百多位专家学者参加撰稿，上海科学技术出版社和上海科技教育出版社出版的《彩图科技百科全书》（2005），是一套具有中国特色的原创科普图书。笔者参加了其中《器与技术》卷的编撰，深感这是一个创新的过程：既要用简约准确的文字讲清技术的产生和发展，又要通过艺术形式展示创造发明的引人之处。书中许多画稿都是经作者、责编和美编多次讨论确定的，有些创意已不能准确地说归于某一人。该书出版的成功表明，这是多方通力合作的结果，也是在现代科普中运用艺术手段、注重传播效果的体现。

1. 现代"器"的立体展现

器（或称人工制品），作为一种形态物，是人类发明和创造的体现，其涵盖很广，如各种工具、日用器物、武器装备、民用、工业建筑，等等。人类自诞生以来，通过不断的技术活动，用创造的丰富的器及相应的技术手段，改变和影响了人类栖息地的环境，形成了一个有别于自然界又与之密切相关的器的世界。

古代创造的器的形制、结构相对简单（工艺品另论），艺术表现要容易些；而在现代，人类技术活动的复杂化，使器物的结构、功能都变得复杂，大量的器物已不再是单个器件，而呈系统（或需要完整的设备系统才能实现目的），器的形态也非表观化，如计算机软件、芯片。器的范围大大扩展，九霄云外、大洋深处，都有器的踪影。

如何用艺术手法展示现代社会的器？这是对作者、责编和美编的一个挑战。几经反复，最后确定立意，用立体形式表现那些与大众生活密切相关的器物。所谓立体形式，既指天上、地面、地下构成的广大空间，也指将建筑物剖面化，呈现房间设施的方式。器与大众生活密切相关，即使舍弃与军事相关的器，需知兵器列数，也是洋洋大观。

现在读者打开《器与技术》，看到的是一幅颇有气势的"现代社会的器"的立体画卷：天上有通信卫星、飞机；地下有车库、光纤、地铁；地上更是丰富，如高架道路、高速列车、发电厂、太阳能电站、微波天线阵、医院、银行、新型建筑，等等。尤其是将现代医院画成剖面，可以看到里面有核磁检测等先进设备，病人在接受检查。别墅式住宅楼由剖面可见，楼下客厅，楼上为卧室、工作室（其中有意放大了电脑），地下有车库。现代化的银行不易表现细节，则可拉出一个圆形图，展示顾客在使用信用卡。这样一幅画面，是历史上无法想象的，由此可感受现代科技的魅力。

可想而知，这样一幅全景式的现代器之画卷，先得有创意和总体布局，再从单个"器"画起，直到合成协调、颜色搭配，几经反复才可奏功。

现代社会的器（见《彩图科技百科全书·器与技术》）

2. 技术发展的历史画卷

技术的历史几乎与人类的起源一样久远。技术的发展基本是一个连续的过程，其间技术既有量的积累，也经历了质的变革。在漫长的技术历程中，每一个阶段都有其主导技术和相应的辅助技术，主导技术往往成为人类文明进步的时代标志。

按经济学的观点，人类经历了农业社会、工业社会，如今进入信息社会（或说知识经济社会），以这种划分，可见不同历史时期主导技术的特征。不过，要以绘画形式无遗漏地表现主导技术，不仅会造成画面拥挤、布局失当，也直接影响读者的理解。因而，绘画表现需要对主导技术有所选择。

分析农业社会，东西方都以农耕、制陶、纺织等技术为特征，人们使用人力、畜力和水力等自然力为动力。世界公认中国古代的一些技术在当时居领先地位。如农作物的分行栽培，商周时期已经出现，战国时期形成完善的畎亩法。再如曲辕犁，考证知在唐代末期长江中下游已出现，这是对传统的二牛抬杠式犁具的重大改进。曲辕犁由一牛牵引、一人操作，提高了犁的灵活性，尤适合江南水田的耕作。而对比欧洲中世纪，仍流行由多匹马（或牛）拉犁的笨重方式。又如中国古代利用水轮灌溉、水轮驱动加工粮食、独轮车运输等，都有鲜明的特色。正是基于时代特征和主导技术的分析，在技术历程画卷的古代部分，选择中国的技术（舍弃"四大发明"等非主导技术），突出表现古代的农耕、水力利用、交通运输和制陶技术。

农业社会的主导技术（《技术历程》古代部分）

再看工业社会，其间经历了两次技术革命。先是 18 世纪下半叶，以英国为代表，在欧洲发生了以蒸汽机为代表的第一次产业革命，由此开创了大机器工业时代，从而也开创了以社会化大生产为基础的近代工业文明。19世纪后期到20世纪中叶兴起第二次产业革命，从化工、电力和内燃机等工程技术的突破开始，把人类带入了电气化、原子能和航空时代，现代化的大生产普遍发展。两次技术革命浪潮由西向东，席卷整个世界。以绘画形式表现该时代可见：规模化的工厂中，蛛网式的天轴和皮带带动一台台机器运转，城市中烟囱林立、黑烟浓浓，火车承担起交通运输任务；电力革命带来了新变化，城市中布满电线，电灯在工厂、家庭、街道上广泛使用，电话的发明，使人们可以用声音进行远距离的交流。

工业社会的主导技术（《技术历程》近代部分）

20世纪下半叶，以信息技术为代表的第三次产业革命迅猛发展，使社会生产和消费从传统的机械化、工业化向自动化、智能化转变。科技成果加快转化为商品，科技知识表现出空前强大的力量。进入21世纪，随着互联网的成熟，催生了搜索引擎、电子商务、网络商店、视频艺术等一大批新事物，信息时代的特征已越来越清晰。绘画表现出这一时代的技术特征：高速公路、计算机网络、卫星通信，使地球变成一个村落；航天技术使人类挣脱重力的束缚，遨游于太空。

可以相信，未来科学技术将引领人类进入全新的时代。

3. 技术与社会的艺术表现

以绘画表现"技术与社会"也是一个挑战。

信息社会的主导技术（《技术历程》现代部分）

技术是人类生存与社会需求的产物，技术与社会之间存在着密切联系又相互影响的辩证关系。技术是推动社会经济发展的强大杠杆，技术创造了社会的物质文明，同时也为社会的精神文明建设提供了基础和条件。另外，必须正视技术具有造福和贻祸的双重性，现代技术的发展带来社会生产力的增长和人类生活水平的提高，同时也出现了资源浪费、环境污染、下岗失业等一系列社会问题。因此，如何使技术趋利避害，更好地与社会协调发展，也日益成为重要的问题。

技术与社会的理论毋庸赘述，我们关注的问题是：如何用艺术的手法表现这种重大但看上去泛化的主题？

通过分析，创作人员意识到必须确定分主题。从历史的轨迹看，人类经历了农业、工业社会，而今步入信息社会。从技术影响人类生活的角度看，衣食住行与人类密切相关，其变化能反映社会进步的足迹。然而，用"衣"和"食"反映技术进步，画面不好表现。"住"虽然可以，但涉及东西方建筑类型不同，要做到画面简明准确，也是不易。最后讨论确定，结合交通运输技术为社会提供物质和信息交流的文字表述，用"行"（车、船等交通工具和桥梁建筑等）来表现。人或物从一处到另一处，是人类的一项重要活动。自古至今，交通运输技术不断为社会提供物质和信息交流，古代农业社会，早期人们利用独木桥和简单的舟、车进行活动；后来建起石桥、木桥，依靠畜力车辆和帆船远行。工业化社会，人类获得了强大的机械动力，利用钢铁材料建造桥梁、轮船、火车，使人们实现了城际旅行。随着进入后工业化社会（或说信息社会），工程技术水平不断提高，信息控制能力不断加强，轻便的大跨度桥梁、高速列车、新型船舶为人们的出行和货物运输提供了更多的方便，大型喷气客机使国际旅行变得更便捷和安全。

可以说，借助与"行"有关的器之描绘，可比较准确地反映不同历史阶段由技术造就的物质文明。顺便说一下，在酝酿画稿时，国产"子弹头"列车尚未运行，创作人员预见到发展趋势，参照国外的高速列车绘制，很好地体现出时代特点。

农业社会（从左到右）：独木舟，独木桥；马车，帆船，石拱桥

工业社会（从左到右）：火车，蒸汽船，铁桥；螺旋桨飞机，电力机车，汽车，大型轮船

技术作为人类利用、改造和控制自然的活动，必然与周围环境发生紧密的联系，技术与环境，可以看作技术与社会大主题下的子部分，如果改变对含义的理解，当然也可视为与"技术与社会"平行的主题。

技术的发展有正负两方面的效应。一方面，可以在小范围内营造人工环境，如建造冷库，酷暑盛夏储存肉食蔬菜；安装采暖设备，三九严寒保证适

信息社会：喷气式客机，高速列车，小轿车，豪华客轮，跨海拉索大桥

宜人居的温度；也可以大范围内改变自然的环境，如移山填海、拦江截河、荒山育林。另一方面，技术使人类大范围对自然界产生干预，破坏植被和生物圈的平衡，废气、废液等大量有害物质污染环境，导致动植物种类的减少或灭绝，甚至利用技术手段制造大规模杀伤性武器，严重危及人类自身的安全。就技术对人类的生存环境产生的影响看，世界范围的整体性评价，负面效应要远大于正面效应。

砍伐森林使森林资源和生物多样性减少

开采的矿物资源不可再生

工厂烟囱粉尘和污水造成大气及水质污染

土地荒漠化

废气引起酸雨

油轮泄油污染海域

汽车尾气污染大气

农田使用农药等引起水质污染

人类技术对自然环境的负面影响

关于保护环境，已不乏有一些宣传画，并起到一定的宣传效果。考虑到那些作品多采用夸张的手法，并不适合《器与技术》的学术定位，创作人员认真分析，最后采用了沙盘模型的艺术方式表现，把由于矿山开采、森林砍伐和污染等所造成的环境破坏，分别绘制成一个个模型式样，并组合起来，艺术地表现技术与环境，揭示人与自然的关系，给读者留下较强的视觉印象。

以上所述，是《器与技术》卷导论部分的综合性绘画，至于书中的主要词条，也皆配有富有创意的主题图。在照片泛滥、许多出版物用图随意的今天，能精心打造中国的科普原创，坚持手绘（辅之电脑），努力探索科学与艺术的融合，实属难得。愿有更多的读者通过阅读《彩图科技百科全书》而受益。

原载《科普研究》2009 年第 1 期

一群"松鼠"引发的论战

——从连岳序言引发的争议看中国当下科学传播理念的分歧

蒋劲松

科学松鼠会作为中国当下科学传播的重要群体，其实践和理念都体现了中国科学传播的重要侧面，值得深入研究。以科学松鼠会第一本集体著作《当彩色的声音尝起来是甜的》中连岳序言引发的网络争议为线索，本文试图通过整理相关争论，梳理出关于科学传播理念的种种分歧，并揭示背后的科学观的差异和冲突，为进一步研究科学松鼠会和当代中国科学传播打下基础。

1. 科学松鼠会简介

作为一个民间自发兴起的科学传播组织，科学松鼠会主要由从事传媒工作的科学传播人士组成，姬十三为发起人，成员大多为独立从事科普创作的人士，还有科学家李淼、著名科幻作家刘慈欣等。其活动方式多种多样，除了最为基本的各自进行的科学传播创作，体现其集体形象的集体博客写作、科普文章翻译（小红猪）和科普图书推荐，还有大量形式活泼的线下聚会、体现网络时代互动特色的科学问题征答（Dr. You）、顺应多媒体时代的小姬看片会，以及科普写作研修班、大型科普活动志愿者征集活动、科普话剧排练、达文西行走中队、科学嘉年华等形式丰富的各种科普活动。

科学松鼠会是当下中国科学传播界非常活跃的重要学派和群体，具有鲜明的特色：注重趣味性，强调传播者与接受者之间的双向互动；在受众方面主要关注城市白领、大学生、网民的欣赏趣味；在注重科学性的同时注意利用时尚元素来达到传播效果。

科学松鼠会从一个小众的科学传播民间组织走向公共视野，真正为公众所关注，应该是在 2008 年德国之声全球博客大赛上，"松鼠会"摘取了"全球最佳博客公众奖"和"最佳中文博客公众奖"。中国科学技术协会将"'科学松鼠会'人气蹿红"与中国首次太空行走等并列为"2008 中国十大科普事件"。

然而，正当科学松鼠会的第一本著作即将出版之际，由著名专栏作家连岳先生做的序言却引发了一场网络世界影响很大的争论，值得我们关注。

2. 争论的缘起与演变

科学松鼠会的核心人物姬十三，邀请连岳为《当彩色的声音尝起来是甜的》作序"爱科普，用爱科普"，序文提前在网络上贴出，很快就受到了新语丝活跃写手太簇和方舟子的批驳，并且对此话题科学松鼠会的内部以及原先的支持者中也开始产生分歧，引发了"内讧"，如道－遥、土摩托、叶三等对连序相继提出批评，甚至有作者要求必须修改或者撤掉连序，否则就要从书中撤掉自己的文章。争论后来进一步燃烧，与方舟子本来就有过节的网络名人和菜头借机嘲讽和批评方舟子，科学松鼠会的重要成员著名物理学家李淼、具有科学哲学博士学位背景的牛博网知名博主吴向宏也纷纷参与评论。不仅许多在牛博网的知名博主和网络写手参与讨论，而且著名的科学传播研究者"反科学文化人"刘华杰、江晓原、刘兵也开始加入其中。知名主持人梁文道作的另一篇序言"从松鼠开始"在某种意义上也是在回应相关的问题。

作为松鼠会的领军人物，姬十三当时颇为尴尬，尤其是面对内部的反对声音，他的基本策略是息事宁人和稀泥，即面对方舟子的批评，基本保持克制不予回击；对于内部的争议，尽量给予安抚；对于连序，他坚持采用并加以肯定，并声明并非仅仅利用连岳的名声进行炒作（事实上，无论是不是他的真心话，平心而论当时也别无更好的策略了）。"连先生欣然作序，我很感激。包括他后来交的序，我以为正是点出了我想说而说不出的话。如果说只是借其名，那是太偏颇了。"然后，抬出知名科学家的权威来为科普的娱乐化、人文化辩护。"今晚在北大活动，饶先生（北京大学生命科学院长饶毅教授——作者注），龙漫远（芝加哥大学终身教授——作者注）老师，表现极为精彩。台下的听众，乐不可支。两位老师也谈到要让科学，让科学传播开心起来，娱乐起来，让科学成为文化，要与大众对话。大师如此，理科生们，为什么不能放下偏见，非得总处在'应激状态'。"

由于科学松鼠会是目前国内最有影响的科普群体和流派，而方舟子也以科普作家的身份在网络和纸质媒体上现身，并且被许多人士认为是最重要的科普人士之一，所谓"反科学文化人"群体又是科学传播理论研究的主力，所以这场争论就有了相当重要的代表性。而且值得我们注意的是，由于这场争论，科学松鼠会内部原来隐含的不同观点冲突公开化，争论之后科学松鼠会的路线和风格更加明确。这场科学传播的两种路线和观念的争论，可以称得上是最近两年来中国科学传播界最重要的争论之一。

这场争论其实包含了许多因素，有参与者之间复杂的个人恩怨和过节，有文人相轻与科普创作同业竞争的矛盾冲突，还有政治立场的纠结。就科学传播理念的分歧而言，我们认为争论的焦点主要包括：（1）科学传播是否应有人文关怀？（2）科学传播是否应该谦卑？（3）科学传播的娱乐性与科学性的关系如何？由于网络争论头绪较乱，在不同网站、博客上同时并行，而且网络论战随意性强；更由于论战的主要战场牛博网已经关闭，相关网址无法打开，资料搜集不易，故以下内容仅为当时笔者搜集的部分内容，未必全面，还需学界继续深入研究。

3. 连序及其方舟子的批评

连岳的序言并不很长，主旨是把罗素说的人生三要素——"爱、知识以及对人类苦难的同情"——作为评判科普文章优劣的标准。他对科学松鼠会的赞扬和期许都落实在这个标准上。

连岳在介绍了罗素面对坚持大地由乌龟驮载的老妇人保持礼貌的故事（连岳对故事的理解并不准确——作者注）后，主张"一个写普及性文章的人，应该像罗素一样，平静面对所有的疑问，哪怕其毫无知识含量。这种做法才合乎逻辑科学：正因为他没有知识，你的普及才有价值，如果他跟你知道得一样多（或者比你更多），为什么要来看你的普及文章？"

科普作家必须谦卑，"科学的进步使人谦卑，科普作者，应该也把谦卑放在第一位，因为他们最知道，在自己身后，其实有海量的更内行的专业人士，只不过，他们没有写文章罢了。"

由此连岳赞扬松鼠会作为科普集体的优越性，"科学松鼠会的模式，志同道合者的聚集，其实是科普比较有效的存在方式：每个人都只写自己的专业，这既增加了文章的公信力，又避免了在所有科学议题上发言的尴尬——因为科普告诉了我们一个常识：没有任何人知道所有种类的科学"。

连岳认为，在今天网络发达、资讯易得的时代，科普文章的可替代性太强，维基百科及更专业的资料库让科普作家处于前所未有的危机状态。而他提出的解决之道则是"爱和同情心"。读者"为什么要看你的科普？因为他感觉到你除了有知识，还有爱，还有同情心。这就牵扯到科普作者为谁代言的问题了，科普作者的人文关怀更是不可或缺的，要确定自己得站在弱势群体这一边，他们伸张自己的权利、维护自己的利益，甚至推动社会的进步，都需要科学知识的帮助，也希望自己在面临专业疑惑时，有科普作者能出来帮助他们。"

连岳提出科普为弱势群体服务，因为"强势群体不需要你的背书，在任何时间，他们都有足够的力量将不科学的东西包装成科学的样子"。而另一方面科普不应该成为以科学的名义侮辱和打击弱势群体的借口。虽然，"随便抓一个弱势者，你都能从他身上发现诸多不文明、没科学的印迹，用科普的名义暴打一顿，又轻松又愉快，每次都能技术性击倒。但是这种文章你多写几篇，读者就抛弃你，因为他觉得你不过是借了几个科学术语自大而已，你其实并不在乎他缺乏科学知识的痛苦，你甚至希望以他无知的丑陋来衬托出你英俊的科学脸庞。"

这篇序言在网上一贴出，就有许多敏感的人认为，连岳的序言在很大程度上是针对方舟子的批评。所以，方舟子的追随者太簇立刻展开了批评，首先指出连岳关于罗素与妇人交流的用典不当，更批评了连岳序言的主要观点。方舟子也迅速地展开了反击，其追随者们也在新语丝网站上纷纷跟进。

方舟子坚持认为科普与人文关怀无关。"要求科学服从其政治利益，要求科普作者只能站在弱势群体一边，这真算得上'文化大革命'时期'政治挂帅'、'文艺为工农兵服务'的翻版。难道也想在科普作者中划分左中右政治路线？科普作者如果不把自己当成政治活动家或政治活动家的御用文人的话，他只能是站在科学一边。弱势群体有不科学、反科学、伪科学的言行，就不应该纵容，强势群体有符合科学的举动，就应该背书——当然，强势群体不科学、反科学、搞伪科学，也要反对。弱势群体并非就天然正确的，在科学问题上尤其如此。"

方舟子认为科普与谦卑无关，特别要求科普作家谦卑更是毫无道理。"最杰出的科普作家，例如阿西莫夫、萨根、爱德华·威尔逊、道金斯等人，那可是一点也不谦卑，而是充满了自信，一种来自科学力量和科学事实的信念。如果你要科普的东西是你真正搞懂的（不一定非得是本专业的东西），完全可以充满自信地去科普，为什么要谦卑？科普固然应该尽量做到通俗易懂、引人入胜，但不等于要低声下气地迁就、迎合读者。对伪科学、迷信就应该理直气壮地驳斥，莫名其妙地谦卑起来反而让人觉得它们还有几分道理、可以和科学平起平坐似的。"

对于科学松鼠会强调时尚和有趣，方舟子也不以为然，他坚持科普不应变成庸俗的娱乐，更不同意连岳认为维基百科和专业资料库会对科普创作构成威胁的说法。"那些对自己要科普的内容缺乏真正的理解，靠谷歌和维基百科拼凑科普文章的作者也许会有这种危机感，所以要靠低声下气来招徕读者，靠插科打诨来取悦读者，把科普变成了庸俗的娱乐、快餐式的消费。但是，维基百科的知识是靠不住的，专业资料库的材料不是一般人能看懂的，科学的道理并非人人可以靠查百科、资料库就能搞明白的，科学之美、科学方法和科学精神更无法通过查百科、资料库就能够领略的。优秀的科普作品从来靠的是科学知识本身所展示的美丽，而不是别的什么东西。优秀的科普作品也很难被替代。"

方舟子后来还批评"科学松鼠会小圈子倾向过于严重，太自恋，对中国科普前辈缺乏应有的尊重，自以为是在领导科普新潮流。网站建立没多久就通过四处拉票的方式给自己弄一个没有多少含金量的'全球最佳博客'头衔到处宣扬，在媒体上炒作自己，这种过于势利、功利的做法也让人看不惯。在科普方法上，不够严肃，不够严谨，立场不够坚定，对伪科学太宽容了。为了招徕读者、迎合媒体，一味追求趣味，有靠插科打诨来吸引眼球之嫌。科学本身就是很有趣的内容，没有必要特地去咯吱读者。"

4. 谦卑是否科普作者的必备素质

知名网络科普作家、三思电子期刊的主要创建人之一逍－遥对连岳的序反应强烈，他批评姬十三不该请不懂科学的连岳作序，最后撤出了自己的文章。态度类似的还有土摩托、叶三等人。逍－遥最不能接受的就是有关谦卑的说法。他说："我认为，作为一本科普作品，主动去传播一个对科普非常不利的 meme，是件很让人遗憾的事情。这样的 meme 越是流行，如道金斯等这样重要而文风犀利的科普著作，在中国的读者也许会减少。对网络上的相关讨论，也十分不利。"

土摩托强调应该把科普文章的科学性与科普作家的人品和是否谦虚分开。他说："对于那些因为讨厌他的人品而不看他的文章的人，我有一句话送给你：你自己的人品才有问题呢。"

而网友霍炬则强调科普作家的谦虚对于科学普及的效果影响很大，他反驳说："如果以方舟子的科普文章没什么错误作为标准，那么完全无误的包含知识的文章四处都是，浩如烟海，为什么我非要去看某个人的呢？"这显然与连岳的观点如出一辙。

著名物理学家李淼教授则旗帜鲜明地主张科普应当温文尔雅，无论对待人还是对待自然都应该谦卑。他说："我读很多科学大家写的科普，虽然人家不会东方人拱手作揖的习惯，但温文尔雅的姿态那是天生的，即使 Weinberg 这样经常攻击社科的老兄，说起科学来还是有一种可亲的感觉的。我这个人提倡温文尔雅，所以我不苛求连岳。也有一些天生傲慢的老兄，如 Gell-Mann。但这位老兄虽然对同行傲慢之极，科普也没有写成科学的化身。Feynman 也不以谦卑闻名，但他的科普书和科普演讲那叫一个亲切。我私下对姬十三说，其实一个人何止对人要谦卑，对自然更要谦卑，你对她的理解并不总是正确的。相反，我看到最不谦卑的往往是那些民科，他们是真理的化身，真正科学的化身。"

杨玲认为，科普作家需要爱和谦逊。"科普需要爱和谦逊吗？我的回答是，科普作品本身不需要爱和谦逊，它只需要专业的、正确的知识、优美的文笔和独特的构思；但科普作家需要爱和谦逊，也许，这是除科学知识和文笔外科普作家应该具备的两项素质。其实，我还想给科普作家加两条期望：宽容和尊重。宽容他人的作品风格，尊重他人的劳动成果。"

知名博主和菜头认为，要扩大影响，就要平视网民，不能高高在上。"说到底，无论一个人在网上是多大的 ID，如果他想说话，想影响到更多人，那就得平视网民，用他们能接受的语言讲话。要尽量让他们觉得可以亲近，你才可以悦服他们，或者说服他们。怎么可以压服呢？"

他认为，新语丝从一个在中文互联网中具有鼎足轻重地位的网站被迅速边缘化。因为，"科学，在这群人中间变成了某种身份标签，某种彼此认同的要件。它存在的目的并不限于区别身份，更重要的是，它能够抬高自己，感受到和人群在垂直方向上令人心旷神怡的距离。因此，必须用粗暴的态度，酷烈的语言，打击一切圈子之外的人，因为他们不是理科生，不懂科学。"

吴向宏强调了从传播的角度看，要争取受众的青睐，科普创作者态度上必须谦卑。"科普作者既然是做普及文章，也就是一项传播事业。传播者如果不考虑其受众的趣味，譬如流行歌星不尿自己的歌迷，好莱坞商业片导演不尿观众，都是极其愚蠢的。"

在吴向宏看来，向科普创作者提出谦卑的要求并非无的放矢。"牛博科普作者们对连岳说的'谦卑'二字，非常反感，认为'凭什么要科普作者谦卑？难道我们科普作者天然容易骄傲吗？'恭喜答对了。科普作者的确是天然地容易骄傲的。"而科普作者之所以容易骄傲，就是科普作者非常容易把科学传播和科学本身混为一谈。

有趣的是，与刘华杰一样，吴向宏也注意到了科普与传教的相似之处。"传教士也是特别需要谦卑的一个人群，因为他传播上帝的声音，传着传着，身份认同就容易不太好掌握了。科普作者传播科学的声音，传着传着，往往就觉得自己是科学的化身，或者至少是科学界的化身。方舟子就是一个典型的例子。"

5. 科学普及是否需要人文关怀

吴向宏强调评判科普作品，除了技术性判断之外，还必须关注价值维度。"几位牛博的科普作者们，这几天都摆出对连岳恨铁不成钢的姿态，试图教育连岳'什么才是好（或正确）的科普'。无非是那些老套，如'传播科学的思维方式才是最大的爱'、'人们唯有在真相面前才应该谦卑'、'大量的知识和对话题的强烈兴趣才是写出优秀科普作品的前提'……这些东西都对，可惜的是，它们都是关于'好'科普的技术性判断，而非价值判断。"

吴向宏用一个极端的例子强调科普作品不能无视人文关怀，"某个暴君治下的科学家也可以带着大量知识、怀着极度的兴趣，并且遵循完美的科学思维，写出一篇如何才能最高效地进行大规模种族清洗的文章——或者恐怖分子也可以科学地写出一篇怎样有效在闹市使用汽车炸弹的文章——诸位觉得这样的文章可以进入'好'科普的行列吗？"

吴向宏认为说到底，争论的根源在于混淆了科学与科普的差异。"回到关于什么是'好'科普的标准。追求知识（真相）、严格遵循科学思维，以及对课题拥有强烈的兴趣，这些其实是做一个好科学家的标准。用这些东西来套科普，就犯了'骄傲'的毛病。科学家可以自顾自地研究，不必考虑'爱'啊、'弱势群体'啊之类的。如果科普作者以为面向大众的科普事业也可以同样不食人间烟火，就大错特错了。"

刘华杰同意连岳的观点，认为科学传播与社会正义有关，并且敏锐地指出在这一点上连岳实际上提出了一个比松鼠会目前表现更高的要求。"我还特意注意到连岳的序言中表达了与北京大学科学传播中心所倡导的类似的一个观念：科学传播不仅仅关系到认知问题，还涉及社会正义问题，这两个维度是紧密关联的。当跳出唯科学主义的狭隘视界，谈论全方位的科学传播，谈论未来的科学以及科学伦理问题时，这一点会更加明显。不过，目前这本书的具体内容还主要限于知识传播和少量的一般文化传播，或者说远未触及连岳设想的问题'高度'。当然，在初级阶段，也许还没到认真考虑这些事情的时候。"将来科学松鼠会是否会逐渐涉及这一方向，倒是值得进一步观察的重要方面。

罗斯特罗波维奇认为，写科普文章的有三类不同的作者：（1）取悦读者，以有趣为看点的。专业素质上，受过通常必要的科学训练即可。（2）自 HIGH 自乐，但足成一整套独特视角的。一般是行内大腕的业余娱乐，人文实验，如刘易斯·托马斯。（3）负责任感而写，为宏道而写，有大系统的梳理、整顿、阐发。要有这等功力，非大家而不能为，如理查德·道金斯，斯蒂芬·霍金。与此相应，科普文章的功能也大不相同。"第一类作用是触发人对科学的兴趣。后两类的作用是激发科学精神。科学精神，其实和人文精神一样，都是'可感'的东西。这种'可感'，包含个人思维的魅力，包含人类整体的雄心，包含爱因斯坦所谓之对世界的宗教感情。"

由此他认为，科普最忌的其实就是"实用"，方舟子与连岳其实都是科普实用派。"方舟子文章做法，就是完全实用型的，庸俗科学论、对错二元论，把自己视为科学派的使徒，护法，斗士，十步杀一人，千里不留行。"而连岳虽然强调人文情怀，对科普的看法，也仍然是实用性的、功能型的。"还是认为科普是授人与鱼，而不是授人与渔。还是把科普当做是'科学知识'的外卖，外加'爱与同情心'一条龙服务。"

梁文道清醒地认识到了科学传播的人文功能，明确地将科学传播置于为民众服务的语境中，"根据科学史家 John Pickstone 的分析，'公众了解科学'运动渐渐总结出了另一种对基本科学知识的看法，把重点从被动的受教育大众转移到每一个构成公众的持份者（ stake holder）身上。意思是先不要预设一大套放诸四海而皆准的知识储备，而要看关注某一个课题的公民有没有相应的知识和判断的能力。例如一个预备要兴建大型化工设备的小区，当地居民或许可以不太清楚基因改造的技术，却不能不知道化学污染的成因与解决它的方式。"

6 科普是否需要轻松时尚

首先是刘华杰的评论。他延续了其一贯的轻松随意的风格。对科学松鼠会的小资风格，他予以肯定，坚持"有闲第一要紧"。

"'松鼠'们先是自娱自乐，这也许算是最低纲领，但是它非常重要，某种意义上也是颇难实现的……公众科学是用来给百姓消费的、享用的，'搞科普'终究不是'传福音'，无需整天摆出一副真理在握的架势。

"有闲，一个普通人才有机会为社会、为历史做增量。说到底，科学的精神境界是'自由人'才配分享才能分享的，'奴隶'只有苦难、嫉妒和仇恨。有闲，才有可能'费厄泼赖'，才能容忍内在的多样性、避免'科学真理教'。"

刘华杰肯定松鼠会的时尚风格，"松鼠会的小书在选题、谋篇、用词、讲故事技法方面，都有意识地融进了时尚元素，如书名的'怪异'，如'皮囊事'一部分和最后一部分'Ask Dr. You'。对了，还有图书的开本和封面设计。拿到书后第一时间，让14岁的女儿评论此书的装帧和外形，女儿打了高分。我相信她的眼光，她说酷那是真酷。"

言必称博物学的刘华杰强调，博物类科学的内容更容易成为时尚的元素。"科学中只有一部分内容有可能成为时尚，特别是博物类科学，这部小书中相当多内容属于广义的博物学。我数了一下，占一半以上。我相信有些科学只有极少数人才能理解、欣赏，我丝毫没有贬低大众的理解力的意思。科学传播要有所为有所不为、先易后难。"

江晓原与刘兵在合著的《谁要重出江湖？谁能再振雄风？》中认为，松鼠会注重时尚和娱乐的意义，在于科学普及摆脱了意识形态的重负。"载上意识形态的重负，曾经是传统科普最务实、最可取的策略，但是现在时代变了，公众不想再这么沉重了，于是传统科普衰落了。'暴打科普'其实也是师前者之故智（只是载上了另一种重负而已），所以也难免被公众冷落的结局。我们可以说，松鼠们的旗帜是'轻松'，松鼠们的兵刃是'游戏'。"

他们也指出，科学松鼠会之强调时尚，虽然远离了传统科普火药味很浓的科学主义，但也并非自觉系统地反对科学主义。"在年轻一代中，时尚是一种潮流，并不一定涉及反科学主义与否的问题。在理想情况下，说他们可以接受某种程度的人文主义观念，也许是对的，但这些松鼠们在具有以时尚轻松来品味、欣赏、传播甚至游戏科学的同时，他们通常并没有很深的人文主义背景，没有受过系统的对科学的人文研究的训练，这就成为他们的另一个特点。"

江、刘还从促进科学普及流派的多元化角度表达了对科学松鼠会的支持："如果沿用江湖的隐喻，那谁也不可能永久在江湖上称大。在科普的江湖上，应该形成彼此互补的多元化的局面。群雄竞争并存，又彼此促进，恰恰是我们应该期盼的局面。反之，如果科普的江湖上只有某一派垄断独尊，那江湖也就不再成为江湖，科普也就寿终正寝了。"

在感叹科普写手奇缺、两种文化的隔膜严重、出版界对科学传播远不及民国的王云五之后，梁文道欣喜地表示："在这样的背景底下，'科学松鼠会'于我而言是个莫大的发现。从前看惯了方舟子那种火气十足的'一个人的战争'，我没想到还有这么一群人会在时事评论为主的博客群上轻轻松松地谈科学。在'脑残'和'汉奸'等语言炮弹漫天飞舞的硝烟之中，他们的科普小品简直有点像是带甜的凉茶。当然，我绝对不是要科学作家都从战场的前线撤退，回到田野快活地咬干果。我只是觉得任何一个勇悍的战士也是从小长大的，在派出科学战斗的士兵之前，不妨先多培养几头松鼠。"

通过上述简要介绍，我们可以看出这场争论背后其实隐藏着深刻的科学观分歧：科学究竟是应该满足好奇心还是功利价值，科学究竟是作为人文的重要组成部分还是对立面，科学究竟是应该作为思想斗争的武器还是时尚与娱乐的素材。由于这些科学观的分歧，在科学传播的理念上就衍生了这样一些重要的问题：有趣、时尚在科学传播中的重要性如何？在科学传播中，作者与读者的关系如何？究竟是应该强调平等交流还是强调引导读者接受正确理念？对待读者中流行的"错误"观点，究竟是大义凛然地加以驳斥还是以平和包容的心态逐步引导？科学传播的重点究竟是放在知识的传授上，还是强调科学理念的灌输上？

争论的喧嚣已经渐渐沉寂，科学松鼠会的科学传播继续进行，但是相关的理念分歧仍然存在，值得科学传播界的实践者和理论研究者关注和深入研究。

原载《科普研究》2009 年第 6 期

事情没那么简单

——漫谈错误的相对性及二元对立思维

尹传红

前段时间，围绕中学语文课本的选文颇有些议论。我印象深刻的是，当获知有些版本的教材减少了鲁迅作品，而同时又选录了梁实秋、胡适等人的作品时，嗅觉敏感者很快就作出了鲁迅被"顶替"的判断。大概"丧家的资本家的乏走狗"（鲁迅"骂"梁实秋语）留给论者的印象太深了，以致某些论调很自然地就暴露出了一种二元对立的浅表性思维。当然，也由于其"异乎寻常"而格外地引人注目。

类似的情形是，在传统史学和人们的一般观念中，对于皇帝和大臣的评价，也常可见到"明君—昏君"、"忠臣—奸臣（佞臣）"的二元划分模式，并以此来解释和评价一个王朝的兴衰更替，以及相关君臣与历史事件。

一种有问题的思维惯性，不知不觉中已经潜移默化地融入了我们的生活。

两位科学大师"对决"？

7月初收到一本朋友寄赠的高端科普杂志，读了其首篇文章开头的一段话，我不禁愕然。这段话是这样写的：

> 日食不仅是个壮丽的奇观，也是科学家们的大好观测机会。1919年5月29日的日全食，是验证牛顿力学与爱因斯坦相对论孰对孰错的"关键对决"。

两位杰出的科学家，两个著名的科学理论，"孰对孰错"要"对决"！这词用得够"狠"，但据我看却不够准确，也失之严谨。恰恰就在上引那段话之后没几行，作者（据知是位天体物理学博士）又写道："可以说，牛顿理论是广义相对论的特殊形式，而广义相对论则是牛顿理论向一般情况的推广。"

试问：既然两者有"特殊形式"和"向一般情况的推广"之关联，又何来"孰对孰错"？

事实上，牛顿理论并没有错。尽管它与爱因斯坦理论有着根本性的区别，但仍是后者相当好的近似，或者说真理的精确近似，只不过需要满足如下条件：物体的运动速度与光速相比很低，并且时空曲率也不大。而一些小的相关项若被忽略不计，爱因斯坦理论便能简化为牛顿理论。因此，对于1919年日全食时所观测到的恒星光线在太阳引力场作用下发生的偏转现象，我们或许可以这样评价：它验证了爱因斯坦那脱离了日常生活经验的新理论，修正了牛顿的旧理论。

回过头来看，牛顿理论中所存在的奇特而无从解释的一点内容，一直让物理学家困惑不已，那就是引力质量与惯性质量的同一。200多年过后，它给爱因斯坦提供了关键性的线索。1911年，爱因斯坦提出，带有特定能量（由其频率或波长决定）的光子具有等效质量。因此，像物质粒子一样，光子应当受大天体的引力吸引而发生偏转。正如他所设想的那样：

据此理论可以得出，从太阳附近通过的光线会受太阳引力场的作用发生偏转，这导致在太阳和出现在太阳附近的恒星间视角距几乎增加1角秒。由于日全食时能看到太阳周围的恒星，因而可以将此理论结论与实际进行比较。假如有天文学家对这里提的问题感兴趣的话，那将是我最大的愿望。

从太阳边缘掠过的光线所产生的极小偏转，大体说来，一半来自牛顿理论的推论，另一半则来自三维空间的曲率。当所考虑的物体速度远低于光速时，牛顿理论非常适用；但在描述高速亚原子粒子的行为时，牛顿理论就不太灵光了。此中，"光速有限"这一设定是关键。不妨换一种方式来考察：光通过1米的距离需要多长时间？假如光以无穷大的速度传播，那它通过1米所需的时间是0秒。然而，当光以它的实际速度传播时，则需要0.0000000033秒。所以，爱因斯坦所修正的，正是0和0.0000000033之间的差别。

"牛顿，请原谅我，即使有无人可以比拟的思考及创造力如你，也只有一个解答，而你已经找到它了。你建立的物理学观念仍然引导着当代物理学思想，尽管我们知道它必须被其他理论取代。"爱因斯坦曾经这样写道。很显然，在爱因斯坦眼里，他的新理论对于牛顿的旧理论即便谈"取代"，也不过是一种延续和修正，而并无对错之分。

"罐头思维"与"范式支配"

上述科学话题，引发了我对现实生活中一些问题的思考，特别是对正确和错误，还有所谓错误的相对性之思考。

我注意到，哲学家在给真理下定义的时候向来十分谨慎。他们普遍的看法是，尽管我们能够区分理性思考和某种特殊情形下的真理，但真理仍是基于已经获得的最好证据和最认真的思考，在特定时间和特定场合所能相信的最为合理的事情。英国哲学家约翰·洛克写在《人类理智论》（1689 年）中的一句话颇具代表性：

> 热爱真理的一个永远不会错的标志就是，相信一个命题不要超过它所基于的证据所能保证的程度。

一般而言，一种复杂的事态很少能用一句话就说明其真相，更不能用一个简单的"对"或"错"来回答。在许多情形下，正确和错误是很模糊的概念，正确和错误常常也是相对的，没有像 1 + 2 = 3 那样的"绝对"答案。

然而，"创新思维之父"、英国著名学者爱德华·德·博诺指出，人们似乎极易在寻求绝对的真相和逻辑的过程中获取安全感——每当我们不得不面对不确定的感知时，几乎都会转而求助于传统逻辑的确定性；也很容易养成一种习惯，接受一些可以免除我们思考之劳的简明的论断。这样就产生了英国逻辑学家 L. S. 斯泰宾所称的"罐头思维"——它接受起来是容易的，因为形式是压缩的，用起来方便，有味道，也有些营养，但对于我们身体的自然发育必不可少的维生素却丢了。

更值得警惕的是，我们在创造人为的二分法（我们/他们，正确/错误，无罪/有罪，文明/野蛮，民主/独裁，朋友/敌人，真/假，善/恶），并习惯于用互相排斥的抽象概念来进行思考的同时，似乎已经很不适应置身于某种"中间状态"，并乐于强调某种事物的对立物来强化某个概念。

而"罐头思维"和极端化的思维方式对中间地带的排斥，不仅使得我们对世界的感知变得固定和僵化，而且往往还会促使我们对论证之点予以不适当的扩大乃至扭曲——不是民主就是独裁，不是善就是恶，不是黑就是白；而在某些思维偏激并且以自我为中心的人眼里，但凡与自己意见或观点不合的人，不是"笨蛋"就是"混蛋"，就必然是反对我或者跟我过不去。

类似这样的概念"扩大化"，不管是有意的还是无意的，常常都会产生难以预料的后果，经历过"文革"的人更有切肤之痛（请思考如下几条"文革"流行标语：宁要社会主义的草，也不要资本主义的苗；老子英雄儿好汉，老子反动儿混蛋；不是东风压倒西风，就是西风压倒东风；凡是敌人所拥护的，就是我们所反对的……）。我们也不该忘记，在党的历史上，所谓"百分之百的布尔什维克"瞎指挥、穷折腾所带来的极大危害与深重灾难。

按照英国哲学家尼古拉斯·费恩所引述的说法，由于文字和概念的存在，语言很难成为我们期望的中立工具。比如，法国哲学家雅克·德里达声称，我们的价值观必须与其反面两相对比，然而，似非而是的"二元敌对"又会影响我们的每一次判断。这种观点看似是一种我们现在还难以置信的真知灼见，实则是我们禁不住为之吸引的匹夫之见。

顺着德里达的思路推断，英雄这一概念需要恶棍的存在，可是，时下的英雄能够从大火熊熊的建筑物里营救出小孩，而不"需要"坏蛋前去纵火。我们都趋向于寻找替罪羊——不论其是个人、神灵或是神灵伪装下的人类自身——作为一种对人类心理的评述，德里达的论点并无不妥，可是它并不能充当价值观逻辑的评估标准。

现实中的确有些事态是一部分为真，一部分为假的。然而，被扭曲了的那种偏颇的感知（"简明的真相"）在人们和新闻媒体中却深受欢迎，以至于常常有所报道的事物为真，但所传达的印象为假的情况发生。建立一个简单的对立固然容易得多，但也有代价要付出，用博诺的话来说："如果我们用非常具体的方式建构范式，我们将来就会更久地受这个范式的支配。"

非百分之百正确的东西

在现实生活中，很难讲有什么绝对正确的行为准则和绝对正确的客观知识。这取决于我们的评判标准。在一些哲学研究者看来，一切知识的基本框架，从逻辑上说都属于假设，科学也不例外。但对于这类话题，弄不好又很容易滑入相对主义的泥潭。

美国著名科普作家艾萨克·阿西莫夫曾在他的一篇科学随笔中提到，他的恩师、著名的科幻小说编辑约翰·坎贝尔告诉他，一切理论迟早都会被证明是错误的。就此阿西莫夫的回答是："约翰，当人们认为地球是平面时，他们错了；当人们认为地球是球体时，他们也错了。但假如你以为，地球是球体与地球是平面两种看法的错误程度完全相同，那么，你的错误，比上述两种观点加到一起还严重。"

阿西莫夫指出，问题的关键在于，人们认为"正确"和"错误"是绝对的；任何非百分之百正确的东西，都是完全错误、同等错误的。

仍以地球形状为例。由于观察和测量手段的进步，人们较之以往已经更清楚地认识到，地球在赤道隆起，两极略为扁平。它是个扁球体，而非正球体。从球体到扁球体的修正，比从平面到球体的修正要小得多。所以，虽然"球体地球说"是错误的，但严格地讲，它却错得不像"平面地球说"那么严重。

同样严格地讲，甚至扁球体地球说也是错误的。1958年，"先锋一号"卫星发射升空，环绕地球旋转，人们因此能够以前所未有的精确度来测量地球的局部引力作用，进而推算地球的形状。结果发现，赤道以南的赤道隆起比赤道以北稍大一点，南极海平面与地心的距离比北极海平面稍近一点。

除去说地球是梨形的以外，似乎再也找不到合适的方法来描述地球的形状了。于是，很多人立即作出论断，说地球一点也不像球体，它就像一个梨，悬于空间。其实，这个梨状体与标准扁球体的偏差只是几米的问题，而不是几千米的问题，对表面曲率的修正也只有每千米百万分之几厘米。

因此，阿西莫夫得出结论并展开评述：

> 科学家们一旦有了一个好的概念，就会随着测量仪器的进步，以越来越成熟的手段逐渐把它完善和发展。理论只有不完善，没有大错特错。

> 这一点不仅反映在地球的形状上，而且也反映在许多其他情形中。即使新理论看起来代表着一种革命，它也通常产生于对旧理论的轻度改进。假如轻度改进满足不了需要，那么，这个旧理论就绝不会存在下来。

阿西莫夫进而以哥白尼放弃以地球为中心的行星系统，转而提倡以太阳为中心的行星系统为例，继续阐明他的观点：这样一来，哥白尼就放弃了一件显而易见的事情，转而去支持一个表面上看起来很可笑的东西。但是，这关系到人们能否找到更好的方法来计算行星在空中的运行。最终，地球中心说就落后了。旧理论存在了那么长时间，恰恰是因为根据当时的测量标准，它所给出的结果还相当好。

另外，恰恰因为地球的地质构造改变得非常缓慢，地球上的生物也进化得非常缓慢，所以才使下列假定乍一看似乎很有道理：地球和生物没发生过任何变化，它们一直就以目前的状态存在着。果真如此的话，地球和生物是存在了几十亿年还是只存在了几千年，不会有什么差别，倒是几千年更容易领会一些。

然而，人们通过仔细观察发现，地球和生物在以非常缓慢但不是零的速度变化着，这揭示了地球和生物一定很古老。于是，现代地质学就诞生了，生物进化论也诞生了。假如变化的速度很快，地质学和进化论早在古代就已达到了它们现代的水准。只是因为静止的宇宙和演化的宇宙，在变化速度上的差别介于零和一个接近零的数值之间，才使得那些神创论者们能够继续兜售他们的愚蠢观点。

"一切皆坏"和"一切皆好"

有一种观点认为，孔子之所以倡导"中庸"哲学，乃是痛感于国人极端主义的思维和实践。如果真是这样，那就说明"极端思维"存之久矣。

就本文开头提到的所谓鲁迅被"顶替"的论调，北京大学教授温儒敏直言"希望大家能够'宽容'一些对待变化"，他认为多年来围绕中学语文所发生的很多争论，恐怕都跟那种二元对立的浅表性思维习惯有关系："为什么看到教材选收梁实秋的《记梁任公先生的一次演讲》，就马上断言这是'顶替'鲁迅呢？教材中不是同时还新加了其他很多作家的作品吗？这可能是本能地把过去评判鲁迅与梁实秋争论的结论，移用到对这次篇目调整的议论中来了。其实，现代文学界关于鲁、梁当年的'公案'已有许多研究，不宜再简单套用过去的结论。何况作为演讲名篇，梁实秋的作品入选是合适的。"

前不久，读到民建元老胡厥文的一段回忆，我也颇有感触。厥老说：

> 马克思主义我不懂，但共产党主张民主，立党为公，不谋私利，吸引了我。我原以为共产党同民族资产阶级总是势不两立的，但后来了解到中国共产党不但不怕资本主义，反而在中国的具体条件下提倡它的发展，理由也说得坦诚而简单。以资本主义的某种发展去代替帝国主义和封建主义的压迫，不但有利于资产阶级，而且可以说有利于无产阶级。共产党的公和诚以及符合我国情况的政策，使我这个本来对政治没有多大兴趣的人进入政治舞台，参与发起民主建国会，并且积极参加新民主主义革命。

回望60多年前，毛泽东在延安作《反对党八股》的讲演时，就曾很有针对性地说了如下一番话：

> 五四运动时期，一班新人物反对文言文，提倡白话文，反对旧教条，提倡科学和民主，这些都是很对的……但五四运动本身也是有缺点的。那时的许多领导人物，还没有马克思主义的批判精神，

他们使用的方法，一般地还是资产阶级的方法，即形式主义的方法。他们反对旧八股、旧教条，主张科学和民主，是很对的。但是他们对于现状，对于历史，对于外国事物，没有历史唯物主义的批判精神，所谓坏就是绝对的坏，一切皆坏，所谓好就是绝对的好，一切皆好。这种形式主义地看问题的方法，就影响了后来这个运动的发展。

在毛泽东眼中，那种缺少"历史唯物主义的批判精神"、"形式主义地看问题的方法"，乃是"五四运动的消极因素"。它的遗祸就是在今天来看，也还没有完全除尽。

"最不坏"往往就是"最好"

1884 年，一位叫做埃德温．A. 艾博特的英国教师，在一部题为《扁平国：多维浪漫史》的小说中讲过一个含有讽刺意味的故事：在一个可谓"井底之蛙"的二维世界——扁平国里，它的国民都是扁平的几何形状，没有"上"或"下"的概念，只能在同一个平面上溜来溜去。有一天，一个三维的圆球访问扁平国，向一个名叫方形 A 的扁平人灌输了三维观念。当方形 A 把第三维讲解给别的扁平人听时，它却因扰乱视听被抓了起来——扁平人完全不知道竖直的一维，所以任何没有亲眼见过圆球的扁平人都不能相信真有圆球存在。

这个故事颇能说明我们看待问题或事物的视角局限性。其实，我们过去看"扁"了的人或"妖魔化"了的事物，常常有"闪光"的并且不无价值的一面，但长期以来我们却视而不见，或是被我们有意无意地忽略了。"科举"便是其中之一。

我想过，一个能够延续 1300 年之久并让历朝历代许多人趋之若鹜的制度，必然有其合理合宜之处，不能因为它在施行的中后期所滋生出来的一些弊端而全盘否定。而它最终走向末路，我看主要还是没能做到"与时俱进"——实际上是被时代所淘汰。

所以，我曾在一篇文章中提出一个问题：如果说科举制有着种种缺点与流弊，那么，在过去的那个时代，还能有什么比科举制更好、更公平且更有效用的人才选拔制度呢？对于高考，似也可以作如是观（人们常常感到困惑的是，废除科举制已经 100 年了，"教育"于我们依然是一个沉重的话题，我们依然还是有那么多需要反省的东西）。

上述情形，跟新闻界对消息写作的所谓"新华体"的批评和反驳相类似。我就跟同行提出过这样的问题："既然您认为'新华体'刻板、僵硬、模式化，那您说，可以用哪一种活泼而又不失简练、明晰的消息写作'模式'来替代它？"

反映经济实力最常用也最能代表一国实力的指标就是 GDP（国内生产总值）。尽管很多人认为 GDP 这个概念还很不完善，有很多缺陷，但是，在经济学家看来，我们到目前为止，还找不出一个比它能够更好地描述财富增加与经济发展的替代指标。这也是人类面临的基本困境，我们通常不是在好和坏之间选择，而是在坏和更坏之间选择。换言之，"最不坏"往往就是"最好"。

换个角度去思考

至于道德上的是非对错判断，那就更得小心了。因为这个问题并不像科学问题那样，有一些切实可行的程序或判据去分辨真假，并且道德往往假定了正确与错误、真实与虚假的二分法；而当人们作出真假或对错的断言时，显现出来的正是一种道德立场。

不妨以同性恋问题为例。1997 年施行的中国新《刑法》，已经删除了过去常常被用于惩处某些同性恋性行为的"流氓罪"，这被认为是中国同性恋非刑事化的一个标志。2001 年 4 月 20 日，第三版《中国精神障碍分类与诊断标准》将"同性恋"从精神疾病名单中剔除，实现了中国同性恋非病理化。这意味着，同性恋并非病态或性变态。这乃是一种正常的只占少数的性指向，同性恋者有选择自己生活的权利，因而不必对这些"同志"进行矫治。

不再简单地把同性恋看作是一种病态心理，不再轻率地对同性恋作出"不道德"的价值判断，这体现了对科学和客观规律的尊重，是中国社会的一个进步，也是社会文明的彰显。

据我所知，西方国家对同性恋的态度，总的来说也是向着理解、宽容和尊重发展的。中外学术界目前比较一致的看法是：同性恋现象是在人类历史上、在各个文化当中普遍存在的一种基本行为模式。它的产生除了有社会、家庭、文化和心理等因素外，还与基因存在着某种联系，有其内在的生物学基础。换句话说，同性恋几乎可以被认定是一种"生物"状态而不是心理状

态，是一种宿命而不是一次选择。既然是天生的，它何罪之有？（当然，我们也不必刻意去宣扬、鼓励它）

哲学家罗素说：参差多态，乃是幸福之本源。正是生物的多样性，以及人的行为和心理的千姿百态，构成了丰富多彩的现实世界。同性恋现象对于人类社会发展的一个重要启示在于，它以其生生不灭的客观存在，揭示了一种"新型"的人际关系和生活方式的可能性。试想：如果我们仅仅因为同性恋群体在性取向上是"少数人"就歧视他们，视其为"怪物"，那么，我们岂不是人人都有可能由于在某种标准上属于"少数人"而遭到歧视吗？

近年来社会上对网游和网瘾问题关注、议论很多，也出现了一些过激言论和过分做法，甚至闹出了人命。我相信，网游这种新生事物之所以能够让人（尤其是孩子）得到精神释放和满足感，主要是由于"问题"的解决（如"闯关"之类）与自由开放的空间所带给人的那种乐趣及全新体验，而不是时有露头的性和暴力。

换个角度去思考：如果说沉迷于上网真是一种不健康的瘾或某种"病态"（且不论其"标准"难定），那么，"影迷"、"书迷"乃至"音乐迷"、"电视迷"之类又作何解释？出现问题以后，一味抵制或将其妖魔化不是解决的好办法。

正如我们不可能因为车祸不断和堵车心烦而"封杀"汽车一样，我们似也不宜对网游、网瘾这类"新生问题"作或好或坏、非黑即白的二元价值判断。更别说，已有人提出了这样的问题："网瘾"这个提法，是对"数字原住民"的偏见；是网瘾可怕，还是对这批网络新生代的不理解可怕？或许真有那么一天，"'网瘾'会成为历史名词，'惧网'才是让人担忧的疾病"？

拉拉杂杂说了那么多，中心意思一个：一种复杂的事态往往没有简单的"对"或"错"；凡事得多考虑几个侧面，要注意规避偏狭观念，不要被惯性思维牵着鼻子走，更不要被那些带着偏见的、不客观的因素（尤其是二元对立思维）所误导。

原载《科普研究》2009 年第 6 期

一代巨匠，为世人留下什么？

——读《宇宙秘密》，忆阿西莫夫

卞毓麟

有多少外国作家，其作品之中译本竟达近百种之多？须知：这并非百篇文章，而是近百种书；亦非一书多译，而是上百本不同的书！笔者寡闻，如斯者仅知一人：艾萨克·阿西莫夫。

阿西莫夫的作品可分为非小说类和小说类两大部分，其非小说类作品包含科学总论 24 种、数学 7 种、天文学 68 种、地球科学 11 种、化学和生物化学 16 种、物理学 22 种、生物学 17 种、科学随笔集 40 种、科幻随笔集 2 种、历史 19 种、有关《圣经》的 7 种、文学 10 种、幽默与讽刺 9 种、自传 3 卷、其他 14 种，小说类作品包含科学幻想小说 38 部、探案小说 2 部、短篇科幻和短篇故事集 33 种、短篇奇幻故事集 1 种、短篇探案故事集 9 种、主编科幻故事集 118 种。上述统计数据源自其最后一卷自传所附书目，其大宗作品水准之高实在令人惊愕。

30 年前我国改革开放之初，阿西莫夫的名字迅速地为越来越多的国人所知。而时下在我国，这位科普巨匠似已为人淡忘。这，真是一种悲哀。

一篇著名讣文

1992 年 4 月 7 日，美国化学学会正在旧金山举行会议，当一位发言者出示一份报道阿西莫夫逝世的报纸时，会场气氛骤变，人们怅然若失……

阿西莫夫去世后，当年 5 月 14 日，英国权威性的科学刊物《自然》（Nature）刊出了美国著名天文学家、世界一流的科普大师卡尔·萨根（Carl Sagan，1934—1996）所写的讣文。2002 年，为纪念阿西莫夫逝世 10 周年，我将此文译出，发表在 4 月 3 日的《文汇报》上。有鉴于其特殊价值，兹照录全文如下：

艾萨克·阿西莫夫，这个时代的伟大阐释者，于 4 月 6 日去世，享年 72 岁。

阿西莫夫在十月革命后不久生于俄罗斯，双亲是犹太人（虽然他本人猜想阿西莫夫这个姓有可能是伊斯兰教的，源自乌兹别克，意为哈西姆之子），3 岁时随全家移居布鲁克林。他童年时代的生活围着他父亲的糖果店转，在那里他学会了阅读货架上的杂志，开始接触科学幻想故事。他在哥伦比亚大学攻读化学专业获得博士学位，成为波士顿大学医学院的生物化学教授，是《生物化学和人体新陈代谢》这部教材的作者之一。但是，他却因为在科幻和科普方面的工作而变得举世闻名。

亦如赫胥黎那样，深厚的民主精神驱使阿西莫夫热衷于与公众交谈科学。他仿照克列孟梭的那句名言说道："科学太重要了，不能单由科学家来操劳。"我们永远也无法知晓，究竟有多少第一线的科学家由于读了阿西莫夫的某一本书、某一篇文章或某一个小故事而触发了灵感——也无法知晓有多少普通公民因为同样的原因而对科学事业寄予同情。人工智能的先驱者之一明斯基最初就是为阿西莫夫的机器人故事所触动而深入其道的——阿西莫夫的这些故事一反先前流行的机器人必邪恶的观念（此类观念可追溯到《弗兰肯斯坦》），而构想了人与机器人的伙伴关系。正当科幻小说主要在谈论战争和冒险的时候，阿西莫夫则把主题引向了解决令人困惑的难题，他用故事向人们传授科学和思维。

他的大量言辞和思想已经深深潜入科学文化——例如，他把太阳系描述为"4 颗行星加上许多碎片"，还有把土星光环中的巨大冰块运往火星上贫瘠干旱的荒原的想法。

他的著作多得惊人——接近 500 本书，遣词造句极有特色，总是那么平易浅显，直截了当。美国科幻作家协会把他的《黄昏》选为"有史以来"最佳的短篇科幻故事。他荣获了美国化学学会和美国科学促进会的褒奖，并接受了十多个荣誉学位。他的兴趣不仅仅限于科学：他的传世之作包括《莎士比亚指南》、《〈圣经〉指南》以及对于拜伦《唐璜》的大部头评注。他精读爱德华·吉本的《罗马帝国的衰亡史》而受到启发，创作了叙述一个银河帝国之衰亡的《基地》系列小说，其主要论题是随着黑暗时代压顶而至，如何尽力使科学保存下来。

阿西莫夫大胆地为科学和理性说话，反对伪科学和迷信。他是"声称超自然现象科学考察委员会"的创始人之一，也是美国人文主义者协会主席。他不怕抨击美国政府，并大力主张稳定世界人口的增长。

　　作为一个出身贫寒，而又终身爱好写作和阐释的人，阿西莫夫觉得自己度过了成功而幸福的一生。他在自己最后的某一本书中写道："我的一生即将走完，我并不真的指望再活多久了。"然而，他又接着说，他对自己的妻子、精神病学家珍妮特·杰普森的爱，以及妻子对他的爱在支撑着他。"这是美好的一生，我对它很满意。所以，请不要为我担心。"

　　我并不为他担心，而是为我们其余的人担心，我们身边再也没有艾萨克·阿西莫夫来激励年轻人奋发学习和投身科学了。

卡尔·萨根

人生舞台

　　在阿西莫夫生前和死后，我写过不少介绍其人和研讨其作品的文章，并曾翻译出版过他的多部科普著作。我觉得，他的三卷自传非常值得一读，而且也不难读懂。

　　头两卷自传一共写了 64 万个英文单词，如果译成中文，足有 140 万字。它们严格按时间先后叙述，尽量描摹确凿的真实生活，着重探讨落到自己身上的事件本身，相对少谈内心的想法和反应，而且对未来会发生什么不作任何预测。阿西莫夫认为，这样就有一种真实感，可以避免过多的主观性，而且似乎并没有其他人如此明确地尝试用此种方式来写自传。

　　阿西莫夫将第一卷自传取名为《记忆犹新》（*In Memory Yet Green*），于 1979 年出版；第二卷称为《欢乐依旧》（*In Joy Still Felt*），1980 年出版。它们受欢迎的程度，大大超乎作者本人的想象。

　　1990 年初，阿西莫夫病重。在住院期间，他用 125 天的时间完成了第三卷自传。再过不到两年，作者便与世长辞了。但是，差不多又过了两年，此书方始付梓，名为《我，阿西莫夫》（*I, Asimov*）。2002 年阿西莫夫辞世 10 周年之际，上海科技教育出版社出版了它的中译本，书名定为《人生舞台——阿西莫夫自传》，译者是黄群、许关强，字数 53 万。

《人生舞台》是一部非常有价值的作品。它并非前两卷的续集，写法也与前两卷迥异。它不再拘泥于时间顺序，而是沿着作者的思绪，一个话题接着一个话题，将作者本人的家庭、童年、学校、成长、恋爱、婚姻、成就、挫折、亲朋、对手，乃至他对写作、道德、友谊、生死等重大问题的见解一一娓娓道来。全书写得坦诚率真，读后不仅能使人了解阿西莫夫这位奇才辉煌的一生，而且有利于更深刻地领悟人生的真谛。

顺便说一句，1998 年 4 月，我辞别自己从事科研 30 余年的中国科学院北京天文台，南下加盟上海科技教育出版社，专事科普出版，并任版权部主任。2000 年 9 月，我们取得这部自传中文简体字的版权，后来我又成了该中文版的责任编辑。这实在是一桩美妙的往事。

"平板玻璃"

《宇宙秘密——阿西莫夫谈科学》是阿西莫夫 40 本科学随笔集之一。这些随笔，充分体现了他执著终身的写作理念。阿西莫夫推崇非常平实，甚至是口语式的文风。有些批评家将此说成"没有风格"，他的回应则是："如果谁认为简明扼要、不装腔作势是一件很容易的事，我建议他来试试看。"在《人生舞台》中，阿西莫夫对写作风格作了更清晰的诠释。他说：

有的作品就像你在有色玻璃橱窗里见到的镶嵌玻璃。这种玻璃橱窗很美丽，在光照下色彩斑斓，却无法看透它们。同样，有的诗作很美丽，很容易打动人，但是如果你真想要弄明白怎么回事的话，这类作品可能很晦涩，很难懂。

至于说平板玻璃，它本身并不美丽。理想的平板玻璃，根本看不见它，却可以透过它看见外面发生

《宇宙秘密——阿西莫夫谈科学》封面

的事。这相当于直白朴素、不加修饰的作品。理想的状况是，阅读这种作品甚至不觉得是在阅读，理念和事件似乎只是从作者的心头流淌到读者的心田，中间全无遮拦。

写诗一般的作品非常难，要写得很清楚也一样艰难。事实上，也许写得明晰比写得华美更加困难。我还是用我的镶嵌玻璃和平板玻璃的比喻来说明。

镶嵌玻璃所用的彩色玻璃据信自古以来就有。然而要把玻璃里的色彩去除，已证明是项很困难的工作，这个问题直到17世纪才解决。平板玻璃相对来说是比较近代的发明，是威尼斯玻璃制造工艺的重大胜利，这种工艺在很长时间里一直是保密的。

在写作上也一样。从前，实际上所有的作品全都很华丽，修饰过度。比如维多利亚时代的小说，甚至狄更斯（维多利亚时代最出色的作家）的小说。在某些作家的作品中，写作风格变得平实明晰只是比较近期的事。

但是，怎样才能写得明晰呢？我不知道。我想首先必须头脑清晰，思路有条不紊，必须运用熟练的技巧梳理思绪，明确地知道你想说些什么。除此以外，我就无可奉告了。

阿西莫夫的作品之所以在这个世界上拥有如此广泛的读者，我想，最根本的一点，大概正在于他所谈论的一切，全能毫无遮拦地从作者的心头流淌到读者的心田。

欣赏科学

阿西莫夫对普及科学有着极其深厚的感情和十分强烈的责任感。他在力作《阿西莫夫最新科学指南》中有一番很精彩的议论：

有关科学家学术成果的出版物从来没有像现在这么丰富过，但外行人也越来越看不懂。这是阻碍科学进步的一大障碍，因为科学知识的基本进展通常是来自各种不同专业知识的融合。更严重的是，如今科学家已经越来越远离非科学家……科学是不可理解的魔术，只有少数与众不同的人才能成为科学家，这种错觉使许多年轻人对科学敬而远之。

但是，现代科学不需要对非科学家如此神秘，只要科学家担负起交流的责任，把自己那一行的东西尽可能简明并尽可能多地加以解释，而非科学家也乐于洗耳恭听，那么两者之间的鸿沟或许可以就此消除。要能满意地欣赏一门科学的进展，并不非得对科学有完全了解。没有人认为，要欣赏莎士比亚的戏剧，自己必须能够写一部伟大的作品；要欣赏贝多芬的交响乐，自己必须能够作一部同样的交响曲。同样的，要欣赏或享受科学的成果，也不一定要具备科学创造的能力。

处于现代社会的人，如果一点也不知道科学发展的情形，一定会觉得不安，感到没有能力判断问题的性质和提出解决问题的途径。而且，对于宏伟的科学有初步的了解，可以使人们获得巨大的美的满足，使年轻人受到鼓舞，实现求知的欲望，并对人类智慧的潜力以及所取得的成就有更深一层的理解。

我之所以写这本书，就是想借此提供一个良好的开端。

《人生舞台》封面

对于科学，阿西莫夫还有一些新颖独到的想法，这在《宇宙秘密》一书中不乏其例。另一个有趣的例子见诸《人生舞台》，它与"分形理论"有关。分形理论最初是由法裔美国数学家曼德勃罗（Benoit Mandelbrot）详细提出的。它们是一组迷人的曲线，可以既不是一维的，也不是二维的，而（比如说）是1.5维的。具有分数维，就是它们被称作"分形"的原因。这种曲线就复杂性而言可以说是无限的，其每一个小部分——不论多么小，都像整体一样复杂。

有一次，阿西莫夫的一位朋友提出："科学是不是能解释一切事物？我们是否能决定它能够还是不能够？"

"我肯定科学不能解释一切，我可以告诉你理由。"阿西莫夫回答。

理由呢？他接着说："我相信科学知识具有分形的性质，不论我们了解多少，不论还剩下多少，不论它看上去有多少，它始终像刚开始时的整体那样，无限复杂。我认为，那就是宇宙的秘密。"当时在场的其他人都没有说话。

许多人都见过演示分形的程序。它开始是一个心形的图像，周围有一些小小的附属图形，它在屏幕上一点点变大，一个小小的附属图形在中间渐渐变大，直到它充斥整个屏幕，可以看见它周围也有许多小的附属图形，它慢慢变大时周围又有其他小的附属图形。

阿西莫夫说："这个效果是慢慢地沉入一个复杂的图形，它始终是复杂的。我看着这没完没了的一层层展开，它绝对催眠。我想那就像科学探索一样，不断地解开复杂事物的一层又一层——永无止境。"

这想法既有意境，又有情趣。至于它究竟是否正确？我不想作武断的评论。

从阅读到晤面

30 多年前，阿西莫夫的作品有了第一个中译本：《碳的世界》。它由科学出版社出版，两位前辈译者甘子玉和林自新用了一个笔名：郁新。这本不足 10 万字的小册子，令我由衷地钦佩作者，同时也深深地佩服译者。

《碳的世界》封面

20 世纪 80 年代伊始，我与黄群合作，首次译完一部阿西莫夫著作《洞察宇宙的眼睛——望远镜的历史》。在"译者前言"中，我曾写道："阅读和翻译阿西莫夫的作品，可以说都是一种享受。然而，译事无止境，我们常因译作难与作者固有的风格形神兼似而为苦。"在日后更多的翻译实践中，此种感受有增无已。诚然，译作之优劣取决于译者的外语、汉语和专业知识功底，但尤其重要的是译者所花的力气。工夫下够了，就不太容易出现"门修斯"、"常凯申"或者"赫尔珍"了。杨绛在《傅译传记五种》代序中说：

"傅雷对于翻译工作无限认真"，"他曾自苦译笔呆滞，问我们怎样使译文生动活泼。他说熟读了老舍的小说，还是未能解决问题。我们以为熟读一家还不够，建议再多读几家。傅雷怅然，叹恨没有许多时间看书"云云。

这实在是今天的译者应该好好学习的。

《宇宙秘密》一书的翻译，堪称难能可贵。几位译者原本就谙熟此道，翻译过程中殚精竭虑，相互校核，完工后又请热爱并熟悉阿西莫夫作品的尹传红先生细细检阅一遍，结果打了个漂亮仗。此仗究竟胜在何处？看来，最关键的还是那两个字——认真；或者说，既对作者负责，也对读者负责！

遥想 30 多年前，科学的春天到来之际，引进国外优秀科普作品开始大步前进。笔者在勉力研读、翻译阿西莫夫作品之际，渐感应当与其本人取得联系，并于 1983 年 5 月 7 日发出了致这位作家的第一封信：

> ……我读了您的许多书，并且非常非常喜欢它们，我（和我的朋友们）已将您的某些书译为中文。三天前，我将其中的三本（以及我自己写的一本小册子）航寄给您。它们是《走向宇宙的尽头》、《洞察宇宙的眼睛》和《太空中有智慧生物吗?》；我自己的小册子则是《星星离我们多远》……

5 月 12 日，他复了一封非常清晰明了的短信：

> 非常感谢惠赠拙著中译本的美意，也非常感谢见赐您本人的书。我真希望我能阅读中文，那样我就能获得用你们古老的语言讲我的话的感受了。
>
> 我伤感的另一件事是，由于我不外出旅行，所以我永远不会看见您的国家；但是，获悉我的书到了中国，那至少是很愉快的。

1988 年 8 月 13 日，我与阿西莫夫本人晤面的愿望成为现实。其详情可参见拙文《在阿西莫夫家做客》（已作为附录收入《人生舞台》一书）。

写作如同呼吸

早先，阿西莫夫在完成头 99 本书之后，曾从其中的许多作品各选一个片断，分类编排，并辅以繁简不等的说明，由此辑成一部新书，这便是他的《作品第 100 号》，书末附有这 100 本书的序号、书名、出版者和出版年份。后来出版的《作品第 200 号》和《作品第 300 号》格局与此相仿，书末分别附有其第二个和第三个 100 本书的目录。我在 1988 年 8 月与阿西莫夫晤面时，他已收到刚出版的第 394 本书。按惯例，不久就应该出现一本《作品第 400 号》了。我也确曾函询阿西莫夫关于《作品第 400 号》的情况。出乎始料的

卜毓麟与阿西莫夫夫妇摄于阿西莫夫家中（1988 年 8 月 13 日）

是，他在 1989 年 10 月 30 日的回信中写了这么一段话："事情恐怕业已明朗，永远也不会有《作品第 400 号》这么一本书了。对于我来说，第 400 本书实在来得太快，以致还来不及干点什么就已经过去了"，"也许，时机到来时，我将尝试完成《作品第 500 号》（或许将是在 1992 年初，如果我还活着的话）。"

我一直在期待着《作品第 500 号》问世，它将会按时间先后列出阿西莫夫的第 301 本到第 500 本书的详目。1991 年岁末，我给他寄圣诞贺卡时还提及此事，然而未获回音。这使我隐约觉得："或许有什么事情不太妙了？"哎，为什么他要说"如果我还活着的话"呢？

《作品第 100 号》英文封面

早在 1985 年，法国《解放》杂志出版了一部题为《您为什么写作》的专集，收有各国顶级名作家 400 人的笔答。阿西莫夫的回答是：

我写作的原因，如同呼吸一样；因为如果不这样做，我就会

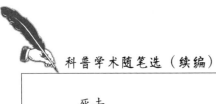

死去。

是的，活着时他从未停止写作，而当丧失写作能力的时候，他死了。根据他本人的意愿，遗体火化，未举行葬礼。他未能为世人留下他的《作品第500号》，但是他留下了真、善、美：关注社会公众的精神，传播科学知识的热情，脚踏实地的处世作风，严肃认真的写作态度……

阿西莫夫的作品，令人常读而常新。有人说，他"一生中只想做一件事，并且极为出色地学会了它：他教会自己写作，并用自己的写作使全世界的读者深受教益、共享欢乐"。诚哉斯言，一辈子真正做好一件事是多么不容易啊！

世界各地仍然在哀悼、怀念艾萨克·阿西莫夫，追忆他对人类文化、对传播科学知识所做出的卓越贡献。再过几十天，就是2010年1月2日——阿西莫夫的90诞辰。中文版的《宇宙秘密》的面世，不正是对逝者极好的纪念吗！

原载《科普研究》2009年第6期

看待复杂事物的角度问题

——以多维视野下的 UFO 现象为例

尹传红

　　本栏上篇文章《事情没那么简单——漫谈错误的相对性及二元对立思维》刊出后，有同事来访，就此话题再做交流。我们都有同感：人的思维方式其实是很容易出错的，无怪乎这个世界会有那么多的误解、矛盾和纠纷，也让我们这些码字儿的有得写"新闻"。

　　半个多世纪以前，爱因斯坦曾经感慨：每个事物都在改变，唯独我们的思考方式没有改变。他想表达的意思，换用当今社会学的语言，或许是：人们纵然记住了一些零零散散的事实和概念，但思考事物的习惯和看问题的眼光却没有什么改变，也没有学会站在不同的角度去理解社会世界的方法。

　　值得警惕的是，有问题的思维惯性常常会在不知不觉中潜入并影响我们的日常生活（包括新闻和科普工作）。例如，将相互关联等同于因果关系，将不能解释视同于不可解释。再就是那种"非此即彼"式的简单化思维：如果你不能证明一个观点是错误的，那它肯定是正确的；或者说，如果你否定这种情况，那就得接受另一种情况。

　　对世界、对社会、对人事的观察也是如此，除了思维方式，还有个角度问题，更何况复杂事物常常还有某种中间状态，（一时）往往不太容易认识清楚。例如，"朋友"和"敌人"两者未必就存在非此即彼的矛盾，倒有可能（觉得对方）是一种亦敌亦友的关系。再如，在一些国家的司法系统中，"无罪"和"无辜"不一定能够画上等号：在苏格兰法律中，就存在一种"未证实的"裁决，这种裁决与无辜完全不同；而在美国法律中，则存在一种叫做"未抗辩"的规定，即被告虽然不承认有罪，但也无法抗辩对他的指控。

　　科技新闻和科普工作者在实践中常常也会遇到一些似是而非、颇有争议的问题。对这些问题一般很难给出一个确切的答案，但又不能轻率地加以否定，或视而不见，乃至回避。这里，就以多维视野下的 UFO 现象为例，谈谈看待复杂事物的角度问题。

非常可疑的结论

4 年前，《飞碟探索》杂志编辑部给我转来一则源自"人民网—江南时报"的消息，希望我能作个简单的评论，或"较宽泛地谈谈"UFO 问题。这则消息的标题是《我国东北三省多人目击 UFO 闪现》。文中称：2005 年 9 月 25 日晚，长春、公主岭、通化、汪清等地都有人目击到"类似彗星的不明飞行物"和"螺旋状飞行物"。一位 UFO 资深研究者在仔细了解目击者提供的信息和图片后，认为这两次出现的 UFO 均为实体，很可能来自地球之外。

不是目击者，也没对 UFO 问题做过系统、深入的研究，仅仅凭借以上粗略的信息，我当然是不敢妄下结论的。至于一位据说研究 UFO 已有 30 年的资深人士所言："从发光强度和高速度上看，很可能不是地球上的东西，很可能是外星探测器之类。"我觉得也非常可疑，尽管他老人家用的是猜测的语气。

对这个问题我之所以变得谨慎了（您可以猜测我这么说来着，是因为原先我并不是那么谨慎的），在很大程度上是由于中央电视台不久前播出的一个解谜专题片给我带来的震撼，而这事儿碰巧又与东北和 UFO 相关。

话说 2005 年 5 月 21 日晚，东北一家药厂从其录像监控设备中突然发现显示器上有一道白光迅速闪过。回放时认定，监视器拍摄到了一个长约 3 米的长条形飞行物迅速飞过厂房上空，飞行时速达到了 200 公里以上。从外形上看，飞行物显然不是人造的，气象部门也排除了闪电的可能性。一个星期之后，神秘的"飞棍"又在药厂上空出现了。

您可能想不到，最后是北京的一位 UFO 研究者亲赴现场，揭开了"飞棍"的谜底：原来是摄像镜头的光学机关在作祟。您只需将摄像机的拍摄快门速度略加调整，那些在镜头里出现的原来正常飞行的各种小飞虫，霎时就变成了无数个大大小小的"飞棍"。所谓"飞棍"的出现，不过是摄像机造成的假相而已。

特殊时代里冒头

好了，让我们回到 UFO 这个话题，"较宽泛地谈谈"吧。

UFO 热的兴起与许多因素有关。首先我想提请诸位注意：UFO 现象的一大特征是阶段性地被目击，而且与科技和社会的发展密切相关。有时，只要报道了一件非常轰动的 UFO 目击事件，然后突然就会有十几件类似的报道随之出现。

世界上最早的一份 UFO 报告，于 1874 年出自英国这个当时最发达的工业国家并非偶然。当年那些频繁见诸英国报端的 UFO 事件，还有 20 世纪 30 – 40 年代美国和一些欧洲国家不时出现的 UFO 报告，现在大多可以用"污染下的气象效应"以及天文学、物理学、生物学、心理学和其他科学知识来合理地进行解释。也就是说，这不过是一种受到目击者臆想、曲解了的自然现象或地球人造物体而已。

UFO 一词有着相对明确的概念，飞碟则是一种通俗化的说法。但在大众化的语境中，两者却又常常混用（本文亦是如此）。看起来，广阔天空背景下显现的扁平形状的飞碟，似乎更能让人浮想联翩。美国著名学者马丁·加德纳指出，除了探测地球之外，天空中还有许多其他类型的气球。气象气球往往带有灯光和各种金属装置；雷达目标气球则拖着很大的铝箔。上述这些东西以及导弹和设计古怪的其他机械，都有可能被看成是飞碟。

当然，还必须考虑各种可能产生的错觉，比如把飞机、飞鸟、金星、云层中光的反射等类似现象误认为飞碟。不过，这种错觉并不会经常产生。但是，对于那些情绪不太正常的人来说，产生错觉的可能性就比较大。在这些人的头脑里，即使没有外界的目标，也有可能产生某种幻觉。

此外，还有一些是谎言或半谎言。在过去的几十年中，有些人确实是在编造谎言，或者是搞恶作剧，或者是爱出风头，也有可能是说谎癖。至于那些半谎言，则是把自己的所见进行了加工，添油加醋，夸大其词。这种加工或是有某种目的，或是出于某种癖好，只有他们自己知道。

"主流科学家"通常很少评价或回应 UFO 现象。难得一见的是美国著名物理学家、1965 年诺贝尔物理学奖获得者理查德·费恩曼，于 1963 年 4 月在西雅图华盛顿大学所作的一次演讲（题为《非科学的时代》）中，专门谈到了飞碟。他首先提出：

人们认同某一观念的一个原则是，我们描绘的结果必须具有某种持久性或不变性。如果一种现象难以与实验事实进行比较，如果一种现象需要人们从许多方面来理解，那么，它必定或多或少有一些方面是相同的。可是，面对飞碟的例子时我们就遇到了困难，因为几乎每一个看到飞碟的人所观察到的结果都互不相同。

费恩曼接下来的问题是：为什么飞碟只在这个特殊的时代来到了我们这

里？为什么它们不早一点来呢？恰恰当我们的科学发展到足够认识从一个地方飞往另一个地方成为可能的时候，飞碟才来到我们这里。"只要花上几分钟时间思考一下生命形态的多样性，那么，你将会认识到有关飞碟的事情可能不像任何人所描述的那样，它很可能是不存在的。"

费恩曼认为，由于被观察现象的特征缺乏一致性和稳定性，可能意味着飞碟根本就不存在。"除非飞碟这种现象开始明朗起来，否则，不值得花费很多精力来注意它。"

公众的"热情"

近几十年来，由于科学幻想小说的流行、外星生命假说的兴起、传媒对UFO事件所作的猎奇性渲染，以及"主流科学家"对UFO问题的漠视或回避，更激起了公众对于UFO的热情。

不过，人们并不知道，"冷战"时期苏美两国对UFO的故弄玄虚，包括一些对UFO错误的解释，均是由国家安全官员刻意进行编造的，为的是掩盖事实的真相。据披露，20世纪50年代到60年代关于UFO的报告，一多半是看到了间谍飞机；其他的关于UFO及"奇异"飞行物的报道，也不过是空军的气球状飞机及相关碰撞试验。

然而，UFO早已被民间一些执著的"探索者"神秘化了。许多UFO的调查者宁愿花费时间收集表面上神秘的UFO故事，也不愿花费力气寻找简单明了的现实答案。而它常常又跟一些毫无根据的想象、幻觉以及谎言和欺骗搅和在一起，以至于成了一个缺乏实证、太过虚幻、具有"伪科学"倾向的"现代神话"。

对于那些虔诚的信仰者或痴迷者来说，他们的自尊与激情已完全融入到他们所支持和辩护的那个体系了。这整个体系，用美国罗格斯大学教授诺曼·列维特的话来说，首先是一件消除或埋葬个人无力感的工具。它提供了证明自己的掌握能力、正确判断能力和稳定神智的机会，其精神也得到了某种升华。列维特认为，"UFO学"在它的支持者看来如此具有说服力，一个原因就是它的领导人所创造的复杂的分类学：对各种各样假想的"外星人"、"飞行器"等进行了复杂的分类。"实体"就在那些容易接受这些东西的头脑中被创造出来了。

这里，不妨引申问一句：为什么有人会相信一些稀奇古怪的东西？

美国著名天文学家、科普作家卡尔·萨根给出的一个答案是：

人类理解和认知能力的不完善，常常使得我们极易被欺骗乃至操纵。当我们的怀疑与探究意识普遍淡薄时，我们便在不知不觉中滑入了迷信与伪科学的泥沼。

英国哲学家弗兰西斯·培根几百年前就讲过："人们对事物的理解并不是那么公正且富有理性的，而是要受到强烈的主观愿望和个人感情的影响。"

事实上，奇妙的不可思议的事情对人们的诱惑，往往减弱或取代了人们的批判性思考；人们对于任何能够减少恐惧、带来希望的解释都是欣然接受的。尤其是当人们感到孤单和发生信仰饥渴时，特别容易轻信、盲从、受愚弄。有人声称："没有被证明是错误的东西必定是正确的，反之亦然。"例如，因为没有强有力的证据可以证明 UFO 没有访问过地球，所以 UFO 是存在的，所以宇宙中另一个地方存在着智慧生物。

也有人想当然地认为，他们解释不了的东西肯定不可解释，那是属于超正常的神秘之物。如一个业余"考古学家"宣称：因为他自己想象不出金字塔是如何修建成的，所以金字塔肯定是外星人建造的。这显然是一种不合逻辑的"歪理"。

有些时候，我们甚至会倾向于抛弃有力的证据而拒绝承认已犯的错误，因为"揭露真相"毕竟剥夺了许多人对奇异事件想入非非的乐趣，更切断了有意造假或蒙骗者的财源。

一种精神现象

不过，我以为，关注 UFO 现象本身无可厚非，这一现象与科学研究也绝不是互相对立的。因为前者具有构成科学之谜的所有要素，而即便是由它所生发出来的那些离谱想法、观点乃至社会思潮，（作为"反面教材"）也并非没有探究、思考的价值，何况围绕它也确有现代科学尚不能解释清楚的一些方面。或许可以这样说，它代表了一种现有科学架构无法解释的现象。

再说，它所留下来的某些"悬念"，对于激发公众关注科学的热情和增强对未知领域的探索精神，应该也是有所助益的吧？据我所知，对解谜飞碟之类的爱好，往往促使更多的人对科学给予了更多的关注，这也是广有共识的。当然，也常有走火入魔甚至编瞎话的事情发生。

就我这个科技新闻工作者而言，因为打小就对飞碟之类的未知现象感兴趣，且觉得对这类问题的探究与思考并非毫无价值，所以实在不"忍心"给UFO戴上一顶"伪科学"的帽子。应该看到，的确有许多问题或事情是科学暂时解决不了，甚至有可能永远也解决不了的。比如，有没有来世？人死后有没有灵魂？就是既不能证真也不能证伪的一类问题。

我愿意从更多的侧面去看待 UFO 现象。心理因素即是其中的一个方面。

例如，国外有天文学家和心理学家都曾谈到，应从心理学方面寻找关于UFO 的解释的影响。他们认为，人们对 UFO 现象的关注，不过是"没有得到满足的宗教的需要"；人们"希望看到"UFO 或外星人，也许"对一些人来讲有较深的根源，几乎带有宗教的意味"。

美国著名科普作家和科幻作家艾萨克·阿西莫夫，生前在为一本科幻杂志撰写的科学随笔中曾挖苦说：

从前曾经有天使与神灵降临大地介入我们的事务，决定赏罚，现在，则有飞碟中的高级生物在做这些事情（根据有些人的说法）。照我看来，其实飞碟神秘性的流行，部分是由于很容易把这天外来客看作科学新版的天使。

瑞士著名心理学家卡尔·古斯塔夫·荣格对超自然现象很好奇，相信超自然现象应可很好地解释人类心智的某些神秘之处，并且对物理学定律可用于解释心灵现象的说法深感兴趣。这是他在与爱因斯坦的一次讨论中获得的启发。他说："爱因斯坦是第一个促使我去细想时间与空间的相关性以及它们在心灵方面的条件性的人。"

50 年前，荣格曾写过一本专著，探究越来越多的人看到了飞碟这一情况的心理因素，以及"为什么人们更倾向于认为飞碟是存在的而不是相反？"1954 年他在接受记者采访时，对 UFO 表达出了一种"有礼貌的怀疑"。他认为对 UFO 狂热痴迷是人的一种精神现象，那个不明飞行物不在天上，而在人们的心里。

在《飞碟：有关天空中事物的现代神话》一书的导论中，荣格说 UFO 存在的真实性是有疑问的，这件事包含的心理因素与物理因素同样重要。而在此书结尾部分，他宣称，即使 UFO 在物理上是真实的，我们仍旧有必要说明那种"不是由它们现实地造成而是由它们偶然引发的心理投影"。

荣格在书中还谈到有关 UFO 的谣言是如何传播的，也提到了许多所谓的幻觉谣言，并描述了出现在病人梦中的 UFO。他说，如果幻觉是心理投影，那么"我们无论如何也不能忽视它"。

美国心理学家 J. 贾斯特罗则把那种认为 UFO 是地外来客的信念，看作是一个"投人所好的推论",因为它"有一种似乎真实、引人入胜的味道";而且,"如果是真的,就会使人生更有趣味"。

应该承认,的确有着这样一个人群——我想不妨就称之为"神秘主义者"吧,他们满足于对奇妙的享受,满足于对神秘的沉湎,认为对神秘的探究没有任何意义。您不难从这类人身上体悟到一种浪漫主义情怀。

举一个例子:英国著名诗人济慈不喜欢科学,他抱怨他的同胞牛顿对彩虹的解析破坏了其所蕴涵的诗意,彩虹在这位物理学家眼里只不过是光谱的排列而已。我觉得,许多UFO的"追随者"乃至痴迷者,对UFO也持有类似的心态。

更为广阔的视野

可以跟UFO热作类比的是"超自然"小说的兴旺。法国结构主义评论家茨维坦·托德罗夫曾提出,"超自然"的小说可以分成三类:奇异小说(这类小说对一些超自然现象无法给出合理的解释)、怪诞小说(这类小说对一些超自然现象可以给出解释)和荒诞小说(这类小说对一些超自然现象可以给出自然的解释,也可以给出超自然的解释)。

而科幻小说中有一种以无法解释的幻觉奇遇为故事主线的类型,颇受读者欢迎。有别于神话或童话的这种题材的作品,实际上向我们提供了探寻未知领域、认识自然世界的一种方法或角度,虽然它未必科学、合理。

不少科幻小说也探讨过UFO问题,以及跟它相关的诸个方面。如"平行宇宙"的概念,早就有科幻小说描述过,现在它已成了严肃的科学家们认真研讨的话题,并用来解释一些不可思议的奇异现象。

著名水电工程专家、两院院士、中国工程院原副院长潘家铮写过一篇科幻小说,叫《罗格梦》。小说中描写的时间老人,来自另一时间或另一维的宇宙。他与他的同伴乘飞碟旅行,忽隐忽现,神出鬼没,在与其不同维的地球人看来简直不可思议。

在《罗格梦》中,主人公华小强问时间老人:"人能从一个宇宙穿到另一个宇宙中去吗?"时间老人以地球人做梦解释道:这梦境就好比是另一个宇宙。你睡熟后,就进入这个宇宙中去了。在梦中,你可以做很多事,过很久的岁月,但醒来后,当你回到原来的宇宙中,你发现只不过经历了几小时而已。

老人的话让小强想起了他的老师讲过的"黄粱梦"的故事：有一位书生，在旅店里遇见了仙人，仙人借给他一个枕头。他枕着睡熟后就梦见自己做了大官，出将入相，生儿育女，享尽荣华富贵几十年。后来时去运转，家破人亡，惊醒过来，原来是做了个梦。店主人蒸的黄粱饭还没有熟呢。最后小强得出结论："可能这仙翁就是你们这种外宇人吧。"

其实，早在 1884 年，一位叫做埃德温·A. 艾博特的英国小学教师，就在一篇题为《扁平国：多维浪漫史》的小说中探讨过这类问题。这个含有讽刺意味的故事讲的是：在一个可谓"井底之蛙"的二维世界——扁平国，它的国民都是扁平的几何形状，没有"上"或"下"的概念，只能在同一个平面上溜来溜去。

有一天，一个三维的圆球访问扁平国，向一个名叫方形 A 的扁平人灌输了三维观念。当方形 A 把第三维讲解给别的扁平人听时，他却因扰乱视听被抓了起来——扁平人完全不知道竖直的一维，所以任何没有亲眼见过圆球的扁平人都不能相信真有圆球存在。

艾博特在小说中所提出的意念，多年来一直是科幻小说和探讨超自然现象的一个极为重要的视角。试想：如果在我们所熟悉的四维以外，也就是在空间三维和时间以外，还有别的维，那会怎样呢？如果有一个在正常状态下存在于别的维的生命体或物体，在穿过我们的维时被我们看见了，那么，我们会不会像扁平人看见圆球时一样感到困扰呢？

就此有人提出：那些 UFO 如飞碟之类，可能就是来自于有别的维的宇宙并进出于我们的宇宙。相信这一理论的人问道：如果飞碟的旅程只短暂地与我们的维相交，它岂不是会以极高的速度出现并消失？

对于 UFO 现象还有一种介于科学和玄学之间的解释。美国作家杰克斯·万里提出：天外来客并非来自宇宙中的另一个世界，而是来自于与我们所处的社会并存的另一个社会。他把日常生活中那牢固的三维世界看作是整个大的空间里的一小片（20 世纪初爱因斯坦把时间作为第四维加了进去）。他推测说，多维空间也许就像是一架单独的"飞机"，近似于他所相信的人死后灵魂安息的地方。这样，飞碟，就像是鬼魂或其他的灵魂，对于持怀疑态度的观察或精确的测量来说就不可接受了——尽管它们仍有可能存在着。

UFO 的热心支持者多年来一直批评说，各国科学研究机构对所谓的"迄今为止最大的科学奥秘"无动于衷。他们相信 UFO 现象注定会产生"科学上的重大发现"。可是，世界各地为数不少的 UFO 研究组织并不曾取得能够经得起严格检验的、在科学上有用的资料或实物——只是积累了更多的通常被讥讽为"看上去可信的人提供的不可信的故事"而已。

30多年前，法国一位物理学家说过，UFO就像是我们人类发展演化的预兆，或许能够为我们勾勒出智力、技术和社会等方面超常发展的蓝图。因为它让人们梦寐以求超现实的技术，梦寐以求在人类尚未涉足的空间里纵横驰骋。这话有点儿道理。如此看来，与其放弃研究这个无法与科学证据的一般准则相符合的现象，倒不如提倡一种更为广阔的科学视野，使之足以涵盖这个未知现象的研究。

回到本文开篇所言，看待复杂事物，不只是要注意思维方式，也有角度问题要考虑。不妨就以美国社会学家迈克尔·施瓦布的一个精辟概括，为本文画个句号吧：

> 具有社会学意识，能够帮助我们避免关于大大小小事情的争议所带来的潜在的、具有毁灭性的后果。如果我们是有意识的，我们就会明白，我们的知识总是有局限的，他人会从他们所处的地位出发去看这个世界是什么样的，我们不能声称我们独占真理。因此，在最低限度上，我们应该想到并做到去倾听他人的心声，尽力理解他们是怎样看事物的，以及为什么他们看事物会有一种不同的视角。与此同时，我们也应回头看看我们自身，尽可能弄清楚我们所拥有的知识，包括我们对世界的认识，都来自哪里。

原载《科普研究》2010年第1期

科学创新，社会的责任

——读《居里夫人文选》有感

王鸣阳

北京大学出版社出版了一套丛书《科学素养文库·科学元典丛书》，其中有一本叫做《居里夫人文选》。这本书由三部分组成，第一部分是居里夫人（玛丽·居里）的博士论文《放射性物质的研究》，第二部分是她为另一位伟大科学家也是她的丈夫皮埃尔·居里写的传记《皮埃尔·居里》，第三部分是她的自传《居里夫人自传》。后两部分在我国近年来已经出版过至少两个版本，这次是北京大学出版社重新组织翻译的译本。此书中收入的居里夫人的博士论文，据我所知，是我国第一次出版中译本，凸显了"科学元典"丛书的"体悟原汁原味科学发现"的宗旨。至于两个传记重译出版的价值，自然应该由读者评说。

麦隆夫人是美国一家著名妇女杂志的主编，是她在美国发起向居里夫人捐赠供研究使用的一克镭的"玛丽·居里镭基金"群众性募捐活动。这本书中收入她为《居里夫人自传》所写的序言，概括而生动地介绍了居里夫人的崇高品德、伟大的本质：居里夫人不仅是一位取得了重大成就的科学家，还是一位脱离了低级趣味的高尚的人。

居里夫人是两次荣获诺贝尔奖的女性科学家，她的重大成果是发现了两种新的具有放射性的元素钋（为纪念居里夫人祖国波兰而取的名字）和镭，并分离得到了金属镭，在物质的放射性研究方面做出了具有开创性的突出贡献。据有关专家考察，我国早在20世纪30年代就出版过居里夫人自传的中译本，图书馆收藏的居里夫人的各种中文传记超过了100种。诚如有专家指出，在20世纪90年代以前，这些出版物大多是把居里夫人树立为青少年励志的榜样，居里夫人形象的"同质化现象严重"，"她聪明勤奋、成绩优异、生活简朴、热爱科学、舍己为人、淡漠名利、贡献专利、造福人类"（见李娜、刘兵《对居里夫人传记在中国传播的初步考察》一文）。

"一本图书对于新一代人，会具有不同于它出版时首次读到它的同时代人所理解的另一层意义"（见 G. 比尔"小说的进化"，《进化》，华夏出版社）。北京大学出版社再次出版居里夫人的自传，尤其是在同一本书中收入她的博士论文，在改革开放 30 年后我们已经认识到创新对于中华民族特殊重要性的今天，自然就具有远不只是励志的新的意义。

出版社把居里夫人的博士论文放在《居里夫人文选》的第一部分，当然是把这篇论文视作"科学经典"，向读者提供"原汁原味科学发现"。有意思的是，经典的科学文献总是要被新的科学文献所淹没，除了科学史，大多数都被"忘却"。诚如"科学元典"丛书的序言所说，"科学注重的是创造出新的实在知识。从这种意义上说，科学是向前看的……那是因为其中的知识早已为科学中无须证明的常识了（严格地说，是'天天都在得到证实的常识'——引者）"。如果是学习物质的放射性，今天的人当然大可不必来读这种原始论文，因为居里夫人在 100 多年前所写的这篇开创性文章的内容经过系统化整理，已经融入到今天学校开设的物理学课程中的原子核物理部分，成为"常识"。那么，出版和阅读这种"原汁原味科学发现"还有什么意义呢？意义在于了解科学创新的过程，从中借鉴科学创新的思想和方法，并得到我们今天如何才能够营造一种创新环境的带有规律性的启示。

一般说来，从教科书上学到的基本上属于"就是那样的"不容置疑的知识（常识），再有一点解释"为什么是那样"的也是不容置疑的逻辑推理，而"怎样知道是那样"的实际探索过程却未必符合逻辑，必须要不断地去伪存真，从众多的歧路中找到继续前进的正确道路，这却是难以从教科书中得到的（教科书上简述的历史，有时能够多少做些弥补）。从事科学研究不同于主要是考查记忆了多少知识的过关考试，创新能力更加重要。可以说，创新能力才是真正的研究能力。

创新能力或者说研究能力同一个人的素质有关，而且因人而异，有很强的个性化特征，大约很难写出一本有实用价值的"研究方法通论"，最好的学习方法是通过口传身教"师承"，先学过来，再化为自己的能力。这就是为何普通大学生没有专门导师，而学习如何做研究工作的博士生则必须有导师，以及青年研究工作者为何要尽可能同科学大师面对面接触的原因。有人说得不错，哪怕见上一面也有益，因为那可以消除科学大师在自己心中的神秘感、增强自己的信心。读科学大师的原始论文就有这种近距离接触的作用。

居里夫人这篇博士论文所讲述的内容，今天的理工科大学生应该是很熟悉（高中生也知道不少结论）的，在阅读上不会有太大的困难。

居里夫人的博士论文可以说是一篇博士论文的范文，条理清晰，说理明白。作者当时的年龄和学术地位就相当于我们今天的年轻博士生，青年科学工作者阅读这样的博士资格答辩论文应当是很亲切的，不仅可以学习如何写博士论文，更可以学习如何发现和创新。

先来看居里夫人是如何确定自己的研究课题的。

一开始，也是跟踪别人已经做出的发现。"一开始，我研究的是贝克勒尔（Becquerel）所发现的铀的磷光现象"，是"研究取得的结果激发了我对另一项研究的兴趣"，才确定了自己的研究目标："我们的目的是要提取到新的放射性物质并研究它们的性质"。

这个选择课题的过程本身就是艰苦的研究：查阅和学习前人的工作，从"磷光物质和荧光物质对照相底板的感光效应"开始，直到"铀化合物的这些性质不是任何已知原因引起的"，而最后认识到"铀辐射的自发性和持久性是一种非常奇特的物理现象"。这种"认识"没有停止在别人的认识上，哪怕是对贝克勒尔和卢瑟福等前辈著名科学家的研究结论也不盲从，而是通过自己实验加以"证实"，变成自己的认识。为此，居里夫人还在"使照相底板感光"之外创造了一种"利用辐射对空气电导性的影响测量铀的辐射强度"的测量放射性强度的电学方法。这已经是一种创新。

有了检测手段，于是，用实验来回答"原子放射性是一种普遍现象吗"这个问题才有了现实的可能性："按照这个思路进行研究，我可以毫不夸张地说，我实际考察过的化学元素包括了那些虽然最稀少，然而也许就是最有可能具有放射性的元素。"

正是这种艰苦的普遍筛选，居里夫人不仅重复检验了别人已经发现的铀和钍两种元素具有放射性的结果，还得到了一个关键性的"猜测"——重大发现："沥青铀矿、铜铀云母和钙铀云母显示出那样大的放射性，多半是由于这些矿物中包含有数量很少的另一种更强的放射性物质。它不可能是铀和钍，也不可能是其他的已知元素。"这已经是有了发现，但不满足。

到此，为了证实这种猜测，她为自己定下了研究任务："要从沥青铀矿中分离出某种新的放射性物质……"

任务确定了，还需要有方法。"我们的分离方法只能依靠放射性，因为我们根本不知道那种想象中的物质的其他属性。"于是，居里夫人和她丈夫一起，将自己独立建立的测量放射性强度的方法和自己发明的测量仪器同已有的化学分离方法相结合，建立起一套全新的依据物质放射性的化学方法。

任务确定，又有了正确的方法，接着便是数年的按部就班的辛苦的提炼工作。按理说，具体的提炼操作并无太多的创新，在科学研究的探索意义上说，不应该有太多的困难。然而诚如居里夫人在她的自传中所写："我们差不多花了四年时间才取得了在化学方面所要求的那些科学证据，证明了镭确实是一种新元素。如果我有足够的研究条件，做这同样的事情也许只需要一年。"她和她的丈夫，"我们没有钱，也没有合适的实验室。要做的事情很多，又很艰难，却得不到其他人的帮助。一切简直就是白手起家"。

居里夫人的这番话表明她并非如以前我所读到的有关文字竭力要向我宣扬的那种"高大全"的完美形象，不是真的"任劳任怨"，她其实有许多的抱怨。然而，我正是在她写的关于她丈夫和自己的两个自传中读到不少这样的"怨言"，才读懂了居里夫人为何一再推辞写自传，竭力呼吁"在科学事业中，我们应该关心的是事，而不是人"。一个社会，如果非要一位"高大全"的人才能贡献出自己的聪明才智，为社会作出重大贡献，那么，这个社会的结构就一定存在着重大缺陷，就一定正在埋没甚至扼杀未能有幸脱颖而出的许多人才。在这种情况下，出现创新人才就不能成为常态，而是一种侥幸的偶然。成功者不过是献身一项事业的许多人中的少数幸运儿。

我们今天在事后才想起给予取得重大成果的科学家和其他为国家和人类做出重大贡献的人献上鲜花的时候，回味一下居里夫人在《皮埃尔·居里》中写下的不少这样的"怨言"是有教益的。她抱怨了物质条件："我们可以想象，一位热忱无私的学者，全部身心埋头于一项伟大的研究，可是一生都受到物质条件的掣肘，最终也未能实现自己的梦想，他该会留下多么大的遗恨啊！这个国家有她最优秀的儿女，是她最大的一笔财富，然而他们的天赋、才能和勇气竟然遭到荒废，这不能不让我们感到深深的痛惜。"在这方面，她甚至具体提到了职位升迁和薪水太低要为日常生活操心的烦恼，引用皮埃尔·居里的话说："无论什么职位都自己去谋取，这是多么令人难堪的事情啊。我实在不习惯这种做法，它会使人道德败坏。我向你说起这些就心烦。我觉得，纠缠进这一类事情中，不时会有人来向你传闲话，简直再没有别的事情比这更能摧残人的精神了。"她还抱怨了有缺陷的传统教育制度，指出："有人认为他（皮埃尔·居里）反应迟钝，他自己也以为自己头脑慢，而且常常也这么说。但是我认为这种看法并不完全对。在我看来，他在成人之前，必须思想非常专注地思考一件事情才能得到一个精确的结果，对于他来说，打断自己的思路或者改变自己的思路来适应外部环境是非常困难的。显然，这种人只有因材施教才会在将来有大的发展。然而，公立学校显然一直未能针对具有这种智力特点的人提供一种有效的教育方式，而具有这种特质的人其实要比通常人们偶尔会注意到的多得多。对于皮埃尔·居里来说，他没有能够成为某所学校的一名优秀学生倒是值得庆幸，他的父母别具慧眼，能够看出他的困难所在，避免了让儿子接受很可能会毁掉他今后发展的那种传统教育。"即使在她和她丈夫功成名就，获得了令人羡慕的殊荣时，她也有抱怨："好事也带来了许多烦恼。获得诺贝尔奖使我们成为公众人物，大量应酬搞得毫无准备也不善于应酬的皮埃尔·居里不胜其烦。来访的人不断，天天都收到大量信件需要处理，还有许多约稿和演讲邀请，所有这些都是既费精力又要占用很多时间的事情。皮埃尔·居里为人宽厚，不愿意拂逆别人的好意和要求。他同时又明白，如果总是这样盛情难却，他的身体必然会被拖垮，他的宁静心境和研究工作也一定会被打乱。"并引用皮埃尔·居里的话说："人们请我写文章和作讲演，如此过不了几年，向我提出这些要求的人就会惊讶地发现我们再没有干出任何事情。"对于法国政府在他们成名之后给予的优惠，居里夫人没有"感恩"，反而将之奚落为"迟到的改善"。

上面提到的居里夫人所抱怨的100多年前科学工作者面临的种种困难，现在我国的科学工作者每天都在遇到。徐迟所写的早期陈景润的故事，与其说是一位有才华的数学家的成功经历，不如说是侥幸存活的一株生命力已被摧残殆尽的小草。现在普通民众最敬佩的农学家袁隆平，据有关报道，也要"尽量使自己避免卷入复杂的人事纠葛，把精力集中到工作上。经历了无数次人为或非人为的实验失败，忍受着历次政治运动中的人格侮辱，才最终取得成功"。改革开放以后，对研究人员的同研究工作无关的要求和干扰大为减少，但是由于社会，特别是某些科学管理人员不知道科学创新需要怎样的条件，阻碍创新的"好心"措施仍然不少。比如说，对科研人员的那种记工分式的所谓"量化"和"细化"的科学考核，那种"官本位"的等级制，就是典型的外行"管人"而不"管事"，不仅最不公正，还诱导出许多本质上属于弄虚作假的不正之风。

那么，研究人员需要什么呢？需要的是对研究工作过程的支持，而非"迟到的改善"。需要维护他们专心从事研究工作的环境，那就是居里夫人所希望的尽量少些"来自外界的种种干扰"，使他们有一个宁静而安详的工作环境。居里夫人的抱怨也是迟发的"怨言"，对于她自己已经毫无意义，而是在提醒社会应该认识到对于科学研究这一创新事业应负的责任。居里夫人在100

多年前对社会的这些批评，仍然具有针对性、切中时弊。

在这种意义上，居里夫人的原始博士论文以及她所写的居里传和自传，就不只是青年科学工作者值得好好阅读，我们整个社会都可以从中获得教益。

原载《科普研究》2010 年第 2 期

传播完整文化，就是传播创造之种

——创造力的学习笔记

王直华

大师的完整文化人生

完整的人类文化是由科学文化和人文文化组成的。自然科学、技术工程和社会科学统称为科学文化，艺术人文统称为人文文化。

今日而言学问，不能出自然科学、社学科学与人文科学三大部门；曰通识者，亦曰学子对此三大部门，均有相当准备而已，分而言之，则对每门有充分之了解，合而言之，则于三者之间，能识其会通之所在，而恍然于宇庙之大，品类之多，历史之久，文教之繁，要必有其一以贯之之道，要必有其相为因缘与依倚之理，此则所谓通也。

——梅贻琦

爱因斯坦5岁开始学拉小提琴，13岁接触莫扎特的奏鸣曲，自学小提琴。他一生不离小提琴。他曾经说过，没有音乐的爱好，我将一事无成。

我的科学成就有很多是从音乐启发而来的。

——爱因斯坦

但是，另一方面，爱因斯坦对自己的演奏水平有清醒的认识。这可以从一件小事中看出。有一次，朋友想送他一把名贵的小提琴。爱因斯坦婉言谢绝，他说："我知道我的水平。"这件事情让我们看到爱因斯坦的"真实"与"自然"。"自然"，就是"自己""如此""道法自然"。

尽管外界对爱因斯坦的演奏评价不一、高低互见，他自己却很清醒：我不配使用名贵小提琴。爱因斯坦不是为了表演给别人看，才拉小提琴。在治学上，孔子说的"古之学者为己"，也是这个意思。中国古人还有一句很好的话："花不因无人不芳。"

有时，普朗克跟爱因斯坦一起"演出"，普朗克弹钢琴，爱因斯坦拉小提琴。普朗克跟爱因斯坦一样，既是"爱智者"，又是"爱乐者"。

普朗克从小喜欢文学和音乐。17 岁那年，经过冷静思考，他最终选择了物理学。

——爱因斯坦

说完爱因斯坦，让我们再看歌德的人生。歌德不仅是伟大的诗人、剧作家、作家，还是画家、科学家，有人还说他懂得建筑学。对于这位欧洲文化名人，绘画和研究科学有什么用？

假如我没有造型艺术和自然科学的基础，我面对这个恶劣时代及其每天都发生的影响，就很难立定脚跟，不屈服于这些影响。幸好造型艺术和自然科学的基础保护了我。我也可以从这方面帮助席勒。

——歌德

歌德成年以后，科学研究活动几乎贯穿一生。请看下面的大事年表：

27 岁，经办矿山，对地质学、矿物学发生兴趣；

32 岁，钻研矿物学、解剖学；

33 岁，研究地质学；

35 岁，研究解剖学，发现颚间骨；

36 岁，研究植物学；

41 岁，研究植物学，发表《植物变态论》；

42 岁，研究光学；

43 岁，研究色彩论；

47 岁，研究昆虫生态学；

60 岁，撰写《色彩论》；

63 岁，完成《色彩论》。

柏林自由大学教授克里彭多尔夫是德国的"歌德专家"，他说，歌德对建筑有深刻的理解，曾经主管建设工程，有很大的影响。《歌德谈话录》里记载了歌德关于建筑的许多观点。1829 年 2 月 12 日，歌德对爱克曼说："魏玛宫堡的建筑给我的教益比什么都多。我不得不参加这项工程，有时还得亲自绘制柱顶盘的蓝图。我比专业人员有一点长处，我在意境方面比他们强。"同年 3 月 23 日，歌德谈到，他在一篇文稿中说"建筑是一种僵化的音乐"。歌德认为自己这句话有道理，因为建筑所引起的心情很接近音乐的效果。朱光潜觉得，这句话最好翻译成"建筑是一种冻结的音乐"。

对于歌德的绘画，外界评价也是见仁见智。实际上，早在"不惑之年"，人家歌德已经放弃当画家的念头啦！1829 年 4 月 10 日，歌德对爱克曼说："我 40 岁在意大利时就认识到，原先我在这方面的志向是错误的。"但是他的绘画创作，一直延续到老年。歌德绘画，不是为了做画家，只为记下不期而遇的美的感动而已。

看一看歌德的收藏品，也可以帮助我们真实、完整地认识歌德的人生，了解他的艺术人生和科学人生。他的收藏品，一个大类是艺术品，计有版画 9179 幅、素描 2512 张、雕塑 348 尊、油画 50 幅；另外一个大类就是科研品，有岩石、化石、骨骼 17800 件；第三类就是杂项了。

对于并未成为自己"主业"的绘画和科学，歌德怎样看？可以说，下面这段语录是带有根本性的评价："假如我没有造型艺术和自然科学的基础，我……就很难立定脚跟。"

这是两个伟大的完整文化人生。歌德还被有的心理学家称赞为"完满幸福的人"。当然，对他们的批评也很尖锐。

科学大师论情感、直觉和美

看似无用的，可能是我们情感活动的过程。我们的情绪、情感有什么用？

但是，谁都不会否认情绪的作用：情绪是有动力功能、动机作用的。对学习有兴趣，就是学习快乐之源，就是学习的动力。对自然现象感到惊异，就是科学探索的动力。对成就有追求，就是成就的动机。同样，谁都不会否认情感的作用：道德感是我们品德结构的组成部分；理智感是推动我们探索真理的动力；美感是我们欣赏美、展示美、创造美的动力。

看似无用的，可能是我们意志活动的过程。我们的目的性、克服困难的毅力有什么用？

但是，谁都不会否认主观能动性的意义：你有明确的目的性，又能控制自己冲破艰难险阻，成功不是就在前面了吗？

看似无用的，有可能是我们的认知活动过程。我们的看到、听到、思考、记住、回忆有什么用？

但是，谁都不会否认，正是这个认知活动过程贯穿在我们学习、工作、科学研究、发现发明的过程之中。

首先，我们谈论情感。人们从事科学研究活动的动机是不一样的。爱因斯坦把它分成三类：一是为了谋生；二是为了获得智力上的快感；三是工作的精神状态类似于信仰宗教者（或谈恋爱者）的精神状态。有兴趣，有乐趣或有志趣，人们参与科学研究的动力是不同的。真正献身科学的人，遭遇艰难险阻而无所畏惧，对科学的发展作出了伟大的贡献。

　　爱因斯坦说，他相信直觉和灵感，还说想象力是科学研究中的实在因素。

　　爱因斯坦曾经谈到"法拉第—麦克斯韦现象"：

　　　　在法拉第—麦克斯韦这一对，同伽利略—牛顿这一对之间，有着非常值得注意的内在相似性——每一对中的第一位都直觉地抓住了事物的联系，而第二位则严格地用公式把这些联系表述了出来，并且定量地应用了它们。

　　彭加勒这样谈论直觉和逻辑对科学的意义：

　　　　直觉是发现的工具，逻辑是证明的工具。

　　于是，爱因斯坦这样看狭义相对论的发现：

　　　　狭义相对论这一发现绝不是逻辑思维的成就，尽管最终的结果同逻辑形成有关。

　　法拉第—麦克斯韦现象，以及彭加勒、爱因斯坦的思考，让我想到康德的判断：

　　　　知性不能直观，感官不能思维。只有当它们联合起来时，才能产生知识。

　　W.I.B贝弗里奇在《发现的种子——<科学研究的艺术>续篇》中，指出直觉（或归纳）对创造性思维的意义："在科学、艺术、商业或者其他不是纯粹例行公事和照章办事的任何职业中，创造性思维的基本过程都是相同的。心理学家称其为直觉，哲学家则称之为归纳。创造性的实质就在于通向它的道路并不是事先知道的，因而要从逻辑上预言它是不可能的。"

　　科学家证明，人类的思维有发现性思维和证明性思维。发现性思维是形象思维（即直觉思维）。这种思维的主要方法是想象、类比、联想。证明性思维是逻辑思维。这种思维的主要方法是分析、综合、比较、抽象和概括。

　　心理学证明，人类的思维有创造思维和证明思维。创造思维是求异思维（发散式思维）。证明思维是求同思维（聚合式思维）。

　　对科学发现过程和创造力问题的探讨，涉及科学哲学、科学史学、心理学、美学，是一个极其复杂的重大课题。这项研究对发展素质教育、科学教

327

育、科学普及、科学传播，对培养创新型人才和有创造力、有责任感、有快乐心的公民，具有重大意义。笔者虽怀有热情，但因学养浅薄、年事又高，断无力从事这种研究。我热切希望，有志于此的年轻人担当时代重任，热心研究这个极有趣味且有意义的课题。

不用为用，众用所基

我们可以从杰出贡献人士的经历获得启发，讨论完整的人格素养的意义。印度的思想家克里希那穆提给出了诞生创造性的条件：

> 当我们完全开放胸怀，高度地敏感时，才有创造……惟有当内心充实，才会有创造性的快乐。

在克里希那穆提看来，创造性植根于"开放胸怀、高度敏感、内心充实"。

对在科学、技术、工程领域工作的人，与情感、直觉相关的艺术人文素养有什么"意义"？或者，艺术人文素养有什么"用途"？可以这样说：有之不必然，无之必不然。

对在科学、技术、工程领域工作的人，艺术人文素养的"用途"，可以这样说：大体则有，具体则无；远期则有，近期则无。

对在科学、技术、工程领域工作的人，艺术人文素养是本真、完整人格的不可或缺的组成部分，是创新型人格的不可或缺的组成部分，是快乐幸福人格的不可或缺的组成部分。

若只有近期物质追求，艺术人文素养看似无用；若有长远精神追求，艺术人文素养，却被视若珍宝。我们要正确认识和看待艺术人文素养，不可急功近利，不可目光短浅。

艺术人文素养，关乎我们的创造力。钟情创造力研究的心理学家指出，创造性思维往往与创造活动、创造性想象、灵感或顿悟相联系；创造性思维的过程，是直觉思维与分析思维的统一，是发散思维与辐合思维的统一。创造性思维的过程，是完整思维的和谐统一的过程。

"不用为用，众用所基。"400年前，徐光启这样谈论他和利玛窦翻译的欧几里得《几何原本》。一个远在400年前的中国科学家，对人类"无用知识的有用性"有如此深刻的论述，而且言简意赅，实在令人敬佩。听徐光启说"不用为用，众用所基"，比听利玛窦说"是书也，以当百家之用"（利玛窦会说汉语，不，可以说他精通汉语）要亲切得多。

当我第一次阅读《刻几何原本序》，看到"不用为用，众用所基"这样精辟的论点，就越发钦敬徐光启了，而且立刻就把这话记住了。这不就是所谓"过目不忘"么？看来，有积极情绪的激发，有心灵的共鸣，"过目不忘"是办得到的。提倡素质教育，并不排斥"记忆"知识。问题是不要死记硬背。在快乐的情绪下，"记忆"来得快速，来得有效率。你说这快乐的情绪，是有用还是没用？

中外历史上，有许多爱智者思考过文化的"无用"与"有用"。

有之以为利，无之以为用。

——老子

人皆知有用之用，而莫知无用之用也。

——庄子

对甲来说，科学是一位高贵的女神；而对乙来说，科学只是供他奶油的母牛而已。

——弗里德里克·冯·席勒
《短诗集》1796 年

329

传播完整文化，就是传播创造之种

通常，人们认为专业知识是有用的；爱因斯坦却主张，学校应该给学生以情感、美和道德等"没用的东西"。大有用途的专业教育，反而受到爱因斯坦的诟病：把人们变成了"有用的机器"。他是这样说的——

用专业知识教育人是不够的。通过专业教育，他可以成为一种有用的机器，但是不能成为一个和谐的人。要使学生对价值有所理解并且产生热烈的感情，那是基本的。他必须对美和道德上的善有鲜明的辨别力。

以前，人们认为，智力是以语言能力和逻辑—数理能力为核心的整合能力。1983 年，美国心理学家霍华德·加德纳在《智能的结构》一书中提出多元智能理论。他指出，人的智能是由多种智能构成的，如语文智能、逻辑—数学智能、视觉—空间智能、音乐智能、肢体—运动智能、人际智能、内省智能、自然观察者智能、存在智能等。多元智能理论为所有的人敞开了发展的大门。加德纳说："时代已经不同，我们对才华的定义应该扩大。教育对孩子最大的帮助，是引导他们走入适应的领域，使其因潜能得以发挥而获得最大的成就感。"

1995 年，丹尼尔·戈莱曼的《情感智力》一书出版，在世界上引起巨大反响。在知、情、意三个维度的均衡发展，应是终身教育、终身学习、学习型人生、创新型公民的努力方向。戈莱曼这样估价智商对于成功的作用：

> 智商高并不代表一定能够取得杰出成就。你是否能事业有成，智商只有20%的决定作用。
>
> ——（美）丹尼尔·戈莱曼《你的情感智慧有多高》

有学者说："当任何人隐藏的艺术天分被激活了以后，不论他从事何种工作，都会变成一个善于创造、孜孜不倦、大胆、自我表现力很强的人。他对别人来说变得更加有趣。他打破常规、颠覆传统、充满灵感，并寻找更好的理解和沟通的方式。当那些不是艺术家的人们正努力合上书本时，他们却打开书本并向大家证明这本书还有更多的页数等待大家去阅读。"

许多不戴艺术家桂冠的"艺术家"，那些科学艺术家、技术艺术家、工程艺术家，用他们的事业与人生告诉我们，下面这些无用的东西，在他们身上很有用：富于想象，充满灵感；勇于怀疑，打破常规；乐于思考，善于创造；理解他人，有趣沟通；孜孜不倦，持之以恒；认识自己，大胆展示。

审美教育、人文教育不只是为了培养艺术家和人文学者。同样，科学教育也不只是为了培养科学家。完整文化的教育，包括科学教育、审美教育、人文教育，就是传播完整文化。完整文化的教育，培育完整的人、和谐和全面发展的人。

传播完整文化，就是传播快乐、传播创造力的种子、传播幸福。传播完整文化，引导人们用科学、审美、人文的情感、态度和实践，对待现实、事业、人生，让每个人都成为现实的创造者、事业的创造者、人生的创造者；让每个人都成为现实的鉴赏家、事业的鉴赏家、人生的鉴赏家；让每个人都成为现实的艺术家、事业的艺术家、人生的艺术家。

没有科学、艺心、诗意、史鉴和哲思，人生将会怎样

看似无用的，可能是人类千百年来创造的知识。无用的知识，可能是科学范畴的知识，也可能是艺术人文范畴的知识。对一个具体的个人而言，某些艺术人文范畴的知识，可能没有现实功利意义；某些科学范畴的知识，也

可能没有现实功利意义。什么叫现实功利？当下（或近期）的、实用的功能或利益也。科学、艺心（艺术）、诗意、史鉴、哲思（文史哲，即人文），都有可能是没有现实功利用途的。

但是科学、艺术、人文大师，都极为重视"无用知识的有用性"。作为著名科学家，竺可桢在任大学校长的时候，十分重视人文教育。

> 研究不仅限于自然科学与应用科学，即人文科学亦应提倡，凡所以有利于苍生，无一不在大学范围之内也。
>
> ——竺可桢

看来，科学大师的实践和思想，都告诉我们，完整的文化对一个人的成长、事业与人生，有何其重大的作用。因此，我们要努力做到：兴趣广泛，爱好多元；知识渊博，修养全面；学贯中西，道通文理；思接千载，视通万里；通学通识，通感通才；原美达理，通情达理；内外兼修，文质彬彬；乐学爱智，融会贯通；偶尔破规，行合法度；心灵丰富，内心充实；快乐参与，创造幸福。完整的文化是创新的文化；完整的人是富有创造力的人，是快乐幸福的人。

科学如探险，哲学若观光。江山如画，岁月如歌，人生如诗。科学、艺心、诗意、史鉴、童趣和哲思，是完整人格的要素。科学素养和艺术人文素养，是完整的文化素养、创新文化素养。完整的人类文化培育完整的人，培育富有创造力、有责任感、有快乐心的人生艺术家。

曾读北京大学袁行霈教授谈论文化的一席话，深感共鸣，令人兴奋。借用袁行霈先生的原意，我们可以这样设问：如果头脑中没有科学，实践中没有艺心，行程中没有诗意，判断中没有史鉴，探索中没有哲思，生活将会怎样？

"岁月已衰老，缪斯（Mousai）仍年轻"。缪斯是谁？古希腊神话中九位文艺和科学女神的总称也。她们都是主神宙斯和记忆女神的女儿。物质会衰老，文化不会老。人类文化永远年青、文化心灵和完整人格永远年青，人类的创造力永远年青、永远朝气蓬勃。

我们从事科普事业。我们正在实践着，我们正在前进着。我们享受着完整的人类文化，建设着我们的今天，创造着我们的明天。

快乐科学、快乐艺文、快乐创造、快乐生活、快乐人生，是我们的情理和谐的审美游戏。我们在审美游戏中创造意义，我们在审美游戏中享受快乐、创造幸福。

让我们都来快乐科学、快乐艺文、快乐创造、快乐生活、快乐人生。让我们都来欣赏科学、欣赏艺文、欣赏创造、欣赏生活、欣赏人生。让我们都来享受科学、享受艺文、享受创造、享受生活、享受人生。

我们从事科普事业。让我们的公众都来做完整的人，做人生的艺术家！

我们从事科普事业。让我们的公众因永远思考、永远创造，而永远年轻！

我们从事科普事业。让我们的公众因永远服务祖国、服务人类，而永远年轻！

"岁月已衰老，缪斯仍年轻"！

原载《科普研究》2010 年第 3 期

后现代的人文思考

金 涛

　　科普与人文精神这个话题，从理论上讲是一个哲学命题。如果再具体化、通俗化地讲，涉及很多方面，比如科普如何以人为本、体现人文精神、尊重人的价值、与人文结合等，可以从很多方面去加以阐释。

　　本文主要想谈一谈后现代的人文思考，或者说是 21 世纪的人文思考。我以为今天论述科普与人文精神这个话题，必须首先弄清楚人文精神的内涵、它在当今有怎样的特殊性、它和几个世纪前的人文主义有什么不同，这是从另一个层面去理解科普和人文精神的前提。

　　我在 2010 年 3 月 12 日的《科学时报》上发表了一篇文章《利玛窦在北京》，其中提到，16 世纪晚期，利玛窦来到中国正是欧洲文艺复兴和第一次科学革命方兴未艾之际。2010 年是利玛窦逝世 400 周年。由此可知，人文精神从西方提出到现在，至少也有 4 个世纪以上的时间了。

　　4 个世纪，在人类历史上，并不是一个短暂的时间。最近，阅读了几本美国生态文学的书，这些作品是刚刚引进、翻译出版的。但是美国生态文学的兴起却是 19 世纪最后 20 年的事。当时美国的生态文学（也称自然文学）界出现了两位大师级作家，一位是擅长描写鸟类的约翰·巴勒斯，另一位是以描写西部山区自然风光见长的约翰·缪尔，他又被誉为"美国国家公园之父"。当美国的生态文学蓬勃兴起、影响深入人心之时，也是美国大规模地划定国家公园、建立各种类型自然保护区，并且立法保护生态环境的时期。

　　如果我们进一步思考，由美国生态文学的兴起到它的经典作品翻译到中国来，这个时间差是耐人寻味的。我们今天开始重视生态文学、重视生态文明，这些经典作品对我们产生了很大的震撼，但是我们从中是否意识到我们在这方面的差距？从当初这些书在美国的出版，到今天引进中国，已经过去 100 多年了，如果再继续追溯，华盛顿·欧文的《旅游大草原》（1835 年）、梭罗的《瓦尔登湖》（1854 年）等经典作品的问世，时间就更早了。

这个不小的时间差，深刻地说明了我们的思想观念的落伍，以及不可忽视的审美差距。这绝不是牵强附会。我并不是说任何一类图书的翻译时间差就能说明什么问题，有的外国图书永远没有被译成中文也很正常。但是对生态文学的漠视恐怕不是偶然的，长期以来，我们对于国家的发展水平与发达国家的差距，是比较清醒的，但是对于观念上的滞后，以及这种状况所导致的后果，却缺乏清醒的认识。这是很值得关注的一个现实问题。

西方的生态文学对人们精神的震撼，激发了对生态环境的珍惜和发自内心的热爱，也因此促进了用法律和自觉行为保护大自然的各项措施的出台，这两者是互为依存、互相促进的。而在这方面，不论是大众的观念，还是政府的举措，这些年来我们都取得了很大进步，成绩有目共睹，但是比较而言，还是大大滞后。

众所周知，人文精神、人文主义的思想是随着欧洲的文艺复兴和科技革命而兴起的。把科学从神学的束缚中解放出来，科学不再是神学卑微的奴婢；挑战上帝的权威，强调人的价值、人的独立思考；倡导怀疑和批判精神，这些都促使科学大踏步地前进，是人类历史上一次伟大的思想革命。

人文精神的影响最直观的表现是文学艺术的主题转向活生生的人，反映人性、人体的美，以及讴歌人性的解放和自由的作品，取代了僵死的、刻板的、千篇一律的宗教艺术。米开朗琪罗的《大卫》雕像、波提切利的油画《维纳斯的诞生》和《春》等，这些以艺术手法描绘人体健美的传世之作，把人文精神的内涵表现得淋漓尽致，强调人的价值和追求是最美的、是合理的、是独一无二的。

人文精神曾经是、将来也是进步的思想武器。但是一如世间任何事物无不具有两重性一样，过分地强调人文主义，以为人的需求是天经地义、毋庸置疑的，并且将人的地位（实际上从来也只是一小部分人的地位）推崇到主宰一切、主宰大自然、主宰宇宙的程度，情况就会发生异化，并走向反面。

比如尼采提出"上帝死了"，根据尼采的哲学思想，于是人取代了上帝的地位、人取代了神的地位，这股思潮最终发展为反动的"超人"学说，成为德国法西斯主义反人类的思想武器。同样，东西方专制社会过分宣扬人的主观意志，强调"唯意志论"，不顾客观条件，违背经济法则和自然规律，强制推行空想的、脱离实际的革命政策，致使经济陷入崩溃边缘，给人民带来深重灾难。在历史与现实中，这类例子是很多的。

我们今天再谈人文精神，因为时代变了。400年以后再重提人文精神，是由于在此期间发生了许许多多的事情，特别是人类自身为所欲为而犯下许多错误，造成严重后果，我们必须清醒地认清形势、调整思路、重新正确地估量人类在自然界的位置。

正是由于存在 400 年的时间差，我认为今天人类面临的现实是后现代的人文思考，或者说是 21 世纪的人文思考。这是我个人的观点。

第一，今天谈人文精神、谈人的行为，我觉得同时要特别强调敬畏自然、尊重自然规律，再也不能把人的地位抬高到凌驾于大自然之上。"征服大自然"、"向自然进军"，这一类狂妄无知的口号应该杜绝。必须看到，由于人类的愚蠢行为极大地伤害了大自然，大自然已经开始报复人类，并且已经威胁到人类的生存了。

我们今天强调人文精神，一定要同时强调敬畏大自然、爱惜大自然，在自然界面前人类不可为所欲为、要尊重自然规律，这是我们思想和一切政策的出发点，因为我们有太多的教训。

与此同时，对科学技术的应用也要采取极为审慎的态度。科学的本质是反对迷信、主张持怀疑和批判的精神。同样，我们对目前科学技术发展水准也要有清醒认识，不能走极端，把科学技术抬高到上帝的地位。迷信科学或者盲从科学，滥用科学技术的成果，同样也是十分危险的。

第二，强调人文关怀，强调人类的需要，同时要考虑全球生物的共存和发展，这在今天特别重要。比如说日本的捕鲸，遭到世界各国的一致谴责。但是日本却振振有词，说什么日本大和民族有吃鲸肉的习惯。如果站在日本的立场上，似乎他们大肆捕鲸是非常合法的、无可指责的，甚至可以美其名曰是以人为本的。我去过两次南极，对日本在南太平洋的捕鲸我是深恶痛绝的，因为它是一种商业行为。比如爱斯基摩人也捕鲸，但是他们有一个规定，只保证他们生存必需的食物，如果这个部落一年需要一头鲸，他们只捕一头，绝不会去卖鲸肉。日本的捕鲸完全是商业行为，这是完全不同的。所以，强调人文关怀，强调人类的需要，同时要考虑地球上全体生物的共存和发展。否则的话，片面强调人的需要是第一位的，地球上很多物种将要灭绝，到头来也将危及人类生存。

第三，强调人类社会的发展，还必须考虑到：在空间上，地球资源的有限性；在时间上，子孙后代的需求。不能仅仅着眼于我们这一代，这也是我们思考人文精神和制定政策的一个很重要的前提。20 世纪 80 年代前后，面对中国经济长期徘徊在落后状态，提出发展是硬道理，不管环境承受能力，是可以理解的。但是，到了 21 世纪，盲目地发展就不可取了，必须调整思路，走可持续发展之路，建设生态文明。如果还停留在片面追求 GDP 的数字上，做表面文章，继续以牺牲环境为代价，将生存环境和人类安身立命的家园毁于一旦，任何改革都将是失败的。

我举以下一个例子来说明科普和人文精神的关系。

科学普及出版社曾经出过一本《虎》，作者谭邦杰先生是北京动物园著名动物学家，也是珍稀灵长类白头叶猴的发现者。他在这本关于老虎的科普读物中，对老虎的种类、地理分布、形态特征和生活习性作了介绍，对老虎的自然保护也有很深刻的见解。

不过在这本 1979 年出版的小册子里，却有一章是谈怎样猎虎的。作者也一再声明："本章讲猎虎，并不是提倡猎虎，只是介绍外国狩猎界的知识和经验。"这些内容出现在 20 世纪的出版物中，也许没有什么，不必大惊小怪；然而在 21 世纪的今天，当老虎作为面临灭绝的濒危物种，如果在关于老虎的科普读物中仍然大谈怎样猎虎、用什么样的武器、向老虎身体何处射击可迅速将其击毙，以及用什么方法活捉老虎……这些内容肯定是不合时宜的。

这种差别的内在原因，似乎不需要再多说什么了。

我们不能仅仅考虑以当代人为本，我们的视野还应该更开阔一些，应该顾及地球上其他的生命，还要考虑到子孙后代的生存。

这就是我理解的后现代的人文思考。

原载《科普研究》2010 年第 3 期

探究科学普及的人文内涵

张开逊

诠释科学的人文涵义，使科普之路变得平坦。

1. 在深厚的人文背景中讲述科学

人们感叹，中国的科学作家为什么写不出艾萨克·阿西莫夫（1920—1992）和卡尔·萨根（1934—1996）那样受大众欢迎的作品？中国的大众科学读物为什么在历年畅销书排行榜上无名？中国大众科学读物的印数为什么那样少，而且书店总把它放在不起眼的地方？

前些年我去巴黎，人们告诉我，从20世纪90年代初开始，每年参观巴黎科学宫（拉维莱特）的人数已经超过卢浮宫，人们对科学的兴趣不亚于对艺术与历史的兴趣。

在巴黎科学宫，我感受到"让科学使人动情"的传播理念，在这里，设计者不是为科学作传，而是为人作传。他们在深厚的人文背景中讲述人类科学智慧产生的过程，讲述科学辅佐人类缔造文明的经历，讲述科学如何帮助人们理解世界，讲述充满人性色彩的科学前沿探索活动，讲述人们关注然而还没有答案的问题，讲述真实的世界和对未来的思考。设计者着意诠释科学对人类的意义，而不是向公众讲述抽象的自然规律和枯燥的科学道理。科学使世界多姿多彩，然而科学知识本身体系化的内容，远离公众常识，远离公众经验，单调而且乏味。向公众传播科学，如果弄错了对象主体，滔滔不绝讲述科学本身，完全不顾公众的感受，必然事与愿违。在传播科学的时候应该讲人的活动，以情动人。公众首先是关心人，其次才关心自然及自然的道理。因情而入理，理至而情深。

有人调侃说"世间最容易的事，莫过于把科学讲得枯燥无味"。我想，如果在深厚的人文背景中讲述科学，视科学为波澜壮阔的人类故事，想把科学讲得枯燥无味，将十分困难。

诠释科学活动的人文涵义，是对科学普及工作者智慧的挑战，它要求人们不仅具备一种知识，还要具备多种知识，要了解自然、了解社会，还要了解人。在深厚的人文背景中传播科学，实际上是与公众分享对人类科学活动深思之后的感悟，是一种人类智慧增值的过程。当我们在读大师们的作品时，可以深切感受这种增值的过程。

2. 传播科学的理性精神

科学的终极价值是人文价值，科学不仅提供人们改变物质世界的智慧，使人类在自然界中拥有尊严，同时能帮助人们在现实中思虑未来。我们生活的现实世界，基本上是一个由大众文化和市场法则支配的体系，构成这个体系的基础是经验、常识和利益（主要是现实利益）。向这个体系注入科学理性与人文精神，是科学普及工作的终极目标，是科学普及事业对人类的最大贡献。

产业革命以来，人类的繁荣开始建立在化石燃料基础之上。化石燃料使人类获得了前所未有的动力、速度和效率，以及由此而来的巨大财富。经历三个世纪与日俱增的消耗，到今天化石燃料已所剩无几。据学者估计，石油大约还可用40年，天然气大约可用100年，煤大约能用150年。石油是汽车、飞机的动力之源，天然气是现代人主要的热能来源，煤是主要的电力之源（今天，煤产生的电力占世界总发电量的70%）。现在，人们还没有找到可以替代化石燃料支撑现代文明的新技术。

世界许多地方，经济利益驱使的人类活动，正在不计后果地破坏环境、污染地球。当人们滥用现代技术的时候，地球已经无法自我修复。动物学家早已知道，造成某个物种灭绝最后的原因，总是栖息地的消失。人们错误地认为，自己的栖息地具有无限承载能力。人们至今还没有真正明白，地球这颗极为罕见的行星，不允许栖息在这里的人类肆无忌惮为所欲为。

传播科学的理性精神，可以帮助人们超越常识与经验的局限，思索未来，谋划新的生存方式；启迪人们自觉地把未来计入市场经济成本，在更久远的时间尺度上规划人类的经济活动，使人类在这个星球上长久、和谐地生存；使大众文化对人的思考，拓展为对人类的思考。

3. 科学传播需要清晰的哲学理念

在谈论现代科学技术与人类关系的时候，人们常听到"科学技术是双刃剑"这种说法，经常可以见到演绎这一理念的论著。这种乍看似乎在理的比喻，实际上是弄错了责任主体的失当哲学理念。

科学技术是帮助人类理解宇宙、改变物质世界的工具性智慧，本身不具有价值与责任属性。运用科学技术最终出现什么结局、造成什么后果，完全是人的责任。澄清这一哲学概念，有助于人们审慎研究运用科学技术的目的和方法，认真思索人类科学技术活动可能产生的后果，勉励人们努力提高哲学与人文素养，正确把握运用科学技术的决策智慧。

错误的概念，常常是更多错误的源头。"科学技术是双刃剑"这一失当的哲学比喻，可能为人类活动带来一些麻烦。例如：可能为反科学主义提供口实，反科学主义者会说，既然科学技术是双刃剑，人类应该选择更加安全的工具，不应该发展和运用科学技术；当人们不当使用科学技术造成恶果时，会用"双刃剑理论"为自己推卸责任，做错了事埋怨科学技术，不反思自己的愚蠢；这个错误的基本理念会像《几何原本》中的公理一样，衍生出很多定理和推论，会在很多领域损害人类对未来的判断。

科学普及工作是涉及人类文明的全方位传播活动，不仅应该在"器"的层面上帮助人们解决面临的实际问题，还应该在"道"的层面上为人们提供聪明的建议。

原载《科普研究》2010 年第 3 期

谈谈科学家的人文精神

郭日方

许多年来，我们都在关注着社会进步和科技发展，然而，随着日新月异的经济繁荣和多元文化的相互碰撞交融，倡导具有时代特征的核心价值观和科技与人文精神，对建设民主和谐、公平公正、健康文明的社会；提高全民族的科学文化素质；践行落实中央提出来的科学发展观；保持和推动社会经济的可持续发展，具有特别重要的现实意义和深远的历史意义。

科学技术的进步给人类带来巨大的物质利益，不断改变着人类的思维方式和生活方式。同时，我们也清醒地看到，随着一些最前沿的科学技术的迅猛发展，越来越多的人都在忧虑社会的不安全感和人类生存环境的恶化，各种社会问题与生态环境问题接踵而至，人类面临有史以来最严重的生存危机。

然而，我们没有理由因噎废食，更没有理由去责怪科学技术本身。相反，应该感谢科学家，感谢科学技术，正是科学家的奉献精神和不断涌现的科技创新成就，为人类追求幸福、追求美好、追求文明、追求进步，提供了最强大有力的支撑。杨叔子院士在论述科技与人文的关系时曾经说过："科学与人文，是一个人实现高度完美的双翼，也是一个国家、一个民族实现繁荣富强的双翼；只有双翼腱劲，才能冲霄而上，长空竞胜。"

我赞赏科学家们在推动社会进步和科学探索的艰苦历程中所表现出来的高尚人文精神。科学大师之所以成为科学殿堂的佼佼者，起决定因素的还是他们所具备的内在素质，其中包括科学的、文化的、人文的、艺术的修养，以及思想的、道德的、心理的、意志的锤炼。简而言之，科学家所具备的超乎寻常人的科学精神和人文精神，是促使他们献身科学并最终取得巨大成功的原动力。这主要表现在以下几个方面。

1. 对科学的执着追求精神

由于各种各样的原因，许多科学家自觉或不自觉地走上了科学之路。但是，有一点却是共同的，所有的科学家从他踏进科学宫殿门槛的那一天起，就爱上了科学。对科学的迷恋和追求，使科学家们"衣带渐宽终不悔，为伊消得人憔悴"，没有任何艰难险阻、困难挫折，能够阻挡他们勇往直前。当代最受爱戴的物理学家理查德·费恩曼将物理学研究看作一种娱乐，他期待用公式表达物理科学的真实世界。他有一段读起来有点拗口但又十分有趣的名言："我想知道这是为什么。我想知道这是为什么。我想知道为什么我想知道为什么。我想知道究竟为什么我非要知道，我为什么想知道这是为什么！"

居里夫人在《我的信念》一文中也说过一段这样的话："我一直沉醉于世界的优美之中，我所热爱的科学，也不断增加它崭新的远景。我认定科学本身就具有伟大的美。一位从事研究工作的科学家不仅是一个技术人员，并且他是一个小孩，在大自然的景色中，好像迷醉于神话故事一般。这种魅力，就是使我终生能够在实验室里埋头工作的主要因素了。"

德国理论物理学家 M·玻恩谈到自己对科学的感受时说："我一开始就觉得研究工作是很大的乐事，直到今天，仍然是一种享受。也许，除艺术之外，它甚至比在其他职业方面所做的创造性的工作更有乐趣。这种乐趣就在于体会到洞察自然界的奥秘、发现创造的秘密，并为这个混乱的世界的某一部分带来某种情理和秩序。"

"以兴趣始，以毅力终。"这是顾炎武先生的一句至理名言。正是科学家们这种总想知道为什么的兴趣，总想体会洞察发现自然界奥秘的愿望，使他们走上了科学之路。不可低估这种愿望的巨大推动力，许多科学家的成功都验证了这一点。

2. 探索实践精神

科学探索是一项极其艰苦的劳动。只有在崎岖的山路中不畏艰难勇于攀登的人，才能到达光辉的顶点。面对深不可测、神秘而美丽的科学世界，需要意志和毅力，需要勇气和智慧，需要幻想和实践，需要创造和积累。科学家们在实践和创造的过程中所积累形成的科学知识、科学思想、科学方法和科学精神，是人类科学文化宝库中最光彩夺目的珍贵财富。科学文化是先进文化的重要组成部分，它不仅深刻地影响着人类生活、全方位地提高着人的素质和创造力，而且激励和孕育着科学家的创造性思维，不断做出突破性、创新性的贡献。

"知识就是力量。"这是培根的一句至理名言。知识的涵义非常广泛，就科学家而言，深厚的科学文化素养是他走向成功的基石。科学知识不仅能够帮助人们形成智力、能力、生产力，同时也形成新的思想道德和精神品格，促进人的全面发展。科学思想是人类在科学活动中所运用的具有系统性的思想观念。科学知识只有集结为科学思想，才能成为条理化、系统化、理性化的知识，才能体现出科学知识的力量，人类认识世界、改造世界的重要成果都凝聚在科学思想之中。所谓科学方法，是人们揭示客观世界奥秘、获得新知识和探索真理的工具。科学方法的确立，为科学的应用找到了最佳途径。当然，最重要的是树立科学精神，科学精神是科学的灵魂。科学精神的核心是求真、务实和开拓、创新。

科学家在科学实践中积累形成的科学知识、科学方法、科学思想和科学精神，不仅可以激励我们学习掌握和应用科学、攀登科学高峰，而且，对树立正确的世界观、人生观、价值观，都具有重要意义。

3. 实事求是、追求真理的精神

许多科学大师如阿基米德、牛顿、爱因斯坦、哥白尼、伽利略等，在崇尚科学、追求真理方面，表现出无所畏惧的英雄主义气概。

所谓求真，就是对自然规律的执著追求。科学家为了探索自然的奥秘、科学的本质，面对任何艰难险阻，始终都坚持崇尚理性、相信真理，并为追求真理、坚持真理而献身。在古今中外科学史上，为追求科学真理而献身的大科学家不胜枚举。布鲁诺为了宣传"日心说"，笑对死刑；伽利略为了支持"地动说"，甘受囚禁；居里夫人为了提炼0.1克的镭元素，在极其艰苦的条件下，亲自动手，处理了数以万吨的沥青铀矿；阿基米德为了演算完最后一道数学命题，即使在被砍头前，依然沉着地对刽子手说，请等一会儿，让我把这道数学题算完；陈景润为了哥德巴赫猜想证明，在不到6平方米的斗室里，借着昏暗的灯光，废寝忘食，竟用完了几麻袋演算稿纸；彭加木告别繁华的上海，9次进疆从事科考工作，最后魂断罗布泊；"两弹一星"功勋奖章获得者郭永怀，在飞机失事的一刹那间，将生死置之度外，用生命保护了实验资料。蒋筑英、蒋新松、胡可心等数不清的科学家，就是靠着这种追求真理、献身科学的精神，做出了杰出的成就。

4. 锲而不舍、开拓创新、敢为天下先的精神

凡是有成就的科学家在科研实践中都表现出超人的坚韧不拔的创新能力。正是这种不同寻常的创新精神，使他们在任何困难条件下，都能做到"柳暗花明"、出奇制胜。

创新思维贯穿于科学研究的全部过程。从选题、分析、综合、演绎、归纳、质疑、比较、感悟、抽象、推理、假设、实证、观察、判断、立论，到写出论文、做出成果，乃至于实际应用，都闪耀着创新的智慧之光。

四川攀枝花钒钛铁矿的矿料输送问题，就是一个生动的例证。由于矿料中含有钒钛金属、质地坚硬，过去采用钢管输送就用不了多久，钢管磨损严重、必须更换，造成极大浪费。科技人员想到"以柔克刚"的道理，改用橡胶管道输送，减少了磨损，提高了工效。一个创新的思维，创造了一个奇迹，救活了一个企业。

现代科学在 20 世纪取得了辉煌成就，其中相对论、量子力学、信息论和基因论四大基础理论，对人类的思维方式和认识方法，产生了深刻的影响。这些成就，以其创新思维的光芒照亮了新世纪科学探索的时空。

5. 高尚品格与人文修养

科学大师们不仅以他们杰出的科学成就，对人类做出了重要贡献，而且，他们身上所表现出来的深厚人文修养和高尚品德，更是人们学习的楷模。爱因斯坦在《悼念玛丽·居里》一文中高度赞扬了居里夫人的伟大人格。他说，居里夫人的坚强、意志、律己之严、客观、公正不阿，以及她对社会的责任感、公仆意识、极端的谦虚，在极端困难条件下的工作热忱和顽强，在科学的历史中是罕见的。爱因斯坦甚至这样赞美居里夫人：她的品德力量和热忱，哪怕只有一小部分存在于欧洲的知识分子中间，欧洲就会面临一个比较光明的未来。

的确，科学家身上所体现出的高尚精神和美德，是人类社会文明中无比

灿烂的财富。爱因斯坦说："我每天上百次地提醒自己：我的精神生活和物质生活都依靠着别人（包括生者和死者）的劳动，我必须尽力以同样的分量来报偿我所领受了的和至今还在领受着的东西。"居里夫人在《我的信念》一文中这样说："诚然，人类需要寻求现实的人，他们在工作中获得最大的报酬。但是，人类也需要梦想家，他们对于一件忘我事业的进展，受了强烈的吸引，使他们没有闲暇，也无热诚去谋求物质上的利益。"两位科学大师的话言简意赅，蕴含着他们对科学探索意义的深刻理解，也是科学大师伟大人格的生动写照。

无论是爱因斯坦，还是居里夫人，古今中外许许多多科学大师尽管个人出身、经历、环境及性格、爱好不尽相同，却有着许多共同的品格和人格。这包括他们对人生的目的、社会责任的认识，对科学的理想和信念，对道德与价值的诠释，以及他们的勤奋、好学、意志、毅力、严谨、求实、谦虚、谨慎、协作、团结等美德。正是这种品格和人格，使他们在科学实践中沿着崎岖的山路不断向上攀登，并取得光辉的成就。

科学家的人文素养是多方面的。他们所具备的爱国奉献、艰苦奋斗精神，严谨治学、一丝不苟精神，团结协作精神，甘为人梯精神，关注社会、关注民生的精神，都是人类社会精神文明的瑰宝。在他们身上集中体现了科学家崇高的科学精神和人文精神。正是这种精神的力量，使他们能够克服任何困难，在做人、做学问方面，都成为世人学习的楷模。他们将科学精神与人文精神融合为一体，用自己的科学实践，为社会发展、物质文明和精神文明建设做出了不可磨灭的贡献。

所谓人文精神，其核心内容就是世界观、人生观、价值观的问题：人生的意义，人生的追求，理想、信念、道德、价值等。周国平先生把人文精神的基本内涵确定为三个层次：一是人性，即对人的幸福和尊严的追求，是广义的人道主义精神；二是理性，即对真理的追求，是广义的科学精神；三是超越性，即对生活意义的追求。简单地说，就是关心人，尤其是关心人的精神生活。我们的许多科学大师恰恰是把这种人文精神，包括科学精神集于一身，并发挥得淋漓尽致，表现得完美无瑕。在他们身上所体现的科学、艺术、人文修养，使他们以理性、理智，以感性、激情，以对真善美的虔诚信仰，去献身科学真理、献身人类的福祉。他们为了追求崇高的理想，不怕任何艰难险阻，总是勇往直前。

科学家的素养和品格决定着科学创造的成功与失败。毋庸置疑，在市场经济大潮和多元文化的冲击下，科学精神和人文精神的缺失，是当前我国科技界、教育界存在的突出问题。因此，造就文理兼优，具有高尚品格的科学帅才、将才、人才，是科研院所创新文化建设向深层次发展的重中之重。营造良好的人才成长环境，提升科学家的创新能力，促进科学精神与人文精神的融合，通过多种途径、采取切实措施提高科技人员的科学文化素养，塑造敢于标新立异、敢为天下先的科技英才，是一项具有深远意义的战略性任务。随着创新文化建设、科技与人文教育的深入发展，我国必将呈现人才辈出、科研成果累累的大好局面。

原载《科普研究》2010 年第 3 期

让科学插上传媒的翅膀

——《中国国家地理》杂志对科学传播规律的探索

单之蔷

在科技进步日新月异的今天，科学成为了公众关注的焦点和热门话题。但是，科普读物的生存状况却每况愈下，这似乎成为了科普读物的一个悖论。

在这样的环境里，《中国国家地理》却在创造着一个又一个的神话，她在科学和媒体之间找到了平衡。

就是这个问题，我们愿意将自己实践中得来的一点经验，与各位同仁分享。

1997 年 7 月，我来到杂志社，那时这本杂志还叫《地理知识》，月发行量仅有 1 万多册，主要的读者是中学地理老师。1998 年改版叫做《中国国家地理》之后，10 年时间，这份杂志从一份主要面向中学地理教师的杂志，变成了一份社会广泛关注的流行杂志。月发行量也从当时的 1 万几千多册增长到了 70 多万册，还曾经创造了单月发行 100 万册的成绩。

更重要的是，这本杂志所传播的科学知识和科学精神成为了中国社会的中坚力量所关注的话题，影响力大大提高。

一次我应邀去昆明参加由凤凰卫视拍摄的大型节目《纵横中国》云南篇时，看到了他们的总策划王鲁湘手里拿着一本《中国国家地理》的云南专辑，又有一次我见到中央电视台某节目组几乎人手一册我们制作的《大香格里拉》，还有的电视台沿着我们的"大香格里拉"考察路线重走一遍。我知道我们已经赢得了传媒界的同行们，而他们将为我们带来更多的读者。

1. 传播怎样的科学

国内外的经验都告诉我们，公众需要了解科学，这没有疑问。重点是，他们需要了解什么样的科学。

改版之初，《中国国家地理》就碰到了这个问题——对"科普"的理解。

我们认为，传统的"科普"概念，立意较低，带有明显的"扫盲"色彩。多年来，这个框架下，人们习惯于将"科普"简单等同于具体科学知识或结论的灌输，好像只要让人知道地球绕太阳转一圈要一年、绝对零度是达不到的之类的知识，就是传播科学。事实上，这只是初级的普及，一种高度教化的传播模式，在现今互联网高度发达的时代，这种内容和传播形式，已经远远不能满足人们的需求了。

科学的普及应该渗透进对科学精神的普及和传播之中。今天科学已经完全不是哥白尼、伽利略、牛顿、法拉第那个时代的科学了，那时的科学面临着宗教和世俗愚昧的双重打压，从那时起，弘扬科学似乎是一件迫切而伟大的事业；而今天科学已经取得了全面的胜利，一统天下。科学已经成了组织成建制的庞大集团，而科学技术本身的发展引发了如原子弹、核废料、克隆、转基因、生态、环保等一系列的问题，科学技术已经不能与人类的福祉简单地画等号了。我们能普及原子弹知识吗？我们能普及克隆技术吗？当我们赞叹美国的航天飞机对太空一次次成功的探索时，殊不知"奋进者"号航天飞机上的大孔径雷达正在把我国机密的军事设施摄入镜头，画出军方的三维地图，这种科学我们也不假思索地赞赏吗？科普这个概念中所暗含的科学天经地义、无需讨论的前提，已经不存在了。哥白尼、伽利略、牛顿等科学巨擘单枪匹马地发现规律、创立学说的时代已经一去不复返了。

科学已经成了需要庞大的经费、有组织要协作的集团行为。最为关键的是由纳税人的税金所形成的科研经费的投向和使用，决定了什么样的科学成果和科学问题的产生。因此我们面临的问题是让公众了解科学的组织结构、运作的机制、科学结论的产生，这也许比普及科学更重要。因此今天我们需要的是用"了解科学"、"理解科学"、"传播科学"来代替科普。

经过反复的思考、讨论、实践，我们认为，《中国国家地理》传播科学这条路是没有错的，是应该坚持的；但是，应该由单纯关注自然科学知识的传播转化为自然科学和社会科学交叉知识的传播，由注重科学中的数理和实验传统转化为注重科学中的博物学传统。

科学有两种历史传统，一种是博物学传统，一种是数理和实验传统。地理学属于博物学传统。这种传统不喜欢符号、模型、公式和数学，也不喜欢实验室里那种实验。在20世纪中叶曾经有一段时间，有一股潮流试图把地理学"数学化"，后来我看到一本地理学思想史，把那段时间称为"地理学最悲惨的岁月"。

《中国国家地理》所继承的显然应该是科学研究的博物学传统，包括：关注地理学中非数理部分的内容，关注博物学中除地理学外的其他部分，如生物学、动物学、植物学、气候学、生态学、地质学及人类学等。

基于这样一种博物学的传统，我们认为应该更加注重向读者传递5个方面的知识，包括：具有普遍意义，对人的教养和人生价值有帮助的知识；连续性、系统性不强的知识；实用性的知识；能够回答时代所提出的问题或与热点问题相关、与社会发展相关的知识；成为谈资，引起公众兴趣的知识。对于那些数理性很强的专业知识，重要的是传播知识对社会和人类的意义，而不是知识本身。

2. 怎样传播科学

传播怎样的科学的问题解决了，下一个问题就是怎么传播的问题。改版前的地理杂志，可以说是只有科学，没有传媒，《地理知识》的改版成功，是因为给科学安上了传媒的翅膀。

2.1 能提供"谈资"的内容

地理杂志必然要传播知识，但我们不会像教科书那样传播，我们要让知识插上"话题"的翅膀，成为人们在办公室里、饭桌上、酒后茶余的"谈资"。在选题策划方面，我们都选取有时效性的"科学"进行传播，把人们不熟悉的科学和人们熟悉的新闻事件结合起来。为此我们探索出了三个简洁的如公式一样的模式：由头＋知识、事件＋知识、人物＋知识。我们充分利用了像海湾战争、"9·11"事件、奥运会、西藏、新疆维吾尔自治区庆典等机会传播知识。这样的机会和由头总是有的，要抓住，因为只有这时知识才能搭上"话题"的翅膀漫天飞翔。

2.2 "我"的语言

再精彩的策划也必须落实到文字和图片上。改版前的地理杂志使用的是一套旧的语言符号系统，这套语言系统是与"计划经济"相联系着的。"言之无文，行而不远"，科学要想搭上传媒这趟快车，就必须使用新的语言模式，因此我们必须实现由旧的语言符号系统向新的语言符号系统的转变，实现旧文体文风向新文体文风的转变。

那种开口就是"十一届三中全会以来……"文件式的语言，那种"老爷爷给孙子讲故事"虽然亲切但实质居高临下式的语言，那种"地图册中概况介绍"式的只提供信息不提供气氛、感受、风格的语言，那种"中药铺伙计拉开一个个药匣子"把草药分门别类逐一介绍的语言，那种只关心结论不关心过程、由论据到论点、程序化、模式化、干巴巴的科研论文式的语言等，都应该停止了。

解决语言问题，我们找到了一件法宝，就是第一人称"我"。这件法宝几乎一用就灵。我们要求写作时以第一人称"我"为叙述角度写作。

记得我们去中关村中国科学院动物所组稿，他们对我们非常热情，会议室里坐满了研究动物的科学家，我们对科学家谈到对稿件的要求，我记得我反复强调的就是用"我"字来写稿。当时的感觉就是节省了许多语言，"我"字一句顶千句。

第一人称"我"为角度的写作带来了整个语言风格的转变。改版前的地理杂志大部分文章是用"第三人称"为叙述角度，这种角度在文学和传播学中被称为全知全能的上帝的角度。这种角度隐去了说话人。科学家们也很喜欢用第三人称这种叙述角度，因为这样看来很客观公正，科学家不喜欢带有主观色彩很强的第一人称"我"，我还从来没有看到用第一人称写作的科学论文。因此强调第一人称写作的努力在当时的编辑部引起了争论，遭到了抵抗。所以那时杂志上会有第一人称和第三人称两种写作风格的稿件出现。

其实科普文章与科学论文完全是两回事，科学论文用第三人称写作是因为科学论文有一个前提是不言而喻的，就是凡科学论文必须是有所创见的，其中的观点必须是个人的，别人的必须声明。而科学论文的首发时间更是关键，因此凡科学论文都是最有时效性的，因为第二个发表就没意义了。因此科学论文中的第三人称其实就是第一人称，不需要用第一人称"我"来声明。科普文章就不同了，科普文章中的观点和知识不必是作者的创见，也没有首发的必要。因此用第三人称写作，就使读者搞不清其中的观点是作者的还是别人的，而文章的时效性也模糊了，看改版前的地理杂志那些第三人称的文章，搞不清这些文章是十年前写的，还是现在写的，面对文章，读者也时时有权追问：谁说的？

第一人称"我"的角度，很容易看到"谁说的"。更重要的是第一人称的写作，可以发表作者的主观感受，避免了科普文章的冷漠，增加了人情味。我认为第一人称并没有削弱文章的权威性，尤其是"我"到了现场，"我"看到了，"我"听到了，"我"带来的是第一手的资料，因此"我"有权威性。

尤其奇妙的是我发现第一人称"我"的到场和叙述，可以赋予一些景观以"时间感"和"时效性"，甚至可以让一些稿子"起死回生"。譬如改版初期，我手上有一位研究建筑史的专家写的一系列关于古民居和古村落的稿子，他是用第三人称写的，里面毫无时间的流动之感，更没有时代的新鲜味。那些第三人称的客观叙述，仿佛让时间凝固了。我无法发表这样的稿件，因为杂志本质上毕竟是属于新闻的。因为我们每月出一本，就意味着杂志有时间性。这些稿件甚至让你无法判断是什么时间写的，几年前还是十年前？当我要求作者以第一人称改写这些稿件时，奇迹出现了。改完后的稿件，通篇散发着新鲜感。水流动了，风吹起来了，老房子的窗推开了，青石板铺就的巷道上人出现了：作者"我"来了。他向读者描绘老房子和古村落，是他亲眼所见的，是今日的现在的状态，而这正是读者需要的。

"我"——作者并非是所报道内容的权威学者，"我"更多的时候是类似"记者"和"节目主持人"的角色，把权威请出来说话，做读者和权威之间的桥梁。

我们欣赏的文体应是"记者＋学者＋诗人＋哲学家"的综合。像记者那样到现场去，给文章以强烈的现场感、新闻感；像学者一样严谨和有知识；像诗人那样锤炼语言和富有情感；像哲学家一样思考，给文章"魂"一样的东西。

2.3　图片不是配角

文字说完了，再说说图片。现代的杂志，图片应该多于文字。今天的地理杂志 3/5 的版面是图片。我们有专职的 5 个图片编辑在工作，我们要求文字编辑也必须深刻地理解图片。我们永远不会成为画报，那些画报并不景气，因为他们让文字成为了图片卑微的婢女。我们的文字版面少于图片版面，应这样理解：文字已经笔酣墨饱地完成了它的使命，而为了更好地展示图片的效果我们增加了版面。

图片必须作为独立的表现语言来使用，它绝不是为文章提供"立此存照"证据式的东西。图片语言的独立之所以重要，还因为"只阅读图片不阅读文字"已经成了一种不容忽视的"准阅读"方式。一次，我坐飞机去某地，旁边坐着一位小姐，她手里正拿着一本在机场买的我们的杂志在阅读。我发现她认真地从头阅读到尾，但是她只看图片，不看文字。从此我对图片有了新的理解。我开始高度重视图片说明的写作，要求给以足够的文字量和版面空间，甚至要求编辑为图片说明制作小标题，这在以前是不可能的。

从策划到文字再到图片的变化，为科学插上了现代传播的翅膀，如同"好风凭借力，送我上青云"。

原载《科普研究》2010 年第 5 期

思量 "因果关系"

尹传红

本栏文章《认识 "不确定性"》从有关全球气候变化的争论说开去，聊的是 "不确定性" 这个话题。内中实则也已涉及对于因果关系的一些思考，只是没有展开而已。本文仍以事关气候变化争议的几个新例为由，思量因果关系及其相关问题。

复杂问题的另类视角

多年来科学界普遍认为，南北半球极地地区海洋含冰量的减少主要是由于全球气候变暖引起的。然而，日、美科学家 2010 年春发表的一份研究报告认为，近年来北冰洋冰雪融化大部分与北极风变化有关，而不是全球变暖的直接后果。近 30 年来至少 1/3 北极冰的消融可以用风的变化来解释——强劲的北极风将大量的海冰吹向南方，这些冰在进入北大西洋海域的过程中，有一部分会融化掉。

该报告并没有否认气候变化对北极冰的影响，但对于北极地区已经进入一个不可逆的气候阶段的说法提出质疑，并明确指出，在全球变暖和冰川融化之间确立一个绝对的因果关系是不可能的。

此后不久，由新西兰科学家发布的一项新研究，也对气候变化导致的海平面上升会缓慢淹没低海拔太平洋岛屿的警告提出了质疑。他们研究了 27 个低海拔的太平洋岛屿（将 60 年前拍摄的岛屿航拍图与现在的卫星图像进行对比），结果发现：尽管海平面在这 60 年时间里平均上升了 12 厘米，但是在上述 27 个岛屿中，只有 4 个岛屿的面积缩小了；在剩下的 23 个岛屿中，有一半岛屿的面积没有发生变化，另一半岛屿的面积反倒还增加了。

此项研究表明，这些岛屿以不同方式对气候变化及海平面上升作出了回应；它还告诉我们，没有一种模型能够符合各种情况。报告称：一些岛屿的面积之所以增加了，是因为海浪、洋流和海风把珊瑚碎片从环岛礁带到了岸上。研究人员认为，龙卷风和风暴（人们预计它们将因为气候变化而越发频繁）也经常在抬高岛屿海拔中扮演重要角色。"因此，世上存在可以使这些岛屿海拔升高的自然机制，在许多情况下，其速度能够与人们预计的海平面上升速度保持一致。"

尽管上面两个例子所表述的观点是否正确仍有待进一步检验，但它们毕竟提供了认识气候变化这个复杂问题的另类视角，同时启发我们：事物之间的关系往往十分复杂，观察角度和思考方式常常会对因果归因产生很大的影响；现实生活中呈现在我们面前的好些事情或事态，往往并不是某个单一原因所致，而是许多原因相互交织的结果。因此，我们在做判断、下结论之前，要综合考虑一下是否有多种因素在起作用，尽力探寻事态是在怎样的环境和行动之中形成的。

相关关系并不等同于因果关系

有些事件的发生纯属偶然，所以一般不会再有下一次；有些时候，我们不能直接知道产生了某种结果的原因是什么，但可以通过其他侧面间接地了解、评估，并借以推测出原因的部分特性，由此指引我们的探寻方向。而在通常情况下，一些事件的发生是可以找到直接的、合理的因果解释的。

自古希腊（也许更早）以来，因果关系便一直是哲学和科学的基础。人们观察各种各样的现象，认识到并非事事都出自偶然；事物具有一定的确定性，自然现象受着一定的因果关系的支配。所以，因果观念可以看作是联系宇宙万象、了解事物之事理的方式，实际上也是我们借以解释现象所常用的思想方式。就此，法国数学家和天文学家拉普拉斯（1748—1827）有一个著名的论断：

> 我们应当把宇宙的现状视做它以前状况的结果和以后状况的原因。在一定的时候，一种精深的知识可能了解所有推动自然演化的力，了解构成智慧的生命的相应的情况。如果这种智慧相当广大，足以分析有关资料的话，它可能把宇宙最大物体的运动与最轻原子的运动包含在同一句话中：对于这种知识与未来，任何事物都不是不肯定的，犹如过去就在眼前一样。人类的智慧在为天文学带来的日臻完善之中，已经勾画出这种精深知识的草图。

简言之，如果一件事直接导致另一件事，它们则被称作具有因果关系；或者说，两个事件或情境之间的所谓因果关系，就是一个事件或情境引发另一事件或情境的一种关联。

两个现象之间的关联，可能意味着一方是另一方的原因，比如，太阳升起与白天的光线，这就是因果关系；也可能对一方的认识会向另一方提供信息，但并不能用于说明其中一方将引起另一方的变化（即所有变量相互间没有任何影响），这就是统计关系。

统计是用来为论点提供清晰证据的。但值得警惕的是，现实中不时会出现一些混淆因果关系且具有误导性的统计处理，它们经常建立在非逻辑推论的基础之上，并因此而带来困惑与谬误。

美国有一个真实的统计案例，就反映了某种虚伪的相关。有人曾经高兴地指出，在马萨诸塞州，长老教会会长的收入与哈瓦那朗姆酒的价格之间密切相关。乍看一想，是否能够认为教会会长从朗姆酒贸易中获益，又或者会长支持该贸易？绝非如此！答案是：在第三个因素作用下，收入和价格两个数据都会增长，这个因素就是历史性或全世界范围内物价水平的上涨。可见，前两个因素并不互为因果，而同为第三个因素的产物。

在某些情况下，尽管事实和数据都是真实的，但依据这些事实和数据推断出来的结论却是有问题的。这便是相关中的谬误。比如，有一篇医学文章发出严厉警告说：喝牛奶的人群得癌症的发病率在上升。在新英格兰、明尼苏达州、威斯康星州和瑞士，这些牛奶产量和消费量极大的地区和国家，癌症有上升趋势；而在牛奶十分稀缺的锡兰，却极少发现癌症病例。更进一步的证据是：在牛奶消费量少的美国南部地区，癌症病例也相对较少。文章还指出，牛奶消费量极大的英国妇女患癌症的概率，是很少喝牛奶的日本妇女的 18 倍。

其实，对于上文所举例子做更深入的挖掘后，有人发现，还有很多因素都可用于解释癌症发病率的提高实则跟喝牛奶没有什么关系，其中有一个因素就很有说服力：癌症主要发生在中年或者老年人身上，而发病率高的瑞士和前面提到的那些州，其居民寿命相对较长；此外，在该项研究进行期间，英国妇女的平均寿命比日本妇女长 12 岁（因而也有更多的"机会"患上癌症）。

如果一个事件发生的概率（例如患有大脑肿瘤）取决于另一个事件（头晕）是否发生，那么，我们就说这两个变量相关。但是，两个变量之间存在相关关系并不意味着其中的一个事件是另一个事件产生的原因。换句话说，相关关系并不等同于因果关系。

有这样一个混淆了相关关系与因果关系而得出可笑结论的实例。有人声称，离婚和死亡呈负相关（负相关可以简单描述为：当一个变量增大时，另一个变量有减小的趋势。在物理学中，这被称作反比关系）。单从统计数字看来，人们会认为结婚对健康是有害的。然而，这两件事有相关的真正原因是，它们都与第三个因素——年龄——有关：年纪越大的人越不愿意离婚，但是越容易（或接近）死亡。所以，这相关的出现是不可避免的，但离婚和死亡并没有任何因果关系。

偏差与争议

前已述及，可以观察到相关，并不意味着就具有某种因果关系。在相关中确定因果关系是很困难的。以吸烟和肺癌的关系为例。研究一直表明在两者之间存在着强相关，普遍也认为其中存在因果关联，但精确的因果机制只是最近才大致弄清楚。而这方面的相关也可能有其他因素。例如，曾有人指出，易患肺癌的人也容易染上烟瘾，并据此认为，并不是吸烟导致了肺癌，而是一些先天的生理倾向导致了吸烟和肺癌。

其实，大多数的病例都有着复杂的原因前史。在因果链上，既有相对较近的致病原因（如促使已经长出的恶性肿瘤生长加速的催化因素），也有相对较远的原因（如吸烟是导致恶性肿瘤的原因）；此外，还有原因中的原因（如烟草中的某些成分导致的恶性肿瘤的发生），以及原因的原因（如某些环境导致了吸烟习惯的形成）。理解其中的因果关系，于理论和实践（治疗）都大有裨益。

前些年里在美国，关于儿童接种麻腮风疫苗之后究竟是否存在患孤独症的风险，曾引发了很大的争议。根据《勾勒姆医生》一书的描述，当时出现的一些情况是：一些儿童在出生后最初几年，即一般的麻腮风疫苗的接种时间前后，开始表现出孤独症的症状。考虑到这些儿童患上孤独症与接种麻腮风疫苗发生在同一时期，孤独症发病可能先于也可能后于疫苗接种。对于那些孤独症先于疫苗接种发作的情况，人们靠常识判断得出，孤独症发作不可能是由疫苗接种所导致的。

相反，对那些接种疫苗后出现孤独症症状的病例，认为疫苗接种导致了孤独症，却被认为是合情合理的。如果两者间可能有因果关系的观点（经由媒体）传播开来的话，父母们就更加有可能将纯粹的时间先后关系视为因果联系。如此一来，不论存不存在因果关系，父母们都很容易相信，他们孩子的孤独症是之前的疫苗接种所致。

尽管流行病学家研究发现孤独症的发病率与麻腮风疫苗接种没有正相关性，可家长们仍然十分担心。他们所忧虑的事经媒体添油加醋报道之后，又被宣传抵制所有疫苗（尤其是麻腮风疫苗）的网站放大了。一个医学实践中的问题，居然"演化"成了一个不大不小的社会问题！在这个关涉因果关系的案例中，"实际上并不存在专家之间的争论，而完全是医学界和公众在记者与网络的推波助澜下展开的争论"。

有意思的是，在我们的现实生活中，许多重要的事件，看似都缺乏简单的因果关系。比如，最剧烈、最令人费解的社会转型通常并没有任何明确的起因，只是非常简单地反映了一个群体的行为从一种稳定的状态转变成另一种状态，我们甚至都无从"考证"更深层的原因是什么。社会学家已经注意到，在许多情况下，人际模仿（而非我们独立的判断）会影响我们的行为。不管是什么原因，模仿（即一种生物学家所说的社会习得的形式——通过与他人互动来学习，而不是靠独自一人学习，看起来就像是一种自动的、无意识的、本能的行为）使得我们很难找出因果之间的联系，因为一部分人的行为很快就能改变许多人，从而促使事态发生变化（比如，前不久出现的"富士康十二跳"自杀现象，就有明显的模仿行为）。

科学家告诉我们，人脑发展进化的结果表明，它总是善于寻找事物之间的因果关系。或许正因为如此，草率地得出结论也是人们最为常见的谬误之一，而某些思维陷阱又往往导致人们容易出现"归因偏差"。

随意主观联想

新华社 2010 年 8 月 1 日发自宜昌的一则电讯，通过记者访谈表明了这样一个观点：今年长江流域灾害频繁与三峡无关。记者的问题是：今年入汛以来长江流域暴雨、山洪、泥石流、城市内涝等多种灾害频繁发生，有人将其归咎于三峡蓄水。请问三峡工程是否会导致地质灾害频发？

就此三峡集团公司董事长曹广晶的回答是：三峡工程影响范围只能限于受蓄水影响的干支流两岸某些滑坡现象，而暴雨、山洪等不可能跟三峡有关，把整个流域的这些灾害都和三峡工程扯上关系更是牵强附会。

这个话题，让我不禁回想起 4 年前"见识"的一个类似质疑。2006 年夏天，四川盆地高温干旱，重庆等川东地区尤为严重。因恰值前不久三峡水库蓄水达到 135 米高程，于是便产生了这场严重高温干旱是不是由三峡水库蓄水所引发的问题。当时的媒体，借有关专家之口对这场高温干旱的成因作出了解答。不过，这些解答在为什么这场高温伏旱与三峡水库建成无关这个关键问题上的铺垫虽多，但给出的正面回答却很少。

为此我特意走访了气象学家林之光。他从其专业角度给出的主要理由是：因为三峡水库水面面积很小，对四川盆地构不成什么重大影响。例如，面积比三峡水库大得多的洞庭湖、鄱阳湖和太湖，它们对周围气候影响的范围最多二三十千米。尤其是，夏季中大水体平均温度比气温低，如何能以低温水体引发四川盆地大范围的高温伏旱呢？还有，从比较分析得出，形成川、渝高温大旱的物理成因，关键不在地面（更不在地面状态的少量变化），而是在天上，即副热带高压中的强大下沉气流。所以，2006 年夏这场高温干旱的主要原因是大气环流异常，而非地面状态"异常"（即三峡水库使长江增加了一点面积）。

林先生还特别提出，认为高温干旱与三峡水库有关的有关论者，其思想方法存在问题，而这种思想方法又具有一定的普遍性，即随意主观联想。例如，20 世纪 80、90 年代曾有过"属羊的人命苦"、"闰八月是大灾年"等说法流行，有的还造成了不良影响。原因是社会上确曾有过几个属羊的人命运坎坷；也确曾有的闰八月年份出现了大灾。但问题是，相反的事实可能更多。如果 2006 年闰的是八月而不是七月，或许有人又会把它和四川盆地异常高温干旱联系起来了。

顺便说一句，逻辑学中的常见谬误，有一种叫因果倒置，是指将结果误认为原因的谬误。例如，有人"联想"说，因为食物腐败才产生了细菌，可实际上是因为有了细菌，食物才会腐败。

显然，要改变这种随意主观联想的思想方法，我们的科普宣传或科学传播就不能只是讲事实，而更需要普及科学思想、科学方法和科学精神。否则，实践已经证明，按下了葫芦还会浮起瓢的。其实，对于前述话题，要想鉴别所联想的结论是否正确也并不难：进行正反对比。例如，对于三峡水库，只需观察新安江等国内外大型水库建成前后周围较大范围气候是否有显著变化（实际上是没有），以及四川盆地今后夏季是否年年都会出现类似 2006 年夏天的严重高温干旱等。

一果多因

日常生活中我们常常感受得到，许多事情的发生并不是那么"单纯"的，即绝非某一单一原因的结果，而是许多原因相互交织的结果；因果关系也很少只是涉及两个事件，甚至可能有几十个事件以复杂的方式因果地联系在一起。总结起来说，可以叫"多因多果"。同样，往大里讲，社会的基本变革都是各种因素综合的结果，很少是由于单一的因素所引起的。因此，在做出判断之前，最好先考虑一下是否有多种因素在推动事物向不同的方向发展。

举个例子：引发高血压的相关因素中，有遗传方面的因素，除此之外还有盐的摄入量高、紧张的生活、饮酒过量、吸烟等；糖尿病除了和高血压有一定的连带关系外，与高血脂、缺乏运动也有很密切的关系。所以，医生常常提醒人们，一种行为和众多的疾病有关，而一种疾病又与众多的行为有关，因此我们在预防慢性病过程中不一定要针对一种病做什么。如果我们能够对生活方式与行为方式加以注意和改善，那么，其影响绝不仅仅是针对一种疾病，而是能够对众多的疾病产生良好的预防效果。

再如，癌症研究直到20世纪70年代和80年代才取得若干重大进展，认识到致癌的复合因素。现在医学界普遍认为，100多种不同的癌症，都是由一系列基因突变引起细胞生长失控的结果：首先是促生长基因突变（癌基因），然后是抑制肿瘤的基因突变，导致细胞生长失控。换句话说，即是由各种原因导致的癌基因和肿瘤抑制基因的突变，两者共同作用导致了癌症的发生。而一个个体基因的突变可由多种原因引起，包括遗传、病毒、行为因素和环境因素，如吸烟、饮食和接触特定的化学物质等。

面对类似这样的复杂问题，只看表面、流于肤浅的认识，往往会得出偏颇的、不全面的结论。比如，一提到现在得癌症的人比以前多了，人们下意识地总会想到环境污染和劣质食品的影响，却忽略了另外一个实实在在的因素：现在对癌症的检查和诊断水平大大提高了，原来用常规手段不可能被发现的隐蔽肿瘤也被查了出来。试想：没有应用胃镜时，许多胃癌被漏诊了；不借助CT，多种器官的癌瘤都得不到明确诊断。

对于食品卫生和食品安全的认识也是如此。食品安全问题近年来为什么那么突出、集中，引起许多人的忧虑乃至恐慌？其实，客观地讲，这既有社会原因也有心理因素。从社会的发展来看：第一，食品供应发生了很大的变化，已经由卖方市场转为买方市场，人们的饮食观也从吃够吃饱发展到吃好、吃健康，对食品安全更上心了；第二，科技的发展使得食品检测技术有了很大的进步，越来越多的隐患和致病因素得以发现，人们的自我保护和维权意识也大大提高了；第三，信息日益公开化，信息的传播方式和渠道呈现多元化趋势，消息的来源大大地拓宽了；第四，有关食品安全的法律法规正日益完善，食品相关标准也日趋严格，一些过去习以为常的做法已被禁止（比如企业回收过期点心或点心渣加工"新产品"）。

按照官方和食品卫生专家的说法，我们日常所见之食品，其安全标准应该是严格、可信的（是不是被认真执行则是另一回事）；总体来说，食品加工技术和安全保障近年来也取得了长足的进步。我想，一些食品卫生专家或许也正是在这个意义上指出，我国的食品安全状况并不是老百姓想象的那么糟糕，食品安全问题被夸大了。我知道他们这么说已经挨了不少"板砖"，但要帮助公众全面认识食品卫生和食品安全问题，就不能不考虑前面所分析的几种社会原因和心理因素。

成因混淆与错误归因

事物之间的关系往往十分复杂，我们的观察角度和思考方式常常会对因果归因产生很大的影响。其中最常出现的一种谬误就是将统计关系视同于因果关系。

例如，有一个统计数字表明，美国亚利桑那州死于肺结核的人数比其他州多，这是否意味着该州的气候容易让人生肺病？结论正好相反：亚利桑那州的气候对害肺病的人有好处！也恰是这个缘故，数以千计的肺病患者纷纷前来，自然就"抬高"了这个州死于肺结核人数的平均数。再如，一项研究表明，在某个城市因心力衰竭而死亡的人数和啤酒的消耗量都急剧上升，这是否表示喝啤酒会增加心脏病发作的概率？非也！这两种情况的出现，都是人口迅速增加的结果。

自然现象的产生往往受到一定的因果关系的支配，这种因果关系有时候并不是那么分明。有一年，人们观察到有不少候鸟成群结队地飞回东湖越冬。当地有媒体报道说，这是因为污染减轻了、湖水变清了。但武汉有一名记者却在闻到从湖水中散发出的臭气时产生了怀疑。经过现场观察和采访专家，他得出了一个完全相反的结论：这些候鸟（主要是红嘴鸥）的到来恰恰是因为它看中了东湖的污染！原来，受污染多年的东湖，藻类大量繁殖、菌虫密布，产生了红嘴鸥越冬喜食的大量食物。这才是吸引成千上万只候鸟到这里来越冬的真正原因。

心理学上有所谓的"归因理论"——关于人们如何进行"因果归因"的理论，也就是对行为和行为之结果产生的原因进行解释。归因研究者发现，人们在归因时存在一个普遍性的问题，即个体倾向于对自己的行为做出情境归因，但在解释他人的行为时，会把他人的行为更多地归结为内在的特质和态度，而很少考虑环境的影响或限制，也就是常常会犯"基本归因错误"（也叫"对应偏见"）。换言之，对于正性行为，人们总是倾向于进行个性归因；而对于负性行为，他们更倾向于进行情境归因。这种我们通常意识不到的思维偏见，往往也会影响到我们对人、事的正确判断。

心理学家常常提到的一种以"内省"和"外视"呈现的归因效应也较为普遍。比如，一位老师接手一个新的班级，如果他的学生成绩提高了，那么他就会认为是自己教学有方（内省）；如果学生的成绩变差了，那么他会归罪于这些学生的基础太差，或是前任老师的能力太差（外视）。同样的道理，当新员工业绩优秀、表现突出时，上司会认为是自己管理有方（内省）；反之，如果员工没有达到理想的业绩，上司就会解释这是由于这个员工无能或愚笨（外视）。

我们通常所了解的科学研究的要义是探求因果律，并不断地验证因果关系的假设。千百年来，科学技术的进步一直在向我们显示，一些看似没有关联的事件之间也存在着因果关系。在科学史上，通过发现新机制能促使许多学科产生进步，而每一机制互动的部分又影响彼此的进步与其他特性。有时候，事件与它的原因之间不存在一个可信的机制将他们相联系，即可能的机制与已知的不相容，就会阻碍从相关而来的因果推断。

例如，当巴里·马歇尔与罗宾·沃伦最初提出细菌引起溃疡的观点时，大多数人都认为胃内酸度太高而不适于细菌存活，所以不存在细菌引起溃疡的机制。后来，由于发现幽门螺杆菌产生氨气中和了胃酸而使自己生存，这就排除了细菌-溃疡机制的不可信性（这两位因发现幽门螺杆菌以及这种细菌在胃炎和胃溃疡等疾病中的作用，被授予2005年诺贝尔生理或医学奖）。

但也存在相反的例子。美国著名心理学家大卫·科恩指出，各种不正常的心理，每种都包含了遗传或先天的不正常因素，却常常被归因为忽视、虐待、缺乏机会或缺乏某些特性。如儿童孤独症和精神分裂症被归因于母亲忽视和冷漠的抚养方式，躁狂抑郁症被归因为归属需要未得到满足，病理性肥胖归因于婴儿时期的过量喂养和儿童时代食物获得不正常，唐氏综合征归因为母亲在孕期的压力和紧张。研究表明，这些心理障碍与抚养方式之间的关系不大，或根本没有什么关系，但多年来社会学对其的解释被广为传播，损害了许多无辜的人和他们的家庭。

通常也可以将因果观念看作是联系宇宙万象、了解事物之事理的方式，实则也是我们借以回观历史、解释现象所常用的思想方式。很欣赏这样一句话：历史的陈述，只能是旁观者的观察，从线索中寻找因与缘——"因"是直接的演变，"缘"是不断牵涉的因素，无数的因与缘于是凑成无数可能之中的"果"。

原载《科普研究》2010 年第 6 期

刍议昆虫文化与现代科普

李 芳

昆虫是迄今地球上最古老也是繁盛的动物类群，千百年来，人类与昆虫历经无数的"恩恩怨怨"与"爱恨情仇"，昆虫文化就借此生发并渗透到语言、艺术、神话、宗教等各个层面。我国昆虫文化源远流长，虫旁之字达300多个，以虫旁字为姓者40多个，以虫为地名者200多个，昆虫诗歌1万多篇，与昆虫有关的民间节日100多个……蝉、蝶、蚕、蟋蟀、蜜蜂等经典昆虫意象早已超越了原本的生物学含义，成为民族历史记忆、意识与文化的载体。昆虫文化无疑蕴含着丰富的科普教化资源，本文旨在评析昆虫文化的科普价值，反思当代科普的现状，探讨现代科普价值取向。

1. 昆虫文化的科学意蕴

1.1 季候之象

昆虫作为时令象征由来已久，中国二十四节气中就有"惊蛰"：春雷惊醒冬眠的虫子，意味着大地回春。古往今来，经典昆虫文化不仅寄托了人们深切的感动与感知，并且蕴含深刻的科学道理。譬如"更深月色半人家，北斗阑干南斗斜，今夜偏知春气暖，虫声新透绿窗纱"（唐·刘方平《月夜》），虫声紧促透过绿色窗纱，报告春天来临；夏天是属于蝉的，所谓"高蝉多远韵，茂树有余音"（宋·朱熹《南安道中》）；而蟋蟀的鸣叫总能激起中国文人的悲秋情绪，象形汉字"秋"就来自"蟋蟀"的变形。"轮将秋动虫先觉，换得更深鸟更催"。从科学意义上：昆虫是变温动物，对气候变化有着天然敏锐的感知。科学家通过建立一个公共监控系统、跟踪昆虫生活史来研究气候变化的规律，研究评估温室效应对生态系统的影响。最新的研究已经发现，全球气候变暖对昆虫有着深远的影响，热带昆虫而不是北极熊，可能是全球气候变暖而灭绝的第一批物种之一。

1.2 繁殖之喻

在《诗经》中就有对螽斯多子多孙的赞叹："螽斯羽，诜诜兮，宜尔子孙，振振兮；螽斯羽，薨薨兮，宜尔子孙，绳绳兮；螽斯羽，揖揖兮，宜尔子孙。"故宫有"螽斯"门，说明人们自古对昆虫的高繁殖能力具有充分认识。昆虫具备高超的繁育能力，是典型"R"——繁殖生存对策。昆虫的个体生命虽然脆弱，但群体生命十分旺盛，以旺盛的繁殖能力来应对不利环境，高繁殖率与种群的变异是昆虫应对农药等外在选择压力的"独门秘籍"。

1.3 害虫之谓

人们对昆虫最普遍的认知是"害虫"。"害虫"或是与人争食，或是传播疾病，千百年来，人虫之间总有无硝烟的战争，蝗虫、苍蝇、跳蚤、蚊子等害虫都曾经给人类带来重大的灾难，甚至改变历史的发展进程。因此，在中西方语境中，蝗虫、苍蝇、跳蚤都是灾祸与贪婪的象征。然而，人类试图以化学农药"制服"害虫，却不曾料想农药污染也给人类生存带来严重的危害。这提示我们，对于害虫，预防总是应重于扑灭，必须从昆虫与环境关系中找到人类对害虫的控制之道。

1.4 生态之思

"螳螂捕蝉，黄雀在后"出自战国时期《庄子·山木》："睹一蝉，方得美荫而忘其身，螳螂执翳而搏之，见得而忘其形；异鹊从而利之，见利而忘其真。""螳螂捕蝉，黄雀在后"表达了古人对自然物种相生相克的朴素认识。殊不知，昆虫对地球生态系统能量转化与物质循环起着举足轻重的作用，绝大多数昆虫在常态下是人类的朋友。许多看似"卑微"的昆虫实则拥有让人类望尘莫及的高超生存能力；看似"柔弱"的萤火虫业已成为生态"标志性"昆虫，如果萤火虫消亡，则说明生态环境堪忧；看似"龌龊"的蜣螂（屎壳郎）实际上是生态系统的"无名英雄"，它们默默担当着"田野清道夫"，承担着为植物传粉与转运种子、控制有害生物的多重角色。爱因斯坦曾预言：如果蜜蜂从地球上消失，人类只能活上四年，没有授粉就没有植物，没有植物也就没有动物、就没有人。按照生态平衡原理，推而广之，地球上每一个物种包括人类都仅仅是生物链中一个环节，树立人与自然和谐的理念是建设生态文明的前提条件。

2. 昆虫文化的人文意蕴

2.1　民族记忆与情感认同

　　非物质文化遗产如神话传说、民俗、地域图腾无疑是探寻古老的文明的重要路径。现如今，我国许多古老的昆虫文化资源如昆虫民俗节日、神话传说等大都迷失在商品大潮中。然而，众多的昆虫节日、昆虫图腾与昆虫神话表现了人类精神发育的共同轨迹，无疑是感知民族记忆、情感认同与文化心理的窗口。据考证，五千年前的红山文化的"龙"就是蚕的变形。鹿角、蛇身、鹰爪、麒麟头——"龙"实际上是多图腾融合的产物，中华文明的恢弘大度与涵容互摄可见一斑；丰富多彩的昆虫民俗与诸多昆虫崇拜如"刘猛将军"、"蚕神"等表达了先民朴素的自然观；而"梁祝化蝶"对蝴蝶羽化登仙的推崇与古代尚蝉习俗都生动表现出中国道家的文化色彩。

2.2　"蝉"有"禅"味，高级审美

　　在中国传统文化海洋中，经典虫意象总能穿越古今，历久弥新，散发出迷人的芳香。如杨万里的"泉眼无声惜细流，树阴照水爱晴柔。小荷才露尖尖角，早有蜻蜓立上头"。一个恬静、安适、生机盎然的境界呼之欲出；杜牧的"银烛秋光冷画屏，轻罗小扇扑流萤"刻画出宁静、祥和、其乐融融的境界；"春蚕到死丝方尽，蜡炬成灰泪始干"，"庄生晓梦迷蝴蝶，望帝春心托杜鹃"，李商隐借助寻常的"蝴蝶"与"春蚕"意象表达幽远深邃、欲说还休的复杂心境。"朝回日日典春衣，每向江头尽醉归。酒债寻常行处有，人生七十古来稀。穿花蛱蝶深深见，点水蜻蜓款款飞。传语风光共流转，暂时相赏莫相违"（唐·杜甫《曲江二首》）。在杜甫心中，美妙轻盈的"穿花蛱蝶"、悠然自得的"点水蜻蜓"与人生间的沉重苦痛形成鲜明对照。中国文人即便饱受苦痛与冤屈也有精神"解脱"之道："兴来醉倒落花前，天地即为衾枕；机息坐忘磐石上，古今尽属蜉蝣"，"随缘便是遣缘，似舞蝶与飞花共适；顺事自然无事，若满月偕盆水同圆"。超然物外，寄情山水，这是中国人内心的一片香丘与净土，也是现代人抵御心理异化的"清凉之散"。

　　中国传统文人由于外在环境的局促与内敛含蓄的心理特质，往往对猛禽野兽"敬而远之"，而与蝉、蚕、蜻蜓、蝴蝶、萤火虫等"卑微"的小生命惺惺相惜。经典虫意象反映出古人重直觉审美与人文关怀的心理特质，折射出道家与天地万物和谐共存的生态观。儒释道融通无疑是中国传统文化的哲

学基础，同样在昆虫文化中也有淋漓尽致的表现："囊萤映雪"早已定格成古代儒者奋发进取的经典画面。一代诗佛王维的《秋夜独坐》中有一句堪称"虫禅"经典："雨中山果落，灯下草虫鸣。"在寂静的雨夜，诗人用心谛听着大自然的心率，感受着草木、秋虫与人同样的际遇。

"茅檐外，忽闻犬吠鸡鸣，恍似云中世界；竹窗下，唯有蝉吟鹊噪，方知静里乾坤"。"蝉"有"禅"味，气通万物，道家和禅宗的虚静心使人获得纯真的自然情结，得到真正的醒悟与心灵的净化。正如李泽厚先生所述："禅宗喜欢讲大自然，喜欢与大自然打交道……特别是在欣赏大自然风景时，不仅感到大自然与自己合为一体，而且还似乎感到整个宇宙的某种合目的性的存在。这是一种非常复杂的高级审美感受。"

3. 昆虫科普反思与前瞻

长期以来，科学研究领域不断细分，研究课题日趋艰深，而科学家的研究成果是否为公众理解与其能否获得科研资助无明显相关，结果是国家对自然科学研究的经费投入增长迅猛，但公众的素养的提高却不与投入的增长成正比，加上文理分割的人才培养模式，科学家或是无心顾及科普，或是缺乏科普能力，因而主流科学家退出科普阵地已是不争事实。

根据中国科协 2010 年的调查统计显示，在中国具备基本科学素养的公民仅占全国人口数的 3.27%。正是因为公众普遍缺乏基本科学素养，诸多"伪科学"才得以哗众取宠、浑水摸鱼。公众由于缺乏科学素养，也常常对信息作出过激反应，从而引发不必要的社会震荡。例如，2008 年在四川广元旺苍柑橘中发现大实蝇，此消息一经发布，立刻引起全民恐慌，一时间，全国柑橘销量直线下滑，橘农叫苦不迭。如果民众稍稍有些昆虫科学常识，就不会做出如此过激的反应，因为大实蝇不可能像气流一样扩张，仅仅一地发现大实蝇，绝不意味着全国的柑橘都有虫。现如今，农药残留几乎成了农产品贸易绿色壁垒的代名词，但患在"医"而不在"药"，缺乏预防措施又单纯依赖农药、滥用农药而人为制造"害虫"的例子不胜枚举。

中国公众的科学素养普遍缺乏不仅与科学家退出科普阵地有关，也与传统科普日渐衰微有直接关联。在我儿时印象里，科普作品总是给我们描绘出科技普及的美好图景，让我深信：只要发展科技，就可以造福人类；只要扫除"害人虫"，就可以给人类以朗朗乾坤……如今看来，这一切宛如"童话"。时过境迁，将科技等同于"福音"，居高临下、单向灌输的传统科普模式已经显得力不从心。因此，现代科普应该从中国经典文化宝库中找到新的发展原点，生发古老文明的当代意义，与此同时，现代科普需要更先进、更多元的载体，以更贴近现代人心理需求的传播方式，在一个更宏观立体的视野中与时俱进，不断超越。

3.1　文理交融——现代科普的趋势

卡尔逊的《寂静的春天》与法布尔的《昆虫记》应该是典型的昆虫文化科普著作。在卡尔逊的《寂静的春天》发表之前，著名化学结构学家布克金出版《我们的合成环境》，已经提出杀虫剂对生态环境的潜在威胁，但没能引起公众的注意，而具有反思意味的《寂静的春天》一经出版，立刻引起社会关注，由此改变了有机氯农药的命运，成为环境保护的里程碑之作。用布克金的话说：卡尔逊的成功源于她高超的散文写作技巧。如果按传统"科普"的套路，或许只会介绍杀虫剂的制造原理、使用方法与效果作用，但《寂静的春天》是一部反思意味的科学文化作品，它揭示了杀虫剂有害的一面，这与传统的"科普"有着本质的区别。而《昆虫记》的可贵之处是在实证研究的基础上对昆虫加以诗意化、人格化，富有童真与生趣的阐述。对生命的关爱与对自然的敬畏给这部科普著作注入了灵魂，《昆虫记》也因此被誉为"昆虫的史诗"。

从以人为本的发展观出发，科普不仅要推动科学的普及与发展，也要促进人的素质提升与全面发展。因此，完整意义上的昆虫科普应该不仅推广害虫控制技术与经济昆虫繁育的科学方法，还要倾注人文关怀与情感活动，揭示昆虫与生态的辩证关系，让公众了解人为措施、化学药剂对环境的可能负面作用，了解昆虫是如何变为"害虫"，以及昆虫与社会文明、环境生态的有机联系。总之，以人文的视角解读昆虫的生物学与生态学规律，同样以科学的视角去诠释昆虫文化经典背后的科学，一定会让更多的人体会到天地大美与科普大善。

3.2　多元立体——现代科普的特质

人们常说的"冰山一角"是指一座冰山能露出水面的其中很少的一部分，这既是物理现象，也是一种社会现象。联系到一门学科，可以被用文本传递的仅仅是学科的表层知识，而学科的哲学、美育、教化等深层价值往往被排除在课程之外，而这恰恰是科学人文素养的一个重要方面。"自然不仅是科学的源泉，也是诗、哲学、宗教的源泉"。譬如蝴蝶，从生物学上，其翅膀上的鳞片可以作为分类的特征，翅膀脉序也是考察生物结构与功能的绝好案例；从仿生学方面，受蝴蝶身上的鳞片会随阳光的照射自动变换角度而调节体温的启发，科学家将人造卫星的控温系统制成随温度变化可调节窗的开合的百叶窗样式，从而保持了人造卫星内部温度的恒定；从农业角度，蝴蝶幼虫取食植物叶片被视为"害虫"，但因蝴蝶成年期的访花传粉特性，又成为"益虫"；在社会学意义上，"蝴蝶效应"可以比拟为"输入初始条件极细微的差别，可以引起模拟结果的巨大变化"；从文化美学层面，化蛹成蝶更是承载了人类无数美好想象与情感。因此，要真正"读懂"蝴蝶绝非容易之事。

在地球上生存演化了数亿年的昆虫，它的生命形态与生存进化方式都为科技创新提供了无穷灵感，例如：蜂巢与建筑，蜻蜓、苍蝇与飞行器，萤火虫与 LED 冷光源等。诸如此类，不胜枚举。从掠夺自然、征服自然到与自然和谐相处，再到师法自然，这是人类文明的伟大进步！"道法自然"，其蕴涵不应仅停留在技术层面。"人文仿生"，"以虫悟道"，学习昆虫的生态智慧，让更多的人体悟到自然事物的多重价值与多重含义，学习体悟人与自然和谐之道，相信这就是现代科普与生态文明的应有之意。

3.3　娱乐与教化兼容——现代科普的功能

当今社会，休闲娱乐已经成为欣欣向荣的产业，娱乐的层次与方式变得空前多元。新理念下的文化科普同样有着丰富的娱乐与教化功能。人们关注自然与科学现象不再仅仅为了获得明确的结论与答案，还为了满足好奇心，获得精神愉悦。就像人们看《红楼梦》，故事情节早已了然于心，读者更多的是寄情于书，从文中读出自我，获得某种共鸣。

科普与生态旅游结合无疑是双赢之举，"植柳邀蝉……艺花邀蝶"，"蝴蝶会"，"斗蟋蟀"……在我国，以虫同乐，由来已久。据《隋书》记载，大业十二年（公元 616 年），炀帝在东都洛阳的景华宫"征求萤火，得数斛，夜出游山，放之，光遍岩谷"。可以想象：在清幽的山谷，萤光与星光交相辉映是多么浪漫温馨的境界。隋炀帝或许就是萤火虫生态旅游的"原创者"。现如今，萤火虫的生存已经受到极大威胁。为了保护萤火虫，日本政府先后划定了 10 个自然保护区，萤火虫受国家法律的保护，这在其他国家是没有先例的。在马来西亚，也建成两个萤火虫生态旅游景点。被誉为世界七大奇景之一的新西兰怀托摩萤火虫洞，吸引着四面八方的生态旅游者。

科学的终极价值是人文价值，科学普及是赋予人类科学技术成果以人文涵义的创造性活动。文理交融、多元立体、娱乐与教化兼容的现代科普符合人全面发展的内在要求，同样符合人文、社会和自然和谐发展的客观规律，应该成为现代科普的价值取向。

原载《科普研究》2011 年第 2 期

三网融合与中国科普电视的新生

赵致真

1. 误了月亮，不能再误了太阳

中国电视一直辜负着广大公众的期望，没有很好承担起普及科学的社会责任。2000 年，科技界和知识界曾经做过一次可贵的努力，呼吁由中国科协牵头，筹建一个专门的科技电视台。但尽管做到了人大提案、媒体推动，直到副总理批示，最终却落得功败垂成。许多有识之士至今仍耿耿于怀。十年过去了，社会实践证明，中国科普错失了一次宝贵的机遇。

和十年前相比，世界已经发生了炫目的变化。电视开始从峰巅回落，互联网却扶摇直上，以至于把历史推进到"网络时代"。如果说电视台曾经是电视节目送达受众的唯一渠道，今天的互联网上却汹涌着视频的洪流。一个 YouTube 网站，随时有数百万人盘桓流连，每天播放 20 亿条视频，每分钟上传 35 小时电视节目。连 BBC、CBS 等大牌电视台也纷纷把自己的新闻贴上去以广招徕。国内视频网站同样争荣并茂，领跑者优酷网、土豆网的注册用户都超过 7 000 万，正在并驾齐驱申请海外上市。许多公众特别是青年一代，已经越来越疏离电视和亲近网络，而这一趋势才刚刚开始。随着宽带和高清技术的迅猛发展，互联网必将进一步成为电视节目畅行无阻的通衢大道。

2010 年 1 月 13 日，国务院常务会议确定了电信网、广播网、互联网三网融合的总体方案，为中国信息产业发展扫清了法律障碍。这一战略决策的深远意义也许很多年后才能充分认识。尽管目前还存在着体制缺陷和行业壁垒，但时代潮流已不可逆转。7 月 1 日，中国三网融合第一批试点城市名单正式公布，几年之内，互联网上的视频将和各大电视台的节目处在相同的起点上，平等进入寻常百姓家里的电视机。公众把 2010 年深情地称为三网融合的"元年"，寄托了对未来的无限信心。

历史就这样创造了一个新机遇。今天重提科技电视台，十年前那种"电视高攀不上，互联网不成气候"的境况已经改观了，十年前的方案也已经陈旧过时。立足于互联网的科技电视台不仅能绕过复杂的体制关系，而且不再有0秒制准点播出的压力，不再有黄金时段概念，不再担心版面"喂不饱"和"挤不进"，不再发愁好节目昙花一现便束之高阁，不再畏惧"重装备，高投入"的上星和落地。而观众则彻底改变"准点约会、一过性观赏"的被动地位，自主享受直播、点播、搜索、上传等"全功能服务"。这便是新生产力带来的恩惠。

中国科协开办网络科技电视台，一祛十年之痒，实现公众夙愿，如今正是"为可为于可为之时"。但其意义绝不止于此。

中国打造高速度、大容量、多媒体的信息网络究竟做什么？"路宽车少，渠大水小"已经成为突出问题。中国科协开办网络科技电视台，是在以实际行动为三网融合提供最有价值的信息资源，是在重大社会产业变革的历史关头站在时代潮头。但其意义也绝不止于此。

一个严峻的现实是，中国科普电视目前正跌落到改革开放以来的最低谷，处于存亡绝续的危急关头。作为国家的责任部门，中国科协应该以敏锐的洞察力果断出手、有所作为。开办网络科技电视台便是挽救和重振中国科普电视的战略性措施。

2. 中国电视"体检"的"假阴性"和"假阳性"

对中国电视科普现状的评价应客观、清醒，而不应该含混而暧昧。

十年来，我们的国民经济增长了许多，公路延伸了许多，高楼修建了许多，汽车生产了许多，电话销售了许多，电视频道"翻番"了许多。相形之下，科普电视非但没有按比例同步发展，反而每况愈下，日渐萎缩和边缘化。这已经是不争的事实。

"科学的春天"之所以令人难忘，是因为怀念一种社会氛围和精神状态。1987年在丹东举办全国科技电视研讨会后，各地方电视台便纷纷开办科技栏目。1990年上海科技界制作的6集电视片《世纪钟》在人民大会堂召开新闻发布会，并在中央电视台隆重播出。1992年，最当红的电视剧《渴望》女主角凯丽为武汉电视台和北京《少年科学画报》主持了《凯丽阿姨讲科学》100集，时任国务委员宋健对这部"简易"的科普片大段题词，时任中宣部常务副部长徐惟诚亲自召开专题座谈会热情肯定。中央电视台当年仅有 2 个频道，却反复在暑假为孩子们播出。这样的事今天都不再会发生了。商品化和市场化的大潮为我们卷来了无尽财富，同时也卷走了许多价值。电视台成了"全民娱乐"的第一推手，各地荧屏上的科技节目相继凋零，所剩无多者也沦为"娱乐大合唱"的一个"声部"。主流电视屏幕上再难看到《科学照亮人生》、《走出迷雾》这样的科普系列片，而耸人听闻甚至装神弄鬼的节目只能使人远离科学，看去更像《初刻拍案惊奇》。2010 年上海世博会期间，中国科协重点扶植的原创性大型科普系列片《世博会的科学传奇》只能"衣锦夜行"，勉强在中午 1 点草草播出，因为黄金时段都给了"黄金"。类似事例不胜枚举。毋庸讳言，当今中国荧屏上，科技节目已经失去了话语权，唯独娱乐享有话语特权和话语霸权。

因此，如果中国电视"体检"的"化验单"上，"科普合格率"一项为"阴性"，那么只能说是"假阴性"。其危险在于掩盖了病情，自欺欺人，放心地拒绝及时疗救。

"收视率"常常成为挤兑科技节目最"雄辩"的理由，却很少认真考察"收视率"乃何方神圣。一方面，时下的"科技节目"许多是"没有文化的人办给没有文化的人看的"冒牌货，根本不能体现真正的科技片收视率；另一方面，中国拥有超过 5 亿台电视机，而提供收视率最权威的央视—索福瑞系统在全国的调查总样本才 5000 户，每户代表 10 万家，而且许多分布在城乡结合部。更不要说还有收买样本客户和伪造数据的现象了，再好的科普片也只会沉埋不彰。让这样的"收视率"牵着中国电视的鼻子走、决定着节目的生杀予夺，说到底还是广告商只认"收视率"惹的祸。

因此，如果中国电视"体检"的"化验单"上，"科普收视率"一项为"阳性"，那么只能说是"假阳性"。其危险在于谎报了"病情"，自相惊扰，无辜地错杀健康细胞。

然而话说回来，一个电视台究竟对科普投入多少力量，毕竟是自己的"内政"。尽管《科普法》盖有年矣，但至少并没有规定大众传媒"违法"的硬性条款。电视台各有自己的中心工作、经济利益、人才局限和考绩标准。因此，呼吁或批评虽属必要，却不能逼着对科学缺乏兴趣又缺乏素养的人，勉为其难去干力不胜任的"苦差"。按照社会角色分工，科协才是科普的责任部门，可见问题出在"垄断"体制上。既然"管"科普，就应该能直接或间接"管"电视科普的"地"，组织起爱科学、懂科学的人，愉快而有尊严地耕耘。只准科协办科技馆、大篷车和平面媒体，而对最强大、最先进的科普手段电视却无权染指、不能施加丝毫影响。这是违背责权统一原则的。

在播出平台、收视人群和创作队伍三者之间，播出平台无疑居于核心和首位。有了播出平台，才能凝聚和"养活"创作队伍，让"耕者有其田"，让科普电视作品找到需求和出路；有了平台，才能培植和吸引广大观众，让"饥者歌其食"，让慨叹电视"无聊而浅薄"的人群另有选择和去处。皮之不存毛将焉附？可以说，没有一个播出平台，就没有科普电视的一切。科协对科普责无旁贷，却把科普电视的"责"完全"贷"给电视台，事实证明是靠不住的。科协对科普"守土有责"，却没有一寸电视的"土"可守，这也是情理难容的。

寄人篱下不如自营一窟，临渊羡鱼不如归而结网。尽快创建一个全心全意的网络科技电视台，让"科普人"主动办电视，而不单靠"电视人"被动办科普，中国科普电视才能起死回生、转瘁为荣。

3. 睁开眼睛看世界

胡佛在 1928 年总统竞选时承诺，要让美国的"每个锅里有只鸡，每个家里有辆车"。1967 年尼克松在签署《公共广播法》时则发表讲话说："我们的国家目标远不止物质财富，远不止'每个锅里有只鸡'。当我们每天制造新产品和创造新财富时，我们最重要的追求是丰富人的精神。"而贯彻《公共广播法》的主要行动则是 1969 年组建了非商业化的公共电视台（PBS），由国会和总统亲自任命公司董事会，国家财政和地方税收拨款。40 年来 PBS 对普及科学文化的职责忠奉不渝。《芝麻街》作为"妈妈最信任的儿童教育节目"播出 4 000 多集，影响几代人的成长；1974 年开办的《新星》系列节目成为世界科普电视的楷模。美国国家航空航天局（NASA）1980 年起开办电视台，如今拥有 4 个频道每天 24 小时播出。英国的"百年老店"BBC 是科技电视的鼻祖，40 多年历史的《明日世界》、《地平线》系列科普专题片有数千部之多。欧洲、加拿大、澳大利亚、日本一直是科技电视节目的丰产区，德国电视台的科学节目历来高居收视率榜首。1985 年开办的探索频道（Discovery），1995 年开办的历史频道（The History），1997 年开办的国家地理频道（National Geographic），1992 年开办的科幻频道（Sci-Fi），都迅速发展为影响巨大的跨国公司。各种规模的民间科技电视制作机构更多不胜数。一年一度的世界科技制片人大会已经召开了 18 届，科学节目在发达国家电视中早已不是小片种，约占电视台节目总量的 20%，正在成为空前繁荣的国际性行业。

不妨再把眼光移向发展中国家，文盲率 10%、科学素质 PISA 测试在 57 个国家中名列第 53 位的巴西"知耻而后勇"，拿出国民经济总产值的 1.5% 发展科技教育事业。1997 年开办第一个全天候播出的科教频道《未来》，赢得 3300 万观众。新世纪到来前，全球第三大传媒巴西环球电视网和圣保罗商会共同斥资 3 300 万美元，组织数百人团队，制作科普电视系列片《远程 2000》，巴西著名的影星、歌星、球星都纷纷参与拍摄，环球电视网还提供价值 6600 万美元的播出版面。巴西决心在 2022 年独立 200 年之前实现 5 项刚性的全民科普教育指标。

拥有多位诺贝尔科学奖获得者的印度，素来以教育成功为自豪。1961 年便在德里地区创办电视科技教育节目。1975 年对 6 个邦、2333 个村庄播放科教电视，2000 年元月开通全国电视科教频道并很快实现 24 小时播出，其中的 23 小时为本土自制。印度科普工作者古普塔的 362 集低成本电视短片《废品制作玩具》享誉遐迩，总统卡拉姆亲自到现场和儿童们一起赏玩。印度科学传播学会开办了 1 年和 3 年学制的科学记者专业课程，为各媒体输送合格人才。最近，印度凭借高科技数字化优势制作了第一部虚拟明星 3D 太空科幻片《雷加和雷扎》，已经直追《阿凡达》的风采。

韩国科技部和 YTN 于 2007 年开办了覆盖全国的科技电视台，每天 24 小时播出，已经拥有千万观众。他们的宗旨是展示国家科技形象，增强国家竞争实力；迪拜酋长国的《认识未来》已经成为世界第一流的科技新闻，每周播出半小时，用数字特技动画展示全球最新科技成果。2006 年 11 月播出以来，在北非和中东 35 个国家赢得了 4000 万观众；不妨顺便一提，非洲小国加纳从 1993 年起便在电视台组织中学生科学—数学知识竞赛，2010 年 10 月 23 日星期六早上播出的决赛让举国上下倾倒和痴迷，甚至超过了对世界杯足球赛的狂热程度。

反观中国，如今已成为全球第二大经济体，同时也是电视"超级大国"。去年生产电视剧 13000 集，各色电视娱乐节目更不计其数，绝对位居世界首位。唯独科技电视的差距却越拉越大。中国颁布了世界独一无二的《科普法》，制定了《全民科学素质行动计划纲要》，我们从来不缺少口号，症结在于行不践言。和发达国家相比，今天中国的科技电视已经完全不在一个数量级上。这种落后主要还并非产品数量、制作技巧和资金投入上的，而是中国从来没有一个科学独享、"非科勿扰"的园地，同时也从来没有形成一个稳定的、具有基本规模和素养的科普电视队伍。

当中国的女孩能熟记韩剧男星的生日、星相和血型却不知道钱学森、袁隆平时，当中国的男孩出现"伪娘"现象而为教育家所忧虑时，不应该一味责怪孩子。文化是塑造人的模具，中国电视的策源作用和导向作用难辞其咎。2010 年 11 月 25 日发布的第 8 次中国公民科学素养调查报告显示，我们比日本落后 20 年。然而正是日本的经济战略家大前研一却疾呼，日本电视的"低俗无聊"已经导致公众"白痴化"，使人蜕变成"拿手机的猴子"，将日本带进"集体不思考，集体不学习"的"低智商社会"。不能不折服日本知识精英的忧患意识，如果奉献过无数优秀科普节目的日本 NHK 等电视台尚要受到如此的当头棒喝，中国的"同仁"们就更应该羞愧难当和无地自容了。电视是社会的缩影，搜遍今天的中国荧屏，几乎处处是粗说俗笑、插科打诨、名车豪宅、型男酷女，这绝非是太平景象和盛世福音。

我们的民族经历了多少苦难，如果刚刚吃了几天饱饭就忘乎所以、不思进取、沉湎于声色犬马和浮靡奢华，而且到了积非成是、众枉难矫的地步，这实在是一种悲哀。罗马帝国的狂欢纵欲、宋代的醉生梦死，都是应该永远记取的历史殷鉴。

我们一直在讨论中国为什么得不了诺贝尔奖。而诺贝尔奖的果实需要树干、树根、土壤乃至环境和气候。

世界上总有人对中国的崛起百般阻挠，其实只要我们办好自己的事，一切干扰都不足为虑。倒是在充满变数的国际竞争中，愚昧和落后确实具有极大的危险性。

后人一定会清醒评价中国文化史上这段"泛娱乐化"的弯路，而我们今天身在歧途则应保持基本的清醒。与其牢骚和抱怨，不如看看能改变什么。中国科协开办起网络科技电视台，既是对中国核心价值观"康复"的一剂良药，也是对世界大势的一个应答。

4. 今天播种明天开花结果的事业

当电视频道如满天星斗、互联网站如恒河之沙的时候，中国科协开办网络科技电视台，必须有国家级的大格局和大手笔，并充分发挥独特的优势与核心竞争力，成为中国科普电视真正的龙头和旗帜。

　　首先应该充分调动整个中国科技界倾情投入。虽然科协是科普的责任机构，但"天下姓'科'是一家"。所有科学部门都有义务向公众普及相应知识，让纳税人了解钱都花在了何处。即使科学界从"自私"的角度出发，也应该利用电视媒体争取社会的容纳和支持。汶川地震后许多公众谴责地震局"失职"，但地震工作者在委屈之余至少应该承认一种"失职"，便是平时没有很好普及地震知识，包括"短临预报"为什么是世界难题；当三峡工程不断遭到环保人士质疑时，水利工作者至少也应该检讨，为何没有及早向公众讲述从孙中山起几代中国人的梦想和清洁能源的环保价值。网络科技电视台还将成为中国科学大军的随军记者和时代记录员，为历史留下丰富而珍贵的视频档案文献。过去中国科学受电视的青睐太少，就像一个穷人家的孩子从小到大没有几张照片，实在可惜极了。

　　网络科技电视台的经费应该来自财政拨款和各界捐赠。走遍天下，科普都是花钱的事而不是赚钱的事。为提高百姓的科学素质，国家有银不在此处用更待何处？商业化操作注定无法确保科普的目标纯正。况且这笔账是一目了然的，投入的资金摊到如此庞大的网民和电视观众头上，人均成本实在微乎其微。而更大的"便宜"在于，办起网络科技电视台，等于一夜间让几亿人的电脑和电视机乃至国家多年建成的通信网络都具有了"科普设施"的属性，和这样天文数字的所得相比，投入的只能算"鱼饵"钱了。还要说破的一点是，网络科技电视台每年的花销都没有蒸发，播出的节目能够"颗粒归仓"和随时重复使用，并变成越滚越大的科技电视数据库，其增值潜力不可限量，庶几会价值连城。

　　至关重要的是，网络科技电视台应该有充满活力的全新运行机制，决不能戴上行政化、机关化的枷锁。在风高浪急的数码海洋中，新兴传媒必须适应激烈竞争和复杂环境，没有简约高效的管理方式和灵活机动的应变能力将无法生存；特别需要强调人才立台。遍览国外科技电视机构，无不是饱学深思之士云集的地方，从来没有科盲和门外汉担任科技节目编导。公开透明招贤纳士，从头组建一支热爱科普、文理兼优、吃苦耐劳、眼界开阔的年轻科普电视团队，是一切美好愿望的前提。没有先进的机制和优秀的队伍，只会把好事办砸，播下龙种而收获跳蚤。

　　在中国开办科技电视台，已经是一件必然要发生的事，问题只在于何人、何时、按何种方式来做。中国科协挺身挑起担子，可谓顺理成章和水到渠成。

　　十年来，曾经有过不少关于科技电视台的梦，中国科协常常是"梦中人"，今天应该让公众"好梦成真"了。

许多经历会让我们变得冷漠和麻木，但心中总有一块最柔软的地方，那便是对孩子的爱和对未来的憧憬。开办网络科技电视台，就是今天播种明天开花结果的事业。

原载《科普研究》2011 年第 4 期

科普与动画的融合发展

王　英　马知渊

科普想告诉人们的是一个真实的客观世界，而动画想传达的是人们想象中的主观空间，两者似乎风马牛不相及。但当我们把它们联系起来时会发现，科普与动画在自身的特性、彼此间的关系、两者的互动与合力发展等方面，都有着极深的渊源和天衣无缝的默契。动画，具有多种的表现手法和丰富的表现力，作为科普的表现形式，具有得天独厚的优势；而科普内容涉及的浩瀚的知识和广博的内涵，恰恰可以为动画在内容、形式和产业发展上锦上添花。

1. 以天然共性为基础，科普与动画互动互利，组成天然盟友

当代社会中的很多科普内容，都曾被认为是奇思异想，而动画创意及其表现手法，则多是天马行空，两者都极具想象力。这是科普与动画的一大共性，更是两者能够水乳交融、紧密合作的前提和基础。

现实生活中经常会遇到"微观世界拍不着"和"宏观世界拍不了"的问题，比如宇宙、空气、转基因等，但在借助于动画想象力及其特有的动画表现手法后，这些"不可能完成的任务"都被具象、完美地展现在了人们眼前。例如 20 世纪中期我国拍摄的一部介绍大气成分的科教片，尽管是用真人来出演的，但当解释大气成分的时候，也不得不用动画来表现。中国传媒大学动画学院院长路盛章教授曾谈到："动画艺术的最大特点，就是能够表现现实生活中无法满足的视觉图像。"因此，发挥动画想象力及其表现形式的优势，有利于将科普内容表现得更加充分。

动画在为科普提供应用服务的同时，其瑰丽自由的想象力内核，有时也可以超前于当前的时代背景，使其所展示出的不可思议的未来景象，反作用于现实生活。这既为科学研究点燃了灵感的火花，又为科普教育提供了更高

层面的精神向往。其中，最具代表性的就是美国著名电影导演斯坦利·库布里克在 1968 年拍摄的科幻电影《2001 漫游太空》①。电影中的那些穿梭机、空间站、卡式电话、超级电脑等在当时看来都是匪夷所思的想法，但这在多少年后都一一成为了现实。

2. 以属性特点为依托，科普与动画优势结合，形成组合力量

如果说科普和动画因具有想象力的共性，而能够实现互动和连通是一种必然，那么两者能利用不同的自身特点、所属领域、目标人群等因素形成一股更强大的组合力量则是一种默契。动画这种生动夸张的艺术表现形式，使相对枯燥平实的科普内容更易于被关注；动画中通俗的语言形象使科普内容更易于被记忆；动画作为大众喜闻乐见的节目形式之一，其所蕴含的传播功能，是科普活动的有力推动。同时，科普内容所涉及的多学科、多种类和多领域的知识、思想、方法等，对动画内容和主题等的选择也提供了有力的补充和支持。

早在 20 世纪 50 至 60 年代，我国便开始尝试科普动画的创作和制作。上海美术电影制片厂制作的水墨动画片《小蝌蚪找妈妈》②，便是我国早期带有科普性质的动画作品之一。虽然这部作品并不能算作真正意义的科普动画片，但正是该片，让无数的少年儿童在一次感人和有趣的寻亲经历中，了解到小蝌蚪如何慢慢进化成青蛙这一生物学知识。这个过程也成为了我们很多人最清晰和快乐的童年记忆之一。

---

① 《2001 漫游太空》是一部科幻冒险题材的电影。影片讲述人类进化演变以及未来发展的整个过程。400 万年前，人类的祖先大猩猩在非洲草原上生活，他们一开始并不知道死尸的骨头可以用来当工具，甚至当武器，但某一天不知哪儿来的一块长方形黑色巨石给了他们启发。于是，人类往前进化了关键的一步。2000 年，人类在月球上发现了相同的一块黑石，这块石头还向木星发出强烈的信号。美国政府于是派出一艘宇航船前往探个究竟，船上有 2 名宇航员、3 名科学家，还有一台名叫哈尔的超级电脑。途中，宇航员怀疑哈尔出差错，他们打算关掉哈尔的部分功能。不料哈尔会看嘴形，事先杀死了沉睡的科学家和其中一名宇航员。剩下的宇航员大卫跟哈尔展开殊死搏斗，终于制服了哈尔。他只身前往木星，并在那里见到了另一块黑石。（引自 http：//baike.baidu.com/view/751040.htm）

② 《小蝌蚪找妈妈》影片开头是银幕上出现一本素雅的中国画画册，封面打开后，是一幅幽静的荷塘小景，镜头渐渐向画面推去，古琴和琵琶乐曲悠扬而起，把观众带进一个优美抒情的水墨世界，池塘里的小蝌蚪慢慢蠕动起来。它们不知道自己的妈妈是什么样子，于是开始寻找妈妈，它们经过误认金鱼、螃蟹、小乌龟、鲶鱼为自己妈妈的一个又一个波折，终于找到了自己的妈妈。它告诉人们一个道理"有志者事竟成"。（引自 http：//baike.baidu.com/view/170260.htm）

再以数学知识为例。1987年，中国电视剧制作中心制作了8集、每集10分钟的以数学教育为题材的电视科普动画系列片《小数点大闹整数王国》①，开启了我国早期科普动画系列片的先河。像《唐老鸭漫游数学奇境》② 等一些国外科普动画作品，也渐渐地进入我们的生活。科普动画作品的表现力为传播枯燥的数学知识提供了一个平台，让很多不爱学数学的孩子，提起了学数学的兴趣。这就是科普与动画结合下的优势，相信如果每堂数学课之前，都有一个类似这样的科普动画作品出现，学生一定会对所学内容更加感兴趣，对知识也更容易接受。

如今，科普动画已成为科学内容最主要的表现平台之一，动画已成为理性科学内容的图像化表现平台、抽象科学内容的直观化表现平台和枯燥科学内容的故事化表现平台。同时，科普、科幻类题材的动画片也在逐渐增多，并成为各年龄层观众热议的话题。因此，应通过科普动画的传播手段，充分利用好动画的受众，特别是少年儿童，实现科普低龄化、受益终身化、效果最大化的优势，把握动画全龄化趋势，实现科普活动的真正大众化普及。

3. 以共同发展为目标，科普与动画协力开拓，组建产业格局

随着经济文化的蓬勃发展，社会对科普活动的需求大量增加。同时，国家对动画的高度重视和新兴媒体、技术的出现，也使动画形式创新不断、动画市场迅速壮大。面对社会和市场所提出的更高要求，科普与动画在受众面上的高度重叠，将是双方市场互动的基础。科普和动画作为天然的盟友，需在新形势下、在产业发展之路上携手并进。

首先，科普要向动画倾斜。在两大产业中，科普产业要向动画产业作出有倾斜性的投资定位。在科普与动画相结合的过程中，我们要更新"动画只是科普末端表现形式"的传统观念，树立"动画是保证科普效果的宣传与推

379

---

① 《小数点大闹整数王国》讲述了一个在整数王国（国王是胖胖的0，总理是矮个子 -1，司令是瘦高个1）中发生的故事。

② 《唐老鸭漫游数学奇境》是迪士尼出品的唯一一部以数学为主题的卡通动画影片，片中活泼而好奇心旺盛的唐老鸭，一天因打猎迷路而误闯进"算术魔术乐园"，那个地方有用数字形成的树和花，有井字游戏及会计算圆周率 π 的鸟，还有很多彩色的数字，组成了河流而流淌着。由"数学精灵"带路，唐老鸭遇到古希腊的数学家毕达哥拉斯和他的朋友，数学精灵透过音乐、艺术与自然界生物的形态揭露他们手掌上所描写的星形理论的秘密；另有藉由运动、西洋棋及撞球而算出的快乐的游戏等有趣的故事。（引自 http：//www.soudoc.com/bbs/thread-8510674-1-1.html）

广必需环节"的科普产业链条概念，建立重视动画专业性、细化科普产业分工、向动画合理倾斜的科普产业资金配置模式。

其次，动画要向科普开拓。在动画市场中，科普、科幻是动画作品的主要类型之一。科普的专业性与动画的娱乐性相结合，将极大地提高此类动画题材的吸引力和说服力。一些地震、火灾等避险、救护内容的科普动画片，在普及知识方面做出了相当大的贡献。动画的多媒体表现性是科普的最佳传播渠道，科普的实用性可为动画创造出更大的功能性效果，为动画作品的传播和市场开发提供了卖点和助力，例如绕月工程动画演示、汽车危机演示等。

科普动画的形式将有利于扩大相关作品在人群中和市场上的影响力，显示出动画手段的能量。更为重要的是，动画产业之于科普产业的发展，已然不仅仅局限在应用层面，加速双方在产业层面的交融，将成为共同推动两大产业发展的战略选择。

科普产业的健康发展，具有提高民众科学素质、推动国家科学进步的重要意义。动画产业的成长成熟，肩负着传承民族文化、增强民族文化认同感和自豪感的历史使命。科普与动画，是客观现实与艺术想象的碰撞，是真理与文化的共荣，加速、加强二者的交融互动，实现双赢，必将是大势所趋，也必会前程似锦。

原载《科普研究》2011 年第 2 期

漫谈核心科幻

王晋康

何谓科幻小说？何谓硬科幻？何谓软科幻？这些概念性问题至今众说纷纭。其实这不奇怪，因为科幻小说是个包容性很强的文学品类，它的边缘部分与奇幻小说、侦探小说、推理小说、探险小说、惊险小说、恐怖小说、言情小说乃至纯文学作品并无清晰的边界；或者说，科幻小说并非绝对的同质集合体，而是一个模糊集，所以，想对科幻下一个严格的定义其实是缘木求鱼，亦是费力不讨好的事。当然，科幻之所以为科幻，是因为在这个模糊集的核心是这样一类科幻：它有着突出的"科幻"特质，也很容易区别于其他文学类型，它的"科幻"隶属度最高，我把这部分作品称之为"核心科幻"，它就像太极图中的眼，容易给出比较准确的界定。

核心科幻的特点

依据我个人多年的创作经验，核心科幻应该具备如下特点。

（1）宏大、深邃的科学体系本身就是科幻的美学因素。按科幻界的习惯说法：这些作品应充分表达科学所具有的震撼力，让科学或大自然扮演隐形作者的角色，这种美可以是哲学理性之美，也可以是技术物化之美。

（2）作品浸泡在科学精神与科学理性之中，借用美国著名的科幻编辑兼科幻评论家坎贝尔的话说，就是"以理性和科学的态度描写超现实情节"。

（3）充分运用科幻独有的手法，如独特的科幻构思、自由的时空背景设置、以人类整体为主角等，作品中含有基本正确的科学知识和深广博大的科技思想，以润物细无声的方式向读者浇灌科学知识，最终激起读者对科学的尊崇与向往。

至于科幻小说的文学性，其所承载的人文内涵和对现实的关注等，可以说与主流文学作品并无二致。由于核心科幻所具有的这些特点，它往往更宜于表达作者的人文思考，表现科技对人性的异化。

从以上三个特点可以看出，我所谓之核心科幻比较接近于过去说的硬科幻，但也不尽然。像宗教题材的《莱博维茨的赞歌》，就基本符合上面三条标准，应该划入核心科幻。核心科幻与其他科幻作品同样没有清晰的边界，是按科幻作品这个模糊集合的隶属度大小而形成的渐变态势。粗略说来，如果隶属度高于0.8，就可以作为典型的核心科幻作品。

核心科幻与非核心科幻仅仅是类别属性的区分，作品本身并无高下之分。实际上，在科幻发展史上不少名篇更偏重于人文方面而缺少"科学之核"，划归不到核心科幻范围，如《1984》、《五号屠场》、《蝇王》等。当代国内著名作家刘慈欣、王晋康、何宏伟的大部分作品能归入核心科幻，而韩松的作品则大多偏重于人文方面而不属于核心科幻。

虽然就个体而言核心与非核心作品并无高下之分，但如果就群体而言，就科幻文学这个品种而言，一定要有一批，哪怕是一小批优秀的核心科幻来做骨架，才能撑起科幻这座文学大厦，否则科幻就会混同于其他文学品种，失去了其存在的合理性和必要性。

虽然核心科幻的定义接近于硬科幻，但依我看来，前者要比后者来得精确，因为后一种提法将软硬科幻并峙，实际上，从功能上（核心科幻的骨架作用）是不能并列的，从数量上也不能并列（软科幻的数量要多于硬科幻）。尤其是，核心科幻的提法更能突出"科学是科幻的源文化"这个特点，更能反映"科幻是一个模糊集合"的属性。

核心科幻与科幻构思

核心科幻与其他科幻之不同是，它特别依赖于一个好的科幻构思，这也正是科幻与主流文学作品最显著的区别。如拙作《生命之歌》就建基于这样一个科幻构思：生物的"生存欲望"这种属于意识范畴的东西其实产生于物质的复杂缔合，它存在于DNA的次级序列中，就其本质而言是数字化的。

什么是好的科幻构思？我个人认为有以下几点判别标准。

（1）它应该具有新颖性，具有前无古人的独创性，科学内涵具有冲击力，科学的逻辑推理和构思能够自洽。

（2）它和故事应该有内在的逻辑联系。举个例子，国内科幻作家何宏伟关于"分时制"的那个绝妙构思（一个女孩基于电脑的分时原理而"同时"

爱上两个男人），就和故事结构有逻辑上的内在联系。抽去这个内核，整个故事就塌架了。但他的另一篇作品《伤心者》中的科幻构思（数学上的微连续）则和故事本身没有内在联系，抽去它，故事丝毫不受影响，所以后一篇就归不到核心科幻中去。

（3）科幻构思最好有一个坚实的科学内核，能符合科学意义上的正确。这儿所谓的"科学意义上的正确"是指它能够存活于现代科学体系之中，符合公认的科学知识和科学的逻辑方法，不会被现代科学所证伪，但不能保证它能被证实。换一个说法：科幻文学是以世界的统一性为前提的神话故事，是建立在为所有人接受的某种合理性的基础之上。

上面说的第三个要求就比较高了，因为科幻说到底是文学而不是科学。但如果能做到这点，作品就会更厚重、更耐咀嚼、更能带给读者以思想上的冲击。国内科幻作品中比如《地火》、《十字》等作品就符合第三条标准。

创作核心科幻，成功的前提就是对科学持有炽热的信念。当代中国科幻作家刘慈欣等人的作品中，能随处触摸到对科学大厦和大自然的敬畏之情，虽然对科学的批判和反思也是科幻文学永远的母题，但这些批判实际都是建立在对科学的虔诚信仰之上的。

科幻园地的生态平衡

在 20 世纪 90 年代，中国科幻建立了几个重要的概念：科幻就其本质来说是文学而不是科普，客观上虽然具有科普的价值，但不直接承担宣传科学知识的任务，小说中包含的科学元素或科幻构思不必符合科学意义上的正确。这一认识从此打碎了往日的创作桎梏，使得科幻真正作为一个文学品种蓬勃发展起来。但事情总有两面性，如果一味强调这一面，科幻的"科"字就会被消解，科幻小说很可能有被奇幻（魔幻）或其他兄弟文学品种所同化的危险。在今天的中国科幻作品中，科学的影响力在下降，作品越来越魔法化、空洞化。新作者们生长在高科技时代，但也许是"久入兰室而不闻其香"，不少人对科学没有深厚的感情，只是把作品中的科学元素当成让人眼花缭乱的道具，作品成了视觉的盛宴但缺少了科学精神，缺少了坚实的科学内核。作为个人来讲，写这样的作品无可非议。前边说过，科幻是个包容性很强的文学品种，完全应该包含这类作品。读者是多元的，这样的作品自有它的读者群，其数量甚至多于核心科幻的读者群（核心科幻的作品也可以是畅销书，但那主要得益于故事性等文学元素，因为能够敏锐感受"科学本身的震撼力"的读者常常是少数）。但从科幻文学整体来讲，这个趋势的最后结果必将过度消费科幻文学的品牌力量，异化科幻的特质，失去科幻独特的文学魅力。

从某个角度说，这或许不是科幻作者应该关心的事，他们尽可按自己的爱好和特长自由自在地写下去。至于如何保持科幻园地的生态平衡，保持科幻文学不同于其他文学的特质，那应该是编辑们、科幻理论家和出版界的职责。但如果科幻作家们能够自觉地意识到这一点，也许会更有利于科幻园地的生态平衡。

科幻与科普之关系

科幻与科普历来有着千丝万缕的联系，尤其在中国，科幻文学更是直接脱胎于科普，所以早期中国科幻作品带有很强的科普性质和功能取向。今天在为科幻大声疾呼的声音中，也多是推崇科幻文学"能激发青少年的想象力和创新思维，浇灌科学知识，培养科学理性和科学方法"。如果今天我们说"科幻不是科普"，说"科幻不直接承担宣传科学知识的任务，作品中包含的知识元素或科幻构思不必符合科学意义上的正确"，从感情上说真的难以被人们所接受。

对科幻的这种希冀的确能够满足不少读者的精神需求，但在总体概念上不能将科普与科幻混淆，因为科幻就其本质来说是文学而不是科普，这一点毋庸置疑。像前文所述的《1984》、《五号屠场》、《蝇王》及韩松的《地铁》等作品，如果硬叫它们承担上述职责，那无疑如逼公鸡下蛋一样可笑。换句话说，如果硬拿上述标准来苛求科幻，那么科幻文学史上就会丧失相当一部分经典作品。不过，科幻文学确实能承担上述社会职责，但这要由科幻文学中最核心的那部分，亦即核心科幻来承担。

所以正确的提法是：就科幻文学的整体而言应推崇"大科幻"的概念，不要去刻意区分科幻奇幻、软科幻硬科幻，不要把"符合科学意义上的正确"作为科幻作品的桎梏，不必刻意强调科幻的科普功能，这样才能给科幻文学以充分的发展空间，广泛吸引各种口味的读者，促进这个文学品种的大繁荣；另一方面要强调核心科幻在科幻作品中的骨架作用，强化其社会责任，这样既能强化科幻文学的生命力，对社会而言也是功德无量。

当然，我们不必在用词上过于刻板雕琢，但今后科普理论家们谈论"科幻文学能激发青少年的想象力，培养创新型思维，浇灌科学知识，激发对科学的兴趣"时，心中应该有一个明确的定位——他所说的科幻文学实际是指"核心科幻"。

原载《科普研究》2011 年第 3 期

科技传播：非真暨憾

费新碑

《说文》解"真"曰：上为华，变化之意；中为目，是眼睛的发现；下为八，是工具的意思，即用眼睛和工具发现变化中的真理。"真"字由贞而得，从贝，从卜，两者相加为卜贝，即在贝壳上用火钻孔，以求"真相"。这是汉人旧俗，是原始简单的求真方式，今日看来幼稚好笑，但求真古已有之。老子言："窈兮冥兮，其中有精，其精甚真，其中有信。"说明了求真的急切渴望复杂之心境。此话二意：从外，言真话；从内，穷本真。所谓"真在内者，神动于外，是所以贵真也"。故，"真"，的确不易，"真"，实在很难。

科技传播亦然！

我国科技传播与新文化运动相关相连，几近百年，时日不短；然，百年后之今日，科技传播求真仍存四弊。

一是科技研究与科技传播分离。科技研究依然是少数科研人员的事，科技的大众普及与提高依然小儿科。想其原因，不知是否是传统文化之流弊？在知识精英眼里，大众只可为之，不可知之，只需享乐，无需启蒙。如，此说不成立，一定是社会功利失衡，科技传播难以得到百年科技进步发展之红利。如果有一定的功利奖励，不信社会不热辣、热烈、热闹。

没有真激励，其难之一。

二是媒体中的科学共同体集体"失语"。如今，电视、广播、报纸、杂志、互联网、手机的普及深刻地冲击着科技传播。奶粉三聚氰胺事件后，科技界在网络媒体上的"消息来源为零"，在传统媒体上的"消息来源"占10%左右。大众层面的科技传播，仅有少数"非主流"的科技热心人音弱声苦，而高层科技界则沉默寡言，如此情景，几多尴尬，几多无奈。科技传播如何在全媒体时代的信息"革命"中有所为，是一个很值得思考的问题。

没有真声音，其难之二。

三是科技传播活动开幕即闭幕。由于官本位意识，每年科技传播活动多多、场面大大、要人重重、形式美美；然而，大量科技传播活动是为领导做的，百姓被动参与，受众寡寡。人戏曰：这是"自娱自乐"的科技传播。呜呼，是体制的优势，也是体制的弊病。

没有真动作，其难之三。

四是科技传播内容"空心化"。科技传播是一个将科技成果面向民众传播的再"创造过程"，我们对此无深刻认知、无深入作为。科技传播长期处于"小儿科"式的启蒙，致使原创作品稀缺、展品奇缺、展览乏缺。今天，科技传播"内容为王"口号的提出是时代所需，也是决定和衡定科技传播好坏的唯一标尺。

没有真内容，其难之四。

可见，科技传播"真"难，难于上青天。难何为？真何在？

这里仅从工作层面，细究原因如下。

1. 科技传播的误解

通常，科技传播仅关注由上而下的一般原理与知识灌输，而忽略了民众自下而上的心底生存需求，故，特显单薄和孤独。

1.1 其他学科参与的科技传播

科技传播不能就事论事。事物总是相互关联的，就科技言科技是讲不清楚科技的，就像谈及父母生命意义时难以回避儿女一样。这是实践的真理。

科技缘起于人性，科技根本是人化，科技终极为人文。难以想象，科技传播如果只有科技的物化说明，而没有科技的人文解惑，没有其他文化类别的参与，其意义何在？价值何在？

比如，在西双版纳植物园讲解热带植物分类，就有现成的相关人文传说可资借鉴。众所周知，中国西南傣族信仰南传上座部佛教，视热带"五树六花"为象征物。高榕，属桑科榕，俗称"埋龙"，又叫大青树，因其气根可在空气中延伸和繁殖的特性及高大繁茂的形体，被佛教认定为可在任何艰难困苦条件下生存的吉祥物，犹如佛教之广布和法力。糖棕，属藤黄科乔木，一种罕见的珍稀树种，傣名"埋波纳"（铁力木），又名"无忧树"。它不同于一般树的花开在叶片里，而是在树干上开出别具风姿、不同凡响的奇异黄色树花，以象征佛传故事里，关于释迦出生于其母摩耶夫人肋下的传说，显示出释迦出生时亦无凡夫生命之苦的"无忧"之状，以及得"无忧王"神名的

387

缘由。地莲，属莲科，一种非常美丽的开在地面的黄色莲花，傣语有"地涌金莲"之说。佛传故事说无忧王释迦出生后，初行七步，步步生莲。此莲花不仅以生物形状满足了释迦初生时脚踏大地而非足踩水面的平凡生命状态，而且寓意了"七步生莲"的伟大而非凡的过程。

以上人文的举例，说明了科技传播假手佛教影响、借助植物美好，而表述科学现象、传达科技原理所形成的一个完整的科技传播的生态模型，使科技传播得以更广泛、更生动、更有趣。唐人司空图《诗品·雄浑》中说：事物与事理均"超以象外，得其圜中"。以规律而言，事物不可能孤立存在，一定与其他事物相关联，因此，单言科技传播，一定味同嚼蜡，不仅不能表明事理，更不能事半功倍。人文介入科技传播不是"撒胡椒面"般可有可无的事情，而是知识传播学中一个严肃的事物认知规律问题，所谓"无用之大用"，所谓"润物细无声"，所谓"大音希声，大象无形"矣！

故，科技传播除不可就科技论科技外，还有一个科技传播是由上至下还是平等表述的问题，这涉及科技传播者的工作角度和修养问题。

当然，科技传播中有无画地为牢、自立山头、利益均沾现象，则另当别论。

1.2　向大自然学习

目前，科技传播中有唯恐不能表明科技无所不在、无所不有、无所不能的威力和功能，并期望"天下"唯科技是瞻的倾向。殊不知，科技是有局限的，科技是有失误的，科技是不完美的。

近日，见华东师范大学张树义教授，他是中国第一个在亚马逊丛林生存和科考的先行者。笔者得悉：人在亚马逊的科考活动，仅局限在偌大的亚马逊丛林区狭小的 3 千米 ~ 5 千米范围内活动。所谓亚马逊丛林概念为三：一是面积有 705 万平方千米之大的亚马逊河流域，二是面积有 600 万平方千米之广的亚马逊平原，三是面积有 800 万平方千米之阔的亚马逊热带雨林。可见，人类要想认识世界上最神秘的"生命王国"亚马逊丛林的难度有多大。虽然，我们可以人之"小聪明"的推论和归纳法来解读亚马逊丛林，但是，在如此丰富多彩的大自然面前，目前，我们仅有少得可怜的了解和认知。

在大自然面前，人类真的无比渺小和微弱。大自然以 30 亿年自然演化之伟力，不仅解决了如干旱水涝、生死存亡、日月交替、协同进化、生物平衡、能量转换等诸多问题，也给人类提供了解决一切问题的方案和思路。这是人创造的所谓"科技"所无法比拟的。真正的伟大是大自然的伟大。然而，道理明白，做起来则另样。如人类在工业革命的激励下，形成了将自然物质分解破析，尔后用重构释放的科技方式来对待自然：当我们需要医药时，可用化学方法合成得到；当我们需要力量时，可以物理方式获得；当我们需要能源时，可从自然分解成的原子、质子、中子等物质中索取。美其名曰：造福人类。自 17 世纪开始，迄今已持续 300 余年，我们为自己能力骄傲的同时，自然已对人类的骄狂和自大做出了警告和报复。此次日本福岛核泄漏事件，核辐射悠然自行其是的危险，就让人类胆大妄为进行科技实践的弱点暴露无遗。

殊不知，人类顾此失彼的"鸵鸟"行为，大多时候是自欺欺人。如我们需要能源，为何不向自然索要取之不尽、用之不竭的太阳、水流、风、潮汐等自然能源？为何总是另辟蹊径，妄想破解自然之谜、开解自然之力，获取那份不义之财？中国有种智慧叫"舍得"，"舍"人之伟力，"得"自然之神力，方获天机和天助。比如，中国中医"顺自然而为"的"科学观"，尝遍自然植物之五味甘苦就可让一个族群健康地存活在地球上几千年；又如，中国工程"与自然协同进步"的"技术观"，使一个运行两千年之久的都江堰成为人类学习自然的典范。

科技传播切不可"冒天下之大不韪"而过度夸大科技的力量，特别是在今日，需随时提醒：人是自然演化的一分子，尊重自然、敬畏自然，向大自然学习，才是开启科技传播大智慧、大格局、大眼界的唯一法门和道门，切记！

1.3 向民众学习

百年来，我们习惯于传统媒介的科技传播。但是，20 世纪 90 年代，以数字技术为基础、以网络为代表的信息革命，已经深刻影响了我们的生存方式和思维。换言之，在当下科技传播对象、条件、方式已经起了深刻变化的今日，谁都不可忽视新媒体的存在，谁忽略了这一革命性变化，谁将自取边缘，谁将一事无成。

网络传播是一种自下而上的模式，特别是博客、社交网站等新的交流模式，是一种全然不同于传统自上而下的传播模式。大众既是信息接受者，也是信息发布者。从传播学角度，信息自主和自由的掌控，已然成为"大趋势"，其"即时、现场、自我"的三大特征，以及"反中心和反控制"的草根特点非常明显。这是网络"语言"的主要特征之一。近期因日本核污染形成的"抢盐潮"和"退盐族"风波，让我们见识了新媒体"蝴蝶效应"双刃剑的舆论威力。面对如此突出的新媒体"语言"特征，我们既没有技术的敏感，也无文化的认知，亦无政治的警觉。10 余年间，我国网络科技传播，依然沿用精英启蒙大众的自上而下的模式，使科技传播网络成了无人问津的"鸡肋"般的死网。

如何利用网络新媒体进行科技传播，是一个亟待研究和突破的工作瓶颈。首先，科技传播在技术上，利用网络媒体顺势而为是当务之要。特别是 21 世纪初始，网络创造并流行自由的 SNS＼P2P 交流平台、自主的 MSN＼Facebook 交友通道、自述的 Weblog＼Twitter 独立表述等形式的运用和利用，是我们向大众学习开启科技传播新角度和新思路的工作重点和方向。其次，科技传播在观念上，由于网络信息的快速传递，我们要认清今日之大众普遍知识水平较高，已非过去仅需简单启蒙的对象。在网络条件下，他们有着很强的自问、自解、自传的科技传播能力。我们一定要放下架子，以平等方式利用互联网发动和开创大众自己讲科技、自主传科技、自由论科技的局面，在真正意义上开启和启迪蕴藏在大众中的科技传播智慧和热情。科技传播不能只靠专家，不能一叶障目不见泰山，要靠大众自己解放自己。

事实上，科技传播的大众化之时，即是科技传播的普罗化之际。这不正是自新文化运动以来，"德先生和赛先生"梦牵魂绕期望在人民大众中出现的科技昌明繁荣之景象吗？

2. 科技传播的忽略

目前的科技传播，一般是关于养鱼种稻、医药防病、天文地理、机械化工、数字技术等单纯知识原理和实用的知识传播，而忽略了科技传播还可以剑走偏锋、另辟蹊径的可能和事实。

2.1 中国智慧的科技传播

在文化层面，现在科技传播的内容多是西方文艺复兴之后的新科学思想与方法和科技知识与技能的传播。它已然成为一种固定成型的格局和模式。但是，在这个知识系统之外，难道没有其他的"科技"知识系统存在并可供我们传播的事物了吗？比如，在西方现代科技文明之外的阿拉伯的通商文明、非洲部落的生存文明、南美洲的丛林文明，以及延续了几千年的中华农耕文明的智慧和技能，难道不可以归纳到科技传播范围之内？难道除现代西方科技之外，因这些文明没有所谓严格意义上的"科学与技术"概念，而可以被排除在科技传播之外？难道他们真的一无是处，没有可以作为科技来进行传播的内容吗？

然而，18 世纪以来，在欧洲，中华文明已是他们科技传播的重要内容。1764 年，法国人伏尔泰在为社会启蒙所写的《哲学辞典》中写道："4000 年以前，我们还不会认字时，中国人就已经知道了我们今天引以为豪的一切有用的东西。"20 世纪 30 年代，英国人李约瑟就惊讶和赞叹，在没有现代科学与技术出现的时候，中国人就已经开始了另类的"科学与技术"实践。他身体力行且不遗余力地写出了洋洋洒洒的鸿篇巨制《中国科学与文明史》，告知了世界中华文明的 1000 个历史奇迹。

在他们的描述中，我们知道了：中国古代有以 3 个 90 度平行环组成的可在内胆里放香火、晚上可置于女子被中随意蹬踏，而香火不外溢，并保持持久平衡的丹臂环的技术奥妙，这一原理成为当代高科技磁性陀螺仪的设计理由；1800 年前，发明于晋朝的竹蜻蜓是中国最古老的玩具之一，1796 年"航空之父"——英国人乔治·凯利受此启发，完成了直升机螺旋桨的设计，让钢铁机器与竹蜻蜓一样腾空而起成为事实；中国人在宋代率先解决的深井钻探技术问题，至今仍让世界石油深井钻探界受益匪浅。诸如此类的中国文明智慧事件和事例举不胜举。

遗憾的是，为什么我们关于自己祖国的技术文明知识，却要从外国人口中知晓？难道这不是对中国科技传播界怪象的一种嘲弄吗？它促使我们思考，为何我们不主动地传播自己辉煌的古代文明？在科技传播中，我们有无重大疏忽的地方？我们在哪里？我们在干什么？

中国要想由"中国制造"变成"中国创造"，却对自己过去的文明视而不见，实在令人遗憾。今天，关于中华传统文明的"科技"文明整理和传播问题尤为重要。特别在"世界是扁平"的当下，我们没有理由不去回顾先祖留下的、可供世界借鉴的伟大遗产。

我们不希望中国技术文明智慧湮没在以西方为主的现代科技喧嚣里，我们热切盼望中国的历史文明能深刻地进入到今天科技传播的法眼中。因为，一切创造不是无源之水、无本之木，当代中国新科技文明创造都需要这个伟大而久远文明的灌溉和滋养。

2.2　设计创新

众所周知，科技传播的目的是让大众掌握科技和运用科技。就科技本质而言，它还有焕发人类为生存而产生的动手动脑热情和冲动的功能。然而，在今日商品经济浸淫下，人所想到和想拥有的几乎都可通过商店买到。人类在享受商品经济带来的方便和快捷时，已然成为商品经济的俘虏。商品经济使人成为单调乏味的商品享受者，使我们动手动脑的快乐和创造欲望分离与分解。因物质需求来得太容易，我们变得十分懒惰，不动手和不动脑之疾，已然成为现代人的顽病，与人之本质渐行渐远。我们一方面惊叹人类的才能，另一方面抱怨人"被"商品经济遮蔽。这是商品经济的社会阴谋和陷坑。

20世纪之始，为了克服商品经济对人创造欲望的覆盖，特别是对国家族群生存能力的深刻影响，发达国家从战略高度开始倡导"大设计"概念，在大众中极力推崇和倡导自己动手和动脑的设计创新和创造能力的培养，以此来促进新的科技大普及。1997年，英国率先提出"设计改变生活"的国家战略。随后，1999年，联合国提出了全球性"创意产业"口号和政策，期望各个国家展开以"设计带创新"的活动来促进社会进步。他们试图通过新的半成品DIL模式，来改造商业和改变商品模式，来激发人的创造欲望，来刺激人的动手和动脑能力，以及恢复人已经弱化了的生物性行为特征。在设计领域，他们是通过系统整理各种文明的创造，启发现代人的动手动脑能力。比如，他们采纳中国唐代玄奘徒步万里求法的竹编背架设计理念，来促进现代登山背包样式设计的科技创新进步。虽然，现代登山包未能学到玄奘竹编背架上悬挂式夜行灯的设计奥妙，但这并不影响欧美发达国家整体性的"设计立国"战略规划。目前，欧美发达国家均已在进入21世纪前，从战略高度完成了"设计在内、制造在外"的科技产业转型。从认知学的角度，动手意味着动脑，动脑则需要科技传播的普及和支撑。这是否是另一种新的科技传播模式？

当前，我们的社会创新能力大大低于欧美国家。20世纪50、60年代我们学校里还有"手工课"、"劳动课"、"兴趣小组"来关注和培养孩子的动手和动脑能力。很难想象，一个不会动手和动脑的民族，如何进行自主创新革命，并保持持久的创造活力。面对形势，我们无所认知、无所反映，以致迟钝和愚痴。我们的科技传播政策和目标，依然盯在以精英方式对大众进行简单的知识启蒙模式，而忽略了新科技传播条件下，在全社会建设公益性动手和动脑的设计平台，来促进全社会动手和动脑风尚形成的工作模式转换。这是科技传播政策的失误。

一个不能享受动手和动脑快乐的民族，一定会在未来创新世界的角逐中逐渐落后和衰败。虽然，我们在经济上已是世界老二，但在科技传播上却不能太"二"。在实践中，我们需要从科技传播角度，通过设计向科研要创新、向技术要灵感、向制造要工艺、向艺术要审美，使这个民族保持一股新鲜的创新活力。

2.3　游戏中的科技传播

通常，科技传播在政府主导下严肃有余、活泼不足，并特别忽略和排斥青少年所喜爱的游戏形式，好像科技传播粘连了游戏，即有媚俗和低俗之嫌。殊不知，科技源起于游戏。这是历史的真理。

研究证明，科技传播的认知过程是一个有趣的格式塔心理认知过程。科技的发现与发明均是人在游戏探寻和求证中产生的。换言之，游戏是科技兴趣发生的土壤和空气。实际上，科技传播应还原这个原则、规律和过程。在发达国家，科技传播大多有意识地采用通过游戏方式来还原本质、还原经验、还原情感，以此来提高大众的科学素质。比如，20世纪初，俄国艺术家康定斯基以游戏心态，发现所有生物学的原初生命形态均是稳定的圆形形态，生命因生长运动破坏其圆时，产生了各种各样丰富的流动的线性形态，此后，他用三角、方形、椭圆、菱形等形式设计了一套完整的"有意味的形式"的生物生命符号系统。后来，这一理论成为世界各类抽象画安身立命的根本。又如，荷兰艺术家埃舍尔通过几何学、分形学和数学的计算，用米尺和三角板画出令人惊叹的"水往高处流"和"人兽两性"的艺术作品时，谁都不曾想到他能用科学悖论的图像形式，来思考人生和人世里"与魔鬼同行，与天使同在"的现象。他们以"神圣的好奇，内心的自由"的游戏心态，运用科学、技术、艺术三合一创作出来的趣味作品，是游戏模式传播科技的典范。

其实，青少年最流行的游戏中，科技因素比比皆是。比如，当下青少年中最流行的捷克"机械迷城"游戏，玩家通过工业垃圾场中找寻皮带、齿轮、链条、杠杆等机械零件的趣味组合游戏，深刻地体味出工业革命中人类的聪明和才智。又如，美国"极限赛车"游戏，玩家通过重力、压强、磁性原理的设计表达，真切地体会到对速度、时空、方向等的紧密无间的掌控。再如，法国"愤怒的小鸟"游戏，玩家通过对射击物体精准计算、力量、视角的掌握，准确地感知到风向、精度、角度关系协同的重要意义。这些游戏对科技速率、函数、机器等原理的生动展现，充满了趣味和魅力，使全世界青少年为之着迷和疯狂。

娱乐科技，科技娱乐，是大众科技传播的不二选择。游戏的科技传播方式有二：一是传统游戏，二是现代游戏。这里特别提醒大家关注的是：现代以数字固定终端和移动终端的游戏设计领域的创造和创新设计完全由欧美国家占据，我们完全处于失语和被动的无所作为状态。

面对游戏在科技传播中的重要作用，我们为何视而不见？我们不自觉地放弃和忽略了游戏的传播功能！由此结论，不是青少年不喜欢科技，而是我们不会传播科技。

3. 科技传播的禁忌

由于传统观念和现实政策作梗，科技传播工作仍有许多禁区需要突破。

3.1 伦理道德的尴尬

我国是一个以宗法血缘和伦理道德为基础的古老国度，在公众心底里深藏着对传统规矩的恪守和坚持。我们在见到一些有违伦理的科学现象时，往往不愿面对。

比如，对于生物学"雌雄同体"（hermap – hrodite）现象，我们通常三缄其口。"雌雄同体"是"雌雄异体"的反义词。其定义是：雌雄两性的性腺生在同一个体上，并具有雌雄两性生殖器官和功能的生物。在动物学中叫"雌雄同体"，在植物学中称"雌雄同株"，实际上，均是卵子和精子生殖细胞同存于一个个体、完成自体受精的生物体。雌雄同体现象在低等生物中为数甚多，在人类中也存在。一般人类胚胎的发育过程，SRY 基因决定睾丸和卵巢生殖腺发育，荷尔蒙决定内生殖器与外生殖器发育，如果，以上过程中出现特殊变化，就会形成程度不一的雌雄同体现象。为此，医学上命名了几十种形态的雌雄同体构造。对于雌雄同体，生物学家观点有二：一是雌雄异体是进化的发展，二是雌雄同体是退化的状态。无论观点如何，我们只需正视此两种生殖共存，并都能完成物种延续的事实。

对发生率在 0.018% 的各类生物的雌雄同体现象，西方有较为清醒的理性认知，而我们在科技传播中一直难以启齿，特别是对人群中"雌雄同体"现象尤有羞愧。

在科学上，西方社会从合理性角度承认和正视"雌雄同体"的存在，并认知到男性生理性柔弱的"懦夫"性格，源自于雌性激素的作用；女性生物性刚毅的"假男"怪异，导出于雄性激素的功力。

在心理学上，西方社会能解读一个生命个体同时具备男人的强悍与果断和女人的温柔与细致的双重性格特征，并根据生存和生理需要作出不同角色转换的事实。

在文艺学上，西方社会可以欣赏古希腊时代，人们塑造有女性乳房和男性生殖器同在一身的大理石人体雕刻的美学意义；可以面对当代西方艺术，对"雌雄同体"现象予以理性思考；同时还可理解今日美国女权主义埃莱娜·西苏从本质论和女性角度提出的消除两性差别的"双性同体"观念，及人类"中性化"的文艺创作原则。

在社会学上，西方社会则可正确处理发生在我们身边的同性恋、变异人，以及自己身上双重性格冲突的烦恼和苦恼问题。

就科技传播角度而言，西方社会对雌雄同体现象的宽容和理性态度，可引以为鉴。

3.2　社会稳定的两难

由于科技利刃的无情和残酷，当我们想通过科技传播揭开真相时，经常会触碰到社会"雷区"。用百姓的话讲就是"什么事情都不要当真，一旦认真，水都会毒死人"。

比如，2003 年的 SARS 爆发，科技传播就面临着对社会"讲真话"还是"讲假话"的问题。在 2003 年 3 月 12 日，世界卫生组织发出了全球警告后，为避免社会恐慌，出于"稳定"需要，某些政府官员不仅禁止媒体对 SARS 爆发进行报道，还封杀了关于疫情讨论的消息。这种情况一直持续到 4 月上旬，当卫生部部长张文康面对社会质询，将严重缩水的 SARS 在中国爆发的数据公布于世时，舆论哗然。此时，疫情正肆无忌惮、迅速地在人群中蔓延。北京解放军 301 医院蒋彦永医生从内部得到 SARS 爆发的准确死亡数据后，深知疫情的严重性，出于职业道德和做人良心，立即依次向上级主管和国内媒体反映情况，但石沉大海，毫无结果。在时间不饶人、疫情不等人的情况下，他冒着风险向美国《时代》杂志披露了中国 SARS 疫情，才使人们了解到疫情真相远比官方公布的数据严重。随后，政府才开始了全国性的防病防灾解社会于倒悬的行动，避免了更大的损失。可见科技传播是要承担风险和付出勇气的。

再如，艾滋病（AIDS），它可直接透过接触黏膜组织传染，主要包括性接触传播、血液传播、母婴传播等。1982 年，首次发现艾滋病病毒进入中国。一开始，艾滋病仅在沿海一带蔓延，内地还鲜有人群感染。然而，自 20 世纪 90 年代后，为了致富，全国多个省市血站置社会安危于不顾，短短几年间，"采血浆站"像雨后春笋一般在各地兴起，仅河南省的血站就超过了 200 个，致使艾滋病蔓延开来，并呈扩大态势。此时，河南省中医学院退休教授高耀洁，本着良知和责任直接到河南上蔡县文楼村进行详尽调查，并向国内外媒体直言河南农村艾滋病患者，均是缘起于90年代兴起的"卖血经济"的直接受害者。面对这一触目惊心的事实，某些政府官员不仅不敢承担责任，还利用手中的权力对当事人进行监视、恐吓，阻止外人进入艾滋村调查，驱走披露真相的记者，封闭和压制媒体对真实情况曝光。某些地方官员对艾滋病疫情真相的掩盖和隐瞒，无疑加剧了艾滋病在中国成为一个严重的社会问题。可见科技传播还要面临安危的抉择。

当然，我们也理解，从政府角度，SARS和艾滋病疫情真相的披露，是关乎社会安全和民心安定的大事；然而，民心就真的如此之脆弱吗？

事实上，当社会大众通过正常渠道知道疫情真相后，从各界爆发和表现出来的种种面对疫情的异乎寻常的勇敢和积极防病防灾的热情，不仅令世界动容、让政府安心，也让我们重新思考和审视科技传播的社会责任和义务，以及科技传播的勇气和胆量。我们何必如此怕大众知道真相呢！

在科技传播上可否开风气之先，以鲁迅先生"直面惨淡的人生"的态度来面对大众、面对社会、面对挑战？有何不可！

3.3 政治基础的困惑

在科技传播领域有一些问题因涉及政治原则与理论，我们还是比较有顾虑的。

由于，唯物主义是我国的政治理论基础，而唯物主义的历史推论基石是"进化论"，故，在科学传播上我们推崇"进化论"，力挺进化的无限创造力，主张进化产生完美，并形成一系列因"物竞天择"原理使生物越来越复杂的自然因果和自然选择的观点。但是，随着科学研究和认知的深化，发现"进化论"存在着比较解剖学、古生物学、胚胎学三个方面的先天不足和缺陷，使我们陷入关于"进化论"科技传播上的质疑和困惑。

英文"进化"（evolution）一词，源于拉丁文（evolvere），是将卷在一起的东西打开之意。达尔文在1859年出版的《物种起源》第一版中因"evolution"用语中有"进步"的意蕴，而未使用"evolution"一词。此时，达尔文反对以"进步"之意来表述生物改变过程。他说："（天择的）最后结果，包括了生物体的进步（advance）和退步（retrogression）两种现象"。换言之，"evolution"一词只能表述生物体的进步现象，而不能表达生物体的退步现象。事实上，达尔文在百余年前所提出的进化论，仅是一种假说。他在论及化石成因时，承认在化石研究中还未发现证据显示物种间过渡类型的存在，承认这是个"不完美的地质记录"。他非常审慎地使用"经过改变的继承"（descent with modification）、"改变过程"（process of modification）或是"物种改变的原理"（doctrine of the modification of species）等词来描述生物的演化事实。同时，他看到了进化论的先天缺陷，预见性地指出：由于生物进化中间过渡性证据链的缺失，有可能是反进化论者，最有说服力和杀伤力的理由。他真诚地希望后来者能予以验证和完善其不足。

我国新文化先驱严复，是最早反对使用"进化"一词表述生物体改变现象的人之一。虽然严复没有直接翻译达尔文的《物种起源》，但他在赫胥黎的《进化论与伦理》的翻译中感到了单用"进化"一词的缺憾，并敏锐地注意到进化论的缺憾和不足。他意识到使用"进化"一词，不能解释生物体在形态和行为上与远祖有所差异，以及生物体为适应时空嬗变而随机改变的自然关系，而有可能致使人们认为生物体变化，是一种由低级到高级的线性自然递进过渡关系。他自创"天演"二字取代"进化"，来表述生物体的进化和退化的辩证关系。目前，中文对"evolution"的翻译仍有争议，但大多数人已经趋向使用较中性的"演化"一词，来较为准确地表达生物体连续与随机演化的意义。事实上，19世纪后，演化一词已经用来指生物学上不同世代之间外表特征与基因频率的改变现象。20世纪法布尔在"生命之壮阔"中证明生命是随机演化的"醉汉"理论，又让我们有了新的视角和感悟。

虽然，"演化"的"随机和不确定"意蕴，可能会动摇"进化"推论的有关"先进与落后"的政治理念基础，不能佐证历史与社会发展从"低级到高级"理论；但是，从科技传播的角度，无论是进化还是演化，我们需要的是争论和真论，大众需要的是真理和真相，希望在真理的论辩中找到正确的假说。

真理越辩越明。这是铁律。

4. 科技传播的警觉

科技传播的过度和跨界，引起了哲学、社会、人文学科的警觉。

4.1　人文的忧虑

在诸如希腊哲学的"人，乃万物之尺度"，阿基米德的"给我一个支点，我将撬动地球"，康德的"鼓起勇气，运用你自己的理性"等诸多豪言壮语的激励下，文艺复兴之后，理性成为人类解决一切问题的圭臬。特别是在 18 世纪"理性光辉"的照耀下，科技理性方法帮助人类解决了物质世界面对的所有问题，而导致了对科技的过度依赖和对科技的过分迷信，科学思想渗透在社会各个层面，科学技术方法处理一切问题成为社会主导。虽然，人的理性得以张扬，但"人"之人文、人道、人性却无处彰显，无所适从。

人文即人类社会各种文化现象。《易经·贲》曰："观乎天文以察时变，观乎人文以化成天下。"此人文核心是重视人、尊重人、关心人、爱护人。几百年来，科技覆盖了社会的一切，人类对科技近乎狂热的顶礼膜拜，引起了人文的高度忧虑。值得质疑和思考的是在科技昌明的今天，究竟是"科技为人类，还是人类为科技"的怪象。这是对人文的亵渎。

人道是对人价值的肯定、对人理想的褒扬、对人尊严的捍卫、对人地位的尊重。这是现代西方人道主义的要义。中国春秋时说："天道远，人道迩，非所及也。"也是对人之道的理想和价值的肯定。然而，在科技发达和繁荣的今日，我们被科技理性遮蔽了的身体、眼睛、鼻子、嘴巴和头颅指向一个问题：人在哪里？道在何处？人道不存，价值何在！这是对人道的强奸。

人性既是本性，亦是社会和历史之品性。马克思说：人性"是一切社会关系的总和"。但是，在当下被科技化了的社会中，人性在哪里呢？一旦思想和认知被"和谐"了，则是人性莫大的悲哀。为此，意大利生物学家马·巴尔尼痛感到人性的失落，愤怒地将人类的时髦赛车比喻成疯狂吮吸哺乳生物之血液的怪物。他以自嘲的方式把自己的照片弄成非兽非人的样子，以此表达对科技的无奈。这是对人性的遮蔽。

至今，人文界从人之生命生存生活角度，对科技无所不能、无所不在的现象批判不断，不知我们有所感否？不知我们还能思否？

"科技语言代替人类语言，成为新的非人语言的符号和代码"，使"人生丑陋无比"，20 世纪初，尼采如是说。

4.2　自然的遮蔽

科技的神奇和能量让我们惊讶无比。它在带来进步与文明的同时，也使人类对赖以生存的自然逐渐模糊、淡忘，以至远去……科技之刃切断了我们与自然的一切关联。

科技改变了自然。1996 年，在德国一个博物馆的展览里，展出了一株在荧光灯照耀下、在地板上茁壮成长的"向日葵树"。一个孩子惊讶地看着这株高出自己数倍的巨型树状植物，不明就里。他不明白向日葵是原本在自然界中就这副模样，还是在人工环境下因基因突变而发生了变异。这是科技的神奇。如今，在中国突出的粮食安全问题，也已显现出科技对自然的"入侵"和科技改变自然的负面效应的事实。科技改变了自然，就改变了命运。关键是此命运的命是人命的"命"，是不能开玩笑的。

科技破坏了自然。1996 年，美国艺术家卡斯坦·赫勒以冷幽默的情景剧方式，表现了一个渴望得到知识的中年妇女，正在透过人造玻璃箱去见识自然海底的滑稽场景。它似乎在嘲笑今天人类关于自然知识的获取，竟然也要靠科技力量在展览馆里获得的怪象。我们难道不能以亲历行为在自然中领略春风的和煦、感受夏雨的清新、见证秋山的红艳、感悟冬雪的消融。1994 年，法国艺术家让·雅克以严肃的态度，采用物体堆砌的方式，为我们描绘了一个充满着科技物件的自然天地。这里的天空中，有我们引为自豪的飞机、卫星等；这里的大地上，有我们日常使用的汽车、火车等。他想告诉我们的是：在最广袤的自然天地间都充斥着科技物件的时候，自然就不是自自然然的自然了。

科技异化了自然。2000 年，美国生物学博士马克·迪昂在为依靠城市生存的鸟类做解剖时发现，这些鸟类胃里的食物竟然与人类相同，甚至，其习性也是朝九晚五的滑稽。他搞懂了，鸟类的"亚人类"生存的方式是被科技所异化的。为此，他做了一株生物链树，即一件下面是城市垃圾、顶端是赖以生存的可怜鸟类的装置的混合艺术作品，来表述这一可悲可怖的事实。其实，不仅鸟类如此，人类又何尝不是这"笼中之鸟"。比如，食品添加剂问题。人类为了食物的色香味，胡乱添加化学合成剂的种种行为，已经构成了"慢性自杀"和"谋财害命"之罪。据统计，2000—2010 年中国重大食品安全事件有 47 起，诸如调料的苏丹红、奶粉的三聚氰胺、白糖的硫酸镁、瘦肉的盐酸克伦特罗等，已经到了"令人发指"的地步。近日得一笑话，曰："最有魅力的人是不变质的'康师傅'，因为天天都有成千上万人泡它。"于是，听百姓戏言，说："中国人的化学知识是跟食品添加剂学的。"当人类为自己口福而超量使用添加剂之日，不就是人非人之时！科技连自然和自然之人都异化了，不知科技还能在何处存在？

对于科技遮蔽自然的现象，德国后现代艺术之父波伊斯清晰地指出："人类是唯一未完成进化的物种。"如果说，在 20 世纪初科技的出格跨界，使人感到"上帝死了"的警觉，那么，在 21 世纪科技的过分越界，则使人感到"人死了"的恐怖。美国大量的以警示方式出品的科幻片，难道仅是商业片的市场成功吗？在更深层次的意义上，是这些科幻片深刻地折射出，隐藏在人类心底的对自然"苍穹荒芜了，神，也死亡了"的恐慌。海德格尔在20世纪初就指出的"人的本身存在不是作为自然的主宰……而是主宰者变成世界一切存在的倾听者，守护者……谁自觉地走向死亡，谁就自由"一席话，令人深思。

科技无法代替自然，科技只能顺应自然。这是天条。

4.3　世博会的启示

事实上，近年哲学、宗教、文化、艺术领域对科技的无界传播批判声此起彼伏，社会希望在科技传播弥漫的今日，给其他也可以称之为"科学"的领域一丝的空间和自由。

在2010年上海世博会上，我们惊讶地发现，本来是科技传播的世界大舞台上，欧美发达国家在冷冷地介绍自己科技昌明的同时，都共同数落着科技文明的种种败笔，并对科技文化有着相当严厉的批判。因是世界大舞台，这里的批判声音，假成分较少，其真实和诚实程度相当可信和可考。

2010年的上海，在预示着人类文明发展方向的世博会上，欧美馆以理性、冷静和严肃的态度，审视三百年来工业文明给人类所带来的问题，都共同指向了新科技革命以低碳、节能、环保、绿色方式，最后回归自然的趋势。事实证明，在当下自然与环境问题日益凸显的世界，仅仅一个组织、一个民族、一个国家是回归不了自然的。"绿色低碳、环保节能"的世界愿景，已经变成了跨国的政治行动。如今，我们同住一个地球、同望一片星空，东西方分别有"人之山川涤化"和"人为万物所养"的观念；所以，自然回归、科技回位是大势。

这是世博会最有益的启迪和启示。

5. 结语

以上，科技传播的种种不真和遗憾是不到位、不到点、不到心使然。这不仅是认知问题，还是态度和勇气问题。科技传播不可执行郑板桥先生之"难得糊涂"，不可奉行季羡林先生之"假话尽量不讲，真话不全说"的人生处世态度，因为，"假做真时，真亦假；真做假时，假亦真"。科技传播是以求真为主旨、为己任，并立身立世的。如果，科技传播都放弃了求真的底线，那么，整个社会还到哪里去寻求真理和真相？故而，恪守科技传播的底线，在今日浮夸虚假的时空下，尤为重要。

　　就张开逊先生科技传播"历史责任、道德责任、学术责任"的"三任"理想而言，科技传播之现状是不堪此重任的。虽然，科技传播的求真之难，难于上青天；但"真者，精诚之至也"。我们期望在"认假而不认真"的当下，科技传播真的能给社会一点真相、一句真话、一个真理、一段真实、一处真诚、一片真心。

　　　　　　　　　　　　原载《科普研究》2011 年第 4 期

讲真话：科技传播的社会责任

金 涛

科技传播承载的社会责任很多，诸如信息的交流，科学精神、观念和思想的弘扬，宣传党和国家的科技政策，普及科技知识，报道科技事件及典型，揭露迷信及伪科学案例，提高公众的科学文化素质等。这些，对于从事科学传播的媒体都是责无旁贷的。不过，我在这里要特别强调的，或者说科技传播当前的第一要务，是要讲真话，不仅科学传播的媒体本身要讲真话，还要大力提倡说真话。

也许有人会问，为什么要把讲真话作为科学传播当前的第一要务？道理说起来简单也很简单，把讲真话作为科学传播当前的第一要务，实际上是把讲真话作为传播科学精神、观念和思想的前提和体现，因为科学是追求真理的，是追求真善美、反对假丑恶的。如果科学传播也说假话，背离了求真务实的宗旨，那么弘扬科学精神、传播科学观念和科学思想，就是一句空话了。

具体说来，还可以列出以下几个理由。

（1）人类历史上经历过讲真话要付出沉重代价的时代，那也是假话盛行、给国家和民族带来深重灾难的年代。不仅政治上如此，科学传播方面也是如此。

最近看到一篇文章，是介绍著名遗传学家谈家桢的学术生涯的，其中不可避免地涉及生物学领域摩尔根学派与米丘林学派之争。文章说，1948年谈家桢代表中国遗传学界出席在斯德哥尔摩召开的第八届国际遗传学会议，会议的主持者是诺贝尔奖获得者、国际遗传学会会长穆勒教授。他在开幕词中说道，刚结束的苏联农业科学院大会通过的决议，把孟德尔—摩尔根主义宣布为"烦琐哲学"、"反动的唯心主义"、"伪科学"、"不可知论"的遗传学说，强调遗传学家信奉"米丘林主义"还是"孟德尔—摩尔根主义"，是社会主义和资本主义两种世界观在生物学中两种意识形态的斗争。不仅如此，苏联关闭了细胞遗传学等有关实验室，开除并逮捕了坚定的"摩尔根主义者"，销毁了有关的教科书，消灭了用作遗传学实验的果蝇。以后，谈家桢又获悉，苏联农业科学院奠基人、遗传研究所和全苏植物育种研究所所长、著名遗传学家瓦维诺夫教授遭到逮捕并被迫害致死。由此可以看出，在自然科学领域，持不同的学术观点，讲真话，在特定的历史条件下往往要付出沉重的代价。值得一提的是，发生在苏联的事，若干年后也在中国重演。1952 年 6 月 29 日，《人民日报》发表了题为《为坚持生物学中的米丘林方向而斗争》的文章，认为摩尔根遗传学是反动的、唯心主义的，严厉指出："当前我国生物科学的现状已经到了不能容忍的地步……要用米丘林生物学彻底改造生物科学的各个部门。"这篇措辞严厉的文章对我国遗传学的研究造成的危害是不言而喻的。正是这种粗暴的干预，导致了中国生物科学的停滞和倒退：大学停止教授摩尔根遗传学说，科研中有关摩尔根遗传学说的课题也被中止，学术刊物只发表李森科一派观点的文章。然而具有讽刺意味的是，也就在 1953 年，沃森和克里克建立了 DNA 双螺旋结构模型，预示着遗传学发展到分子遗传学的新阶段（以上见谈家桢著《基因的萦梦》，百花文艺出版社 2000 年 1 月）。

遗传学在苏联、中国的遭遇，只不过是特殊年代发生在科学领域的一个例子，类似的情况很多，如粗暴地取消人文地理学、批摩尔根的遗传学说、批爱因斯坦的"相对论"，说明自然科学同人文社会科学一样，由于意识形态方面复杂的原因，也会出现讲假话成风、压制真理的悲剧。这种情形在"文化大革命"期间达到登峰造极的地步，流毒甚广。在这样的历史背景下，当时的科学传播媒体所持的立场和发挥的作用，也是显而易见的。

（2）今日之中国，政治氛围发生很大变化，广开言路，学术民主已是社会的主流。因为政治原因而讲假话、不能讲真话的历史已成为过去，滋生说假话的土壤似乎不存在了。但是，现实是无情的，尽管人们不再因为政治的需要而大讲假话，可为了实际利益的需要而不讲真话，仍然是今天比较普遍的一种社会现象。假话盛行，假话的衍生物——废话、空话、套话、鬼话、胡话、瞎话屡见不鲜，唯独不讲真话的现象依然存在。著名作家巴金在他的晚年向世人发出讲真话的呐喊，在他重要的作品《随想录》中，巴金说，他需要提倡三个字："讲真话!"

最近，两位总理在不同场合的讲话都不约而同地提到讲真话，颇为耐人寻味。2011 年 4 月 13 日《朱镕基答记者问》英文版在伦敦举行首发式，播放了朱镕基用英语讲述的视频，他说："我不敢说这本书立论如何正确，更不期望每个读者都会同意我的观点，我只想说，我在这本书中的讲话都是真话，这是我一生坚持的原则。"香港《联合早报》（2011年4月13日）新闻的标题是："新书首发式朱镕基《答问》'都是真话'。"意味深长。

仅隔一天，4月14日，温家宝在与国务院参事和中央文史馆馆员座谈时也说："我们鼓励讲真话，讲真话就要有听真话的条件。要创造条件让人民讲真话，让参事馆员讲真话，在国家科学民主决策中发挥作用。"从温总理语重心长的讲话中可以看出，讲真话还需要执政者鼓励，是因为讲真话的人不多，相反，讲假话依然大行其道。否则温总理也不会说"我们鼓励讲真话"。

不仅如此，温总理的讲话中也涉及了当前为何人们不讲真话的客观原因，或者说是原因之一吧，就是没有"听真话的条件"。

所以，他强调指出："讲真话就要有听真话的条件。要创造条件让人民讲真话。"谁来创造条件？怎样创造条件？创造什么样的条件？这都是值得探索的现实问题。

至于为什么今天讲假话成风，除了温总理所说的没有"听真话的条件"，还有一个功利主义的原因，具体说来，在现实生活中，老百姓普遍感到，讲真话仍然要付出很大代价，轻则会得罪人、讨人嫌，重则招致打击报复、穿小鞋；讲假话恰恰相反，可以取悦上司、被提拔重用、加官晋爵，何乐不为。这种现象十分普遍，以至于说假话、弄虚作假成为国民性的痼疾，已经到了十分严重的地步。

正是如此，"要创造条件让人民讲真话"，提倡讲真话首先要有"听真话的条件"，要有听真话的雅量和胸怀，不能再搞什么"阴谋"、引蛇出洞、打棍子、扣帽子、秋后算账。

提倡讲真话就是提倡学术民主，不搞"一言堂"，允许有不同意见、不同观点，允许争鸣。

提倡讲真话是建设和谐社会、树立诚信的道德规范的前提条件。如果假话成风、假货泛滥、弄虚作假成灾，社会矛盾将会愈加尖锐，是很危险的。在这方面，科学传播的社会责任是至关重要的。

（3）以弘扬科学精神、传播科学观念和科学思想、普及科学知识为己任的科学传媒，在我看来，在提倡讲真话、杜绝说假话方面，在改善社会风气、弘扬正气方面应该发挥带头作用。这是缘于科学是真理的化身，科学是严肃的、尊重事实的，来不得半点弄虚作假，因而在大众的心目中，科学的声音往往最有权威、最具说服力的。如果科学传播忘掉了自己的社会责任，那么科学精神、科学观念和科学思想就无从谈起，社会就会失去诚信的根本、是非的准绳、道德的底线了。

正是如此，温总理把"创造条件让人民讲真话"，视为政府让人民大众"在国家科学民主决策中发挥作用"的一个重要前提条件。

在现实生活中，经济利益的驱动，以及为了市场竞争的目的，弄虚作假的种种不良风气也浸染了圣洁的科技领域。例如某些科技含量较高、价格不菲的民用电器，为了垄断市场、追逐高利润，厂家往往以不必要的升级换代迅速淘汰仍然能够使用的产品，并以种种手段（如没有零件、无法维修等方式）变相地逼迫消费者掏腰包购买新开发的产品。这种霸道的企业行为不仅侵害了消费者的利益，也造成了资源的极大浪费。

如果说上述行为仅限于牟取暴利，这原是资本的属性，虽不合理却可以理解；那么媒体屡次曝光的论文抄袭、学术造假以谋取学位、职称或项目资助的不择手段追逐名利的丑闻，却是暴露了科技界的不正之风和学术道德的丧失。更加隐蔽的是，医疗卫生领域的许多案例，如为了利润而改换药物名称，为了增加医院收入让患者进行不必要的甚至是有害健康的检查，以及为了长远的利益开发出使患者终生无法摆脱的药物等，所有这些，已经突破了道德的底线，科学技术已经堕落为金钱的奴隶，玷污了救死扶伤的高尚旗帜了。当然，我希望这只是个别的现象。

除了这类明目张胆地或触犯法律或违背社会公德的现象，更多的还是人们司空见惯却习以为常的观念仍在支配人们的思想、主宰决策者的行为，而这些观念恰恰是违背科学、违背常识的。

举一个经常见于媒体的例子：在自然灾害来临的抢险救灾的行动中，各国的救援工作都贯彻一个最基本的原则，即首先要保护救援人员的安全，在这个前提下再去抢救幸存者。这是普通的常识，也是"以人为本"的正确解释和科学精神的体现。那种不顾救援人员的人身安全，不顾客观情况盲目瞎干，造成救援人员伤亡的悲剧，应该追究指挥者的责任，受到道义的谴责。但是，长期以来，在我们的实际生活中，特别是媒体的报道中（也包括传播科学的媒体）却是违背科学精神，传播了误导群众的虚假新闻，其负面影响十分恶劣。例如2010年12月5日中午，发生在四川甘孜州道孚县鲜水镇孜龙村呷乌沟的草原火灾。这个草原，据媒体报道，不过200亩，是些小灌木林，即便全部烧光也没有多么大的损失。但是在山火面前，由于指挥不当、临阵慌乱、对风向火情缺乏了解，居然导致参与抢险的15名解放军战士、5名老

405

百姓、2 名林业职工共 22 人遇难。我对这些牺牲的战士和群众深表悲痛，为许多鲜活生命的意外死亡深感惋惜。我没有看到这场草原火灾的后续报道，但我认为仅仅追认他们是烈士是远远不够的，还要追究瞎指挥的当事人的法律责任！除此之外，总结经验教训，制定抢险救灾的法律法规，按科学规律指导人们的行为，避免不必要的伤亡，保护救援人员的人身安全和合法权益，是十分迫切且非常必要的。要知道，每一个参与抢险救灾的士兵或其他人员，他们身后都有一个家庭，他们有父母、妻子、儿女，保障他们的安全，就是保障我们每个人的安全。

讲真话，不讲假话，使之成为社会风气，说起来容易，真正落实却是一个漫长的、渐进的过程。常言道："学好千日不足，学坏一时有余。"社会如人，沾染了恶习就像吸毒一样不易戒掉。著名学者王元化说过："学会讲话只要一二年就行了，学会讲真话却往往是一辈子的事。在任何时候、任何地方都敢于秉笔直书、说真话，这就需要真诚的愿望、坦荡的胸怀、不畏强暴的勇气、不计个人得失的品德，同时还需要对人对己都要有一种公正的态度。"

如果科学传媒能够率先垂范，以讲真话为荣，提倡讲真话，使假话没有市场，必定是科学精神发扬光大之时，则中国大有希望。

原载《科普研究》2011 年第 4 期

科普读物面面谈

——从德国的《什么是什么》说起

刘兴诗

从一个国家的科普读物是可以嗅察出民族气息的。湖北海豚出版公司引进的一套德国的《什么是什么》，就清楚地表现出这一点。

德意志民族有一个十分突出的特点，那就是严肃、严谨、严格，具有一丝不苟的认真精神。那天我在这套书巡回宣传的成都会场上，以这套书中文版高端专家顾问的身份，和一位德国作者同台演讲的时候，就别出心裁，拿出德国的麦德龙商场和另一个国家的商场的购物袋作展示说明。在禁用塑料购物袋的情况下，麦德龙商场严格遵守禁令，不用就绝对不用，全部改为纤维袋。而在成都别的一些国家的商场只要付款，塑料购物袋照用不误，十分形象化地说明了德意志民族的认真精神，给听众很深的印象。接着我就讲这套书也是一样的，同样具有这样的精神，这就首先用无声的语言诠释了这套书的一个特点。

事实上这套书的确就是这样的。作为一套百科全书式的科普读物，无论选材、文字和配图，都使人感觉是一刀到位的"外科手术刀"似的精确，绝不拖泥带水，不愧于严肃、严谨、严格和一丝不苟这几个词，给人的印象很深，的确是原汁原味的"德国造"。

我想，这套书的成功，首先在于策划的成功；其次在于作者的选择，必定是一些各个领域的专家，可又是熟悉儿童心理和有文学修养的学者。站在我身边的这位德国作家，本身就是一个优秀的科学工作者。要不，即使素材选择准确了，也不可能用儿童习惯的观察方式和语言表现出来。不消说，这是一套佳品，我愿意郑重推荐。

德国的少儿科普读物有其特色，我们的同类作品怎么样？当然也有我们自己的特色，我们的优秀作品一点也不比任何国家差半分，有的也带有我们自己的民族气息。我常对学生说，"一个人的聪明才智，绝对不和鼻子高度成正比关系"，一定不要自轻家丘，自己看轻了自己。关于这个问题，我在后面还要说几句。现在就用我们的《十万个为什么》和德国的这套"《十万个为什么》"相比较吧。

在 20 世纪 60 年代初，我有幸参与了上海少儿社的《十万个为什么》创作集体。同是地质出身的石工（陶世龙）和我，担负了第一版的第六分册，也就是地学分册的主要撰写任务。当时的上海少儿社是龙头老大，掌握的作者和相关科学家的网络极其广大。可是也不随意组织，而是严格选择作者，专业和文学功底并重，有过科普写作的经历，不得滥竽充数。这就打好了这套书的可靠基础，首先立于不败之地。第二步，狠抓各个分册的条目选定，这也非常重要，是保证这套书是否成功的一个关键步骤。不厌其烦完成了前面这两步，做好了准备工作，才能一气呵成写好这套书。《孙子十三篇·始计第一》就是这个道理。第三步才开始写。也不是一声令下，大家立刻各自埋头创作，而是把不同的作者统一到同一个体系中，表演一套团体操。这绝对需要整齐划一，而不是个人单项表演，不能各打各的锣，各唱各的戏。要把玩大刀、长矛的统一在一起，这样的组织工作也很不容易。

这绝对不能百花齐放，而是统一形式和风格。大家都用一个模式，以一个有趣的故事或者现象，引出相关的科学知识和原理。记得当时在大家动笔之初，给大家看的一篇样张上有法国的红蓝白三色旗。看着三个颜色的宽度相同，其实不一样，这是什么原因？这个问题一下子就会抓住小读者的兴趣，然后进一步剖析下去，最后恍然大悟原来如此，就达到了科普的目的，印象也特别深刻。

不消说，在这样严格的操作下，统一了作者的写作风格，把科学原理说清楚了，也富有趣味性，一下子就风靡全国，哺育了一代代少年儿童读者，至今我还遇着一些中年人，诉说这套书对自己童年时代的影响，可见其成功不亚于任何舶来作品。

后来我又参与了《365 夜》的创作集体，也是同样的操作，同样的成功。《十万个为什么》成功了，一个令人叹息的跟风怪现象出现了。忽然全国各地各种各样的《十万个为什么》跟着就来，看着使人倒胃口。唉，上海少儿社为什么不对《十万个为什么》、《365 夜》申请专利，实行版权保护？弄来李鬼满天飞。我为上海少儿社不平，也为中国少儿科普叹息。难道只有这一种模式，就没有别的方式了吗？商业操作之害，由此可见一斑。

不久前在一次演讲会上，有人举手问："什么是好科普作品？"我觉得这个问题不好回答，因为不能说什么书好、什么书不好。但是也很好回答。只要不涉及具体作品、具体人，就没有什么话不可以说。我告诉他，真正讲科学的，真正讲得叫孩子们能够听懂，也感兴趣的就是好科普作品。

话说到这里，首先得把一些伪科学作品撇开。现代迷信有一个特点，就是披着科学的外衣，宣传伪科学，扰乱人们的视听。什么"诺亚方舟之谜"、"金字塔之谜"、"尼斯湖怪之谜"、"北纬30度之谜"等乱七八糟的玩意儿，就属于这一类，必须坚决揭露批判，不让它有半点市场。有关出版单位也应该摸着良心认真反思，你们这样做对不对？

第二类是充斥市面的大量"编著"作品。"编著"并不是不好。要知道，不管什么科学门类都浩如烟海，一个人不可能什么都知道，如果要说得全面深入，"编著"是不可避免、也是应该鼓励的。事实上，许多优秀作品都是这样，就是最好的证明。但是也应该看见，其中良莠不齐，一些仅仅是剪刀加糨糊的拼凑作品也大量存在。在四川某地，甚至有一个人公开宣传这样做，居然成立一个"工作室"，雇佣一些小姑娘，每天剪剪贴贴就是一篇"文章"，用麻袋发往四面八方，以此扬名牟利。我要说的就是这一种，或者近似于这种现象。此人此事简直应该予以专案打击！

第三类是科学家一本正经写的科普作品。科学家写科普，难道还不行吗？君不见许多大科学家写出的科普作品都是了不起的佳作。但是问题在于一些科学家太"科学"了，只顾科学，而不照顾少年儿童的阅读水平和兴趣。举例来说，有一年在上海少儿社，一位分管科普的副总编对我大倒苦水。他们的一个刊物要一篇天文学的科普短文，恭请本市一个很有名的天文研究单位里的一位大科学家写一篇。这位科学家十分热情地写出来，一看却不能使用。因为通篇全是"打脑壳"的科学术语和数字，叫孩子们怎么看得懂。可是这是名人专稿，也不好退稿，怎么办？我告诉他，此公的夫人在上海市作协，交给他的夫人处理好了。果然夫人一看就勃然变色，回家质问老头子。老头子不服气地说："我这全是浓缩的科学，怎么不科学？"夫人说："问题就在于你浓缩得太科学，简直像是一篇论文摘要，别人怎么看得懂？"当面掷回去，一分钱退稿费也没有付就解决了。走了夫人路线，一个退稿难题终于顺利解决。话说回来，万一你请的科学家没有一位"作家夫人"，怎么办？所以请科学家写科普也要慎重，不能只朝着大牌奔去。

有一次，我和几位教授先生在后校门河边闲谈，忽然一个愁眉苦脸的研究生过来，恭恭敬敬请教论文写作问题。我忍不住发言道："论文是天下最好写的文章，有什么发愁的？"

此言一出，身边几位教授先生立刻转过身子，一个个吹胡子、瞪眼睛，目光如电紧紧盯住我，觉得我这个家伙说话怎么这样离谱，乃是对神圣科学之大不敬；如此异类不诛灭，简直对不起祖宗和科学。

我不慌不忙地对那个学生说："论文有什么了不起，无非不过是论据和论点。把论据一二三四五摆出来，你自己的观点说清楚，就是一篇及格的论文了。论文和小说不一样，不需要塑造人物、描述景物，根本就不用什么形容词和副词，把话说清楚就行了。甚至不必过于苛求修辞和标点符号，虽然那也是不足，却是'小节'了。论文甚至还比不上写一篇千字文的科普文章。不信，你把爱因斯坦的观点写一篇千字文，让小娃娃和老太太也能看懂试一试。"如果认为写论文困难，必定是自己的脑袋还有些糊涂，还没有把问题研究清楚。只要研究清楚了、掌握可靠的论据、提出使人信服的论点，就是一篇好论文了。只要肯用心，不是糊涂蛋，都可以写论文。

我说的就是这个道理，所以头脑已经演化为"绝对科学"的科学家写科普文章未必都很恰当。

第四类是文学家写科普。按理说，这也没有什么不好，而且是很好。因为首先就解决了别人是不是可以看懂、有没有阅读兴趣的问题。可是这又有另一个问题，是不是真正掌握了科学真谛？如果不成问题当然好，如果还有问题，就需要认真考虑了。

第五类是本人既是科学工作者，也是有一定文学功底的作家。我认为这才是最理想的科普作家，所写出的作品才最可能为广大少儿读者所接受。这个道理非常简单，就不用多说了吧。

我认为，最好的科普读物是"研究"出来的。一本书犹如一个人，必须要有自己独特的性格。如果都是人云亦云的东西，有什么意思？第一手的材料永远比二手货新鲜，应该明白这个道理。这就需要作者最好身在科研第一线，把自己独有的成果介绍出来，才是真正的原创，这才是真正的"真"。

我认为，最好的科普读物是"吟咏"出来的。难道科普作品都该是干巴巴的吗？那才不见得！一本书犹如一个人，必须要有自己独特的美学观。一本书犹如一首诗。我们的科普作品能不能写得有优美的意境，像王国维先生在《人间词话》里所说的"有我之境"和"无我之境"，这是摆在我们面前的一个试题。如果能够驾驭科学，也能驾驭文学，就没有什么不能办到。如今我们的教育太功利化，几乎完全忽视了美学教育的感染。其实我们也有这样的作品。不信，大家放眼找一找吧。我们应该试一试，在科普作品里也做到这一点，这才是真正的"美"。

我认为，最好的科普读物是"感悟"出来的。科学研究不能脱离哲学。玄妙的哲学说白了，不过是思想方法而已，有什么神秘的？我常对学生说："学习知识固然重要，进一步上升为规律更加重要。掌握规律固然重要，再上升为一种观念尤其重要。"这就有一个哲学的问题。一本书犹如一个人，必须要有自己独特的人格魅力和思想境界。

好的科普作品也需要"真、善、美"，而且是孕育了丰富中国色彩的"真、善、美"。如此，读者便不知不觉有河山之爱，不用高喊口号，便有"吾土吾民"之大爱，以及对科学之美之真爱，那才是科普之极品！不亚于世界上任何国家的好作品。

最后再说几句话。

第一，所谓科普，不能简单理解为自然科学的科普，为什么不包括人文科学呢？

第二，所谓科普，也不能简单理解为孤立的自然科学和人文科学，为什么不能相互交叉融合呢？1952 年院系调整，把一个个好端端的综合性大学，分解为一个个独立的专科学院，专业越分越细，进一步又培养出无数专家。那时候有一个口号，是做一颗"螺丝钉"。在计划经济情况下，每个毕业生是定向分配，每颗"螺丝钉"只能装配在固定的部位，换一个部位就不行。应该说，在新中国成立之初，急需大批工程建设人员的情况下，这是无可厚非的。但是事物总有两面性，应该看到这样一来，我们的工程师和专家越来越多，综合性的人才、真正意义的博士越来越少，大师基本绝迹。那只能应一时之急，时间长了，就会暴露出弊端，不仅不利于综合性考虑问题，也阻碍了学科向更大的深度和广度发展，成为科学进一步发展的绊脚石。

这是一个专家如云、博士太少、大师绝迹的时代。

试看，往往一个问题，就必须动用一个由若干人组成的"专家组"讨论解决。其实很多问题也不是太复杂，放在过去，在一个人的脑瓜里就能"开会协调"解决了。所以我开玩笑说，"专家"这个词儿其实是骂人的话，意思是你把我看扁了。难道我只懂这一门，就不懂另一门学问不成！

依我看，1952 年院系调整，只应该是一个短期行为，是一种权宜之计，现在虽然已经纠正了，思想还继续存在，当年留下的现实还继续存在。我们今天在社会上各个角落，一帮挑大梁的，不就是当初院系调整培养出来的学子们？

现在已经纠偏了，就可以立竿见影见到效果吗？那才不一定！道理很简单，因为现在各个岗位上还是大量"专家式"的人物在带领。我的许多学生，现在都是博导了。我不客气地对他们说："为什么我说当前博士不博，因为你们带博士生的导师本身就不博。不信，是骡子是马牵出来遛遛。以己昏昏，岂能使人昭昭。"我对自己的学生说话无所顾忌，对别人就不敢乱说了。在此特别声明，这只针对我自己的学生而言，决不涉及其他，千万不要找我打官司。在这里先挂免战牌，递交降表。涉及别人，鄙人概不负责。

十年树木，百年树人。一旦情况如此，要立马改变，岂是说变就变的？可能会是一代人、两代人乃至三代人才能彻底扭转的问题。耐心等着吧，慢慢来吧。

一个国家的科普读物怎么样，是一个国家科学水平的真实反映。我们不敢奢求许多大师。现在严重缺乏真正"博士型"的通才，缺乏文理兼备的科学家，这就是现状。不言而喻，这也就是今日科普读物还有待于长期抗战的基本症结所在。

第三，所谓科普，不能简单理解为狭义的科学本身。其实许多优秀的文学作品也含有深刻的科学内容。君不见，四大名著从某种意义上来说，也是一种别样的"百科全书"。仔细咀嚼一番，其中不乏真正的科学知识，甚至科学原理与哲学。

你看，"巴山夜雨涨秋池"里有没有科学内容？四川盆地东部，重庆地方的"巴山夜雨涨秋池"（附注，所谓"巴山"乃是重庆北郊的缙云山，不是大巴山）和成都的"随风潜入夜，润物细无声"，两个地方的降雨形式描写得多么细致深刻！

为什么文学作品也含有科学内容？因为诗人如实描绘了自然，当然就反映了自然现象和规律了。

试看朱熹的"问渠哪得清如许，为有源头活水来"，不仅含有具体的科学知识，还表现出一种难得的哲理？这就是我们需要的东西。

好的文学作品，也是好的科普作品。好的科普作品，也是好的文学作品。

好的科普作品不仅有科学性、可读性，还应该有思想性；有科学，有文学，也有哲学。

好的科普作品是催人上进的，是热爱科学和大自然的，是含有浓烈爱国主义和民族感情的。

我们中国式的科普，具有民族特色的科普，就应该是这样！

　　话说到最后，我们对科普作家的要求，就不仅是科学家，还应该是文学家和思想家了。只要教育搞上去，我们一定会有这样的大师级的科普作家，一定会有更多更好的科普作品，大家等着瞧吧！

　　科普冲出世界日，家祭无忘告乃翁。

原载《科普研究》2011 年第 4 期

三种"科学"与三种"科学美"

周小兵

现代社会以"科学"为发展的主题，后现代社会重视的是"艺术"，因此，"科学与艺术"的主题经常出现，其内涵耐人寻味。一般情况下，把"科学与艺术"放在一起不是强调它们的对立，而是强调它们的融合。但真的要把它们融合的话，需要促成二者共同的道德基础。也就是说，科学、艺术与道德具有密不可分的关系。为了论证这一点，可以从科学美学的一个基本问题"科学到底美不美"说起。

1. 科学到底美不美

作为画家和学者的范曾对"科学美"的概念表示否定。他认为"科学与艺术是两片水域"，虽然都是"水域"，但它们并不相通：科学是理性的，艺术是感性的；科学求真，艺术求美；科学是自然的，艺术是人造的；科学是"真水无香"，艺术是"香水不真"。因此，把"科学"与"美"强行组合在一起，只是主观的想象、生造的词语。科学说到底是不美的，尽管它是自然的，但它所包含的"自然的要素"与真正的"美"还是有一段距离。因此，他对李政道先生以图画的形式表现"科学美"的做法表示怀疑。

李政道之所以做这样的努力，是因为他有这样的基本思想："科学和艺术是不可分割的，就像一枚硬币的两面。它们共同的基础是人类的创造力。它们追求的目标都是真理的普遍性。"看来，就像范曾把"科学"想得有点简单一样（"科学"绝不仅仅捕捉"自然的要素"，它还对这些要素进行适当的、人为的加工），李政道把"艺术"也简单化了。艺术绝不仅仅体现在"硬币"之中（虽然其中有"艺术的含量"），它已超越了"硬币"的范畴，而让人得到一种更加深刻的感受——尽管这枚硬币可以换来很多东西，但懂得它的人却舍不得把它花掉。科学能否给我们这种深刻的感受呢？如果能的话，科学应当也是美的。

对这个问题，杨振宁给出了肯定的回答。他说："学物理的人了解了这些像诗一样的方程的意义以后，对它们的美的感受是既直接又十分复杂的……（甚至于一些优美的诗句）都不够全面地道出学物理的人面对这些方程的美的感受。缺少的似乎是一种庄严感、一种神圣感、一种初窥宇宙奥秘的畏惧感。我想缺少的恐怕正是筹建哥特式教堂的建筑师们所要歌颂的崇高美、灵魂美、宗教美、最终极的美。"在他看来，科学不仅具有完完全全的美，而且这种美还超越了艺术美的层次，升华到心灵美、"宗教美"等精神境界的美的层次上了。

综上所述，出于不理解科学美的载体——方程，范曾否定了"科学美"；出于低估了艺术的深奥性和复杂性，李政道把"科学美"说得太实，以至于"科学美"直白得几乎不可信；出于对更高层次的精神境界的美的向往，杨振宁把"科学美"放到了天上，成为多数人无法企及的东西。

2. 三种"科学"与三种"科学美"

以上三种观点，各有各的道理，应当如何理解和综合呢？笔者认为，他们其实谈到了三种"科学美"，即"方程的美"、"图像的美"与"神圣的美"。而这三种美主要蕴含于三种不同面貌的"科学"，即"数理科学"、"技科学"与"元科学"之中。

2.1 数理科学与"方程之美"

我国著名数学家王元在谈到数学成果的评奖标准时认为大家公认的一个标准是"美"，特别是方程的对称之美、级数的韵律之美等。物理、化学等基础学科由于需要按数学规律进行推理演算，其中也蕴含着丰富的"数学之美"。所以，数理科学作为一种科学类型所具有的美是"方程之美"。

2.2 技术科学与"图像之美"

法国人类学家拉图尔认为技术是用科学仪器建构出来的，仪器捕捉到的是一个个的图像，它从属于人用符号创设的"科学图式"，进而可以把技术科学简称为"技科学"。"技科学"不同于传统理解上的"真科学"，它有很强的人为性和相对性。例如，电子显微镜探测到的原子结构之美、太空望远镜"拍摄"的宇宙空间之美，都是人按照一定的"科学图式"制造出来的"图像之美"。

2.3　元科学与"神圣之美"

一些自然科学家随着自己科学研究的深入越来越进入一种笃信宗教的状态。这是因为科学研究能找到自然界中广泛存在着精致的常数，以及各种事物之间存在着天衣无缝的联系，从而使得感知者由衷地感叹自然的伟大，进而相信上帝的存在。在一些科学的根本问题上，如在宇宙起源、进化路线与人的大脑结构等问题上，就我们目前的认知水平而言具有"神圣之美"。

3.　"科学美"的概念与"科学美"的产生

大致的情况是，数理科学更多地表现为"方程之美"；技术科学更多地表现为"图像之美"；元科学更多地表达了"神圣之美"。但我们不可以说，"方程之美"只存在于数理科学中，"图像之美"只存在于技术科学中，"神圣之美"只存在于元科学中。由于科学的力量渗透在社会的各个方面，因此，科学发展到今天已经使得广义的"科学美"无处不在。但是，从另一个角度说，科学虽然能以各种各样的衍生手段让我们更方便地体会宇宙的"静穆之美"，但狭义的"科学美"的产生与体验却需要极其精微的外部条件，如特殊情境与尖端仪器的配合等，而且还要求认知者掌握一定的知识，建立起相应的认知结构。所以说，"科学美"的存在，从其外延而言是极广大的，而从其内涵来看，又是极精微的。

所以，上述三位学者所讲到的"科学美"，有的是指极广大的"科学美"，如李政道的理解；有的指极精微的"科学美"，如杨振宁的理解；有的则认为这种"至大无外、至小无内"的东西事实上不可能独立存在，如范曾的理解。各人所言的"科学美"的所指之所以各不相同，就在于"科学"本身的内涵不确定：李政道把科学的图像性放在第一位；杨振宁把科学的哲理性放在第一位；而范曾认为科学完全是抽象的，与美所要求的具象相去甚远。

其实，科学本来就是一个综合体，它既有抽象的一面，又有具象（图像）的一面；既有表层的秩序，又有深刻的哲理。我们从各个角度都能发现科学之美。我们在圣奥古斯丁的经典的作品中可以读到："只有美予人快感，存在于美之中的是形象，存在于形象中的是比例，而存在于比例中的是数目。"他并且还给美定下了受人尊敬的公式：度量、形象和秩序。如果说方程代表了度量，图像反映了形象，则一定有某种神圣的意志在主宰秩序，这就是"科学美"产生的根源。

4. 不同美学体系下所谓的"科学美"

科学从近代西方文化的背景下孕育出来，科学美的存在只能在科学逐渐成型以后。而这一过程也正是近代美学特别是"艺术美学"思想逐渐成型的过程。"在文艺复兴时期之前，（美和艺术）都各自独行其道，但是自文艺复兴时期以后的好些个世纪，美学概念的体系都有双重的顶峰，如果是艺术，那么它期求的是美的艺术，如果是美，那么它期求的是艺术的美。"美学学科创始人鲍姆嘉通被看成是科学美学"灾星"。他认为美学研究"情"，科学研究"真"，其中不包含美学所研究的"美"。抬高感性的地位，这就是"（科学）理性驱逐出美学的圣地"。但也有人认为："科学理论的美和自然界的美，就像是双曲函数的两条渐近线一样，几乎同步地一齐向前延伸，彼此虽然在不断接近，但是永远不会相交……自然界绝对存在的美，以及人的思维是这种绝对美的反映而形成的科学理论的美，是两种不同类型的美。可是这两种美在不同的运动过程中具有同一性。"这就是说，自然界本身有美，用感性"师法自然"的艺术更美，同样，用理性"师法自然"的科学也很美。由此可见，"科学到底美不美"的问题的关键不在"科学"，而在对"美"的理解。如果认为美就是美，它既不是真，也不是善，它纯粹是艺术化的观感，则科学绝不美。如果认为"美的本质是主体与客体的和谐，是真与善的统一"，则科学就是美的。"科学美的本质是'真'的内容取'善'的形式。技术美的本质是'善'的内容取'真'的形式。科学美的主要特性在于它基本上是理性美。技术美的主要特性在于它与物质功利的直接关系。"

5. 科学、艺术与道德本质上都是真、美、善的统一

从理论上说，"科学求真、艺术求美、道德求善"，有其各自的目标定位。但放到任何一个具体的实践之中，科学、艺术与道德本质上都在追求真、美、善的统一。科学不仅求真，亦求美。艺术不仅求美，亦向善。道德不仅求善，亦要真。这三者的差异有如图1，只是理论上的、取向上的不同，其实质是相通的。

科学史与科学哲学的研究发现："信仰与科学不仅是对立的，又是统一的。科学离不开信仰，真正的科学家研究科学的前提是坚信：这个世界是客

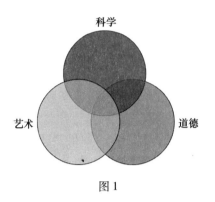

图1

观存在的；这个世界的发展是有规律的、美妙的、神圣的；……同样，真正的信仰也离不开科学，它要以科学为基础。没有科学做基础的信仰只能是迷信。迷信绝对不是真正的信仰。"例如："亚里士多德和阿拉伯科学的所有学识都已被基督教传统有机地融合在一个可理解的统一体中。"

宗教学的研究也发现："（信徒）的人性的改变归纳为三方面：其一，'是无忧无虑'，觉得最终一切都好，和平、协调、遂愿，即使外部环境依然如故。上帝的'恩典'、'赎罪'、'救赎'都确定无疑成为客观的信念。其二，'是真理感'，即感知到前所未知的真理。但这种感受通常在一定程度上是无法用语言表达的。其三，'是客观的变化'，即内心和外部世界都变得清新而美丽。"

所以，无论是从科学的角度，还是从强调道德感的宗教信仰的角度，都能发现科学知识与道德建构的密切关系，都能从中看到美的身影。

与此同时，实践美学的研究认为，"无论是生态也好，自然也好，社会也好，它们之所以对人来说成其为'美'，是因为在它们之中有某种形式结构，如韵律、节奏、比例、均衡、对称等，这些才是使事物成其为'美'的因素"。这就引出另一个问题，所有这些美的因素从何而来呢？有人说来自理性，有人说来自上帝。当"有人问杨振宁：'你是不是相信上帝的存在？'杨振宁回答得很妙，他说：'这是一个永远无法回答的问题。但是当我看到微观世界这么巧妙，那么和谐地存在着，内心的感动很接近宗教的情绪。'"

所以，文章最后，我不禁要问诸君：科学到底美不美呢？我相信每个人都能在某种程度上给出一个自信的答案。

原载《科普研究》2011年第5期

不仅仅是点缀

——略谈女性科幻与中国的科幻女作者们

凌 晨

在我所见的涉及女性科幻作者的文章中，由女性科幻作者本身执笔撰写的很少。因而在写出下面的文字前，我也颇有一些犹豫。究其原因，是我从不觉得应该将女性作者从科幻作者的群体中分离出来作为一个群体现象单独研究，忽视性别差异而只承认性格差异，这本身也许就是科幻吧。

1. 女性科幻——真的存在吗

每个科幻迷都知道，现代科幻小说的开山鼻祖是玛丽·雪莱（Mary Shelley）。这位了不起的女人以《弗兰肯斯坦：现代的普罗米修斯》为科幻小说奠基，那是工业革命时的 1818 年，距今快 200 年了。这不长的历史中，科幻文学以其独特的魅力发展成为庞大的文学类型，单单在美国，科幻小说鼎盛的时候一年就有 1000 多部的长篇或者是合集的科幻小说出版。

那么科幻小说有性别吗？女性科幻小说作者的作品便是女性科幻，且另具特征吗？

女性由于教育和社会的原因，工业革命初期能够投身到科学之中，并且喜爱科学的确实不多。而从科学土壤中诞生的科幻小说，当然就是"大多数读者是青年男性"。这种观念盛行的时候，女性如果要写科幻小说，就必须用一个男性化的笔名。帕梅拉·萨金特（Pamela Sargent）、李·布拉凯特（Leigh Bracket）、C. L. 穆尔（C. L. Moore）、安德·诺顿（Andre Norton），这些名字很难让人从中辨认出性别。编辑们采用她们的稿件，自然就不会在前面加上女性的标签。对于大众而言，她们的作品与男人们的作品并不存在什么本质的区分，只要是好看的精彩的故事，就一样受到欢迎。

这是因为，表现在科幻小说中的冒险精神、对未知的好奇心理以及对人类命运的忧思态度，是没有性别之分的。女性科幻作者所创作的文学作品，与传统意义上以描述两性关系、家庭为主的女性文学，已经有很大分别。

随着社会的进步，女性越来越多地涉足科学领域，科学文艺作品不再只是男性的专属品。当女性不能涉足幻想文学的偏见被打破，女性作者爆发出惊人的创造力和想象力，阻碍她们的也许仅仅是厨房和孩子。

1953 年设立的著名科幻小说奖"雨果奖"，到 1967 年颁奖名单上还没有女性作家的名字，但从 1968 年开始，就有女性的杰出作品开始得奖。到 1990 年，"雨果奖"已经向女性科幻作者颁出了 21 个小说类的奖项。另一个重要的奖项"星云奖"，也在 1968—1990 年的时间内给了女性科幻作者 28 个奖项。

这些女性中，阿苏拉·勒奎恩（Ursula K. Le Guin）被评论经常提到，她的《黑暗的左手》是经典科幻小说之一。这位崇尚老子的女性不但得到了雨果奖与星云奖，还得到过美国国家书卷奖、纽伯瑞奖、卡夫卡奖、普须卡奖、世界奇幻奖、轨迹奖等荣誉。评论给她很高的评价，甚至认为她的想象力与文字风格都超越了以《魔戒》三部曲著称的约翰·托尔金（John Tolkien）。

2. 科技时代的女性力量——科幻女作者的共性

如果说非要在女性科幻作者身上找出她们的共性，很多年前，一群写科幻小说的女孩子确实找过——发现她们都有鼻炎、都没有男朋友。这个玩笑所比喻的是"在都市糟糕环境中的独立生活"，环境造成呼吸系统的病状，而独立生活是没有男朋友的原因却不是结果。这就是共性，一个喜爱并最终从事科幻文学创作的女性，她是具有现代意识、崇尚个体独立精神并以身实践的女性。

并不是喜爱科幻小说才变成了这种女性，而恰恰因为是这种女性，才会选择科幻文学这种艺术形式，才可能会从读者发展为作者。这种女性，正是时代发展的结果。

由全国妇联和国家统计局联合组织实施的第二期中国妇女社会地位抽样调查结果表明，82.4% 的女性表示"对自己的能力有信心"，80% 的女性"不甘心自己一事无成"，81.5% 的女性坚决反对"女性应尽量避免在社会地位上超过自己丈夫"的说法；即使丈夫收入高、家庭富足，88% 的女性表示仍会参加工作或劳动。

高智商、高学历和高收入女性的增加，意味着女性涉足社会生活的领域在深度和广度方面都会增强。她们有强烈的表达欲望，更有挑战男权社会的主观能动性。她们的影响正日渐扩大。在美国，过去 25 年里女性收入增长 63%，而男性收入仍然基本保持不变（增长 0.6%），女性掌控着每年 80% 左右的社会消费支出。在香港，过去 20 年里职业女性增加约 6 成，其中月入 3 万元的女性增长了 4%。在上海，从业人员中女性的平均收入已经达到了男性的 70.4%。

甚至有经济学者不客气地指出：市场现在是以女人的标准为标准，以女人的判断为判断，以女人的趣味为趣味。

从每年高校科幻协会活动的会场上来看，女性的面孔在增多，各校科幻协会的主要组织者也是以女性为多。女性的浪漫气质与丰富的形象思维，一旦插上科学的翅膀，便会以一种无比平等、独立、自信洒脱的姿态脱颖而出。

3. 进行时——中国女性科幻作者们

在中国科幻小说创作记录中，女性并不算少，但能持之以恒并保持作品水准的，却寥寥无几。究其原因，一是女性兴趣比男性更容易转移，二是女性到了一定阶段浪漫总会被现实的家庭、职业等事务取代。但即便是流星，女性作者也以天马行空的想象力和不拘一格的文笔，为中国科幻小说书写了一篇又一篇绚烂的文字。

那些坚持下来的每年都有佳作贡献的女作者们，没有将科幻当作逃避现实的港湾，亦没有将科幻当作炫耀与晋身的资本。对待外界的鲜花或烂番茄、忽略或捧杀，女作者们如轻风拂面，俱一笑而过。

女作者们在一定程度上成功地解构了女性自身，将"双性化"的气质发挥到淋漓尽致。与"中性化"概念所指的社会中的个体具有性别不典型的特点不同，"双性化"概念指的是社会中的个体以天赋的生理性别为基础，同时吸收、表现、表达出相关性别的个性特点。"双性化"带有更强的主动自为性和积极能动性，反映到科幻创作上，就是既不乏女性的细腻柔情，又富有男性的大气理性。女作者们的题材，从身边的宠物到遥远的宇宙，涵盖广阔，而且从没有忽视对人性的洞察与关怀。"双性化"的结果，是她们既不排除两性写作的差别，也不抹杀科幻写作的同一性，作品呈现出非对立性的、多元的以及包容的特质。这也就是她们的一些作品很难让人猜出作者性别的原因。

其实，正是因为女性天生的敏感与慈悲，才对科学技术为人类带来的未来所忧虑，才有了玛丽·雪莱的《弗兰肯斯坦：现代的普罗米修斯》。女性之于科幻小说，是有天然优势的。

中国活跃在科幻创作一线的女性作者，首推赵海虹与凌晨二位。她们坚持科幻小说创作都有 10 年以上，并且都多次得到过科幻小说的奖项，目前又都进入了婚姻状态。她们的创作状态愈发稳定，随着生活和人生的成熟，她们的作品质量还会有一个大幅度的提高。

具有英语系硕士学位的赵海虹目前在大学教书，创作科幻小说的同时还着手文学翻译工作。她的文学素养和积累是比较高的。在她的作品名单上，《桦树的眼睛》、《时间的彼方》、《伊俄卡斯达》都是令科幻迷赞叹的作品，而《蜕》、《宝贝宝贝我爱你》显示了她文风和思想的成熟。在叙事角度和选材方面，她更"接近"传统的女性主体意识，但也只是表面上的"接近"而已。她的冷静与理性，在小说背后弥散着，如同棉被里的针，是要进入她小说语境的人才能感悟的。《相聚在一九三七》、《一九二三年科幻故事》等近作，在题材的选择上更加现实与冷峻。

做过中学教师而今在电脑杂志工作的凌晨，写小说与编辑小说齐头并进，还有科普作品出版。她的中短篇小说较之长篇要出彩得多。从《信使》、《猫》、《天隼》到《潜入贵阳》，她的作品呈现出更多理性的色彩，以至于长时间来，许多读者将她当作了男性。凌晨作品，不以激烈的情节冲突和大场面见长，而是习惯于描述普通人在复杂的科技和社会发展背景下的遭遇，娓娓道来中自有暗流汹涌。近年来，凌晨在小说创作技巧和文字上的进步，普遍为读者所认同。

赵海虹与凌晨存在着许多差异，但两个人在科幻小说的女性问题上的看法却很一致，都不愿意给自己的小说贴上女性的特别标签。

进入新世纪后出现的女性科幻作者，以程婧波、夏笳、迟卉为代表。这三个人的文笔都通畅而优美，小说有一种灵动之美。程婧波的《像苹果一样地思考》、《西天》、《第七种可能》，夏笳的《关妖精的瓶子》，迟卉的《归者无路》，独特之处，男性科幻作者也为之叹服。

在消匿的作者中，张卓（《'98 法兰西之夜》、《暗杀》、《水妖》、《遗忘》、《像我一样傻》）正在静心于长篇小说的创作；于向昀（《地球的孩子》、《名探九章》、《来自远古》、《永生之狱》、《星月交辉》）将更大精力放在了影视方面；杨玫（《薰衣草》、《日光镇》、《奔月》、《天使》）与关晓星（《变人——阿罗耶》、《新都市童话——统治者》）则在为自己的生存奔波着……

好在这些作者都年轻，假以时日，她们仍然会重新返回自己喜爱的创作领域。

中国科幻女作者们，正在以加倍的勤奋，不断为科幻小说提供新的题材和表达方式。她们将完成科幻小说的浪漫主义塑造：用琐碎的生活细节构建起幻想世界的形象；用理性的态度表明批判社会和颂扬自然的立场；用对生命的赞扬和体恤，完成对英雄主义和终极价值的尊敬。

从每个字词中都涌出诗情画意，那不仅仅是女性，而是每个文本写作者都期望达到的美学魅力。

原载《科普研究》2011 年第 5 期

科幻创作的小圈子和文学的大园地

——从个人创作出发试谈科幻小说与儿童文学、科普文学之关系

赵海虹

1996 年，我在《科幻世界》发表第一篇科幻小说《升成》，至今已经 15年了。这些年的写作给我个人带来了不少荣誉：1997—2002 年的科幻银河奖（共 6 届）、2003 年宋庆龄儿童文学奖"新人奖"、2004 年全国优秀儿童文学奖的青年作者单篇佳作奖（科学文艺类）、2005 年浙江省青年文学之星、浙江省优秀科普作品奖，等等。本文尝试结合我个人的科幻创作实践，谈一谈我对科幻创作和国内科幻现状的一些想法，尤其是科幻创作与儿童文学、科普文学的关系。

1. 我的创作经历

在我创作的第一阶段，我还是一名爱好文学的大学生，机缘巧合成为发表作者，还获得了 1996 年光亚杯全国校园科幻故事大赛一等奖。深受鼓励的我大量阅读科普作品，为自己进行科学扫盲，同时努力尝试从生活中提炼有趣的想法、发掘新的科幻点，并以此为中心构架故事。我这一时期的代表作品有《桦树的眼睛》（获 1997 年科幻"银河奖"一等奖）、《时间的彼方》（获 1998 年科幻"银河奖"三等奖）和《伊俄卡斯达》　（以下简称为《伊》）。创作《伊》时，单纯的"故事＋科幻点"的架构已经无法满足我的创作欲望，"如何反映科技对现代生活的冲击和对传统伦理结构的改变"已经成为我明确的创作意识。《伊》因此获得了 1999 年科幻"银河奖"的特等奖，仅有浪漫的故事和简单的"克隆人"科幻点显然无法获得这样的殊荣。

《伊》讲述了女科学家梅拉妮与她代孕的大西洲古人的克隆体欧辛的爱情悲剧。梅拉妮与欧辛并非遗传学上的母子关系，她与欧辛产生感情时也并不了解他的真实身份，但在得知他是自己的"儿子"以后，在欧辛的坚持之下，他们依然结婚生子。6 年以后，欧辛从克隆本体获得的致病基因使他痛苦地死

　　好在这些作者都年轻，假以时日，她们仍然会重新返回自己喜爱的创作领域。

　　中国科幻女作者们，正在以加倍的勤奋，不断为科幻小说提供新的题材和表达方式。她们将完成科幻小说的浪漫主义塑造：用琐碎的生活细节构建起幻想世界的形象；用理性的态度表明批判社会和颂扬自然的立场；用对生命的赞扬和体恤，完成对英雄主义和终极价值的尊敬。

　　从每个字词中都涌出诗情画意，那不仅仅是女性，而是每个文本写作者都期望达到的美学魅力。

原载《科普研究》2011 年第 5 期

科幻创作的小圈子和文学的大园地

——从个人创作出发试谈科幻小说与儿童文学、科普文学之关系

赵海虹

1996 年，我在《科幻世界》发表第一篇科幻小说《升成》，至今已经 15 年了。这些年的写作给我个人带来了不少荣誉：1997—2002 年的科幻银河奖（共 6 届）、2003 年宋庆龄儿童文学奖"新人奖"、2004 年全国优秀儿童文学奖的青年作者单篇佳作奖（科学文艺类）、2005 年浙江省青年文学之星、浙江省优秀科普作品奖，等等。本文尝试结合我个人的科幻创作实践，谈一谈我对科幻创作和国内科幻现状的一些想法，尤其是科幻创作与儿童文学、科普文学的关系。

1. 我的创作经历

在我创作的第一阶段，我还是一名爱好文学的大学生，机缘巧合成为发表作者，还获得了 1996 年光亚杯全国校园科幻故事大赛一等奖。深受鼓励的我大量阅读科普作品，为自己进行科学扫盲，同时努力尝试从生活中提炼有趣的想法、发掘新的科幻点，并以此为中心构架故事。我这一时期的代表作品有《桦树的眼睛》（获 1997 年科幻"银河奖"一等奖）、《时间的彼方》（获 1998 年科幻"银河奖"三等奖）和《伊俄卡斯达》（以下简称为《伊》）。创作《伊》时，单纯的"故事＋科幻点"的架构已经无法满足我的创作欲望，"如何反映科技对现代生活的冲击和对传统伦理结构的改变"已经成为我明确的创作意识。《伊》因此获得了 1999 年科幻"银河奖"的特等奖，仅有浪漫的故事和简单的"克隆人"科幻点显然无法获得这样的殊荣。

《伊》讲述了女科学家梅拉妮与她代孕的大西洲古人的克隆体欧辛的爱情悲剧。梅拉妮与欧辛并非遗传学上的母子关系，她与欧辛产生感情时也并不了解他的真实身份，但在得知他是自己的"儿子"以后，在欧辛的坚持之下，他们依然结婚生子。6 年以后，欧辛从克隆本体获得的致病基因使他痛苦地死

去，梅拉尼也因无法承受长期以来"乱伦"的心理压力，在欧辛病死后自杀。

《伊》在读者中引起了巨大的反响，1999 年"银河奖"第一次完全由读者投票决定名次，《伊》的得票数遥遥领先。或许很多投票给它的读者是被曲折的故事和凄美的爱情打动，并不重视作者想要表达的内核，但仍然有许多读者为故事背后真正的思想感动，甚至因为它而喜欢上了科幻小说。在同时期诸多反映科技时代伦理冲突的同类小说中，本文选择了一个独特的视角：女主角梅拉妮既是科学实验的发起人之一，同时也承担了实验白鼠的角色，相对于无视人类伦理与传统的欧辛，她虽然顺从了伊俄卡斯达式"嫁给儿子"的命运，但她理性的一面一直无法接受自己的情感选择。与科幻小说中常见的单纯的科学狂人角色或是反社会的实验白鼠角色相比，她的形象更加复杂，作为女性的一面与科学家的一面糅合在一起。而古希腊悲剧《俄狄浦斯王》的典故在文中作为背景出现，反复点题，使作品的文化层次更加丰富，令小说获得了很大的成功。

《伊》之后，我开始了艰难的改变。就如我在 2001 年获奖作品《蜕》的后记中所说的那样："写作的道路是一个不断蜕皮的过程。一旦发现自己已经走入某一种套路，就希望可以打破它，寻找新生。可是新的样子也许会不成功，旧的皮又很难蜕掉，实在痛苦。"关心我的读者会发现，我的小说在第一阶段以后发生了很大的变化，不再有固定的路子，几乎每篇重要作品都与之前作品有明显的不同之处：努力靠近纯文学，以东方哲学为背景并描绘大量文学意象的《永不岛》；象征小说《蜕》；以男性视角进入，生活气息浓厚的《宝贝宝贝我爱你》，等等。

2002 年，我从浙江大学外国语学院获得硕士学位，在杭州的高校任教。这期间，生活的巨大改变、从学生到教师的身份变化使我的创作产量大大减少。在两三年的调整期中，为了靠拢自己的英语专业教学，我主动翻译了不少科幻大师的中短篇作品，还应邀翻译了"科幻大师系列"中贝斯特的两个长篇《群星，我的归宿》和《被毁灭的人》。我一面沉浸在国外大师的作品中，一面对自己的创作进行了更深的思考。

2003—2005 年，仍是我寻找新风格的探索期。《相聚在一九三七》尝试从新的角度重述南京大屠杀的历史，《伤之树》将武侠风格与科幻交融，《云使》则是第一次技术型科幻的尝试。在那以后，我的创作开始双轨并进。一方面，开始真正扮演"创造型"科幻小说作者，用自己的作品构建一个建筑在科学原理上的未来新世界（"世界"系列）。这个世界的天空、土壤、社会

425

形态与伦理观都由我一一塑成，这让我享受到了巨大的荣誉感。但非理科出身的我在每个技术细节的构思上都大费周章，成文后也要请朋友帮忙审定技术细节。另一方面，我尝试用纯文学的语言来寻找科幻文学的边缘地带，在《一九二三年科幻故事》中借助水梦机这样一个跨越过去与未来的机器，追述20世纪20年代的上海发生的故事，尝试打破科幻与纯幻想作品的疆界。长篇小说《水晶的天空》也属于后一种尝试。12岁的初一女生蒋南枝在仰望星空时领悟了自己在宇宙和时间中的位置，而科学家林凯风把她带入了一个又一个平行空间，她开始了紧张、兴奋、高潮迭起的命运流浪。南枝的故事里注入了我个人的中学生活经历，我希望以真实的笔触，描绘出充满青春色彩的中学生活，以及空间游历终于成就的少女的成长。从这个意义上讲，它是一篇科幻成长小说，效果如何还有待读者的反馈。

2. 科幻大环境的变化

2000年我加入浙江省作家协会时，是协会最年轻的会员，2004年又应邀加入浙江省科普作家协会。加入"两会"之前，我和科幻圈子里的许多作者一样，对外部的大环境并不了解，也没有多少接触。加入作协，让我更多地看到了外面的世界，也因此得到不少交流和学习的机会。我的视野扩大了，创作积极性得到了提高。获得了种种荣誉之后，我开始考虑如何更好地找寻科幻小说与儿童文学、科普文学的关系。

长年以来，国内的科幻创作一直缺乏纯文学所具有的完整而稳定的评论空间，科幻小说经常被和"儿童文学"、"科普作品"直接挂钩，影响了科幻小说的发展。除了《科幻世界》杂志的科幻"银河奖"之外，体制内和科幻有关、接受科幻作品参评的全国级奖项只有宋庆龄儿童文学奖（此奖现已与全国优秀儿童文学奖合并）、全国优秀儿童文学奖和全国优秀科普作品奖[①]。

许多科幻读者和评论者自身一直在大力呼吁要将科幻与儿童文学、科普作品严格区别，但是在区别之后，又没有一个相应的空间来容纳和发展科幻，造成了科幻与评论脱节的现象。2000年以来，在以北京师范大学中国儿童文学研究所吴岩为代表的学者的努力下，同时在刘慈欣、韩松、王晋康等重要

---

① 2010年新增"华语科幻/奇幻星云奖"和"中文幻想星空奖"两个新的科幻/奇幻奖项。2011年启动的"西湖·类型文学双年奖"也涵盖了科幻文学作品，刘慈欣的《三体》系列进入首轮提名。

作者的优秀作品影响下，这个情况得到了很大的改观。

2011 年，是中国科幻扬眉吐气的一年，《三体 3：死神永生》的出版，为《三体》系列画上了一个完满的句号①。从《三体：地球往事》开始逐步积累的三体热潮，历经《三体 2：黑暗森林》和《三体 3：死神永生》的层层推进，终于达到了井喷。更确切地说，刘慈欣自 1999 年《鲸歌》开始，以《带上她的眼睛》、《全频带阻塞干扰》、《乡村教师》、《超新星纪元》、《球状闪电》、《白垩纪往事》等想象力奇绝、场面宏大壮美、情节引人入胜的中短篇与长篇小说不断积累，最后水到渠成，推出阶段性的最高成就《三体》系列，获得了巨大的成功。读毕《三体》之后，许多科幻小说作者都心悦诚服地认为：《三体》是比我们的科幻高一个维度的科幻小说。

《三体》使得中国科幻在大众传媒的眼中卸下了"少儿读物"或"科普读物"的标签，《南方周末》等重要媒体的采访更使得中国科幻在刘慈欣、韩松等作家的引领下，进入了主流媒体的视野②。

在科幻卸下标签的同时，值得注意的另一点是，作为类型文学的科幻小说，事实上可以是非常多元的。固然，科幻小说就整个门类而言，既非科普读物也非儿童文学，但是它与科普读物和儿童文学，乃至通俗文学甚至纯文学都有交集。作为科幻作者，不能只在小圈子里纠缠概念，而应该尝试在各个与科幻有关联的领域中取得认可，这样才能整体提升国内科幻在广大读者心目中的地位，同时让大众更加了解今天的中国科幻。

3. 科幻小说与儿童文学的关系

科幻小说是一种类型文学，但其本身并没有特定的读者对象，把科幻小说等同于儿童文学显然是不合理也不科学的。比如我前文提到的作品《伊俄卡斯达》，因为牵涉俄狄浦斯情节，并不适合少儿读者。因此在两次由少儿出版社为我出版的个人小说集中都没有选录这篇我最知名的小说。

---

① 以刘慈欣在香港书展上的讲话看，他原本有再写番外篇的计划，但因科幻迷的同人作品《三体X》已经为他笔下人物云天明安排了结局，而且该小说已获出版，他只能放弃了这一计划。

② 刘慈欣可谓中国新世纪科幻小说的旗手，近年来开始得到学界和主流媒体的关注，相关文章有 2011 年 4 月 20 日《南方周末》文化版的采访《每一个文明都是带枪的猎手——专访科幻作家刘慈欣》等。王德威教授 2011 年 5 月在北京大学图书馆的讲座"乌托邦，恶托邦，异托邦——从鲁迅到刘慈欣"（http：//www.chinawriter.com.cn/bk/2011-06-03/53778.html）中也用很大的比重介绍了刘慈欣和韩松的科幻小说。

　　但是，科幻文学中确实存在针对儿童读者群的科幻小说。科幻作者不应当害怕写儿童科幻小说，也绝不能认为，写儿童科幻小说是"降格"。

　　我曾多次受邀到小学做科幻讲座①，当问在座的小学生有多少人读过科幻书籍时，现场的孩子大多数都举起了手，会场的提问也相当踊跃。可见，儿童确实需要科幻，也热爱科幻这种文学样式。刘慈欣曾感叹："90%的科幻作者们是在为5%的读者群写作，而更加广大的95%的少年儿童读者，却受到主力科幻作者的忽略。"② 其实，我国也有一些作者常年从事少儿科幻创作，如北京作家张之路，他早年的作品《霹雳贝贝》深受儿童读者的喜爱，还曾改编成电影，反响不俗。不过，国内发表中短篇科幻的主要阵地——《科幻世界》、《新科幻》、《九州幻想》等杂志，作者群并不庞大，他们中间年轻作者很多，创作并不稳定，也很少有作者将自己定位为儿童文学作者。

　　2002年，作家出版社为《科幻世界》两位主力作者刘慈欣和王晋康出版的两部长篇小说《超新星纪元》和《类人》并未获得很好的市场回报，问题似乎就在于图书市场和杂志市场与图书读者（绝大多数是小读者）和杂志读者未能统一。作家社将小说以低幼读物的包装推出，但作品内容却绝非低龄儿童所能领会。《超新星纪元》虽是少儿题材的小说，但立意之深，不输《蝇王》，不但小学生读者无法体会，中学生许多也只能是看个热闹而已。

　　老一辈的科幻作者，更多依托于出版社体系，为少儿科幻园地培育出了美丽的花朵。继科幻元老郑文光以《神翼》获得第一届全国优秀儿童文学奖，张之路的《非法智慧》获得了第六届宋庆龄儿童文学奖。刘慈欣近年来也尝试创作了一些儿童科幻小说，如短篇小说《圆圆的肥皂泡》、长篇小说《白垩纪往事》。据他所说，就是希望为广大的少年儿童读者创作真正以他们为对象的、适合他们阅读的科幻小说。

　　此外，在大陆急于让"科幻小说"告别"儿童文学"标签、一些成熟科幻作家"拒绝为少儿写作"的同时，台湾科幻作家却因为科幻文学创作大环境的成人化，反而将少儿科幻视为对旧传统的突破和"希望得到众多读者的肯定，追求科幻小说的艺术价值"的途径。

　　2004年，我获得第六届全国优秀儿童文学奖"单篇佳作奖"的《追日》也恰恰是我迄今为止极少数几篇以少儿为对象的作品之一。创作优秀的儿童

---

　　① 这类讲座由学校组织，一般规模为300~500人。
　　② 这段话是刘慈欣在一次作协会议上提出，得到过当时的中国作协党委书记金炳华的肯定。而笔者在最早听到这个说法之后，曾在文章中误作金炳华的提法，后证实有误。

文学作品难度很大，习惯写科幻小说的我并不一定能写好少儿科幻，但是至少，我希望自己在不放弃其他创作的同时，尝试写出那95%的科幻读者喜爱的作品。无论如何，那样一片广大的天地，不应该被我们忽视。2011年我新出版的长篇处女作《水晶的天空》就可以算作这样一次少儿科幻的创作尝试。

4. 科幻小说与科普文学的关系

20世纪90年代以来，中国科幻从创作者到评论者已经明确认识到："科幻小说作为文学的一种体裁或形式，有它的特殊性，它与科技的发展有直接联系，但它并不担负传播科学知识的任务。"吴岩在《科幻文学理论和学科体系建设》中提出："将科幻作品当成一种科普作品，在创作目的和创作方式等方面，都存在着很大的问题。科普只是部分科幻读物（而且可能是很小一部分科幻读物）的边缘特征，将边缘拓展到整体，是一种片面审视问题的方式，它无法整体把握所要研究的对象。"

但不可否认，科幻小说和科普文学依然有着千丝万缕的联系。

我个人认为，科幻文学是文学作品的一种，但与科普作品有一定的交集。20世纪70年代中国最畅销的科幻小说《小灵通漫游未来》就是少儿科普型科幻作品。这本神奇的书，以丰富的想象力和生动的语言启迪了少年儿童的心智，丰富了他们的世界观，建立了对未来世界的美好理想。

但是，倘以一般科普作品的评判标准去衡量科幻小说中的科学成分，就会出现许多误解。比如有些科幻小说中的技术信息随着时代的进步会逐渐过时，不再是"幻想"了。由此产生了一种对科幻小说的评论语："小说中描述的……已经在现实中实现了！"似乎科幻小说应当是未来的预言书。但事实上，科幻作者不是科学预言家，不应将其所描写的技术有多少能在现实中成真视为骄傲资本。因为很多时候，我们描绘的是人类社会"未选择的另一条道路"。预言成真与否确实可以成为创作的趣谈，但却并不是评判作品优劣的标准。

还有一种常见的误解与科幻小说中悲观灰暗的未来描写有关。

法国的科幻大师凡尔纳与美国科幻黄金时代的不少作家都曾经在科幻小说中描绘过一个技术发达、社会进步的未来社会，但从美国科幻的赛博朋克时代、新浪潮时代以来，科幻小说中对未来的描绘越来越灰暗。于是又产生了一种声音，认为近期涌现的这些描绘黑暗的未来、技术发展让人类异化的未来的科幻小说是"反科学"的，因此当然也就是反科普的。

若依鄙见，将宣传"科技发展带来的是美好的未来"观念的文学作品等同于科普作品；而将让人们反思、警惕技术社会和科学发展带来的种种问题甚至潜在的种种危险的作品认为是反科学、反科普的作品，这种区分方式本身就缺乏科学的态度。正视科学发展的问题，探讨新技术社会中人们的精神生活，也是非常严肃的主题。况且很多时候，科幻作家们描绘的是人类社会"未选择的另一条道路"。如西方反乌托邦名著《1894》、《美丽新世界》，王晋康的近作《蚁生》这类社会型科幻小说，为我们描述了一个人类"未选择"的未来，同时也是为我们敲响警钟："此路不通！"这样的文学，不也是很好的科普作品吗？

资深科幻作家王晋康近来著文提出"核心科幻"的概念，认为核心科幻的科幻点应"具有新颖性"、"独创性"，"其科学内涵具有冲击力，科学的逻辑推理和构思能够自洽"。小说的"科学内核能符合科学意义上的正确"。他认为正是"核心科幻"可以承担"激发青少年的想象力，培养创新型思维，浇灌科学知识，激发对科学的兴趣"这样的科普功能。

我完全认同王晋康的意见，科幻小说有个"科"字，必然不能如纯幻想小说那样天马行空。作为文科背景的创作者，我就曾为铺设好一个科幻点事先研读一遍《人体解剖学》和《生理学概要》。但是科幻小说中的科学，既可以是符合已知科学规律的假设，也可以是以无法证伪为底限、以丰富想象力来引导的奇想。如刘慈欣的《三体》中既有符合现阶段科学发展预期的想象与深富哲学意味的"黑暗森林"法则，也有以超凡想象力为依托而科学无法证伪的"二向箔"等奇妙的构想。此外，也有不少科幻小说仅仅把科学或社会科学作为背景，甚至仅仅作为小说的"调料"。后者曾经在20世纪初科幻圈内部辩论中被冠以"伪科幻"之称。但在科幻小说多元化趋势愈演愈烈的今天，这样草率的定性显然无益于科幻本身的发展。

同时我认为，"拥有科普功能的科幻小说"的范围并不仅限于"核心科幻"。事实上，只要科幻小说中的逻辑自洽、小说成功、故事吸引读者，那么或多或少可以引起读者对我们的科学技术、社会结构等的思考，从而增强了读者对相关科学领域的兴趣。这也就增加了他们进一步进行主动的科学学习、去了解相关领域知识的可能性——从这一点来讲，绝大多数成功的科幻至少都是间接意义上成功的科普作品。

5. 结语

笔者在《科幻世界》杂志的作者圈子里也算是资深作者，但是走入整个文学大园地，我还是起步不久的青年作者。为了让科幻去掉"少儿"与"科普"的标签，许多作者与评论者做出了多年的努力。

科幻不需要，也不能够被等同于儿童文学和科普作品。但是科幻作者也应该走出小圈子，在更大的园地里寻找自己的位置，创作"核心科幻"、"社会科幻"、幻想性更浓郁的纯文学性的科幻等丰富多样的科幻小说，来充实这个类型文学的品种。在我们的种种尝试中，也不应当放弃少儿科幻这样独特的领域。应当有作者为了那广大的 95% 的读者辛勤耕耘，创作出适合少年儿童读者这个广大群体的作品。同时在科幻创作中，在具体科幻点的设置上，作家虽不应被现有的"科学技术"所束缚，但应当符合真正的科学精神，包括科学的怀疑精神，以体现对人类未来的深刻思考。这样的科幻作品，一定可以启发民智、促进民族的科学精神，对于科学的普及也应该是大有好处的。这样的作品才能进一步推动中国科幻的繁荣与发展。

原载《科普研究》2011 年第 6 期

存在、宗教、家园与世纪末情绪

——重读《潘渡娜》

张懿红　王卫英

一

1968 年，台湾著名散文家张晓风的《潘渡娜》以连载的方式发表于《中国时报》，被视为台湾第一篇科幻小说（张系国《超人列传》同期写作但稍后发表于《纯文学》杂志），小说共计两万多字，影响甚广，获得巨大成功。关于这篇小说的创作缘起，张晓风有这样的告白："当时其实是因为在生物界会提出很多 DNA 跟 RNA 的新出来的东西，去氧核酸这些，使得一个学文的我会有着莫名的兴奋……所以就会立刻想到，这些东西它接下来的第二个问题就是，人似乎也插手去创造生命，或者是半创造生命，那么这个引起来的问题是什么？它会引起哲学上的、伦理学上的以及神学上的问题，那么这个是一个学文的我比较关怀的。"在朋友们的小型研讨会上，张晓风了解到这些最近的学术动向，由焦虑而产生的写作冲动，使她在多利羊（1996 年）问世之前的 60 年代末，讲述了发生在 1997—2000 年的"人造人"预言式悲剧。

《潘渡娜》的悲剧建立在大胆的科学预想之上，但是在现实世界，这项技术至今尚未成功。小说中的生化学家刘克用领导一个科研组花费 15 年时间合成受精卵，用试管代替子宫抚育胎儿，用一种激素促进细胞分裂，在很短的时间内使胎儿发育成女婴。为尽快观察研究成果，他们用药物帮助女婴尽快生长，利用"学习阶次"的秘诀和潜意识，把她的每一分智慧都放在学习各种技能上，仅用不到 3 年时间，就打造完成一个"全世界最完美的女人"。这个刘克用所谓"人类最伟大的成功"经过合成小组、受精小组、培育小组、刺激生长小组和教导小组等多个步骤，花费金钱比太空发展多得多，耗费人力差不多是 9000 个科学家的毕生精力。张晓风的科学设想大胆怪诞，但是，由于生活细节、人物关系与情感描写的真实性，这个荒诞的"人造人"实验被嵌入现实背景，小说自有一种内在的逻辑性，完全自洽，使作者所构建的科幻世界成为合理存在。

科幻小说被称为"结构寓言"的"技术时代的神话"，是一种"现代隐喻"，《潘渡娜》这个来自希腊神话的标题本身就富有象征意义。"潘渡娜"即潘多拉，是诸神作为对普罗米修斯盗火的惩罚而送给人类的礼物。这个"拥有一切天赋的女人"携带宙斯送给她的盒子和"不要打开盒子"的命令嫁到人间，经不住好奇心的诱惑而打开盒子，放出了所有的灾难、瘟疫、祸害和最后的希望（另一种说法是"希望"还没来得及飞出盒子）。这个神话恰切地说明人类的发现欲、好奇心（科技进步的源动力）所选择和创造的历史，本身就是灾难与希望掺杂并存的。在《潘渡娜》中，人类科技创新的步伐迈进到"人造人"阶段，已经凌驾于上帝之上，蔑视人的生命体验及其由此而来的复杂人性，从而引发严重的精神危机——不仅"人造人"缺少灵魂厌倦人生，就连研究者也备受"快乐与痛苦的冲击"而神经错乱。

二

张晓风对技术至上、科技万能思想的批判，从人的存在、人生的意义切入，直抵生命存在之本体论的哲理思考。被"人造人"实验牵涉并利用的三个人都是科技的受害者，无论是实验对象潘渡娜、辅助工具张大仁，还是研究者刘克用，都被技术役使、异化，迷失人类的本来属性，在扭曲的世界中痛苦、沉沦。

如同标准件一样被制造出来的潘渡娜，漂亮贞洁，温柔勤劳，具备了好妻子的所有条件，屏蔽了所有属于人性的弱点。但在张晓风笔下，她竟然也传承了人类寻找生命起源的执着，用感人的手势拥抱玻璃瓶罐，对自己生命的发源地表达一种神圣庄严的爱——一种动人的亲情。她的莫名失孕、无疾而终，以及最后的遗言似乎都是对自己任人宰割命运的反抗：尽管她"完全等于人"，她却始终是研究者眼中的科学实验品，是纯粹的物质合成物。他们给了她成熟的人形，教给她基本的生活技能，却没有给她家庭、亲情、爱，更无法传授她生命的价值、人生的意义。所以她说："我厌倦了"，"我觉得我的存在是不真实的"。临终之际，她发出了这样的疑问："大仁，我究竟少了些什么东西？"这样的生命追问震撼了大仁，也应当引起人类的深思。

张大仁是一个敏感多思的叙述者，他对人生的思考、对科技的质疑贯穿全篇，他的情感、态度、思想体现隐含了作者的意识形态、价值观和审美趣味。小说开头写张大仁与刘克用的相识，张大仁自称是"美国的中国油漆匠"，对广告画家的职业很不满，主要是因为这工作缺乏创造性。"像我这种工作，倒也不一定要'人'来做。"在他看来，现在剩下来非要人做不可的事"大概就只有男人跟女人的那件事了！"这是对科技社会人的异化的反讽，也表达了找不到自我的忧虑。他在毫不知情的情况下被刘克用选中，成为"人造人"实验的辅助工具，刘克用希望这位东方艺术家能够给潘渡娜赋予另一种生命。可是，张大仁很快就发现自己跟潘渡娜根本无法产生爱情："我们相敬如宾，但我们似乎永远不会相爱。那些肌肤相亲的夜，为什么显得那样无效，那些性爱为什么全然无补于我们之间的了解？每次，当我望着她，陌生的寒意便自心头升起，潘渡娜啊！我将怎样得救？"对他来说，工作是劳役，期待通过爱情获得救赎又不可得，因此与潘渡娜的隔膜使他更加迷惘于人生的存在意义。潘渡娜身世之谜的发现给他更大的打击："没有字眼可以形容我当时的悲愤，我发现我成为一种淫秽的工具，我是表演者，供他们观察，使他们能写长篇的报告。"张大仁切身体会到被科技工具化的痛苦，而这痛苦还远没有结束，如研究者所愿，潘渡娜怀孕了。这是怎样的悸怖啊！他和她——两个不幸的人纵声大哭，"而在那些哭声中，我们感到孤独，我们将永不相爱，虽然我们都哭。"如果说，一开始张大仁与潘渡娜的隔膜是由于后者非人的成长过程使其缺失灵魂之光，那么，真相揭开之后坚定的基督教信仰使张大仁无法接受"人造人"的僭越行为，因而感情上无法接纳潘渡娜，这堵思想的墙就彻底断绝了两人的爱情之路。张晓风以细腻悲伤的笔法描写张大仁的情感变化，用他痛彻心扉的切身感受揭示"人造人"技术对传统爱情婚姻、伦理道德的冲击和破坏。

刘克用的精神悲剧则借助张大仁和他的两次长篇对话呈现出来。在第一次对话中，刘克用尚处于神经错乱的疯狂状态，自诩为寂寞的上帝、生命的掌握者，言谈中渗透对科学理性的盲目崇拜和作为科学家的狂妄自大，否定人性甚至母爱。而第二次对话时，潘渡娜的死使刘克用彻底清醒，他向张大仁坦白研究过程中兴奋与惊恐交杂的矛盾心情，成功之后的错乱和失败之后的解脱，最终认同于这样的生命观："让一切照本来的样子下去，让男人和女人受苦，让受精的卵子在子宫里生长，让小小的婴儿把母亲的青春吮尽，让青年人老，让老年人死。大仁，这一切并不可怕，它们美丽，神圣而庄严，大仁，真的，它们美丽、神圣而又庄严。"和张大仁一样，刘克用回归到了正常人的逻辑起点，认识到了作为人的快乐和荣幸，渴望自己的墓志铭上只写一句话："这里躺着一个人"。

三

张晓风是虔诚的基督教徒，也是中国传统文化的崇奉者，怀旧的恋乡者。将基督教思想与中国传统文化和谐统一于汉语的诗性言说，这是张晓风作品的独特贡献。如同张晓风的诸多散文创作，《潘渡娜》也体现了基督教与中国文化的诗意融合。

《潘渡娜》对科技万能论的深切反思，不仅基于人性的本质，还从基督教教义那里寻求支持，具有鲜明的宗教色彩。七夕相聚，刘克用带来一张实验室电眼拍摄的照片，照片上刘克用的头虚悬在成千累万晶亮如宝石的玻璃试管上。他问张大仁："你看，那像不像一个罪人，在教堂里忏悔，连抬头望天都不敢。"暗示科技对人性的遮蔽，并从宗教角度质疑科技过度发展的合理性。在刘克用与张大仁的对话中，基督教教义更是直接参与论辩。在二人的第一次对话中，刘克用声称自己的产品和生产方法比耶和华进步、高明，张大仁却反驳说："告诉你吧，刘，你可以当上帝，但我并没有做众生之父的荣幸，我是我的母亲生的，我是在子宫中生长的，我是由乳房的汁水一滴滴养大的，我仍是耶和华的子孙，我仍是用最土最原始的法子造的，我需要二三十年才能长成，我很脆弱，我容易有伤痕，我有原罪，我必须和自己挣扎，但使我骄傲而自豪的，就是这些苦难的伤痕，就是这些挣扎的汗水。"尽管刘克用执迷科学研究，但他心中也残留着对造物者、万能者、至高者的敬畏。第二次对话时他说出了这种潜藏的敬畏："大仁，当你发现你掌握生命的主权，当你发现在你之上再没有更高的力量，大仁，那是可怕的。生命是什么？大仁，生命不是有点像爱波罗神的日车吗？辉煌而伟大，但没有人可以代为执缰。大仁，没有人，连他的儿子也不行。""多年来对于上帝我一直有'彼可取而代之'的轻心，但，大仁，取代是容易的，取代以后又怎样？"他认识到"不是上帝而当上帝是极苦的。你摔破皮的时候向谁叫'天哪'？你忧伤的时候向谁说'主啊'？你快乐的时候向谁唱'哈利路亚'？"刘克用用一个比喻来阐发人类科研活动在造物主面前的渺小："我们好像一群办家家酒的小孩子，在我们自己的游戏里拜堂、煮饭、请客、哄娃娃睡觉，俨然是一群大人，但母亲一嚷，我们便清醒过来，回家洗手、吃饭，又恢复为一个小孩子。"对张晓风而言，宗教是一种冥冥之中伴随人类生命的对神奇之物的敬畏，人类需要这种更高的辖制，正如刘克用所说："我高兴，高兴这个世界有秩序，有法规。大仁，我们老是喜欢魔术，喜欢破坏秩序的东西。但事实上，我们更渴望一些万年不变的平易的生活原则。"今天，宗教包含的合理内涵正在成为科学思维的一部分，在反科学主义思潮中，宗教无疑是重要的理论资源。

借用大量的中国文化符号传达原乡情结，在生命本体性思考中寄托家国之思，这也是《潘渡娜》独特的文化意蕴。20 世纪 60 年代，现代派文学大兴于台湾，之后取材于留学生和旅美华人生活的留学生文学也大为兴盛。这些小说以失落在台北、纽约街头的"无根的一代"（主要是知识分子）为主体，挖掘"现代人"的灵魂，探索生存意义和精神家园。《潘渡娜》的创作体现出二者的影响。小说的故事背景设定在美国纽约，而两位主人公都是华人，他们因八卦图而相识，因有机会说中国话而感到甜蜜温馨，"我和刘克用的感情，大概就是在那种古老语言的魅力下培养出来的。"张大仁的叙述渗透漂泊他乡的游子的孤独和忧伤。中国的传统节日（七夕）、典故（子期和伯牙，张邵和范式）、乐器（笛子）、诗词（骆宾王《咏鹅》、马致远《天净沙·秋思》）等如同潜意识般埋藏在记忆深处，在特定时刻浮上心头，令人潸然泪下。还有那渺远的笛声，"那属于中国草原风味的牧歌，那样凄迷落寞的调子"，回荡在七夕和新婚之夜的梦中。而潘渡娜的哭泣则"使我无端地想起中国，想起江南，想起我早逝的母亲。"张大仁不断追问："我是什么人？我从哪里来，我要往何处去？""黑色的夜已经挪近，而何处是我的归程？"这固然是哲理层面的问题，但同样不可忽视其东方文化背景。《潘渡娜》弥漫着浓浓的家国之思、离土之痛，这种难以剥离的民族情感构成小说的艺术魅力，同时，情感的灌注也增加了故事的真实性。《台湾十大散文家选集》编者管管对张晓风散文的评论同样适用于这篇小说："她的作品是中国的，怀乡的，不忘情于古典而纵身现代的，她又是极人道的。"

四

现代派文学在表现手法和艺术形式上追求多元化，广泛运用隐喻、象征、超现实和意识流手法，注重意象经营。《潘渡娜》中写实主义与现代派手法的融合体现了张晓风高超的叙事技巧。科技对人性的异化，不仅通过潘渡娜、张大仁、刘克用的精神悲剧、人生悲剧得以体现，还以蔓延全篇的悲剧感得以强化。张晓风调动象征、暗示、梦幻、潜意识、环境烘托等多种手法，营造弥漫全篇的悲凉、感伤、颓废、绝望等世纪末情绪，有力地表现了科技过度发展对人性、对人类未来的危害。

比如象征："台上不再有野兽，台上表演者的胴体愈来愈分明。相反地，台下的都成了野兽，大厅之中，吊灯之下，到处是一片野兽的喘息声，呐喊的声音听来有一种原始的恐怖。""走着，走着，来到一处广场，许多车子停在那里，我疲倦地坐下来，四面的车如重重的丛林，我是被女巫的魔法围困在其中的囚犯。"人与野兽的相互转化，魔法围困的囚犯，这就是现代人的生存处境。

比如暗示："那几天雪下得不小，可是那天下午却异样的晴朗，又冷又亮的太阳映在雪上，倒射出刺目的白芒，弄得大家都忍不住地流了泪。""突然间，烟火像爆米花一样地在广大的天空里炸开了，那些诡谲的彩色胡乱地跳跃着，撒向 12 月沉黑的夜。潘渡娜裸体的身躯上也落满那些光影，使她看来有一种恐怖的意味。"纯洁而刺眼的白雪，被烟火装饰的恐怖裸体，都在暗示潘渡娜的悲剧性存在和结局。

比如梦幻："我想着死，与潘渡娜接触的那些回忆让我被一种可怕的幻象笼罩着。我总是梦见我被什么东西钳住，我也梦见狐仙，那些战颤了整个中国北方的传说。"噩梦透露出张大仁心灵的痛苦。而那总是出现在梦中的笛声，无疑透露了他潜意识中心灵深处的孤独。

情景描写、环境烘托虽然不多，但紧密贴合人物情思，传达出苍凉悲伤的世纪末情怀。比如张大仁与刘克用在疯人院谈话，其间有 5 处描写从夕阳西下到夜色降临的天光变化，"荒凉"、"凄艳"、"黑色汹涌"等词汇和《天净沙·秋思》的悲凉意象，烘托出刘克用狂言的可悲可怜，这与其说是一个科学主义者的个人悲剧，毋宁说是全人类的共同悲哀。还有潘渡娜生产那天 6 月的冰雹和死后 6 月的热风，都使"我感到寒冷"。

现实主义的细节描写和多种现代派技法的糅合，刚柔相济、饱含情感的语言，使《潘渡娜》的叙事准确、灵动，意蕴丰富，感染力强，即便大段对话也无损于整体的圆融。

随着现代科技发展，有关"人造人"技术的话题，无论在现实生活中还是在科幻故事中，都一直被人们所津津乐道。1818 年，《弗兰肯斯坦》（副标题为《现代的普罗米修斯》）的问世，就以"人造人"的悲剧故事拉开了世界现代科幻小说的序幕。这部具有哥特式风格的科幻小说作者为玛丽·雪莱，她是英国著名诗人雪莱的妻子。作品主人公弗兰肯斯坦（Frankerstein）是位科学家，他通过科学实验创造了一个奇丑无比的怪物。怪物在人世间闯荡，却得不到人们包括自己的创造者的支持、理解和同情；他向往美好的爱情，得到的却是欺骗和追捕；这使他仇恨人类，决定实施报复，但最终被毁。作品的主旨显然不是"人造人"科学奇迹的简单预言，而是反映人类利用科学技术挑战了上帝，但人类创造的这个"科学奇迹"又毫不客气地冒犯了人类自身的传统秩序。这类题材的作品大都从哲学角度反思科技之于社会道德与伦理的冲击，具有强烈的批判意识和"反乌托邦"色彩。

张晓风的《潘渡娜》显然承续了这一科幻题材，但在故事情感的演绎和思想意蕴上又有自己独特的表达。女性的细腻笔法与散文家的深厚文学功力集中体现于这部小说，作为台湾科幻小说处女作，《潘渡娜》的成功毋庸置疑。作者试图站在人类整体与民族情感的双重立场上，通过对"人造人"科技的深入反思，表达作者的一种文化思考和文明关怀，以此提高了科幻小说的思想内涵与艺术品位。当然金无足赤，这篇奠定台湾科幻小说高水平文学起点的作品，也存在着一丝创作遗憾，就是在幻与真的结合上略失平衡。小说刻意把"人造人"的科幻想象安置在具体可感的现实生活里，以深刻的心理剖析、哲理探讨，凸显矛盾的真实性。但在小说设定的近未来，除了"人造人"，生活中其他事物都没有任何超前发展，不带科幻色彩，这或许强化了小说的反讽色彩，同时也多少显得有些不自然，似乎作者的想象力尚未在科幻天地中全面展开，去充分建构一个更加完整统一的科幻背景。

原载《科普研究》2012 年第 1 期

关于科普创作与科普作家的思考

张开逊

我们生活在科学无所不在的时代，科学已经对人类活动产生了深远的影响。随着时间的推移，这种影响将更加广泛、深刻。科学已经成为现代文化重要的核心内容，成为现代人不可缺少的生存智慧。

公众从哪里获得科学？科学是先行者探索与创造的产物，不可能由常识产生。社会公众通过两种途径获得科学：一是教育；二是科学普及。教育提供尽可能经典、系统的科学，它们往往是体系化、概念化、远离生活现实的分离的知识；科学普及向公众提供与时代同步、全方位的科学。

仔细分析科普的过程，人们发现它在本质上是创作与传播科普作品的过程。就像在繁华的道路上，人们看见车辆不停地奔驰，真正有意义的是它装载的货物，而不是车辆本身。在人类的科学传播活动中，科普作品使人们的努力具有意义。科普作品是科学普及活动的基础。科普创作是现代社会不可或缺的基础活动，怠慢或漠视科普创作，社会将会受到损害。善待、重视科普创作，社会将会获得丰厚的回报。科学传播是科学影响社会的动态要素，在这一动态要素中，科普创作是这一要素的核心。

科普创作对科学自身的发展也是重要的。在科学史中，人们经常可以见到科学家以科普创作为科学开路，帮助科学开拓新的领域，使这种艰难的探索活动薪火相传、生生不息。在 16 世纪的意大利，伽利略单枪匹马创建近代科学传统的时候，他的两部伟大著作《两大世界体系的对话》与《两种新科学》，都是用科普创作方式写出的。尤其是第一部，1632 年刚刚出版，伽利略就被宗教法庭判终身监禁，因为教皇看懂了。20 世纪初，爱因斯坦用十分生活化的比喻对布朗运动作出非神学的解释，使众多怀疑分子运动论的学术泰斗放弃偏见，为人们对微观物理世界的科学探索清除了一些障碍。1957 年，费曼在美国加州理工学院的科普演讲中，第一次提出了"微机电系统"的理念，开拓了 MEMS 技术的新领域。

伽利略、爱因斯坦与费曼，以各自独特的方式表明了一个真实的规律，科普创作对科学、科学家至关重要。

科普创作是为科学赋予人文内涵的创造活动，科普作家是这一创造活动的直接责任主体。在身份与职业意义上，我国没有专职科普作家。科普作家大多是具有高度社会责任感、对科学极感兴趣、对人类充满感情的志愿者。他们都有自己的社会职业与本职工作。在中国，科普作家的称谓，是一个过程与状态的概念，是一个泛指的概念。中国的科普作家们不可能因科普创作获得确定与稳固的利益回报，他们的境遇像思想家、发明家与探险家一样，社会需要而且爱慕他们，但不可能为他们的付出立即买单。科普创作的本质，是一种奉献的事业。正是这种无回报的状态，为创作者提供了巨大的空间，筛选出真正杰出的作家与作品。如果不是这样，科普作品将会像没有监督的假货市场一样。当科普作家遇到困难的时候，他们非常清醒，"这很正常"！

科普创作向科普作家的学养基础提出三重挑战。

第一重挑战，是科普作家实现探究对象由物向人的转换。科学是关于物质世界规律的学问，熟悉这种学问，是从事科普创作的基础。撰写科普作品，要求作者能够将学术共同体惯用的表达方式转化为大众生活语言，使其与公众的思维习惯和文化常识接轨。这里既有创作技巧，又有对人类认知规律的深刻分析。

第二重挑战，是科普创作应该由具体的科学知识凝练成科学思想，升华为科学精神。具体的科学知识可能不一定切合公众的直接需求，然而由此引发哲学层次的上位思考，则使公众获益良多，可以举一反三，高屋建瓴，改变观察与理解世界的方式。为了达到这一境界，科普作家应该超越固有的知识疆界，关注哲学、文学与历史。有所知，是科学；有所感，是文学；有所忆，是历史；有所思，是哲学。它们综合在一起，使人有所悟，这正是科普创作追求的境界。

第三重挑战，是科普作家应当启发公众对未来的思考。学校没有专门教人思考未来的课，社会少有发工资专门思考未来的职业。然而，引导人们理性而且充满仁爱之心地思考未来，是我们身处于红尘世界中的最重要的事，是科普创作神圣的使命。这实际上是寻觅科学智慧与人文精神融合的途径，服务这一崇高目标，对科普作家的学养与情怀提出了很高的要求，要求他们能够站在知识群峰高处，纵览历史长河，俯瞰人类活动，以科学睿智与人间大爱，对人类未来进行深刻分析，提出深情、中肯的建议。美国行星天文学家卡尔·萨根，为我们做出了杰出的示范。他在分析金星大气物理环境产生的温室效应时，忧虑人类星球大气变化蕴藏的潜在危险；他在探究火星尘暴对表面温度影响时，忧心忡忡，担心核战争存在的另一种更加可怕的后果，提出"核冬天"的警示，启发人们更加清醒地看到可能的严重后果，理性造就自己的未来。卡尔·萨根的忧思已超越了纯粹自然意义上的科学探索，宣示着今天科学对人类更深的意义。

德国哲学家康德曾经把人类知识分为两类：一类是关于物质的（就是一般意义上的自然科学）；一类是关于价值的。他又说，只有第一类知识是确定的。科普创作与科普作家的使命，是将这两类知识融合成为新知识，为它们赋予新的确定的内涵，这是一件崇高而艰难的工作，这正是它的魅力所在。

原载《科普研究》2012 年第 4 期